D1669717

**Band
8**

**Birkhäuser
Skripten**

Hans Heiner
Storrer

Einführung in
die mathematische
Behandlung der
Naturwissenschaften II

Birkhäuser Verlag
Basel • Boston • Berlin

Autor:

Hans Heiner Storrer
Institut für Mathematik
Universität Zürich
Winterthurerstrasse 190
8057 Zürich

Bibliografische Information Der Deutschen Bibliothek.
Die Deutsche Bibliothek verzeichnet diese Publikation in
der Deutschen Nationalbibliografie; detaillierte
bibliografische Daten sind im Internet über
<http://dnb.ddb.de> abrufbar.

4. Nachdruck der 1. Auflage 2010

© 1995 Birkhäuser Verlag AG
Postfach 133, CH-4010 Basel, Schweiz
Ein Unternehmen von Springer Science+Business Media
Druckvorlage erstellt vom Autor
Gedruckt auf säurefreiem Papier, hergestellt aus chlorfrei
gebleichtem Zellstoff. TCF ∞

Printed in Germany
ISBN 978-3-7643-5325-4

9 8 7 6 5

VORWORT

Der zweite Teil der an der Universität Zürich regelmässig gehaltenen Vorlesung "Einführung in die mathematische Behandlung der Naturwissenschaften" richtet sich hauptsächlich an Studierende mit den Hauptfächern Biologie, Geographie und Geologie. Ziel dieser zweistündigen Lehrveranstaltung ist es, die Hörerinnen und Hörer mit den Grundbegriffen und -gedanken der Wahrscheinlichkeitsrechnung und der Statistik vertraut zu machen.

Das vorliegende Skript bildet die Grundlage dieser Vorlesung. Es schliesst an die *Einführung in die mathematische Behandlung der Naturwissenschaften I* (Birkhäuser Skripten, Band 2, 3. Auflage) an, was sich auch darin äussert, dass die Nummerierung der Kapitel weitergeführt wird. Die Abhängigkeit der beiden Skripten ist allerdings nur gering; der zweite Teil ist auch ohne Kenntnis des ersten verständlich. Es werden ohnehin nur sehr wenige über den Mittelschulstoff hinausgehende Vorkenntnisse vorausgesetzt. Der Systematik halber wird allerdings in einigen Fällen (so etwa bei der Exponentialreihe oder bei uneigentlichen Integralen) auf den ersten Teil Bezug genommen. Diese Verweise haben die Form "(20.2)", allgemein ausgedrückt die Form "$(x.y)$" mit $1 \leq x \leq 28$. Das Zeichen $\boxtimes$ bezeichnet weiterhin das Ende eines Beispiels.

Zum Inhalt: Die *beschreibende Statistik* (Teil H) befasst sich mit der Frage, wie man Daten auf sinnvolle Weise darstellen und durch Kennzahlen charakterisieren kann. In der *beurteilenden Statistik* geht es darum, aus in Form von Stichproben gesammelten Daten allgemeine Schlussfolgerungen zu ziehen. Sie basiert auf der *Wahrscheinlichkeitsrechnung*. In Teil I wird daher zunächst eine Einführung in dieses reichhaltige und auch an sich interessante Gebiet gegeben, wobei nur das Nötigste, dies aber in einer gewissen Breite, behandelt wird. Teil J umfasst dann die eigentliche Einführung in die beurteilende Statistik. Besprochen werden Parameterschätzungen, Konfidenzintervalle sowie statistische Tests am Beispiel des t–Tests und des χ^2–Tests, also nur eine bescheidene Auswahl von statistischen Verfahren. Diese werden dafür sehr ausführlich dargestellt, mit der Absicht, die zugrunde liegenden Gedanken deutlich aufzuzeigen. Ein *Anhang* (Teil K) enthält eine Rekapitulation der (grundsätzlich als bekannt vorausgesetzten) Elemente der Kombinatorik, ein paar Ergänzungen zum Stoff (gewisse Herleitungen und Beweise), die Lösungen sämtlicher Aufgaben und schliesslich einige Tabellen.

Frau Irène Dietrich Eberle, die mit TEX grosse Teile des Manuskripts geschrieben hat, danke ich herzlich für ihre Mitarbeit.

Zürich, im August 1995   H.H. Storrer

Im vorliegenden Nachdruck wurden die bekannt gewordenen Fehler korrigiert, ein paar kleinere Textanpassungen vorgenommen und einige Figuren neu gezeichnet. Ferner wurde das Sachverzeichnis ausgebaut.

Zürich, im Januar 2004   H.H.St.

INHALTSVERZEICHNIS

H. BESCHREIBENDE STATISTIK

29. MERKMALE UND SKALEN

(29.1) Überblick

Bei Untersuchungen in den Natur-, Geistes- und Sozialwissenschaften geht es allgemein formuliert stets darum, gewisse *Merkmale* der zu untersuchenden Objekte zu beschreiben. In diesem Kapitel werden diese Merkmale genauer klassifiziert; so unterscheidet man etwa *qualitative* und *quantitative* Merkmale, letztere werden weiter in *stetige* und *diskrete* Merkmale unterteilt.

(29.3)

(29.4)

(29.5)

Für die rechnerische Behandlung eignen sich selbstverständlich die durch Zahlen beschreibbaren Merkmale. Diesen Zahlen kann aber ein mehr oder weniger grosser Informationsgehalt innewohnen, was einen Einfluss darauf hat, welche Rechenoperationen mit diesen Zahlen sinnvoll sind und welche nicht. Diese Unterschiede drücken sich in den so genannten *Skalen* aus:

(29.7)

- Nominalskala,
- Ordinalskala,
- Intervallskala,
- Verhältnisskala.

Das Ziel dieses Kapitels besteht vor allem darin, Sie darauf aufmerksam zu machen, dass beim Umgang mit Daten auf deren Natur Rücksicht zu nehmen ist.

(29.2) Allgemeines zur beschreibenden Statistik

Eine der Aufgaben der *beschreibenden Statistik* ist es, Ergebnisse von Beobachtungen und Versuchen auf übersichtliche Weise darzustellen. Diesem Thema wird Kapitel 30 gewidmet sein. Eine weitere Aufgabe besteht aber darin, die gewonnenen Daten auf prägnante Art und Weise durch einige wenige zusammenfassende Zahlen zu charakterisieren. Dazu dienen die so genannten statistischen Masszahlen, auf die in Kapitel 31 eingegangen wird, und von denen Sie als wichtiges Beispiel jedenfalls den Durchschnitt kennen. Im vorliegenden Kapitel 29 werden zunächst einige grundlegende Tatsachen im Zusammenhang mit der zahlenmässigen Auswertung von Versuchen und Beobachtungen besprochen.

Neben der beschreibenden gibt es noch die *beurteilende Statistik*, die es erlaubt, das Beobachtungsmaterial auszuwerten und daraus weitergehende Schlüsse zu ziehen. So kann man etwa versuchen, aus einer Umfrage in einem beschränkten Personenkreis das Ergebnis einer Abstimmung vorherzusagen. Die beurteilende Statistik beruht auf der Wahrscheinlichkeitsrechnung und wird in Teil J zur Sprache kommen.

(29.3) Untersuchungsobjekte und Merkmale

Das Ziel der folgenden Betrachtungen ist es, einige wichtige Begriffe zu klären und zu benennen. Bei naturwissenschaftlichen Untersuchungen (und auch bei solchen auf anderen Gebieten) geht es sehr oft darum, einem *Untersuchungsobjekt* ein bestimmtes *Merkmal* (oder mehrere Merkmale gleichzeitig) zuzuordnen. Die nachstehenden Beispiele sollen diese etwas allgemeine Terminologie erläutern.

Untersuchungsobjekt	Merkmal
Ortschaft	Einwohnerzahl
Mensch	Körpergrösse
Mensch	Alter
Mensch	Augenfarbe
Mensch	Geschlecht
Mensch	Blutgruppe (0, A, B oder AB)
Flüssigkeit	Siedepunkt
Batterie	Spannung
Blatt einer Pflanze	Form (lineal, lanzettlich etc.)

(29.4) Qualitative und quantitative Merkmale

Wir unterscheiden:

Quantitative Merkmale	Qualitative Merkmale
Können durch Messen oder Zählen erfasst werden.	Können nicht durch Messen oder Zählen erfasst werden.
Beispiele: Einwohnerzahl Körpergrösse Alter Siedepunkt Spannung	Beispiele: Augenfarbe Geschlecht Blutgruppe Blattform

Der Unterschied zwischen quantitativen und qualitativen Merkmalen kann von der Art der Beobachtung abhängen. Ein an sich quantitatives Merkmal kann auch qualitativ beschrieben werden. Schliesslich spricht man ja etwa von grossen oder kleinen Äpfeln, obwohl man die Angabe auch quantitativ (durch Gewicht oder Umfang) machen könnte.

Für die mathematische Behandlung kommen natürlich in erster Linie die quantitativen Merkmale in Frage. Diese unterteilen wir in (29.5) weiter.

(29.5) Diskrete und stetige Merkmale

Ein quantitatives Merkmal heisst *stetig*, wenn es von seiner Natur her jeden Wert, also im Prinzip jede reelle Zahl (zumindest innerhalb bestimmter Grenzen), annehmen kann. Insbesondere sind wenigstens theoretisch unendlich viele Messwerte möglich. Stetige Merkmale werden in der Regel durch *Messen* bestimmt. Beispiele dafür sind etwa Körpergrösse, Alter, Siedepunkt oder Spannung.

Wir haben dabei insofern idealisiert, als wir unbeschränkte Messgenauigkeit vorausgesetzt haben, die in der Praxis ja nie erreicht werden kann (daher der Einschub "im Prinzip"). Für die Anwendung mathematischer Verfahren ist diese Idealisierung meist sehr zweckmässig.

Ein quantitatives Merkmal heisst *diskret*, wenn es nur endlich viele (oder höchstens "abzählbar unendlich viele") Werte annehmen kann.

Der Begriff "abzählbar unendlich" wird für uns vor allem in der Wahrscheinlichkeitsrechnung von Bedeutung sein und zwar im Zusammenhang mit den so genannten diskreten Zufallsgrössen. Er wird aber schon jetzt erwähnt, obwohl er hier eher von theoretischem Interesse ist. Eine unendliche Menge heisst *abzählbar*, wenn man ihre Elemente in eine Folge $(a_0, a_1, a_2, \ldots)$ anordnen kann. So sind etwa die natürlichen Zahlen $\mathbb{N}$, aber auch die ganzen Zahlen $\mathbb{Z}$ abzählbar. Eine mögliche Anordnung der ganzen Zahlen in eine Folge ist gegeben durch

$$0, 1, -1, 2, -2, 3, -3, \ldots.$$

Man kann ferner beweisen, dass die Menge $\mathbb{R}$ der reellen Zahlen nicht abzählbar ("überabzählbar") ist.

Die wichtigsten Beispiele von diskreten Merkmalen sind jene, die durch *Zählen* ermittelt werden, wie etwa die Einwohnerzahl einer Ortschaft, die Zahl der Blütenblätter einer Blume etc. Das Resultat der Zählung ist offensichtlich eine natürliche Zahl. Solche Zahlen werden oft *Häufigkeiten* genannt.

Daneben treten aber diskrete Merkmale auch im Zusammenhang mit stetigen Merkmalen auf. Die Werte eines stetigen Merkmales werden nämlich meist in Klassen zusammengefasst (Lebensalter in Jahren, Körpergrösse in cm, etc.). Dies ist allein schon aus Gründen der praktisch beschränkten Messgenauigkeit notwendig. Ein im Prinzip stetiges Merkmal wird auf diese Weise *diskretisiert*, und die Messung wird im Grunde durch eine Zählung ersetzt.

> Misst man etwa beim Hundertmeterlauf die Zeit in Hundertstelsekunden, so läuft die Ablesung der Stoppuhr im Prinzip auf eine Zählung von Hundertstelsekunden heraus. Die möglichen Resultate werden dann bequemlichkeitshalber in Sekunden ausgedrückt (9.98, 10.04 etc.). Sie sind also keine natürlichen Zahlen, aber trotzdem diskrete Messwerte. (Würde man alles in Hundertstelsekunden ausdrücken, so erhielte man ja natürliche Zahlen!)

Die Überlegungen von (29.4) und (29.5) lassen sich im folgenden Schema zusammenfassen:

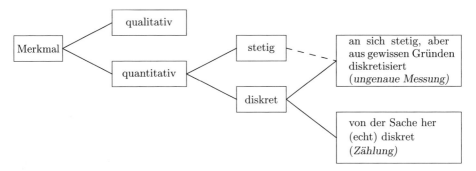

(29.6) Beschreibung von qualitativen Merkmalen durch Zahlen

Auch qualitative Merkmale werden oft unter Zuhilfenahme von Zahlen beschrieben; sie werden aber dadurch nicht etwa zu quantitativen Merkmalen. Diese Zuordnung von Zahlen kann auf zwei Stufen geschehen:

a) Nominale Merkmale

Die Zahlen dienen bloss zur Codifizierung oder zur einfacheren Verarbeitung der Daten:

- Bei der computerisierten Auswertung einer Umfrage ist es praktisch, das Merkmal "Geschlecht" durch 0 (= männlich) bzw. 1 (= weiblich) auszudrücken.
- Jeder erwachsene Einwohner und jede erwachsene Einwohnerin der Schweiz ist durch die AHV-Nummer eindeutig gekennzeichnet.
- Bei einer Untersuchung über Berufe mag es angezeigt sein, die einzelnen Berufe zu nummerieren: Architektin = 1, Bäcker = 2, Chemiker = 3, Drogistin = 4, ...

Da die Zahlen hier eigentlich nur andere Namen für die untersuchten Ausprägungen eines Merkmals sind, spricht man auch von *nominalen Merkmalen*. Charakteristisch ist, dass die Zahlen hier durch andere Symbole ersetzt werden können, ohne dass sich der Informationsgehalt ändert.

Es ist deshalb offensichtlich sinnlos, mit diesen Zahlen irgendwelche Rechnungen durchführen zu wollen. Man könnte zwar z.B. die "durchschnittliche AHV-Nummer" aller Zürcherinnen und Zürcher berechnen, das Ergebnis dieser Mühe wäre aber von der Sache her völlig absurd.

b) Ordinale Merkmale

Die Zahlen dienen dazu, eine Reihenfolge (Rangordnung) festzulegen:

- In einer gewöhnlichen Rangliste bedeutet die Aussage "1 < 2", dass der Teilnehmer mit Rang 1 besser ist als jener mit Rang 2.

- Eine Ärztin unterscheidet bei einer gewissen Krankheit vier Stufen: 0 = Krankheit nicht vorhanden, 1 = leicht, 2 = mittel, 3 = schwer. Auch hier hat die Aussage "1 < 3" eine konkrete Bedeutung.

- In der Mineralogie kennt man die Härteskala für Mineralien (benannt nach MOHS). Ein Mineral mit Härte 7 (z.B. Quarz) ritzt dabei eines mit Härte 6 (z.B. Feldspat). Die Relation > bedeutet also "härter".

In derartigen Fällen, wo also die Ordnungsrelation < der Zahlen eine konkrete Bedeutung in Bezug auf das untersuchte Merkmal hat, spricht man von einem *ordinalen Merkmal*. Bezeichnend ist, dass man bei solchen Merkmalen die Zahlen durch irgendwelche Zeichen ersetzen könnte, sofern zwischen diesen eine klar ersichtliche Reihenfolge besteht, z.B. durch das Alphabet A, B, C, ... oder durch "Jass-Striche" |, ||, |||, ...

Auch hier ist die Durchführung von Rechenoperationen mit diesen Zahlen nicht sinnvoll. So ist zwar etwa im Beispiel der Krankheit $1 - 0 = 3 - 2$; diese arithmetische Tatsache hat aber keine praktische Bedeutung, denn man kann nicht sagen, der Unterschied zwischen nicht vorhandener Krankheit und einem leichten Fall sei derselbe wie zwischen einem mittleren und einem schweren Fall. Auch die folgende Aussage ist unsinnig: Ein gesunder und ein mittelschwer erkrankter Patient sind im Durchschnitt leicht krank.

(29.7) Skalen

Wenn man irgendwelchen quantitativen oder qualitativen Merkmalen Zahlen zuordnet, so sagt man, man habe eine *Skala* eingeführt. Man ist dann natürlich versucht, mit diesen Zahlen auch zu rechnen. Wie wir aber eben gesehen haben, ist nicht jede an sich mögliche Rechnung auch wirklich sinnvoll. Es kommt darauf an, was durch die Zahlen beschrieben wird.

Um Klarheit darüber zu erhalten, welche Rechenoperationen bei einem bestimmten Merkmal sinnvoll sind, unterscheidet man vier verschiedenen Skalen, wobei a) die "schwächste", d) die "stärkste" ist:

a) Nominalskala,

b) Ordinalskala,

c) Intervallskala,

d) Verhältnisskala.

Je höher das "Niveau" der Skala ist, desto mehr Rechenoperationen sind erlaubt. Wir besprechen nun diese vier Skalen im Einzelnen.

a) Nominalskala

Hier handelt es sich einfach um die Darstellung eines nominalen Merkmals (29.6.a) durch Zahlen (vgl. die dortigen Beispiele). Diese Zahlen haben nur die Bedeutung von Namen, mehr darf nicht hineingelesen werden. Jede Rechenoperation ist, wie bereits erwähnt, sinnlos. Auch die Grössenbeziehung der Zahlen hat keine Bedeutung. Im Beispiel der Berufsbezeichnung etwa soll die Zuordnung "Architektin = 1", "Bäcker = 2" keine Wertung oder Rangordnung ausdrücken.

b) Ordinalskala

Hier drücken die Zahlen eine Rangordnung aus, sie charakterisieren ein ordinales Merkmal (29.6.b), vgl. die dortigen Beispiele. Die Beziehung < beschreibt eine gewisse wertende Eigenschaft, wie z.B. "grösser", "schneller", "kleiner", "schlechter", "intensiver" usw.

Zahlenmässig gleiche Unterschiede auf der Ordinalskala müssen aber nicht gleichen Unterschieden der Merkmale entsprechen, denn die Unterschiede der Merkmale brauchen gar nicht vergleichbar zu sein: Man kann z.B. nicht sagen, der Härteunterschied zwischen Gips (Härte 2) und Talk (Härte 1) sei grösser oder kleiner als jener zwischen Diamant (10) und Korund (9). Bei einer Ordinalskala haben die Abstände zwischen zwei Werten auf der Skala somit im Allgemeinen keine Bedeutung.

c) Intervallskala

Wenn eine Ordinalskala vorliegt, bei der auch die Abstände zwischen zwei Messwerten (anders gesagt die Intervalle) eine Bedeutung haben, dann spricht man von einer Intervallskala. Intervallskalen sind nur für quantitative Merkmale möglich, bedingen also einen Mess- oder Zählprozess.

Beispiele

- Temperatur in °C:
  Hier liegt zunächst sicher eine Ordinalskala (für ein stetiges Merkmal!) vor: $0°$ ist "wärmer" als $-5°$, $10.5°$ ist wärmer als $10.4°$ etc. Wir haben aber sogar eine Intervallskala, denn Intervalle gleicher Länge, etwa zwischen $0°$ und $1°$ bzw. zwischen $11°$ und $12°$, haben dieselbe physikalische Bedeutung. Beachten Sie aber, dass der Nullpunkt der Skala willkürlich (als Schmelzpunkt von Eis) festgelegt wurde. In der Fahrenheit-Skala z.B. liegt der Nullpunkt anderswo ($0°C$ entspricht $32°F$, $100°C$ entspricht $212°F$).

- Höhe von Bergen:

  Wir haben wiederum eine Ordinalskala; die Ordnungsrelation < entspricht dem Begriff "niedriger". Aber auch die Differenz von Zahlen hat eine klar festgelegte Bedeutung: Der Höhenunterschied zwischen Uetliberg (871) und Pfannenstil (853) ist derselbe wie zwischen Monte Brè (930) und San Salvatore (912). Der Nullpunkt aber ist willkürlich festgelegt. Man spricht zwar von der Höhe über Meer, die Angaben beziehen sich jedoch auf einen Bezugspunkt bei Genf (Repère Pierre du Niton). Die Höhe des letztern ist übrigens früher einmal um etwa 3 m nach unten korrigiert worden, was die Relativität der Sache aufzeigt.

In allen diesen Beispielen ist der Nullpunkt der Skala willkürlich festgelegt worden. Das Fehlen eines natürlichen "absoluten Nullpunkts" bewirkt, dass das Bilden von Verhältnissen im Allgemeinen nicht sinnvoll ist:

- Zwei Flugzeuge mögen in Höhen von 3000 bzw. 5000 Meter über Meer fliegen. Wenn ich auf einem Berg von der Höhe 1000 m.ü.M. bin, dann kann ich zwar sagen, das eine Flugzeug sei doppelt so hoch wie das andere. Würde ich auf einem Berg von 2000 m.ü.M. stehen, so wäre diese Aussage falsch. Die Höhendifferenz (2000 m) aber hat einen vom Standort des Beobachters unabhängigen Sinn.

- Ebenso wenig ist die Verwendung von Prozentzahlen möglich. Die Aussage "Der Uetliberg ist um 18 m höher als der Pfannenstil" ist absolut sinnvoll, nicht aber die Aussage "Der Uetliberg ist um 2.1% höher als der Pfannenstil", da dies vom gewählten Ausgangspunkt der Höhenmessung abhängt (dessen Höhenangabe nicht absolut ist und, wie oben erwähnt, tatsächlich einmal geändert wurde).

Derartige Probleme treten nun aber nicht auf, wenn ein natürlicher Nullpunkt vorhanden ist, nämlich bei einer so genannten Verhältnisskala.

d) Verhältnisskala

Wenn eine Intervallskala vorliegt, bei der zusätzlich der *Nullpunkt* der Skala *in natürlicher Weise* gegeben ist, dann hat auch die Bildung von Verhältnissen (und von Prozentzahlen) einen Sinn. Man spricht von einer Verhältnisskala.

Beispiele

- Gewicht: Das Gewicht 0 ist ein natürlicher Nullpunkt. Es ist sinnvoll, zu sagen, ein Mensch von 140 kg wiege doppelt so viel wie einer von 70 kg.

- Entsprechendes gilt für Länge, Flächeninhalt, Volumen, elektrische Stromstärke etc.

- Auch die Temperatur in K (Kelvin) ist eine Verhältnisskala, da der absolute Nullpunkt ($-273.15°C$) ein naturgegebener Nullpunkt der Skala ist.

- Durch Zählungen ermittelte *Häufigkeiten* entsprechen normalerweise einer Verhältnisskala. (Die Häufigkeit 0 ist ein natürlicher Nullpunkt.)

e) <u>Zusammenfassung</u>

Mit Zahlen, die Merkmalen von Untersuchungsobjekten entsprechen, darf nicht unbesehen gerechnet werden. Man muss sich jeweils überlegen, zu welcher der folgenden vier Skalen diese Zahlen gehören.

Nominalskala	Keine Rangordnung. Rechenoperationen sinnlos.
Ordinalskala	Rangordnung festgelegt. Rechenoperationen sinnlos.
Intervallskala	Rangordnung festgelegt, Abstände zwischen Zahlen haben Bedeutung, Nullpunkt willkürlich. Bildung von Verhältnissen (und Prozenten) nicht sinnvoll.
Verhältnisskala	Rangordnung festgelegt, Abstände zwischen Zahlen haben Bedeutung, Nullpunkt absolut. Bildung von Verhältnissen (und Prozenten) sinnvoll.

Für die mathematische Behandlung interessieren hauptsächlich die Intervall- und Verhältnisskalen, gelegentlich auch die Ordinalskalen.

In Einzelfällen kann die Zuordnung eines Merkmals zu einer bestimmten Skala diskutabel sein.

a) Zu welcher Skala gehören Schulnoten? Sicher bilden sie eine Ordinalskala. Ob sie auch eine Intervallskala bilden, hängt von der Situation ab. So wird z.B. eine Stilnote in einem Aufsatz zu einer Ordinalskala gehören, die Orthographienote dagegen zu einer Intervallskala, sofern sie sich direkt auf die Anzahl der gemachten Fehler bezieht.

b) Wie sind Startnummern bei einem Wettkampf einzureihen? Auf jeden Fall handelt es sich um nominale Merkmale, da die Startnummern die Teilnehmerinnen bezeichnen. Bei vielen Wettkämpfen, z.B. bei einer Ski-Abfahrt, geben sie auch die Startreihenfolge an. In diesem Fall liegt eine Ordinalskala vor.

Die Zuordnung zu einer bestimmten Skala hängt also auch davon ab, in welchem Licht man die Merkmale betrachtet.

(29.∞) Aufgaben

29−1 Geben Sie bei den folgenden Merkmalen an, ob sie qualitativ, quantitativ und stetig bzw. quantitativ und diskret sind.

a) Länge des Fusses eines Menschen, b) Schuhnummer dieser Person, c) Farbe des Schuhs, d) Preis des Schuhs, e) Gewicht des Schuhs, f) Form des Absatzes.

29−2 Zu welcher Skala gehören die folgenden Merkmale?

a) Rückennummer eines Fussballspielers, b) Rang des Teams in der Meisterschaft, c) Effektive Dauer des Fussballspiels, d) Anzahl Zuschauer, e) Höhe des Fussballplatzes gemäss Landkarte, f) Länge des Fussballfeldes.

29−3 In der folgenden Geschichte kommen fettgedruckte Zahlen vor. Legen Sie in jedem Fall fest, zu welcher Skala (Nominal-, Ordinal-, Intervall- oder sogar Verhältnisskala) diese Zahl gehört. In unklaren Fällen ist Diskussion erwünscht.

Frau X., wohnhaft an der Rechnerstrasse **7** in **3141** Piwil, bestieg am **27.** Juli auf Gleis **14** einen Wagen **1**. Klasse des Zugs Nr. **708**, fahrplanmässige Abfahrtszeit **703**, der mit **4** Minuten Verspätung abfuhr. Bald danach erstand sie sich für Fr. **5.−** (inkl. Trinkgeld) an der Minibar eine Zwischenverpflegung (der Kaffee war ihr mit seinen **75**° zunächst zu heiss) und las im Heft Nr. **13** ihrer Lieblingszeitschrift. Die Zeit verging wie im Fluge, und ehe sie sich's versah, hatte der Zug die **129** Kilometer zwischen Zürich und Bern zurückgelegt.

30. DARSTELLUNG VON VERSUCHSERGEBNISSEN

(30.1) Überblick

Bei vielen Untersuchungen fallen Daten in grosser Zahl an. Um diese in übersichtlicher Form darstellen zu können, verwendet man verschiedene Verfahren, von denen einige in diesem Kapitel vorgestellt werden. Dies wird anhand je eines Beispiels für ein diskretes und für ein stetiges Merkmal durchgeführt.

Die beiden wichtigsten Begriffe sind die *Häufigkeitsverteilung* (dargestellt mit Stab- bzw. Balkendiagrammen) und die *Summenhäufigkeitsverteilung*.

(30.2), (30.3)

(30.6), (30.7)

(30.2) Häufigkeitsverteilung bei diskreten Merkmalen

Wir beginnen mit einem Beispiel:

Beispiel 30.2.A

Eine Gruppe von 40 Studierenden erzielte an einer Prüfung die folgenden Noten. Da diese einer alphabetischen Liste entstammen, sind sie noch ungeordnet.

4	$4\frac{1}{2}$	5	3	$5\frac{1}{2}$	$4\frac{1}{2}$	$3\frac{1}{2}$	$5\frac{1}{2}$	3	4
$4\frac{1}{2}$	1	5	4	$5\frac{1}{2}$	$3\frac{1}{2}$	6	$4\frac{1}{2}$	5	$4\frac{1}{2}$
6	4	3	$4\frac{1}{2}$	5	3	6	4	$2\frac{1}{2}$	$4\frac{1}{2}$
$4\frac{1}{2}$	$3\frac{1}{2}$	$3\frac{1}{2}$	$5\frac{1}{2}$	4	$4\frac{1}{2}$	3	5	3	4

⊠

Diese Angaben nennt man die *Urliste* oder die *Rohdaten*. Die Anzahl der untersuchten Objekte bezeichnen wir mit n (hier ist $n = 40$). Um sich etwas mehr Übersicht zu verschaffen, verfertigt man zweckmässigerweise eine so genannte *Strichliste*:

1	|	1
$1\frac{1}{2}$		0
2		0
$2\frac{1}{2}$	|	1
3	ЖТ |	6
$3\frac{1}{2}$	||||	4
4	ЖТ ||	7
$4\frac{1}{2}$	ЖТ ||||	9
5	ЖТ	5
$5\frac{1}{2}$	||||	4
6	|||	3

Die erhaltenen Anzahlen nennt man die *absoluten Häufigkeiten* des betrachteten Merkmalswerts. Wir formulieren den Sachverhalt noch mit allgemeinen Grössen: Die möglichen Werte des Merkmals seien

$$w_1, w_2, \ldots, w_k .$$

(Im Beispiel ist $w_1 = 1$, $w_2 = 1\frac{1}{2}, \ldots, w_{11} = 6$, somit $k = 11$.) Die absolute Häufigkeit des Merkmalswerts w_i bezeichnen wir mit H_i (hier ist also $H_1 = 1, \ldots, H_{11} = 3$). Natürlich ist dann die Summe aller absoluten Häufigkeiten gleich n: $\sum_{i=1}^{k} H_i = n$.

Neben den absoluten Häufigkeiten H_i betrachtet man auch die *relativen Häufigkeiten* h_i, da diese oft übersichtlicher sind. Eine solche relative Häufigkeit kommt in zwei Varianten vor: Als Zahl zwischen 0 und 1 oder als Prozentzahl zwischen 0% und 100%. Für die Theorie ist die erste Variante zweckmässiger, in der Praxis verwendet man gerne die zweite. Die relative Häufigkeit h_i des Merkmalswerts w_i ist gegeben durch

$$h_i = \frac{H_i}{n} = \frac{\text{Absolute Häufigkeit}}{\text{Anzahl der Untersuchungsobjekte}}$$

bzw.

$$h_i = \frac{H_i}{n} \cdot 100\% .$$

Aus der obigen Strichliste erhalten wir so die folgende Tabelle:

w_i	H_i	h_i	h_i (%)
1	1	0.025	2.5%
$1\frac{1}{2}$	0	0	0%
2	0	0	0%
$2\frac{1}{2}$	1	0.025	2.5%
3	6	0.150	15%
$3\frac{1}{2}$	4	0.100	10%
4	7	0.175	17.5%
$4\frac{1}{2}$	9	0.225	22.5%
5	5	0.125	12.5%
$5\frac{1}{2}$	4	0.100	10%
6	3	0.075	7.5%

Es ist klar, dass die Summe der relativen Häufigkeiten h_i 1 bzw. 100% ergeben muss.

Besonders anschaulich sind graphische Darstellungen wie etwa das unten stehende *Stabdiagramm*:

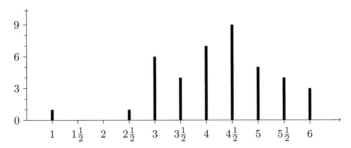

Man kann die Ordinate sowohl mit den absoluten als auch mit den relativen Häufigkeiten beschriften. Die Höhe der eingetragenen Strecken (Stäbe) ist proportional zu den betreffenden Häufigkeiten. Anstelle der Strecken könnte man auch schmale Balken einzeichnen; diese sollten sich aber nicht gegenseitig berühren, vgl. (30.3).

Unter dem im Titel des Abschnitts gebrauchten zusammenfassenden Begriff "*Häufigkeitsverteilung*" versteht man einfach die Menge der Werte w_i mit den zugehörigen Häufigkeiten. Man kann sie wahlweise mit einer Tabelle oder einem Stabdiagramm beschreiben.

(30.3) Häufigkeitsverteilung bei stetigen Merkmalen

Wir beginnen wieder mit einem Beispiel.

Beispiel 30.3.A

Im Rahmen einer Untersuchung wurden 50 zweiwöchige Küken gewogen, wobei die Gewichte auf Gramm gerundet wurden. Man erhielt folgende Urliste (Angaben in Gramm):

100	87	101	107	102	105	91	104	103	102
99	96	104	93	105	107	103	106	96	111
104	92	107	101	109	90	106	97	103	112
101	103	108	105	105	110	97	109	112	103
108	98	104	106	97	119	99	115	100	106

Wie schon im Beispiel 30.2.A sind die Daten ungeordnet.   ⊠

Wiederum stellen wir eine Strichliste auf (siehe folgende Seite), wobei wir gleichzeitig die absoluten und die relativen Häufigkeiten (in %) eintragen.

Messwert		absolute Häufigkeit	relative Häufigkeit (in %)
86		0	0
87	I	1	2
88		0	0
89		0	0
90	I	1	2
91	I	1	2
92	I	1	2
93	I	1	2
94		0	0
95		0	0
96	II	2	4
97	III	3	6
98	I	1	2
99	II	2	4
100	II	2	4
101	III	3	6
102	II	2	4
103	IIII	5	10
104	IIII	4	8
105	IIII	4	8
106	IIII	4	8
107	III	3	6
108	II	2	4
109	II	2	4
110	I	1	2
111	I	1	2
112	II	2	4
113		0	0
114		0	0
115	I	1	2
116		0	0
117		0	0
118		0	0
119	I	1	2
120		0	0
Total		50	100

Zum Beispiel (30.2) der Schulnoten (eines diskreten Merkmals) besteht der folgende wesentliche Unterschied: Das Gewicht ist ein stetiges Merkmal, welches (innerhalb gewisser Grenzen) jeden Wert annehmen kann. Bei den auf Gramm genau angegebenen Gewichten handelt es sich um gerundete ("diskretisierte", vgl. (29.5)) Werte. Die Angabe "91" bedeutet, dass das betreffende Küken zwischen 90.5 und 91.5 Gramm wiegt.

Um eine eindeutige Festlegung zu erhalten, runden wir an den Intervallgrenzen jeweils ab: Ein Küken, das 91.5 g wiegt, zählt somit zur Gewichtsklasse 91. Dies ist bloss von theoretischem Interesse, wiegt doch ein Küken kaum genau 91.5 g.

Die Angaben in der Urliste und in der Strichliste beziehen sich also auf eine so genannte *Klasseneinteilung*:

$$\text{Gewicht } x: 85.5 < x \leq 86.5 : \text{Klasse } 86,$$
$$\text{Gewicht } x: 86.5 < x \leq 87.5 : \text{Klasse } 87, \text{ etc.}$$

Weiter gebraucht man den Begriff der *Klassenbreite* (hier 1 bzw. 1 g); die Zahlen 86, 87 etc. heissen die *Klassenmitten*.

Wir stellen nun auch diese Daten graphisch dar. Um klarzumachen, dass es sich hier um ein stetiges Merkmal handelt, zeichnen wir im Gegensatz zu (30.2) aneinanderliegende Balken. Die Höhe dieser Balken entspricht zunächst der relativen (oder absoluten) Häufigkeit, vgl. aber (30.4). Man erhält so ein *Histogramm* oder *Blockdiagramm*.

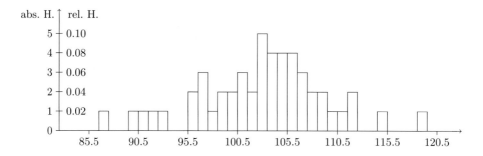

(30.4) Änderung der Klasseneinteilung

Das obige Histogramm ist noch nicht sehr übersichtlich. Das liegt daran, dass die absoluten Häufigkeiten der einzelnen Klassen zu klein sind, so dass sich Lücken und weitere Unregelmässigkeiten ergeben. Dies könnte man durch Erhöhung der Zahl der Untersuchungsobjekte ändern. Muss man aber mit der gegebenen Anzahl auskommen, so kann man versuchen, die Klassenbreite zu vergrössern.

Wir wählen* (mehr oder weniger willkürlich) die Klassenbreite 5 (5 Gramm) und beginnen wie vorhin mit 85.5 als unterster Klassengrenze. Wir erhalten so folgende Tabelle:

Klasse	Klassenmitte	abs. H.	rel. H.
$85.5 < x \leq 90.5$	88	2	0.04
$90.5 < x \leq 95.5$	93	3	0.06
$95.5 < x \leq 100.5$	98	10	0.20
$100.5 < x \leq 105.5$	103	18	0.36
$105.5 < x \leq 110.5$	108	12	0.24
$110.5 < x \leq 115.5$	113	4	0.08
$115.5 < x \leq 120.5$	118	1	0.02

---

* Die Anzahl der Klassen kann man an sich frei wählen. Zuviele Klassen ergeben aber ein unregelmässiges Bild, zuwenige unterdrücken zuviel Information.

Das zugehörige Histogramm lässt die wesentlichen Züge besser hervortreten als jenes in (30.3):

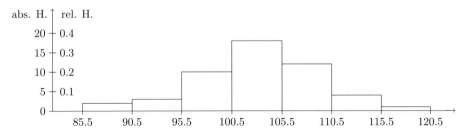

Beim Vergleich der beiden Histogramme fällt auf, dass im zweiten der Massstab der Ordinate verkürzt wurde, und zwar um den Faktor 5. Der Grund dafür ist der, dass die neuen Klassen fünfmal breiter sind als die alten. Die Massstabsänderung bewirkt nun, dass in den beiden Histogrammen der Flächeninhalt pro Untersuchungsobjekt (ein einzelnes Küken) derselbe ist. Anders ausgedrückt: Nicht die Höhe der Balken, sondern ihr Inhalt soll ein Mass für die Häufigkeit sein. Insbesondere ist dann der totale Flächeninhalt unter allen Balken zusammen in beiden Fällen derselbe (und zwar $= 1$, bzw. $= 100\%$, wenn wir relative Häufigkeiten betrachten). Dies ermöglicht einen guten Vergleich der beiden Histogramme.

Die Regel, dass der Flächeninhalt und nicht die Höhe der Balken massgebend ist, muss zwingend angewendet werden, wenn man, was gelegentlich nötig ist, mit verschiedenen Klassenbreiten im selben Histogramm arbeitet. Als Beispiel dazu betrachten wir die drei folgenden Klassen:

Klasse	Klassenbreite	abs. H.	rel. H.
$85.5 < x \leq 100.5$	15	15	0.30
$100.5 < x \leq 105.5$	5	18	0.36
$105.5 < x \leq 120.5$	15	17	0.34

Wir stellen diese Daten auf zwei Arten dar: In der Figur links ist (fälschlicherweise) die Höhe, in jener rechts (korrekterweise) der Flächeninhalt proportional zu den relativen Häufigkeiten. Man stellt sofort fest, dass die linke Darstellung rein optisch den falschen Eindruck erweckt, die mittlere Klasse sei viel kleiner als die beiden andern, obwohl sie in Tat und Wahrheit die grösste ist.

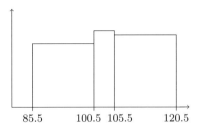
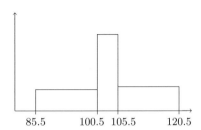

(30.5) Eine Idealisierung

Gelegentlich verbindet man die Mitten der obern Rechtecksseiten durch eine glatte Kurve und betrachtet diese dann für sich allein:

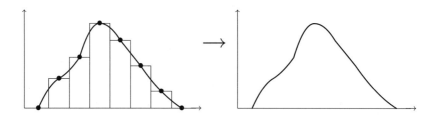

Dies tut man zum Beispiel dann, wenn man grob die Form der Häufigkeitsverteilung skizzieren will. Man unterscheidet etwa:

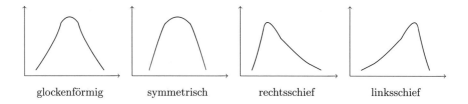

glockenförmig   symmetrisch   rechtsschief   linksschief

Bei diesem Prozess handelt es sich natürlich um eine Idealisierung. Hat man aber sehr viele und sehr genaue Messdaten, so kann man eine derart feine Klasseneinteilung wählen, dass diese "glatte" Idealisierung von der "Treppenkurve" des Histogramms kaum mehr abweicht.

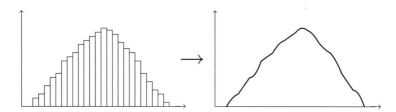

Der eben beschriebene Übergang von der "Treppenkurve" des Histogramms zu einer "glatten" Kurve wird in der Wahrscheinlichkeitsrechnung wieder aufgenommen werden. Da er gewissermassen auf einer Art Grenzübergang beruht (immer mehr, dafür immer feinere Klassen), kann er nur in Gedanken durchgeführt werden (daher der Ausdruck

"Idealisierung"). Aus der relativen Häufigkeit wird bei diesem Übergang die Wahrscheinlichkeit, und die "glatte" Kurve bestimmt dann eine so genannte Wahrscheinlichkeitsverteilung. Näheres dazu finden Sie im Kapitel 40.

(30.6) Summenhäufigkeitsverteilung bei diskreten Merkmalen

Eine weitere Art der Darstellung von Versuchsergebnissen ist die Summenhäufigkeitsverteilung. Wir betrachten zur Erläuterung das Beispiel 30.2.A der Noten.

Wenn man fragt, wieviele Studierende eine ungenügende Note, d.h., eine Note $\leq 3\frac{1}{2}$ erzielt haben, dann ist die Antwort nicht direkt aus der Tabelle oder dem Stabdiagramm von (30.2) abzulesen. Vielmehr muss man die Häufigkeit aller Noten $\leq 3\frac{1}{2}$ addieren, und man erhält

$$1 + 0 + 0 + 1 + 6 + 4 = 12 \,.$$

Die so erhaltene Zahl heisst eine *Summenhäufigkeit* (oder *kumulative Häufigkeit*). Diese Summenhäufigkeit gibt also an, wieviele Messwerte kleiner oder gleich* einer gewissen Zahl sind. Selbstverständlich kommt die Summenhäufigkeit sowohl in einer absoluten als auch in einer relativen Variante vor. In der folgende Tabelle sind die Werte zu unserem Beispiel eingetragen (H. bedeutet Häufigkeit, SH. Summenhäufigkeit).

Note	abs. H.	rel. H.	abs. SH.	rel. SH.
1	1	0.025	1	0.025
$1\frac{1}{2}$	0	0	1	0.025
2	0	0	1	0.025
$2\frac{1}{2}$	1	0.025	2	0.050
3	6	0.150	8	0.200
$3\frac{1}{2}$	4	0.100	12	0.300
4	7	0.175	19	0.475
$4\frac{1}{2}$	9	0.225	28	0.700
5	5	0.125	33	0.825
$5\frac{1}{2}$	4	0.100	37	0.925
6	3	0.075	40	1.000

Natürlich ist die letzte Summenhäufigkeit gerade gleich der Anzahl n der untersuchten Objekte, bzw. gleich der relativen Häufigkeit 1.

---

* Es sei erwähnt, dass in manchen Büchern die Summenhäufigkeit mit $<$ statt mit $\leq$ definiert wird.

Diese Summenhäufigkeit ist unten graphisch aufgetragen. Ein Vergleich mit dem nochmals aufgezeichneten Stabdiagramm zeigt, dass die "Sprünge" bei der Summenhäufigkeitsverteilung gerade die Höhe der entsprechenden Stäbe haben. Die gestrichelt eingetragenen vertikalen Linien kann man wahlweise eintragen oder weglassen. Zeichnet man sie ein, hat man eine schöne "Treppe", lässt man sie weg, erhält man den Graphen einer Funktion.

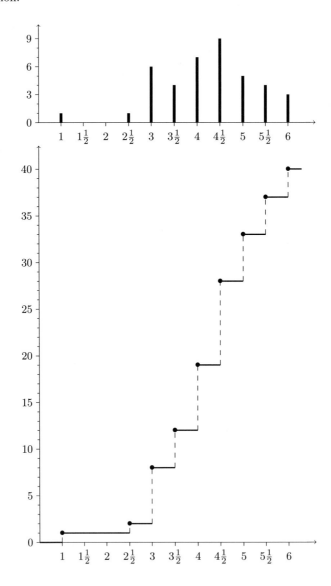

Bemerkungen

a) Um einen direkten Vergleich mit dem Stabdiagramm zu ermöglichen, musste in der obigen Figur der Massstab auf der Ordinate recht gross gewählt werden. Mit einem verkürzten Massstab bei der Summenhäufigkeitsverteilung würde die Darstellung übersichtlicher.

b) An den Sprungstellen ist jeweils der obere Wert zu nehmen, was durch die ausgefüllten Punkte angedeutet wird. Dies kommt daher, dass wir zur Definition der Summenhäufigkeitsverteilung die Beziehung $\leq$ und nicht die Beziehung $<$ verwendet haben.

c) Die waagrechten Teilstücke in der Darstellung der Summenhäufigkeitsverteilung sind mit gutem Grund ausgezogen worden. Man kann nämlich die Summenhäufigkeiten auch an andern Stellen als den effektiv vorkommenden Noten ($1, 1\frac{1}{2}, 2, \ldots$) betrachten, indem man etwa die Frage stellt: Wieviele Personen haben eine Note ≤ 3.25 erzielt? Da diese Note in unserer Skala nicht vorkommt, gehört zu 3.25 dieselbe Summenhäufigkeit wie zu 3. Mit andern Worten: Der Graph hat an der Stelle 3.25 (und ebenso für alle Zahlen x mit $3 \leq x < 3.5$) dieselbe Höhe wie an der Stelle 3. Erst bei 3.5 "passiert wieder etwas".

d) Die waagrechten Stücke in der Figur können als Graph einer Funktion aufgefasst werden, der so genannten *(empirischen) Verteilungsfunktion* $\widetilde{F}(x)$. Der Zusatz "empirisch" soll den Begriff gegenüber der in der Wahrscheinlichkeitsrechnung vorkommenden "Verteilungsfunktion" (vgl. (37.7)) abgrenzen.

(30.7) Summenhäufigkeitsverteilung bei stetigen Merkmalen

Ähnlich wie in (30.6) bilden wir zu den Häufigkeiten von Beispiel 30.3.A die zugehörigen Summenhäufigkeiten. Es genügt, einen Ausschnitt aus der entsprechenden Tabelle zu geben:

Gewicht	abs. H.	abs. SH.
86	0	0
87	1	1
88	0	1
89	0	1
90	1	2
...		
101	3	18
102	2	20
103	5	25
104	4	29
105	4	33
...		

Nun stellen wir diese Summenhäufigkeit graphisch dar.

Dabei tritt ein kleines Problem auf, das mit der Stetigkeit des Merkmals zu tun hat. Zur Klasse "87" beispielsweise gehören alle Hühner, deren Gewicht im (halboffenen) Intervall (86.5, 87.5] liegt. Da also ein Küken mit einem Gewicht von 87.5 Gramm gerade

noch in dieser Klasse liegt, lassen wir die Treppenkurve des Graphen an der Stelle 87.5
springen. Andere Lehrmeinungen besagen, dass man den Sprung in die Klassenmitte,
also an die Stelle 87, legen soll. Beide Verfahren bringen aber kleine Ungenauigkeiten.

Wir erhalten das folgende Bild:

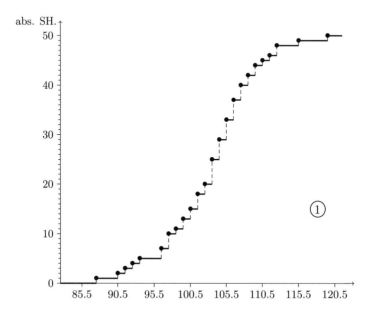

Das ganze Prozedere kann selbstverständlich mit anderen Klasseneinteilungen wiederholt werden. Mit der Einteilung von (30.4) finden wir die folgende Tabelle:

Klasse	abs. H.	abs. SH.
$85.5 < x \leq 90.5$	2	2
$90.5 < x \leq 95.5$	3	5
$95.5 < x \leq 100.5$	10	15
$100.5 < x \leq 105.5$	18	33
$105.5 < x \leq 110.5$	12	45
$110.5 < x \leq 115.5$	4	49
$115.5 < x \leq 120.5$	1	50

Auf diese Weise erhalten wir natürlich einen Graphen mit "grösseren Treppenstufen".
Die Sprungstellen liegen bei 90.5, 95.5 usw. Beachten Sie, dass die Figuren ① und ②
denselben Ordinatenmassstab aufweisen. Dies ist hier — im Gegensatz zu (30.4) —
zweckmässig.

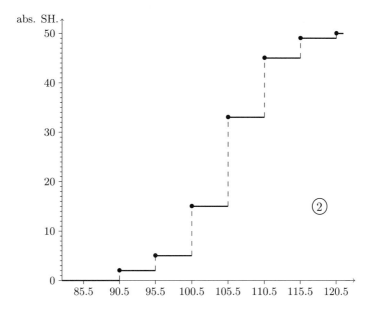

(30.8) Idealisierung der Summenhäufigkeitsverteilung

Verbinden wir in der Figur ② von (30.7) die Eckpunkte der "Treppe" durch Geradenstücke, so erhalten wir einen Streckenzug (gestrichelte Linie in Figur ③).

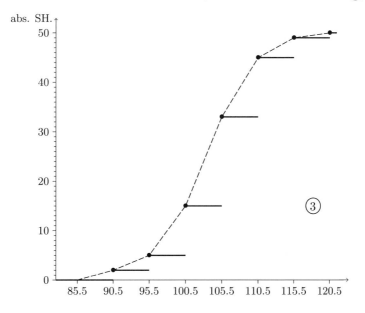

Wird die Klasseneinteilung verfeinert, d.h., unterwerfen wir Figur ① demselben Prozess, so nähert sich der Streckenzug einer glatten Kurve. Verfeinern wir in Gedanken die Klasseneinteilung noch mehr, so erhalten wir als Idealisierung eine glatte Kurve, die etwa so aussieht:

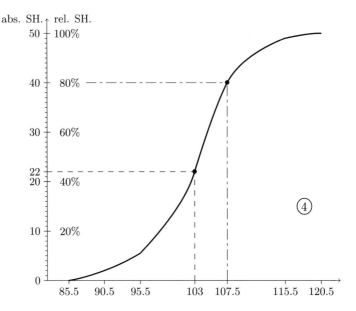

Eine solche Kurve kann man dazu benützen, gewisse Daten auf einfache Weise abzulesen. Wir illustrieren das Vorgehen an Figur ④.

a) Wieviele Küken wiegen ≤ 103 Gramm?

Wir gehen von 103 aus entlang der gestrichelten Geraden nach oben bis zur Kurve und dann nach links. Wir finden so die Antwort: 22.

Aufgrund der ursprünglichen Daten wissen wir allerdings nur, dass 20 Küken unter 102.5 g und 25 Küken unter 103.5 g wiegen. Die erhaltene Zahl 22 ist das Resultat einer Interpolation aufgrund der (idealisierten) Kurve und kein exakter Wert.

Noch ein zweiter Einwand: Es hätte ja als Schnittpunkt mit der Ordinate auch z.B. die Zahl 22.5 herauskommen können, was als Häufigkeit sinnlos ist. Immerhin ist man bei relativen Häufigkeiten (Prozentzahlen) eher gewohnt, auch nicht ganze Zahlen zu akzeptieren.

b) Für welches Gewicht x gilt, dass 80% der Tiere höchstens x Gramm wiegen?

Hier gehen wir von der Zahl 80% auf der Ordinate entlang der strichpunktierten Geraden bis zur Kurve und dann senkrecht nach unten. Als Antwort finden wir $x = 107.5$. Natürlich gilt dieselbe Kritik wie unter a).

(30.9) Schlussbemerkungen

a) Andere Darstellungsarten

Aus dem täglichen Leben sind Ihnen Darstellungsarten wie "Kreisdiagramme" oder "Balkendiagramme" sicher vertraut. Wir werden diese hier nicht weiter betrachten. Immerhin sollten Sie an diese verschiedenen Möglichkeiten denken, wenn es darum geht, einen Sachverhalt mit einfachen Mitteln anschaulich zu beschreiben.

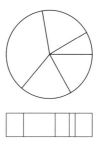

In derartigen Darstellungen ist der Flächeninhalt des Kreissektors bzw. des Teilrechtecks ein Mass für die Häufigkeit.

b) Untersuchung von mehreren Merkmalen

Im ganzen Kapitel wurde davon ausgegangen, dass an jedem Untersuchungsobjekt nur ein einziges Merkmal beobachtet wurde. Das ist natürlich nicht immer der Fall. So kann an einem einzelnen Menschen etwa das Gewicht, die Körperlänge, der Brustumfang, die Schuhgrösse, der systolische Blutdruck usw. usw. gemessen werden. Die übersichtliche Darstellung der gewonnenen Daten ist natürlich umso schwieriger, je mehr Grössen gleichzeitig erfasst werden sollen.

Im Fall von zwei Grössen (wie etwa Gewicht und Körperlänge) kann man in einem kartesischen Koordinatensystem das Gewicht auf der x-Achse, die Körpergrösse auf der y-Achse abtragen. Zu jeder untersuchten Person gehört dann ein Punkt in der x-y-Ebene:

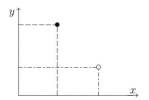

•: Niedriges Gewicht, grosse Körperlänge.

○: Hohes Gewicht, kleine Körperlänge.

Das "eindimensionale" Histogramm von (30.3) wird im Fall von zwei zu untersuchenden Merkmalen durch ein "zweidimensionales" Histogramm gemäss nebenstehender Figur ersetzt.

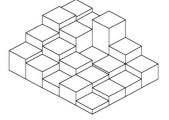

$(30.\infty)$ Aufgaben

30−1 Zwanzig Studentinnen und Studenten absolvierten eine Prüfung, in welcher maximal 12 Punkte erzielt werden konnten und erreichten dabei die folgenden Resultate:

$$6, 8, 3, 10, 1, 12, 3, 12, 7, 5, 10, 9, 6, 6, 11, 7, 6, 10, 9, 7.$$

a) Zeichnen Sie das Stabdiagramm.

b) Stellen Sie die Summenhäufigkeitsverteilung graphisch dar.

30−2 Bei 24 Personen ergaben sich folgende, auf 0.5 cm genau gemessene, Körpergrössen:

182.0	176.0	191.0	173.5	183.0	178.0	179.0	174.5
184.5	174.0	180.5	174.5	178.5	169.0	178.5	168.5
179.0	177.0	172.5	171.0	176.5	167.0	175.0	175.0

a) Zeichnen Sie das zugehörige Histogramm für eine Klassenbreite von 2 cm, beginnend mit der Klasse (166.25,168.25].

b) Stellen Sie die Summenhäufigkeitsverteilung bezüglich der in a) angegebenen Klasseneinteilung graphisch dar.

c) Zeichnen Sie das Histogramm für eine Klassenbreite von 4 cm, beginnend mit der Klasse (164.25,168.25]. Ändern Sie den Massstab der Ordinate gegenüber a) gemäss (30.4).

Weitere Aufgaben zum Thema "Darstellung von Versuchsergebnissen" finden Sie im Abschnitt $(31.\infty)$, kombiniert mit solchen zu statistischen Masszahlen.

31. STATISTISCHE MASSZAHLEN

(31.1) Überblick

Statistische Masszahlen dienen dazu, die Verteilung von beobachteten Daten auf prägnante Weise zusammenzufassen. Wir betrachten hier nur zwei Arten von derartigen Grössen, nämlich *Lagemasse* und *Streuungsmasse* und zwar im Einzelnen (31.2)

- Lagemasse:
    - Durchschnitt, (31.3)
    - Median, (31.4)
    - Modus. (31.5)
- Streuungsmasse:
    - Variationsbreite, (31.6)
    - Interdezilbereich, (31.6)
    - Varianz, (31.7)
    - Standardabweichung. (31.7)

(31.2) Allgemeine Betrachtungen

Wenn wir eine Anzahl von Beobachtungsdaten vor uns haben, wie etwa in den Beispielen von Kapitel 30, dann steckt die volle Information in der Urliste ((30.2.A) bzw. (30.3.A)), die sämtliche Daten enthält. Meist sind diese Angaben aber zu zahlreich, so dass man gezwungen ist, eine übersichtlichere Darstellung in kondensierter Form zu suchen. Eine Möglichkeit besteht darin, das Stabdiagramm bzw. das Histogramm der Häufigkeitsverteilung ((30.2) bzw. (30.3)) oder die Summenhäufigkeitsverteilung (30.6) zu zeichnen.

Oft verkleinert man dabei bewusst den Informationsgehalt, wenn man dafür die charakteristischen Züge besser darstellen kann. Dies haben wir etwa bei der Gruppierung nach Klassen gesehen.

Häufig möchte man die Verteilung der Beobachtungsdaten nicht graphisch, sondern mit möglichst wenigen, aussagekräftigen Zahlen darstellen (natürlich unter Verlust der einzelnen Detailangaben). Dazu dienen die *statistischen Masszahlen*, von denen uns zwei Gruppen interessieren werden:

a) <u>Lagemasse</u>

Gesucht ist eine Zahl, welche die Lage der Beobachtungsdaten auf der Abszisse (also der horizontalen Achse) beschreibt:

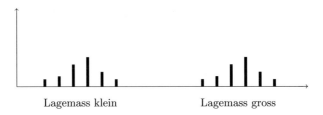

Lagemass klein   Lagemass gross

Das bekannteste Lagemass ist der Durchschnitt (das arithmetische Mittel). Daneben gibt es aber auch noch andere Lagemasse. Diese sind insofern von Bedeutung, als das arithmetische Mittel gar nicht immer sinnvoll angewandt werden kann. Dies hängt nämlich davon ab, welche Skala vorliegt (eine entsprechende Bemerkung wurde schon am Schluss von (29.6) gemacht).

Wir werden die folgenden Lagemasse besprechen:

   1) Durchschnitt (oder arithmetisches Mittel) in (31.3),
   2) Median (oder Zentralwert) in (31.4),
   3) Modus (oder Dichtemittel) in (31.5).

b) <u>Streuungsmasse</u>

Gesucht ist eine Zahl, die angibt, wie die Daten um das Lagemass herum "streuen", d.h., ob sie nahe beeinander oder weit gestreut liegen. Anschaulich:

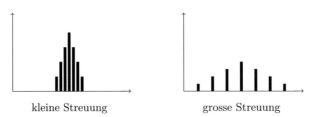

kleine Streuung   grosse Streuung

Auch hier gibt es verschiedene derartige Masse; die folgenden vier werden weiter unten behandelt:

   1) Variationsbreite in (31.6),
   2) Interdezilbereich in (31.6),
   3) Varianz in (31.7),
   4) Standardabweichung in (31.7).

Dabei unterscheiden sich die beiden letzten Grössen insofern nicht wesentlich, als die Standardabweichung die Wurzel aus der Varianz ist.

(31.3) Das arithmetische Mittel

a) Die Definition

Wir gehen davon aus, dass n beobachtete (gemessene oder gezählte) Werte bekannt sind. Diese bezeichnen wir mit

$$x_1, x_2, \ldots, x_n .$$

Dabei kann derselbe Wert ohne weiteres mehrfach vorkommen. Im Beispiel 30.3.A etwa ist $n = 50$, ferner ist

$$x_1 = 100, \, x_2 = 87, \, x_3 = 101, \, \ldots, x_{49} = 100, \, x_{50} = 106 .$$

Das *arithmetische Mittel* (oft auch *Durchschnitt* genannt) wird mit $\bar{x}$ bezeichnet und ist definiert durch die Formel

$$\bar{x} = \frac{1}{n}(x_1 + x_2 + \ldots + x_n) = \frac{1}{n}\sum_{i=1}^{n} x_i .$$

b) Beispiele

1. Die Durchschnittsnote der 40 Werte aus (30.2) ist

$$\frac{1}{40}(4 + 4.5 + 5 + \ldots + 3 + 4) = \frac{169}{40} = 4.225 .$$

2. Das Durchschnittsgewicht der 50 Küken aus (30.3) beträgt

$$\frac{1}{50}(100 + 87 + 101 + \ldots + 100 + 106) = \frac{5148}{50} = 102.96 .$$

Mit vielen Taschenrechnern kann man den Durchschnitt direkt ausrechnen. Die Daten werden oft mit der Taste $\boxed{\Sigma +}$ eingegeben (falsch eingegebene Werte werden mit $\boxed{\Sigma -}$ gelöscht); der Durchschnitt wird mit $\boxed{\bar{x}}$ abgerufen.

c) Anwendungsbereich des arithmetischen Mittels

Das arithmetische Mittel ist

- sinnvoll für Intervall- und Verhältnisskalen (29.7), sofern nicht die Verteilung sehr schief (30.5) ist. In diesem Fall pflegt man den Median zu verwenden (für ein Beispiel siehe (31.4)),

- nicht sinnvoll für Nominal- und Ordinalskalen (vgl. den Schluss von (29.6)).

d) Bildung des Durchschnitts bei zu Klassen gruppierten Daten

Liegt eine Klasseneinteilung wie etwa in (30.4) vor, so kennt man den genauen Messwert für ein einzelnes Objekt nicht und nimmt deshalb (mangels präziserer Information) an, er sei gleich der Klassenmitte der Klasse, zu welcher das Objekt gehört. Zur Berechnung des Durchschnitts zählt man dann diese Zahl so oft, wie es Objekte in der Klasse hat. Wir betrachten die Zahlen aus dem Beispiel von (30.4), wo eine Klassenbreite von 5 Gramm vorliegt:

Klasse	Klassenmitte	abs. Häufigkeit.
$85.5 < x \leq 90.5$	88	2
$90.5 < x \leq 95.5$	93	3
$95.5 < x \leq 100.5$	98	10
$100.5 < x \leq 105.5$	103	18
$105.5 < x \leq 110.5$	108	12
$110.5 < x \leq 115.5$	113	4
$115.5 < x \leq 120.5$	118	1

Wir finden

$$\bar{x} = \frac{1}{50}(2 \cdot 88 + 3 \cdot 93 + 10 \cdot 98 + 18 \cdot 103 + 12 \cdot 108 + 4 \cdot 113 + 1 \cdot 118) = 103.1 \,.$$

Es ist nicht verwunderlich, dass das Ergebnis etwas anders als im Beispiel 2. von b) ausgefallen ist. (Genau betrachtet betraf auch dieses Beispiel bereits eine Klasseneinteilung mit der Klassenbreite 1 Gramm.)

Die allgemeine Formel lautet

$$\bar{x} = \frac{1}{n} \sum_{i=1}^{k} H_i x_i = \sum_{i=1}^{k} \frac{H_i}{n} x_i = \sum_{i=1}^{k} h_i x_i \,.$$

Dabei wurden die folgenden Bezeichnungen verwendet: $k = $ Anzahl der Klassen, $H_i = $ Anzahl Objekte in der i-ten Klasse (absolute Häufigkeit), $x_i = $ Mitte der i-ten Klasse, $h_i = H_i/n = $ relative Häufigkeit. Selbstverständlich ist $n = \sum_{i=1}^{k} H_i$.

Diese Formel wurde hier auf stetige Daten angewandt. Sie kann aber auch bei diskreten Merkmalen benützt werden, wenn bekannt ist, dass der Wert x_i gerade H_i-mal vorkommt. Im Beispiel 30.2.A tritt etwa die Note 3 genau sechsmal auf. Wir finden so für $\bar{x}$ den Wert

$$\bar{x} = \frac{1}{40}(1 \cdot 1 + 1 \cdot 2.5 + 6 \cdot 3 + 4 \cdot 3.5 + 7 \cdot 4 + 9 \cdot 4.5 + 5 \cdot 5 + 4 \cdot 5.5 + 3 \cdot 6) = 4.225 \,,$$

also dieselbe Zahl wie in b) oben.

(31.4) Der Median

Bei diesem zweiten Lagemass behandeln wir zunächst den Fall, wo die Beobachtungs- oder Messdaten in Form einer Urliste einzeln bekannt sind. Nachher untersuchen wir die Situation, wo die Daten bereits zu Klassen gruppiert sind und wo also nur die absoluten Häufigkeiten pro Klasse bekannt sind.

a) Die Daten sind einzeln bekannt

Wir ordnen die Daten der Grösse nach. Beachten Sie, dass dies bereits im Fall einer Ordinalskala (und erst recht natürlich für Intervall- und Verhältnisskalen) möglich ist. Im Beispiel (30.3) der Küken erhalten wir die folgende Anordnung der Gewichte:

87, 90, 91, 92, 93, 96, 96, 97, 97, 97, 98, 99, 99, ..., 111, 112, 112, 115, 119 .

Der *Median* $\tilde{x}$ (Synonym: *Zentralwert*) dieser Daten ist derjenige Wert, der in der Mitte der obigen Folge steht.

Anders formuliert: Der Median teilt die geordnete Folge der Daten in zwei gleich grosse Hälften. Im folgenden Beispiel mit fünf Daten

$$12, 14, 14, 16, 20,$$

ist $\tilde{x} = 14$.

Eine kleine Schwierigkeit ergibt sich, wenn die Anzahl n der Daten gerade ist. Hier gibt es zwei "mittlere" Werte und wir definieren den Median einfach als Durchschnitt dieser beiden Zahlen*. Somit ist der Median von

$$12, 14, 14, 16, 20, 25$$

gleich $\frac{1}{2}(14 + 16) = 15$.

Im oben erwähnten Beispiel der Küken ist $n = 50$, also gerade. Wir nehmen also den Durchschnitt des 25. und des 26. Werts in der aufsteigenden Folge der Gewichte. Der Strichliste aus (30.3) entnimmt man sofort, dass diese Werte = 103 bzw. = 104 sind, und es folgt $\tilde{x} = 103.5$.

b) Anwendungsbereich des Medians

Der Median ist
- sinnvoll für Ordinal-, Intervall- und Verhältnisskalen,
- nicht sinnvoll für Nominalskalen.

Die Begründung dafür wurde bereits eingangs des Abschnitts gegeben: Da von der Möglichkeit der Anordnung Gebrauch gemacht wird, muss (mindestens) eine Ordinalskala vorliegen.

---

* Bei blossen Ordinalskalen ist die Durchschnittsbildung streng genommen nicht erlaubt, doch sehen wir hier darüber hinweg. In der Literatur findet man auch andere Möglichkeiten, dieses (kleine) Problem zu meistern.

Bei Intervall- und Verhältnisskalen ist zwar der Durchschnitt das häufigste Lage-mass. Manchmal ist aber auch hier der Median vorzuziehen. Er ist nämlich gegenüber so genannten Ausreissern viel weniger empfindlich als der Durchschnitt. (Unter einem *Ausreisser* versteht man einen extrem hohen oder niedrigen Wert in einer Reihe sich sonst wenig unterscheidenden Werte.) Betrachten wir etwa die Daten

$$12, 14, 14, 16, 20 \quad \text{bzw.} \quad 12, 14, 14, 16, 2000,$$

so ist der Median in beiden Fällen derselbe, die Durchschnitte unterscheiden sich aber sehr stark.

Zur weiteren Illustration betrachten wir die (fiktiven) Einkommensverhältnisse von 101 Personen: 30 Personen verdienen je 3000.–, 50 Personen je 4000.–, 20 Personen je 5000.– und eine Person verdient 1000000.–. Der Median ist der 51. Wert in der geord-neten Folge, es ist somit $\tilde{x} = 4000$. (Dabei haben wir in Gedanken die Einkommen der Grösse nach geordnet: Zuerst steht dreissigmal die Zahl 3000, dann kommt fünfzigmal die Zahl 4000, usw.) Das arithmetische Mittel $\bar{x} = 13762.38$ liefert hier offensichtlich einen ganz falschen Eindruck.

c) <u>Die Daten sind zu Klassen gruppiert</u>

Als Beispiel betrachten wir die Daten von (30.4). Diesen Angaben können wir nun, da sie in Klassen zusammengefasst sind, nur noch entnehmen, dass sowohl der 25. als auch der 26. Wert in der Klasse "101 bis 105" (genauer "100.5 bis 105.5") liegt. Die einfachste Lösung besteht darin, diese Klasse als *Medianklasse* zu bezeichnen und es dabei bewenden zu lassen.

Man kann auch etwas raffinierter vorgehen. Dazu betrachten wir das Histogramm der zugehörigen Häufigkeitsverteilung:

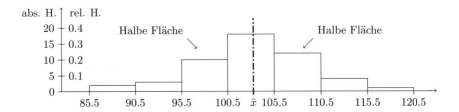

Da der Flächeninhalt der einzelnen Balken ein Mass für die zugehörigen Häufigkei-ten ist, kann man den Median als jene Zahl $\tilde{x}$ bezeichnen, welche die Eigenschaft hat, dass die durch sie gelegte Parallele zur Ordinate den Flächeninhalt des Histogramms halbiert.

In unserm Beispiel sieht der Prozess zahlenmässig so aus: Die ersten drei Klassen enthalten zusammen 15 Küken, die letzten drei enthalten 17 Küken. Wir müssen also die mittlere Klasse (mit 18 Küken) "gerecht" auf die linken drei bzw. die rechten drei

Klassen verteilen, nämlich 10 Küken nach links und 8 nach rechts. Wir teilen also die Klasse "100.5 bis 105.5" mit der Breite 5 im Verhältnis 10 : 8. Um den Median $\tilde{x}$ zu finden, addieren wir $\frac{10}{18}$ der Klassenbreite 5 zum linken Randpunkt 100.5 und erhalten

$$\tilde{x} = 100.5 + \frac{10}{18} \cdot 5 = 103.28 \, .$$

Wir verzichten darauf, die Methode in eine allgemeine Formel zu kleiden.

Das eben beschriebene Vorgehen lässt sich in natürlicher Weise idealisieren. Ersetzen wir nämlich das Histogramm im Sinne von (30.5) durch eine glatte Kurve, so können wir auch hier $\tilde{x}$ durch die Bedingung definieren, dass die Senkrechte durch $\tilde{x}$ die Fläche unter der Kurve halbiert.

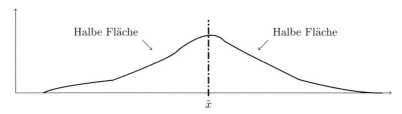

Der Median $\tilde{x}$ lässt sich auch aus der Kurve der (idealisierten) Summenhäufigkeit ablesen, indem man von der 50%-Marke nach rechts bis zur Kurve und dann senkrecht nach unten geht.

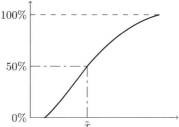

In (30.8) ist eine analoge Überlegung (allerdings für 80% statt für 50%) bereits durchgeführt worden.

d) Ergänzung

Ohne detaillierte Erläuterungen sei hier noch auf einige weitere Masszahlen hingewiesen, die mit dem Median verwandt sind. Dieser gibt die Mitte der geordneten Messreihe an, analog markiert das *untere bzw. obere Quartil* die beiden "Viertel-Positionen". Somit sind 25% der Werte kleiner als das untere Quartil. Statt 25% kann man natürlich auch einen andern Prozentsatz nehmen: Wenn p eine Zahl mit $0 < p < 1$ ist, dann ist das *p-Quantil* dadurch definiert, dass $100p\%$ der Werte kleiner sind. Das 0.75-Quantil beispielsweise ist also dasselbe wie das obere Quartil.

Im Fall der Küken (Beispiel 30.3.A) ist das untere Quartil der 13. Wert von unten, also 99, das obere Quartil der 13. Wert von oben, nämlich 107. Diese Zahlen lassen sich, zusammen mit andern wichtigen Daten, in einem so genannten *Boxplot* darstellen.

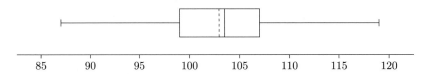

Der "Kasten" reicht vom untern bis zum obern Quartil, also über 50% der Werte, die beiden Strecken beginnen beim kleinsten, bzw. enden beim grössten Wert. Jede deckt 25% der Werte ab. Die durchgezogene Linie im Kasten gibt den Median, die gestrichelte das arithmetische Mittel an.

(31.5) Der Modus

Als *Modus* (Synonyme: *Modalwert, Dichtemittel*) bezeichnet man jeden Wert, der am häufigsten auftritt. In der Wertereihe

$$10, 10, 11, 11, 11, 11, 12, 12, 13, 13, 13, 14$$

kommt der Wert 11 am häufigsten vor und ist deshalb der Modus.

Die Reihe

$$10, 10, 11, 11, 11, 11, 12, 12, 13, 13, 13, 13, 14$$

hat zwei Modi, nämlich 11 und 13.

Im Beispiel 30.3.A der Küken ist der Modus = 103.

Der Modus ist sicher für Ordinal-, Intervall- und Verhältnisskalen sinnvoll, man kann ihn aber sogar auf Nominalskalen anwenden, wie das folgende Beispiel zeigt: Im Zürcher Kantonsrat gilt in der Legislaturperiode 2003–2007 die folgende Sitzverteilung:

CVP 12, EDU 1, EVP 9, FDP 29, Grüne 14, SD 1, SP 53, SVP 61.

Der Modus liegt hier bei der SVP.

(31.6) Die Variationsbreite und der Interdezilbereich

Wir kommen nun zu den bereits am Schluss von (31.2) vorgestellten Streuungsmassen. Das einfachste Streuungsmass ist die *Variationsbreite* (Synonym: *Spannweite*). Sie ist als Differenz zwischen dem grössten und dem kleinsten Wert definiert. Im Fall der Küken aus (30.3) ist sie gleich $119 - 87 = 32$. Diese Variationsbreite ist äusserst einfach zu berechnen. Sie hat den Nachteil, dass die zwischen den Extremen liegenden Werte überhaupt nicht beachtet werden; ferner ist sie sehr empfindlich gegenüber Ausreissern.

Diese Abhängigkeit von Ausreissern kann man dadurch vermindern, dass man bei der Berechnung der Variationsbreite die kleinsten und die grössten Werte nicht berücksichtigt. Lässt man auf beiden Seiten der nach der Grösse geordneten Folge der Werte jeweils 10% der Gesamtzahl der Beobachtungen weg und berechnet die Differenz zwischen dem jetzt gültigen grössten bzw. kleinsten Wert, so erhält man den so genannten

Interdezilbereich. Im Beispiel der Küken (mit $n = 50$) sind also jeweils 5 Beobachtungen wegzulassen. Der kleinste übrig bleibende Wert ist dann 96, der grösste 110, so dass der Interdezilbereich gleich $110 - 96 = 14$ ist. Natürlich gibt es auch die Möglichkeit, statt 10% einen anderen Prozentsatz zu verwenden.

Bei diesen Verfahren werden Differenzen gebildet (und auch die Grössenordnung wird benützt), so dass eine Intervall- oder eine Verhältnisskala vorhanden sein muss.

(31.7) Die Varianz und die Standardabweichung

a) Einleitende Betrachtungen

Die wichtigsten Streuungsmasse sind die Standardabweichung und ihr Quadrat, die Varianz. Da diese Masse auf dem arithmetischen Mittel basieren, sind sie nur für Intervall- und Verhältnisskalen sinnvoll.

Wir stellen zuerst einige allgemeine Betrachtungen an. Wenn n Beobachtungen mit den Werten $x_1, \ldots, x_n$ vorliegen, dann können wir gemäss (31.3) das arithmetische Mittel

$$\bar{x} = \frac{1}{n} \sum_{i=1}^{n} x_i$$

bilden. Die Abweichungen der einzelnen Daten vom Durchschnitt sind gegeben durch die Differenzen

$$x_i - \bar{x}, \quad i = 1, \ldots, n .$$

Man könnte nun versucht sein, die Summe dieser Abweichungen als Mass für die Streuung zu verwenden. Dies ist aber nicht sinnvoll, weil diese Summe immer $= 0$ ist, denn $(x_1 - \bar{x}) + (x_2 - \bar{x}) + \ldots + (x_n - \bar{x}) = x_1 + x_2 + \ldots + x_n - n\bar{x} = 0$ nach Definition von $\bar{x}$. Die Abweichungen sind eben teils positiv, teils negativ und heben sich auf.

Dies ändert sich, wenn man die Absolutbeträge $|x_i - \bar{x}|$ betrachtet. In der Tat ist

$$\frac{1}{n} \sum_{i=1}^{n} |x_i - \bar{x}|$$

ein Streuungsmass, die *mittlere absolute Abweichung*, das aber nur selten gebraucht wird, u.a. deshalb, weil der Umgang mit Absolutbeträgen etwas mühsam ist.

Man schafft die Vorzeichen der Differenzen lieber auf andere Weise weg*, indem man quadriert und $(x_i - \bar{x})^2$ betrachtet. Für die Summe dieser Quadrate der Abweichungen

---

* Bei der Methode der kleinsten Quadrate (23.7) wird analog vorgegangen.

ist die Bezeichnung S_{xx} üblich (was nichts mit partiellen Ableitungen (23.4) zu tun hat!), es ist also

$$S_{xx} = \sum_{i=1}^{n}(x_i - \bar{x})^2 \, .$$

Zur Berechnung von S_{xx} sind folgende Umformungen nützlich[*]. Es ist

$$S_{xx} = (x_1 - \bar{x})^2 + \ldots + (x_n - \bar{x})^2$$
$$= (x_1^2 - 2x_1\bar{x} + \bar{x}^2) + \ldots + (x_n^2 - 2x_n\bar{x} + \bar{x}^2)$$
$$= \sum_{i=1}^{n} x_i^2 - 2\bar{x} \sum_{i=1}^{n} x_i + n\bar{x}^2 \, .$$

Nun ist aber $\sum_{i=1}^{n} x_i = n\bar{x}$, und durch Einsetzen finden wir

$$S_{xx} = \sum_{i=1}^{n} x_i^2 - 2\bar{x} \cdot n\bar{x} + n\bar{x}^2 = \sum_{i=1}^{n} x_i^2 - n\bar{x}^2 \, ,$$

oder, wenn statt $n\bar{x}$ wieder $\sum_{i=1}^{n} x_i$ eingesetzt wird,

$$S_{xx} = \sum_{i=1}^{n} x_i^2 - \frac{1}{n}\left(\sum_{i=1}^{n} x_i\right)^2 \, .$$

Diese Formeln sind bequem, weil man nicht n Differenzen $x_i - \bar{x}$ berechnen muss, vgl. Beispiel 1. weiter unten.

b) Definition

Nun kommen wir endlich zur Definition der *Varianz*, welche mit s^2 bezeichnet wird:

$$s^2 = \frac{1}{n-1} S_{xx} \, .$$

Diese Definition ist nur für $n > 1$ sinnvoll. Die Wahl von $n - 1$ (und nicht n) als Nenner können wir später in (43.6) begründen. Für den Moment ist es am besten, die obige Formel einfach als Definition zu akzeptieren.

Da für S_{xx} verschiedene gleichwertige Ausdrücke zur Verfügung stehen, hat man für die Varianz die folgenden drei Formeln zur Auswahl:

$$s^2 = \frac{1}{n-1} \sum_{i=1}^{n}(x_i - \bar{x})^2 \, ,$$
$$s^2 = \frac{1}{n-1} \left(\sum_{i=1}^{n} x_i^2 - n\bar{x}^2\right) \, ,$$
$$s^2 = \frac{1}{n-1} \left(\sum_{i=1}^{n} x_i^2 - \frac{1}{n}\left(\sum_{i=1}^{n} x_i\right)^2\right) \, .$$

---

[*] Eine ähnliche Rechnung finden Sie am Schluss von (23.7).

Die Bezeichnung s^2 wurde deshalb gewählt, weil man häufig nicht die Varianz, sondern ihre Quadratwurzel s betrachtet, welche *Standardabweichung* genannt wird. In Formeln ausgedrückt ist

$$s = \sqrt{\frac{1}{n-1} \sum_{i=1}^{n} (x_i - \bar{x})^2} \, .$$

Es kann auch eine der oben angegebenen Varianten verwendet werden. Beachten Sie, dass gemäss der üblichen Konvention (26.3.c.4) das Wurzelzeichen stets die positive Wurzel bedeutet.

Einer der Gründe dafür, dass man die Standardabweichung statt der Varianz gebraucht, ist der folgende: Die Standardabweichung hat dieselbe Dimension wie die gegebenen Daten, die Varianz aber nicht. Wenn beispielsweise die x_i in cm gemessen werden, dann hat s^2 die Dimension cm^2, aber s hat wieder die Dimension cm.

c) <u>Beispiele</u>

1. Als einfache konkrete Anwendung einer der Formeln für s^2 betrachten wir die fünf Werte

$$x_1 = 5, \ x_2 = 6, \ x_3 = 6, \ x_4 = 8, \ x_5 = 10 \, .$$

Nun stellen wir folgende Tabelle auf:

x_i	x_i^2
5	25
6	36
6	36
8	64
10	100
35	261

Wir lesen die Summen ab: $\sum_{i=1}^{5} x_i = 35$, $\sum_{i=1}^{5} x_i^2 = 261$ und finden mit $n = 5$ und unter Verwendung der letzten Formel für s^2:

$$s^2 = \frac{1}{4} \left(\sum_{i=1}^{5} x_i^2 - \frac{1}{5} \left(\sum_{i=1}^{5} x_i \right)^2 \right) = \frac{1}{4} \left(261 - \frac{1}{5} \cdot 35^2 \right) = \frac{1}{4} (261 - 245) = 4 \, .$$

Es folgt, dass die Varianz $s^2 = 4$ und die Standardabweichung $s = 2$ ist.   ⊠

Der Vorteil der eben verwendeten Formel für s^2 ist der folgende: Wenn weitere Werte x_i hinzukommen oder wenn einer dieser Werte abgeändert werden muss, dann sind auch die Summen $\sum_{i=1}^{n} x_i$ und $\sum_{i=1}^{n} x_i^2$ schnell angepasst. Würde man dagegen mit der ursprünglichen Form von S_{xx}, also mit $S_{xx} = \sum_{i=1}^{n} (x_i - \bar{x})^2$ arbeiten, so müssten neben $\bar{x}$ auch alle n Differenzquadrate $(x_i - \bar{x})^2$ neu berechnet werden.

2. Führt man dieselbe Rechnung für das Beispiel 30.3.A der Küken durch, so erhält man $s = 6.3662$. ⊠

d) Bildung der Varianz bei zu Klassen gruppierten Daten

Wie in (31.3.d) gehen wir davon aus, dass die zu untersuchenden Werte in k Klassen aufgeteilt sind. Mit H_i bezeichnen wir die Anzahl der Messwerte in der i-ten Klasse, mit x_i die Klassenmitte dieser Klasse ($i = 1, \ldots, k$). In Ermangelung genauerer Information ordnen wir jedem Objekt, das in der i-ten Klasse liegt, den Wert x_i zu, der somit H_i-mal angenommen wird. Dies führt zu folgenden Formeln:

$$s^2 = \frac{1}{n-1} \sum_{i=1}^{k} H_i(x_i - \bar{x})^2 = \frac{1}{n-1} \left(\sum_{i=1}^{k} H_i x_i^2 - \frac{1}{n} \left(\sum_{i=1}^{k} H_i x_i \right)^2 \right).$$

Dabei ist n die Gesamtzahl der Untersuchungsobjekte ($n = \sum_{i=1}^{k} H_i$); der Durchschnitt $\bar{x}$ wird gemäss (31.3.d) bestimmt. Der Übergang von der ersten zur zweiten Formel geht ganz ähnlich wie die entsprechende, in (31.7.b) oben vorgenommene Umformung im Fall von S_{xx}.

Als Beispiel verwenden wir die gruppierten Daten von (31.3) und stellen die folgende Tabelle auf:

x_i	H_i	$H_i x_i$	$H_i x_i^2$
88	2	176	15488
93	3	279	25947
98	10	980	96040
103	18	1854	190962
108	12	1296	139968
113	4	452	51076
118	1	118	13924
Summe	50	5155	533405

Setzen wir (mit $n = \sum_{i=1}^{7} H_i = 50$) die Summen

$$\sum_{i=1}^{7} H_i x_i = 5155 \quad \text{und} \quad \sum_{i=1}^{7} H_i x_i^2 = 533405$$

in die obige Formel ein, so finden wir

$$s^2 = \frac{1}{49}\left(533405 - \frac{1}{50} \cdot 5155^2\right) = 39.2755.$$

Für die Standardabweichung s ergibt sich $s = 6.267$. Natürlich differiert dieser Wert etwas von dem in Beispiel 2. von (31.7.c) ermittelten.

Das obige Beispiel betraf ein stetiges Merkmal. Die Formel kann aber auch auf diskrete Merkmale angewandt werden, wenn wie am Schluss von (31.3.d) die Werte x_i mit ihren Häufigkeiten H_i gegeben sind.

e) <u>Weitere Bemerkungen</u>

- Viele Taschenrechner haben eingebaute Routinen, welche den Durchschnitt, die Standardabweichung und die Varianz berechnen (vgl. (31.3.b)). Dabei muss man allerdings kontrollieren, ob die Definition dieser Grössen mit der hier gegebenen übereinstimmt; der Unterschied liegt im Nenner, der bei uns gleich $n-1$, an manchen Orten aber gleich n ist. Bei vielen Rechnern sind die entsprechenden Tasten mit $\boxed{\sigma_{n-1}}$ bzw. mit $\boxed{\sigma_n}$ oder ähnlichen Symbolen bezeichnet.

- In diesem Zusammenhang sei noch vorausblickend erwähnt, dass wir in der Wahrscheinlichkeitsrechnung ebenfalls eine "Varianz" definieren werden, die dort mit σ^2 bezeichnet wird (vgl. (37.10)). Ferner schreibt man μ für das Analogon zu $\bar{x}$. Unter gewissen Annahmen gilt dann die Formel

$$\sigma^2 = \frac{1}{n} \sum_{i=1}^{n} (x_i - \mu)^2 \ ,$$

wo im Nenner n und nicht $n-1$ steht. Es gilt also, sich hier nicht verwirren zu lassen. Falls nötig, unterscheiden wir die *statistische* (oder *empirische*) Varianz bzw. Standardabweichung einerseits und die *wahrscheinlichkeitstheoretische* Varianz bzw. Standardabweichung anderseits.

- Eine weitere oft gebrauchte Grösse ist der *Standardfehler* $s_{\bar{x}}$. Die genauere Besprechung verschieben wir auf die beurteilende Statistik (43.5) und erwähnen hier nur die Definition:

$$s_{\bar{x}} = \frac{s}{\sqrt{n}} = \sqrt{\frac{\sum_{i=1}^{n}(x_i - \bar{x})^2}{n(n-1)}} \ .$$

$\boxed{\text{(31.8) Zur Bedeutung der Standardabweichung}}$

Aus dem täglichen Leben haben wir eine gute Vorstellung davon, was unter dem Durchschnitt $\bar{x}$ einer Anzahl von Daten zu verstehen ist. Eine derartige Vorstellung fehlt aber zumindest am Anfang für die Standardabweichung. Von der Definition her ist zwar klar, dass eine Verteilung mit einer grossen Standardabweichung breiter gestreut ist als eine solche mit einer kleinen. Diese Aussage ist aber eher qualitativ, und man möchte auch gerne eine zahlenmässige Interpretation haben. Dazu kann die folgende Faustregel verhelfen:

Wenn die Verteilung glockenförmig und symmetrisch ist, dann liegen

- im Bereich von $\bar{x} - s$ bis $\bar{x} + s$ ungefähr 68% aller Werte,
- im Bereich von $\bar{x} - 2s$ bis $\bar{x} + 2s$ ungefähr 95.5% aller Werte.

Nehmen wir als Beispiel einmal mehr unsere Küken. Weiter oben wurden $\bar{x} = 102.96$ und $s = 6.36$ berechnet. Wir setzen gerundet

$$\bar{x} - s = 97,\ \bar{x} + s = 109,\quad \bar{x} - 2s = 90,\ \bar{x} + 2s = 116\ .$$

Im Intervall $[97, 109]$ müssten nach der Faustregel 68% von 50, also 34 Messwerte liegen; Abzählen liefert in unserm Beispiel 37 Messwerte. Entsprechend erwarten wir im Intervall $[90, 116]$ 48 Werte, und in der Tat liegen genau so viele darin.

Die obigen Prozentangaben sind exakt, wenn die Verteilung eine Normalverteilung ist (vgl. (41.7)). Diese Voraussetzung trifft in vielen praktischen Fällen wenigstens näherungsweise zu.

$(31.\infty)$ Aufgaben

31−1 Bestimmen Sie das arithmetische Mittel und den Median der folgenden Messdaten:
$$2.5,\ 1.8,\ 3.0,\ 2.2,\ 2.9,\ 1.9,\ 2.3,\ 2.6.$$

31−2 Berechnen Sie zu den Daten der Aufgabe 30−1 a) Durchschnitt, b) Median, c) Modus, d) Interdezilbereich, e) Varianz, f) Standardabweichung.

31−3 Gegeben sind die ganzzahligen Daten 20, 30, 22, 25, 23, 25, U, wobei U leider unleserlich ist. Welche Werte kommen für den Median dieser Daten in Frage?

31−4 In einer Ortschaft wurde die Kinderzahl von Familien untersucht. Es fanden sich 120 Familien ohne Kinder, 200 mit einem Kind, 220 mit zwei, 150 mit drei, 40 mit vier, 6 mit fünf und eine Familie mit acht Kindern.
    a) Zeichnen Sie das zugehörige Stabdiagramm.
    b) Berechnen Sie Durchschnitt, Median und Varianz.

31−5 Bei einer Wägung von 36 Hühnereiern wurden die folgenden Gewichtsklassen (Gewichte in Gramm) gebildet:
$$[58,61],\ (61,64],\ (64,67],\ (67,70],\ (70,73],\ (73,76],\ (76,79].$$
Auf diese Klassen entfielen der Reihe nach 4, 4, 8, 10, 7, 1, 2 Eier.
    a) Zeichnen Sie das Histogramm.
    b) Berechnen Sie Durchschnitt, Median und Varianz.

31−6 Eine idealisierte Summenhäufigkeitsverteilung ist im Intervall $[0,2]$ durch die Funktion $F(x) = x - \frac{1}{4}x^2$ gegeben. Skizzieren Sie den Graphen und berechnen Sie den Median dieser Verteilung.

31−7 Ein idealisiertes Histogramm eines stetigen Merkmals sei durch die Funktion
$$f : [0, 1] \to \mathbb{R},\ f(x) = x - x^3$$
gegeben. Zeichnen Sie den Graphen und berechnen Sie den Median dieser Verteilung.

31−8 Die Zahlen $x_1, x_2, \dots, x_n$ seien gegeben. Gesucht ist die Zahl x, für welche der Ausdruck $\sum_{i=1}^{n}(x_i - x)^2$ minimal wird.

31−9 Zeichnen Sie den Graphen der Funktion $g(x) = \sum_{i=1}^{n}|x_i - x|$, und bestimmen Sie ihr Minimum a) für $x_1 = 1$, $x_2 = 2$, $x_3 = 4$ und b) für $x_1 = 1$, $x_2 = 2$, $x_3 = 4$, $x_4 = 6$. Suchen Sie einen Zusammenhang mit dem Median.

I. WAHRSCHEINLICHKEITSRECHNUNG

32. GRUNDBEGRIFFE

(32.1) Überblick

Die Wahrscheinlichkeitsrechnung befasst sich mit *zufälligen Ereignissen* und der Wahrscheinlichkeit ihres Eintreffens. Im konkreten Einzelfall hängt die Art der Bestimmung dieser Wahrscheinlichkeit jeweils vom betrachteten Problem ab. Man gelangt so zu verschiedenen *speziellen Wahrscheinlichkeitsbegriffen*, wie

    (32.2)

    (32.4)

1. Klassische Wahrscheinlichkeit.
2. Idealisierte relative Häufigkeit.
3. Geometrische Wahrscheinlichkeit.
4. Subjektive Wahrscheinlichkeit.

Dies wird in diesem Kapitel an *Beispielen* illustriert. Ein allgemeiner Wahrscheinlichkeitsbegriff, der alle obigen Fälle miteinschliesst, wird in Kapitel 34 besprochen.

    (32.3)

(32.2) Zufällige Ereignisse und ihre Wahrscheinlichkeit

Die Wahrscheinlichkeitsrechnung befasst sich mit zufälligen Ereignissen und den dabei auftretenden Gesetzmässigkeiten. Unter einem *zufälligen Ereignis* verstehen wir dabei ein Ereignis, das als Folge eines Vorgangs auftritt, dessen Ergebnis wir aus prinzipiellen Gründen oder aufgrund seiner Komplexität nicht vorhersagen können. Experimente, deren Ergebnisse solche zufälligen Ereignisse sind, nennen wir *Zufallsexperimente*. Im Gegensatz dazu sprechen wir von einem *determinierten Experiment*, wenn der Ausgang des Experiments von vornherein festlegt. Das Wort "Experiment" ist dabei in einem sehr weiten Sinn zu verstehen. Damit können Versuche, Messungen, Zählungen, Beobachtungen, Erhebungen (z.B. Meinungsumfragen) usw. gemeint sein.

Zwar steht der Ausgang eines Zufallsexperiments nicht von vornherein fest, trotzdem wird man aber mehr oder weniger stark mit dem Eintreffen (oder Nicht-Eintreffen) eines bestimmten Zufallsereignisses rechnen. Man sagt dann, das Ereignis sei mehr oder weniger *wahrscheinlich*, etwa im Sinne der folgenden Skala:

Eine grosse Wahrscheinlichkeit bedeutet also, dass wir mit ziemlicher Sicherheit damit rechnen, dass das Ereignis eintreten wird; eine kleine Wahrscheinlichkeit charakterisiert ein seltenes Ereignis.

Bei dieser Gelegenheit halten wir noch die Selbstverständlichkeit fest, dass man Wahrscheinlichkeiten sowohl mit Zahlen zwischen 0 und 1 als auch in Prozenten anzugeben pflegt. Die erste Art wird hauptsächlich in der Theorie, die zweite in der Praxis gebraucht.

Das Wort "Wahrscheinlichkeit" ist vorläufig nicht als exakter mathematischer Begriff, sondern im umgangssprachlichen Sinne zu verstehen.

Natürlich stellt sich jetzt sofort die Frage, was denn die mathematische Definition der Wahrscheinlichkeit sei. Die Antwort darauf wird ziemlich abstrakt ausfallen und erst in Kapitel 34 gegeben werden. Vorläufig wollen wir diesen Begriff im anschaulichen, alltäglichen Sinn verstehen.

(32.3) Erste Beispiele zur Berechnung von Wahrscheinlichkeiten

---

Auf welche Art kann man nun die Wahrscheinlichkeit eines zufälligen Ereignisses bestimmen? Hier gibt es je nach Situation ganz verschiedene Methoden, die wir uns an einigen Beispielen ansehen wollen.

Beispiel 32.3.A

Ich werfe eine Münze. Die Wahrscheinlichkeit dafür, dass "Kopf" erscheint, ist 50% (oder 1/2).

Mit dieser Aussage will man ausdrücken, dass die beiden möglichen Ausgänge (also die zufälligen Ereignisse) "Kopf" und "Zahl" gleich wahrscheinlich sind. Man kann auch eine etwas andere Überlegung anstellen: Bei diesem Zufallsexperiment gibt es zwei mögliche (und gleichwahrscheinliche) Fälle, einer davon ist für den Ausgang "Kopf" günstig, also ist die Wahrscheinlichkeit gleich 1/2.   ⊠

Beispiel 32.3.B

Wie gross ist die Wahrscheinlichkeit dafür, dass beim gleichzeitigen Würfeln mit zwei Würfeln die Summe der Augenzahlen gleich 3 ist?

Hier argumentieren wir so: Bei diesem Zufallsexperiment gibt es 36 mögliche Ausgänge, denn jeder Würfel kann, unabhängig vom andern, die Augenzahlen 1 bis

6 zeigen. Man nimmt weiter an, dass alle diese 36 Möglichkeiten dieselbe Wahrscheinlichkeit haben. (Damit drückt man aus, dass der Würfel unverfälscht sei.) Von diesen 36 Möglichkeiten sind zwei "günstig", nämlich

☐ 1. Würfel "1" und 2. Würfel "2" ,

☐ 1. Würfel "2" und 2. Würfel "1" .

Somit ist die gesuchte Wahrscheinlichkeit gleich $2/36 = 1/18$.

Wir führen das Beispiel noch etwas weiter. Die 36 Möglichkeiten lassen sich nach dem Schema

$$(\text{Augenzahl 1. Würfel, Augenzahl 2. Würfel})$$

anordnen:

$$
\begin{array}{cccccc}
(1,1) & (1,2) & (1,3) & (1,4) & (1,5) & (1,6) \\
(2,1) & (2,2) & (2,3) & (2,4) & (2,5) & (2,6) \\
(3,1) & (3,2) & (3,3) & (3,4) & (3,5) & (3,6) \\
(4,1) & (4,2) & (4,3) & (4,4) & (4,5) & (4,6) \\
(5,1) & (5,2) & (5,3) & (5,4) & (5,5) & (5,6) \\
(6,1) & (6,2) & (6,3) & (6,4) & (6,5) & (6,6)
\end{array}
$$

Die schrägen Linien zeigen die verschiedenen Arten, eine bestimmte Augensumme zu erzielen. Wir erhalten die nachstehende Tabelle:

Augensumme	2	3	4	5	6	7	8	9	10	11	12
Wahrscheinlichkeit	1/36	2/36	3/36	4/36	5/36	6/36	5/36	4/36	3/36	2/36	1/36

In diesem Beispiel haben wir die folgende Formel für die Wahrscheinlichkeit verwendet, die Sie wohl bereits von früher her kennen:

$$\text{Wahrscheinlichkeit} = \frac{\text{Anzahl günstige Fälle}}{\text{Anzahl mögliche Fälle}} .$$

Wird diese Formel angewendet, so spricht man von *klassischer Wahrscheinlichkeit*. Sie darf aber längst nicht in jedem Fall gebraucht werden, wie die unten stehenden Beispiele zeigen. In Kapitel 35 kommen wir auf diesen Problemkreis zurück.

An dieser Stelle sei noch eine Frage angesprochen, die manchmal Schwierigkeiten bereitet, nämlich die der "Unterscheidbarkeit" der Würfel. Bei der Aufstellung der obigen Tabelle haben wir zwischen einem 1. und einem 2. Würfel unterschieden. Deshalb gab es zwei Möglichkeiten für die Augensumme 3, aber nur eine für die Augensumme 2. Was passiert nun, wenn man die beiden Würfel nicht mehr unterscheiden will oder kann? Man unterscheidet dann nicht mehr zwischen den Ergebnissen (1,2) und (2,1), sondern sagt einfach: Es liegt eine "1" und eine "2". Statt 36 hat man also nur noch 21 Möglichkeiten:

$$(1,1) \quad (1,2) \quad (1,3) \quad (1,4) \quad (1,5) \quad (1,6)$$
$$(2,2) \quad (2,3) \quad (2,4) \quad (2,5) \quad (2,6)$$
$$(3,3) \quad (3,4) \quad (3,5) \quad (3,6)$$
$$(4,4) \quad (4,5) \quad (4,6)$$
$$(5,5) \quad (5,6)$$
$$(6,6)$$

Ist deshalb die Wahrscheinlichkeit für die Augensumme 3 plötzlich 1/21 geworden? Die Antwort lautet natürlich: NEIN! Das Ergebnis (1,2) hat jetzt die Wahrscheinlichkeit $2/36 = 1/18$, während (1,1) immer noch die Wahrscheinlichkeit 1/36 hat. Die Würfel können nämlich nichts dafür, dass wir sie nicht unterscheiden können; das Ergebnis "eine '1' und eine '2'" kommt nach wie vor auf zwei Arten zustande, das Ergebnis "zweimal eine '1'" nur auf eine Art.

Sie können sich auch vorstellen, der eine Würfel sei rot, der andere grün; dann sind sie unterscheidbar. Sehen Sie das Ergebnis eines Wurfs aber auf einer Schwarz-Weiss-Fotografie, dann können Sie die Würfel nicht mehr unterscheiden — sicherlich hat die Wahrscheinlichkeit aber nichts damit zu tun, ob Sie das Würfelspiel in natura oder schwarz-weiss betrachten!

$$\boxtimes$$

Beispiel 32.3.C

Die Wahrscheinlichkeit dafür, dass das nächste in der Stadt Zürich geborene Kind ein Knabe ist, beträgt 51.3%.

Diese Behauptung ist so zu verstehen: Durch Auszählen von sehr vielen Geburten (also auf statistische Weise) hat man ermittelt, dass 51.3% aller Neugeborenen Knaben sind*. Obwohl wir über die nächste Geburt im Voraus nichts sagen können, lässt sich doch die eingangs formulierte Aussage machen.

Die hier gebrauchte Art der Wahrscheinlichkeit ist eng mit dem Begriff der relativen Häufigkeit (30.2) verbunden. Wenn beispielsweise unter 10 Neugeborenen 6 Knaben sind, dann beträgt die relative Häufigkeit der Knabengeburten $6/10 = 0.6$. Fallen auf 100 Neugeborene 51 Knaben, dann ist sie $51/100 = 0.51$ usw. Gefühlsmässig nimmt man an, dass die so bestimmte relative Häufigkeit mit wachsender Zahl der untersuchten Geburten immer näher an einen hypothetischen Wert herankommt, den man dann als Wahrscheinlichkeit bezeichnet. Die so verstandene Wahrscheinlichkeit ist daher als *idealisierte relative Häufigkeit* zu interpretieren und im Grunde nicht genau bekannt, sondern nur durch statistische Untersuchungen approximierbar.

Es ist nützlich, dies mit dem Beispiel 32.3.A (Münzenwurf) zu vergleichen. Dort haben wir die Wahrscheinlichkeit aufgrund von theoretischen Überlegungen bestimmt (indem wir nämlich angenommen haben, die Münze sei symmetrisch). Ein solches rein theoretisches Vorgehen ist im Fall der Geburten offenbar nicht möglich. Dagegen kann man im Fall des Münzenwurfs die Wahrscheinlichkeit von 50% für "Kopf" auch als idealisierte relative Häufigkeit auffassen. Man kann ja das Experiment "Münzenwurf"

---

* Der hier verwendete Prozentsatz ergibt sich aus der Statistik der Lebendgeburten in der Stadt Zürich von 1931 bis 1985.

wirklich durchführen und die Ergebnisse notieren. Dabei wird niemand erwarten, dass bei 10 Würfen genau fünfmal oder bei tausend Würfen genau 500-mal "Kopf" erscheint, aber man rechnet damit, dass bei zunehmender Zahl der Würfe die relative Häufigkeit von "Kopf" immer näher an 0.5 herankommt, so dass wir die Zahl 0.5 auch als idealisierte relative Häufigkeit auffassen können.   ⊠

Beispiel 32.3.D

Ein zweiwöchiges Küken wiegt mit 34%iger Wahrscheinlichkeit mehr als 105.5 Gramm.

Auch in diesem Fall wird die Wahrscheinlichkeit aus statistischem Zahlenmaterial gewonnen und ist eine idealisierte relative Häufigkeit. In unserm Beispiel sind die Zahlen von (30.3) verwendet worden. Dem Histogramm am Schluss von (30.3) entnimmt man, dass 17 der 50 Küken über 105.5 Gramm wiegen:

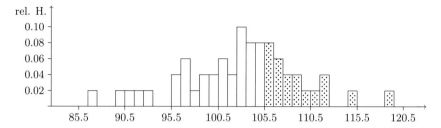

Die relative Häufigkeit kann hier auch geometrisch interpretiert werden, nämlich als Inhalt der mit Punkten markierten Fläche.

Da das Beobachtungsmaterial wenig umfangreich ist, ist der Wert von 34% als recht grobe Approximation der wirklichen Wahrscheinlichkeit zu betrachten. Mit 1000 untersuchten Küken wäre wohl eine etwas andere Zahl herausgekommen, die eine bessere Schätzung der Wahrscheinlichkeit gewesen wäre.

Schon in (30.5) haben wir gesehen, dass das Histogramm (bei wachsender Zahl der Messdaten und bei zunehmender Messgenauigkeit) durch eine glatte Kurve idealisiert werden kann. Gleichzeitig wird man dann statt von relativen Häufigkeiten von Wahrscheinlichkeiten sprechen.

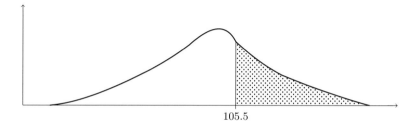

In Analogie zur ersten Figur wird man hier den Inhalt des markierten Stücks als Wahrscheinlichkeit dafür ansehen, dass ein Küken über 105.5 g wiegt. (Dabei wird die Masseinheit so gewählt, dass die gesamte Fläche unter der Kurve den Inhalt 1 [oder 100%] hat.) Wir werden in Kapitel 40 auf solche Fragestellungen zurückkommen.   ⊠

In diesem Beispiel ist also die Wahrscheinlichkeit als Flächeninhalt aufgefasst worden. Ähnliches geschieht in den nächsten Beispielen.

Beispiel 32.3.E

Ein (nicht allzu spannendes) Glücksspiel.

Wir denken uns ein quadratisches Stück Papier mit der nebenstehenden Einteilung. Mit geschlossenen Augen stechen wir mit einer Nadel in das Blatt. Wie gross ist die Wahrscheinlichkeit p_X, ein bestimmtes Feld X zu treffen?

Der gesunde Menschenverstand sagt uns, dass diese Wahrscheinlichkeit proportional zum Flächeninhalt der einzelnen Stücke ist. Geben wir die Wahrscheinlichkeiten zur Abwechslung in Prozenten an, so hat die totale Fläche eine Wahrscheinlichkeit von 100%. Für die einzelnen Teilrechtecke ergeben sich dann aufgrund der Masse die folgenden Wahrscheinlichkeiten:

$$p_A = 4\% \quad p_B = p_C = 16\% \quad p_D = 64\% \, . \qquad ⊠$$

Beispiel 32.3.F

Die Interpretation der Wahrscheinlichkeit als Flächeninhalt ist auch in anderm Zusammenhang nützlich, wie die folgende Aufgabe zeigt:

Xaver und Yvonne wollen sich zwischen 12 und 13 Uhr im Café treffen. Beide gehen sicher in dieser Zeitspanne dorthin, wissen aber nicht genau wann. Sie haben abgemacht, dass sie höchstens 20 Minuten aufeinander warten. Wie gross ist die Wahrscheinlichkeit dafür, dass sie sich treffen?

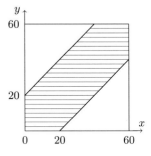

Die Ankunftszeit von Xaver bzw. Yvonne (in Minuten nach 12 Uhr) bezeichnen wir mit x bzw. y. Es ist also $0 \leq x \leq 60$, $0 \leq y \leq 60$. Wegen der abgemachten Wartezeit von 20 Minuten treffen sie sich, falls $|x - y| \leq 20$ ist. Wir stellen das Ganze in der x-y-Ebene graphisch dar.

Die Punkte mit $|x - y| \leq 20$ (und $0 \leq x, y \leq 60$) liegen im von den Geraden

$$y = x + 20 \quad \text{und} \quad y = x - 20$$

begrenzten Bereich. (Die Bedingung $|x - y| \leq 20$ ist nämlich gleichwertig zu $-20 \leq x - y \leq 20$, also zur Forderung, dass sowohl $y \leq x + 20$ als auch $y \geq x - 20$ gilt.) Xaver und Yvonne treffen sich genau dann, wenn der Punkt (x, y) im schraffierten Gebiet liegt. Dessen Flächeninhalt (Quadrat minus zwei Dreiecke) beträgt $60^2 - 40^2 = 2000$. Das ganze Quadrat hat die Fläche 3600. Das Verhältnis der Flächeninhalte des schraffierten ("günstigen") Bereichs und des Quadrats ist somit 2000/3600=0.555...

Die Wahrscheinlichkeit dafür, dass sich die beiden treffen, ist also ca. 55.5%.   ⊠

Diese Aufgabe ist übrigens ein Beispiel dafür, wie man ein Problem unter Verwendung eines passenden *"Modells"*, das hier geometrischer Natur ist, behandeln kann. Man übersetzt dabei den gegebenen Sachverhalt in eine mathematisch besser überblickbare Form.

Beachten Sie den Unterschied zu Beispiel 32.3.B (Würfelspiel). Dort haben wir die günstigen und die möglichen Fälle gezählt und den Quotienten gebildet. Dies ist hier nicht mehr möglich, denn es gibt unendlich viele günstige und unendlich viele mögliche Fälle.

Beispiel 32.3.G

Dieses Beispiel betrifft eine weitere Art Wahrscheinlichkeit, nämlich die *subjektive Wahrscheinlichkeit*. Sie tritt im Zusammenhang mit Aussagen wie den folgenden auf:
- Tante Olga kommt am Sonntag mit 95% Wahrscheinlichkeit auf Besuch.
- Ich bestehe die nächste Prüfung mit 90% Wahrscheinlichkeit.

Hier drückt man einfach eine gewisse Sicherheit (oder Unsicherheit) mit Zahlen aus, die ohne irgendwelche Rechnungen zustande gekommen sind.   ⊠

(32.4) Zusammenfassung

Diese Beispiele und die geführten Diskussionen hinterlassen vielleicht einen etwas zwiespältigen Eindruck. Die Resultate leuchten (hoffentlich) in jedem Fall ein, aber sie sind doch auf ganz verschiedene Weise gewonnen worden. Es scheint also verschiedene Wahrscheinlichkeitsbegriffe zu geben. Wir zählen einmal auf, was wir gefunden haben:

1. Klassische Wahrscheinlichkeit

   (Beispiele A, B)

   Hier ist die Wahrscheinlichkeit durch die folgende Formel gegeben:

$$\frac{\text{Anzahl } \textit{günstige} \text{ Fälle}}{\text{Anzahl } \textit{mögliche} \text{ Fälle}} \, .$$

2. Idealisierte relative Häufigkeit

   (Beispiele C, D)

   Hier stellt man sich die Wahrscheinlichkeit als eine Zahl vor, der die relative Häufigkeit eines Ereignisses bei wachsender Anzahl der Versuche immer näher kommt.
   Diese Wahrscheinlichkeit muss durch statistische Untersuchungen geschätzt werden.

3. Geometrische Wahrscheinlichkeit

   (Beispiele E, F)

   Hier ist die Wahrscheinlichkeit proportional zur Masszahl eines Flächeninhalts oder
   eines anderen geometrischen Objekts (es lassen sich leicht Beispiele angeben, wo
   die Wahrscheinlichkeit proportional zur Länge eines Kreisbogens oder zur Grösse
   eines Winkels ist).

4. Subjektive Wahrscheinlichkeit

   (Beispiel G)

   Hier wird gefühlsmässig ausgedrückt, wie stark man mit dem Eintreffen eines bestimmten Ereignisses rechnet.

Welches ist nun der "richtige" Wahrscheinlichkeitsbegriff? Alle scheinen ihre Exi-
stenzberechtigung zu haben, obwohl sie von ganz unterschiedlicher Natur sind.

Die salomonische Antwort lautet: Alle sind richtig! Die Lösung, welche die Mathematiker gefunden haben, besteht einfach darin, einen sehr allgemeinen Wahrscheinlichkeitsbegriff zu definieren, der alle oben aufgeführten Begriffe als Spezialfälle umfasst.
Es handelt sich dabei nicht etwa um eine "Zauberformel", welche die Berechnung aller Wahrscheinlichkeiten auf einheitliche Art ermöglichen würde, sondern vielmehr um
ein *Axiomensystem*, also um eine etwas abstrakte Sache. Wir werden in Kapitel 34
darauf zurückkommen. Für den Moment sei nur so viel verraten: Man geht von der
Annahme aus, dass den zur Untersuchung stehenden Zufallsereignissen gewisse Zahlen
zugeordnet sind, die man Wahrscheinlichkeiten nennt. Wie diese Zahlen gefunden wurden, ist für die allgemeine Theorie unwesentlich. Wichtig ist bloss, dass die Zuordnung
einigen Grundregeln (Axiomen) genügt. In den Beispielen haben wir gesehen, dass
diese Wahrscheinlichkeiten z.B. durch Abzählen von Möglichkeiten, durch statistische
Untersuchungen oder durch geometrische Betrachtungen gewonnen werden können.

Der allgemeine Wahrscheinlichkeitsbegriff hat dagegen keine konkrete inhaltliche
Bedeutung mehr, was ihn für das Verständnis etwas schwieriger macht. Dafür kann er
in allen denkbaren Fällen verwendet werden. In Kapitel 34 soll all dies näher besprochen
werden.

Vorher müssen wir aber noch einige Begriffe klären, vor allem die Ausdrücke "Ergebnis" und "Ereignis". Diese sind bisher unbesorgt verwendet worden, im nächsten
Kapitel erhalten sie einen präzisen Sinn.

(32.∞) Aufgaben

32–1 Im Altertum wurden so genannte Astralagi (Fussgelenkknöchel von Lämmern) ähnlich wie Würfel benützt. Ein Astralagus ist an zwei seiner Seiten rund und kann demzufolge nur auf eine von vier Seiten, nennen wir sie $\alpha, \beta, \gamma, \delta$, zu liegen kommen. Von einem solchen Astralagus hat man durch Experimentieren festgestellt, dass in der Hälfte aller Fälle α oben liegt, β ist siebenmal so häufig wie δ, γ doppelt so häufig wie δ. Geben Sie die einzelnen Wahrscheinlichkeiten in Prozenten an. Um welche Art der Wahrscheinlichkeit handelt es sich hier?

32–2 In einer menschlichen Population beträgt die Wahrscheinlichkeit für Blutgruppe 0 bzw. A 0.40 bzw. 0.42. Blutgruppe B ist doppelt so wahrscheinlich wie Blutgruppe AB. a) Wie gross sind die Wahrscheinlichkeiten für B und AB? b) Wie gross ist die Wahrscheinlichkeit dafür, dass jemand Blutgruppe A oder AB hat? Welche Interpretation der Wahrscheinlichkeit haben Sie hier verwendet?

32–3 20 Feldmäuse wurden auf Gramm genau gewogen. Dabei erhielt man folgende Gewichte:

49, 44, 38, 50, 46, 46, 43, 44, 45, 39, 43, 49, 48, 46, 44, 40, 39, 48, 42, 45.

Aus dieser Gruppe wird ein Tier zufällig ausgewählt. Wie gross ist die Wahrscheinlichkeit dafür, dass es zwischen 41 g und 46 g wiegt? a) Grenzen eingeschlossen, b) Grenzen nicht eingeschlossen. Welchen Wahrscheinlichkeitsbegriff haben Sie verwendet ?

32–4 Beim Auszählen von 1000 Erbsen fand man 700 grüne und 300 gelbe. In Bezug auf die Form erwiesen sich 400 als kantig und 600 als rund. Genau 200 waren sowohl kantig als auch grün. Mit welcher Wahrscheinlichkeit ist eine zufällig herausgepickte Erbse kantig oder grün (oder beides miteinander)? Mit welcher Art Wahrscheinlichkeit haben Sie gearbeitet?

32–5 Wir würfeln gleichzeitig mit zwei Würfeln. Wie gross ist die Wahrscheinlichkeit dafür, dass a) die Augenzahlen verschieden sind und die grössere durch die kleinere teilbar ist, b) dass sich die beiden Augenzahlen um 2 unterscheiden, c) dass sich die beiden Augenzahlen um mindestens 2 unterscheiden, d) dass die eine Augenzahl genau doppelt so gross ist wie die andere? Welchen Wahrscheinlichkeitsbegriff haben Sie verwendet?

32–6 Ein fleissiger Wahrscheinlichkeitsrechner hat 30 Kugeln mit den natürlichen Zahlen von 1 bis 30 beschriftet und in ein Behältnis getan. Daraus wird eine Kugel gezogen. Mit welcher Wahrscheinlichkeit ist sie a) durch 4 teilbar, b) eine Quadratzahl, c) eine Primzahl, d) eine vollkommene Zahl*? Welchen Wahrscheinlichkeitsbegriff haben Sie verwendet?

32–7 An einem Volkslauf werden Startnummern von 1 bis 2500 zufällig ausgegeben. Wie gross ist die Wahrscheinlichkeit dafür, dass meine Startnummer a) mit "1" beginnt, b) mit "1" endet? Welcher Wahrscheinlichkeitsbegriff wurde verwendet?

32–8 Aus sechs Ostereiern mit den Gewichten 60, 52, 61, 60, 54 und 58 Gramm wird eines zufällig ausgewählt. Mit welcher Wahrscheinlichkeit ist es leichter als a) der Durchschnitt, b) der Median der Gewichte der sechs Eier?

32–9 Eine Zielscheibe für das Pfeilwurfspiel hat eine Seitenlänge von 30 cm. Der Zentrumskreis hat 10 cm Durchmesser. Ein Pfeil trifft zufällig die Scheibe. Mit welcher Wahrscheinlichkeit trifft er a) den Zentrumskreis, b) den schraffierten Spickel rechts oben? Mit welchem Wahrscheinlichkeitsbegriff haben Sie gearbeitet?

---

* Dies ist ein Begriff aus der Zahlentheorie: Ein Zahl n heisst vollkommen, wenn sie die Summe aller ihrer Teiler ist, wobei n selbst nicht mitgerechnet wird. Zum Beispiel ist $6 = 1 + 2 + 3$ vollkommen.

32–10 Ein Tischtuch ist mit Karos von 6 cm Seitenlänge versehen. Eine Person wirft einen Fünfliber auf den Tisch. Mit welcher Wahrscheinlichkeit liegt er vollständig innerhalb eines Karos? Mit welchem Wahrscheinlichkeitsbegriff wurde hier gearbeitet?

32–11 Ein Stab der Länge 1 m wird an einer zufällig ausgewählten Stelle markiert und durchgesägt.
a) Mit welcher Wahrscheinlichkeit unterscheiden sich die beiden Teile um höchstens 10 cm?
b) Mit welcher Wahrscheinlichkeit ist das längere Stück mehr als doppelt so lang als das kürzere? Mit welcher Interpretation der Wahrscheinlichkeit können Sie das Problem anpacken?

32–12 Diese Aufgabe handelt wie das Beispiel 32.3.F von Xaver und Yvonne.
a) Die beiden bleiben jetzt beide T Minuten. Wie gross müssen sie T wählen, damit sie sich mit 50% Wahrscheinlichkeit treffen?
b) Noch eine Variante dieses Beispiels: Xaver braucht 10 Minuten für seinen Kaffee, Yvonne nur 5 Minuten. Wie gross ist jetzt die Wahrscheinlichkeit eines Treffens?

32–13 Aus dem Intervall [0,1] werden zufällig zwei Zahlen ausgewählt und addiert. Ihre Summe wird dann in der üblichen Weise auf die nächste ganze Zahl auf- bzw. abgerundet. Wie gross ist die Wahrscheinlichkeit dafür, dass bei diesem Prozess 0 bzw. 1 bzw. 2 herauskommt?

32–14 Das Nadelexperiment von Buffon (G.L.L. BUFFON, 1707–1788): In der Ebene sind parallele Geraden im Abstand 2 gezogen. Auf diese Ebene wird zufällig eine Nadel der Länge 1 geworfen. Mit welcher Wahrscheinlichkeit trifft die Nadel eine der Geraden? Die verblüffende Antwort lautet: $\frac{1}{\pi}$.
Beweisen Sie dies mit Hilfe der geometrischen Interpretation der Wahrscheinlichkeit. Dazu sei y der Abstand des Mittelpunkts der Nadel von der nächstliegenden Geraden ($0 \leq y \leq 1$), und α sei der Winkel, den die Nadel mit der Geraden einschliesst ($0 \leq \alpha < \pi$). Die möglichen Ergebnisse bilden daher ein Rechteck in der α-y-Ebene. Untersuchen Sie, für welche Punkte dieses Rechtecks die Nadel die Gerade trifft.

33. ERGEBNISSE UND EREIGNISSE

(33.1) Überblick

> Die möglichen Ergebnisse eines Zufallsexperiments bilden den *Ergebnisraum* Ω. Ein *Ereignis E* ist eine Teilmenge von Ω. *Spezielle Ereignisse* sind:
> - Das sichere Ereignis Ω.
> - Das unmögliche Ereignis $\varnothing$.
> - Das Elementarereignis $\{\omega\}, \omega \in \Omega$.
>
> Die bekannten mengentheoretischen Operationen haben konkrete Interpretationen im Zusammenhang mit Ereignissen:
> - $E \cap F$ bedeutet E *und* F.
> - $E \cup F$ bedeutet E *oder* F (oder beides).
> - $\overline{E}$ (Komplementärmenge) bedeutet das *Gegenteil* von E.
>
> Zwei Ereignisse E und F heissen *unvereinbar*, wenn $E \cap F = \varnothing$ ist.

(33.2)

(33.4), (33.5)

(33.6)

(33.7)

(33.2) Der Ergebnisraum

Zur Beschreibung eines Zufallsexperiments gehört auch die Angabe der Ergebnisse, die zu beobachten man erwartet. Ein etwas naives Beispiel: Beim Würfeln wird man sich wohl normalerweise dafür interessieren, welche Augenzahl erscheint. Es gibt dann sechs mögliche Ergebnisse. Man könnte sich aber auch fragen, ob der Würfel auf dem Tisch liegen bleibt oder zu Boden fällt. In diesem Fall gäbe es nur zwei mögliche Ergebnisse des "Experiments".

Wir führen deshalb den folgenden einfachen, aber wichtigen Begriff ein:

> Die Menge aller möglichen Ergebnisse eines Zufallsexperiments nennen wir den *Ergebnisraum*. Diese Menge bezeichnen wir mit Ω.

Zur Terminologie: Üblich sind auch die Begriffe "Ereignisraum" oder "Stichprobenraum". Die Verwendung des Wortes "Raum" soll nichts Geometrisches implizieren. Genauso gut könnte man "Ergebnismenge" sagen. Statt von Ergebnissen spricht man etwa auch von "Ausfällen".

(33.3) Beispiele

Beispiel 33.3.A Würfelspiel

Beim Würfeln besteht der Ergebnisraum aus 6 Ergebnissen:

$$\Omega = \left\{ \boxed{\,\cdot\,} \,,\, \boxed{\,\cdots\,} \,,\, \boxed{\,\cdots\,} \,,\, \boxed{\,\vdots\vdots\,} \,,\, \boxed{\,\vdots\cdot\vdots\,} \,,\, \boxed{\,\vdots\vdots\,} \right\}$$

bzw. in vernünftiger Schreibweise:

$$\Omega = \{1, 2, 3, 4, 5, 6\} \,. \qquad \boxtimes$$

Beispiel 33.3.B Radioaktiver Zerfall

Mit einem Geigerzähler bestimmt man die Anzahl der Zerfälle pro Zeiteinheit (z.B. pro Minute) einer radioaktiven Substanz. Diese Anzahl ändert sich von Zeitintervall zu Zeitintervall und kann daher als Ergebnis eines Zufallsexperiments aufgefasst werden. Der Ergebnisraum besteht somit aus den natürlichen Zahlen:

$$\Omega = \{0, 1, 2, 3, \ldots\}$$

oder kurz

$$\Omega = \mathbb{N} \,.$$

Die Menge Ω ist hier also unendlich, genauer "abzählbar unendlich". Eine Menge heisst gemäss (29.5) *abzählbar unendlich*, wenn man sie in eine Folge anordnen kann, oder, anders ausgedrückt, wenn man ihre Elemente mittels der natürlichen Zahlen durchnummerieren kann.

Es liesse sich hier noch Folgendes einwenden: Die Anzahl der radioaktiven Zerfälle pro Zeiteinheit ist doch sicher endlich. Weshalb wählt man dann für Ω eine unendliche Menge? Der Grund liegt darin, dass man ja nicht von vornherein wissen kann, welches die maximal mögliche Anzahl ist. Zudem würde die Einschränkung auf eine endliche Menge, z.B. auf

$$\Omega = \{1, 2, 3, \ldots, 10000\} \,,$$

bedeuten, dass man zwar 10000 Zerfälle noch als möglich, 10001 aber als unmöglich erachtet, was doch etwas willkürlich wäre. Mit $\Omega = \mathbb{N}$ ist man jedenfalls auf der sicheren Seite. $\qquad \boxtimes$

Beispiel 33.3.C Eile mit Weile

Beim "Eile mit Weile"-Spiel muss man zu Beginn so lange würfeln, bis eine Fünf erscheint. Wenn wir die Anzahl der dazu nötigen Würfe als Ergebnis eines Zufallsexperiments auffassen, dann bedeutet also das Ergebnis "1", dass schon im ersten Wurf eine Fünf gefallen ist, usf.

Die praktische Lebenserfahrung zeigt, dass meist nur wenige Würfe notwendig sind. Theoretisch ist es aber denkbar, dass es sehr lange dauern kann, bis das ersehnte Ergebnis eintritt. Man ist deshalb versucht, als Ergebnisraum die Menge

$$\{1, 2, 3, 4, \ldots\}$$

zu wählen. Wenn man aber schon rein theoretische Möglichkeiten diskutiert, dann muss man auch den Fall berücksichtigen, dass die Fünf überhaupt nie erscheint. Dieses Ereignis bezeichnen wir symbolisch mit ∞. Somit erhalten wir definitiv den Ergebnisraum

$$\Omega = \{1, 2, 3, 4, \ldots, \infty\} \,.$$

Dieses Beispiel wird in 36.6.D weitergeführt.

Als Variante können die Spieler beschliessen, dass sie aufhören (und vielleicht Karten spielen wollen), wenn nach 10 Würfen immer noch keine Fünf gefallen ist. In diesem Fall würde der Ergebnisraum so aussehen:

$$\{1, 2, 3, 4, 5, 6, 7, 8, 9, 10, \spadesuit\} \,,$$

wobei das Ergebnis $\spadesuit$ bedeutet: "Zehnmal ist keine Fünf gekommen; wir geben's auf." $\boxtimes$

Beispiel 33.3.D Körperlänge

Wir messen die Körperlänge eines Menschen. Als Messwert kommt (theoretisch, wenn wir unbeschränkte Messgenauigkeit voraussetzen) jede positive reelle Zahl in Frage. Wir können für den Ergebnisraum

$$\Omega = \{\, x \in \mathbb{R} \mid x > 0 \,\}$$

wählen. Ω ist unendlich, sogar überabzählbar unendlich*, wie bereits in (29.5) ohne Beweis erwähnt wurde.

Mit etwas Willkür (vgl. die Diskussion in 33.3.B) könnten wir auch eine obere Grenze festlegen; dann wäre Ω ein Intervall von endlicher Länge, aber immer noch überabzählbar unendlich. Man könnte z.B.

$$\Omega = \{\, x \in \mathbb{R} \mid 0 < x \le 500 \,\} = (0, 500]$$

setzen (mit cm als Masseinheit). $\boxtimes$

Die eben diskutierten Beispiele liessen sich leicht vermehren. Man sieht, dass der Ergebnisraum Ω sehr viele verschiedene Erscheinungsformen haben kann. Zum Glück ist

---

* Eine unendliche Menge, welche nicht abzählbar unendlich ist, heisst überabzählbar unendlich.

es für die Wahrscheinlichkeitsrechnung unwichtig, was die genaue Natur der Ergebnisse ist. Wir abstrahieren deshalb etwas:

> In der allgemeinen Theorie verstehen wir unter dem *Ergebnisraum* Ω eine beliebige Menge, deren Elemente wir *Ergebnisse* nennen und meist mit ω (kleines Omega) bezeichnen.

In jeder konkreten Situation kann man sich aber die Elemente ω von Ω als Ergebnisse eines Zufallsexperiments vorstellen, wie dies in (32.2) und (32.3) geschildert wurde.

Die einzelnen Ergebnisse aus Ω sollen nun mit Wahrscheinlichkeiten versehen werden. Es wird sich aber zeigen, dass man dabei nicht so sehr die Ergebnisse, als vielmehr die so genannten *Ereignisse* zu betrachten hat. Diese werden im nächsten Abschnitt behandelt.

(33.4) Ereignisse

Bei einem Zufallsexperiment will man nicht bloss nach den Ergebnissen fragen. Wir behandeln zuerst einige Beispiele.

Beispiel 33.4.A Würfeln

Beim Würfeln mit einem Würfel ist der Ergebnisraum gegeben durch

$$\Omega = \{1, 2, 3, 4, 5, 6\} \,.$$

Ein Ergebnis (also eine Augenzahl) bezeichnen wir allgemein mit ω. Es sei nun ein solches ω gewürfelt worden. Zunächst stellt sich sicher die Frage, was ω ist, also ob man z.B. eine Eins oder eine Sechs gewürfelt hat. Daneben können aber auch noch weitere Ereignisse von Belang sein, wie z.B.

1. Es ist eine gerade Zahl gewürfelt worden.
2. Es ist eine Zahl kleiner oder gleich drei gewürfelt worden.
3. Es ist eine gerade Zahl kleiner oder gleich drei gewürfelt worden.
4. Die gewürfelte Zahl ist kleiner als 7.

Diese Ereignisse treten der Reihe nach ein, falls gilt:

1. Die gewürfelte Zahl ist 2 oder 4 oder 6, d.h. $\omega \in \{2, 4, 6\}$.
2. Die gewürfelte Zahl ist 1 oder 2 oder 3, d.h. $\omega \in \{1, 2, 3\}$.
3. Die gewürfelte Zahl ist 2, d.h. $\omega \in \{2\}$.
4. Dies trifft immer zu, denn $\omega \in \{1, 2, 3, 4, 5, 6\} = \Omega$ ist stets richtig.

Jede dieser Situationen wird offensichtlich durch eine Teilmenge von Ω vollständig beschrieben. Führen wir das Experiment (Würfeln) durch und erhalten wir das Ergebnis (die Augenzahl) ω, so tritt das Ereignis E genau dann ein, wenn $\omega \in E$ ist. Würfeln wir etwa $\omega = 4$, so tritt $E_1 = \{2, 4, 6\}$ ein; $E_2 = \{1, 2, 3\}$ tritt nicht ein. $\boxtimes$

Beispiel 33.4.B Körperlänge

Bei der Messung der Körperlänge eines Menschen ist der Ergebnisraum

$$\Omega = \{ x \in \mathbb{R} \mid x > 0 \} \,.$$

Das Ereignis "die Länge ω des gemessenen Menschen liegt zwischen 170 cm und 175 cm (Grenzen eingeschlossen)" entspricht dann der Teilmenge $[170, 175] \subset \mathbb{R}$, das Ereignis "der Mensch ist grösser als 200 cm" wird durch die Teilmenge $(200, \infty)$ dargestellt. $\boxtimes$

Beispiel 33.4.C Xaver und Yvonne (vgl. Beispiel 32.3.F)

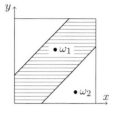

In dieser Aufgabe besteht der Ergebnisraum Ω aus allen Paaren $\omega = (x, y)$, wobei x bzw. y die Ankunftszeit von Xaver bzw. Yvonne (in Minuten nach 12 Uhr) ist; geometrisch wird Ω durch ein Quadrat beschrieben. Das Ereignis E "die beiden treffen sich" wird durch die schraffierte Fläche dargestellt. Im Fall des Ergebnisses ω_1 tritt E ein, im Fall ω_2 dagegen nicht. $\boxtimes$

Gestützt auf diese Überlegungen definieren wir für einen beliebigen Ergebnisraum Ω, der ja — abstrakt gesehen — einfach eine Menge ist:

> Ein *Ereignis E* ist eine Teilmenge von Ω:
> $$E \subset \Omega \,.$$

Wie schon weiter oben sagen wir, dass das Ereignis E *eintritt*, wenn das Ergebnis des durch Ω beschriebenen Zufallsexperiments ein Element von E ist. Beachten Sie den Unterschied: Ein Ergebnis ist ein *Element* von Ω, ein Ereignis ist eine *Teilmenge* von Ω.

(33.5) Spezielle Ereignisse

1. Das sichere Ereignis

> Ω selbst ist auch Teilmenge von Ω. Dieses spezielle Ereignis heisst *das sichere Ereignis*.

Der Grund für diese Bezeichnung ergibt sich sofort aus der anschaulichen Interpretation: Da Ω die Menge aller denkbaren Ergebnisse ist, gilt die Beziehung $\omega \in \Omega$ immer, d.h., dieses Ereignis tritt sicher ein. (Vgl. dazu Fall 4. im Beispiel 33.4.A.)

2. Das unmögliche Ereignis

> Auch die leere Menge $\varnothing$ ist Teilmenge von Ω. Dieses Ereignis heisst das *unmögliche Ereignis*.

Auch diese Bezeichnung leuchtet sofort ein. Da die leere Menge per definitionem keine Elemente enthält, ist $\omega \in \varnothing$ unmöglich.

3. Elementarereignisse

> Wenn ω ein Ergebnis (also ein Element von Ω) ist, dann nennen wir die nur aus ω bestehende (einelementige) Menge $\{\omega\}$ ein *Elementarereignis* oder ein *einfaches Ereignis.*

Beachten Sie auch hier den Unterschied: ω ist ein Element, $\{\omega\}$ eine Teilmenge von Ω. Diese beiden Dinge sind daher eigentlich zu unterscheiden. Wenn wir aber manchmal bequemlichkeitshalber vom Ereignis ω sprechen, dann sollte ebenfalls klar sein, was gemeint ist.

(33.6) Rechnen mit Ereignissen

Da Ereignisse Teilmengen von Ω sind, kann man die bekannten *mengentheoretischen Operationen* wie Durchschnitt oder Vereinigung (vgl. (26.2.c)) auch auf Ereignisse anwenden. Wir wollen nun sehen, welches die konkreten Interpretationen dieser Operationen sind.

Wir betrachten wieder das handliche Beispiel des Würfelns und die beiden Ereignisse

$E = \{2, 4, 6\}$,   Augenzahl gerade,
$F = \{1, 2, 3\}$,   Augenzahl ≤ 3.

Der *Durchschnitt* $E \cap F = \{2\}$ dieser beiden Ereignisse tritt offenbar genau dann ein, wenn sowohl E als auch F zusammen eintreten; d.h., wenn die Augenzahl sowohl gerade als auch ≤ 3 ist. Ganz allgemein gilt natürlich:

> Wenn E und F Ereignisse sind, dann ist das Ereignis
>
> $$E \cap F$$
>
> zu interpretieren als das Ereignis "E und F".

Entsprechend kann man auch den Durchschnitt von mehr als zwei, ja sogar von unendlich vielen Ereignissen betrachten.

Für die *Vereinigung* $E \cup F$ gilt in unserm Beispiel:

$$E \cup F = \{1, 2, 3, 4, 6\} \, .$$

Dieses Ereignis tritt ein, wenn *entweder E oder F* eintreten, oder beide, denn das Wort "oder" wird hier im nicht ausschliessenden Sinn verwendet. Es gilt allgemein:

> Wenn E und F Ereignisse sind, dann ist das Ereignis
>
> $$E \cup F$$
>
> zu interpretieren als "E oder F".

Auch hier kann man verallgemeinern und die Vereinigung von endlich oder unendlich vielen Ereignissen untersuchen. Die folgende Notation wird später noch gebraucht: Es seien $E_1, E_2, E_3, \ldots$ abzählbar unendlich viele Ereignisse. Für ihre Vereinigung schreibt man entweder

$$E_1 \cup E_2 \cup E_3 \cup \ldots$$

oder

$$\bigcup_{i=1}^{\infty} E_i \,.$$

(Das letzte Zeichen ist völlig analog zum Summenzeichen $\sum$.)

Zu jedem Ereignis E kann man das *komplementäre Ereignis* oder *Gegenereignis* $\overline{E}$ bilden, das aus all jenen Ergebnissen von Ω besteht, welche *nicht* zu E gehören:

$$\overline{E} = \{\, \omega \in \Omega \mid \omega \notin E \,\} \,.$$

$\overline{E}$ tritt genau dann ein, wenn E *nicht* eintritt.

Mit dem obigen Beispiel $E = \{2, 4, 6\}$ (Augenzahl gerade) ist $\overline{E} = \{1, 3, 5\}$ (Augenzahl ungerade).

Schon rein mengentheoretisch sieht man ein, dass folgende Regeln gelten:

$$\overline{\overline{E}} = E, \qquad E \cap \overline{E} = \varnothing, \qquad E \cup \overline{E} = \Omega \,.$$

Die Interpretation in der Sprache der Ereignisse ist klar. Die erste Regel entspricht der doppelten Verneinung (die wieder eine Bejahung ergibt), die zweite besagt, dass es unmöglich ist, dass sowohl E als auch das Gegenteil $\overline{E}$ eintrat, und die dritte drückt aus, dass entweder E oder $\overline{E}$ eintreten muss.

Zum Schluss überlegen wir uns noch, was die *Inklusion* $E \subset F$ anschaulich bedeutet. Dazu sei ω ein Ergebnis. Wenn $\omega \in E$ liegt, wenn also E eingetroffen ist, dann ist wegen $E \subset F$ automatisch auch $\omega \in F$, d.h., dann ist auch F eingetroffen. Kurz gesagt: Aus E folgt F.

Drei zusammenfassende Illustrationen

1. Wir betrachten nochmals das Beispiel "Körperlänge" mit $\Omega = (0, \infty)$ und die folgenden Ereignisse:

   $E = (0, 170]$,   (Körperlänge ≤ 170 cm),
   $F = [160, 180]$,   (Körperlänge zwischen 160 und 180 cm),
   $G = [165, 175]$,   (Körperlänge zwischen 165 und 175 cm).

   Dann ist

$E \cap F = [160, 170]$, (Körperlänge zwischen 160 und 170 cm, Grenzen
                          eingeschlossen),

$E \cup F = (0, 180]$,   (Körperlänge unter 180 cm, obere Grenze eingeschlossen),

$\overline{E} = (170, \infty)$,   (Körperlänge über 170 cm, untere Grenze ausgeschlossen).

Ferner ist $G \subset F$: Wenn G eintrifft, dann trifft auch F ein. Dies ist anschaulich
völlig klar.

2. Beim Roulette (mit den 37 Zahlen $0, \ldots, 36$) gibt es z.B. das Ereignis P (pair =
gerade):

$P = \{2, 4, 6, \ldots, 34, 36\}.$

Beachten Sie, dass beim Roulette (im Gegensatz zur Mathematik) die Null nicht
als gerade Zahl (aber auch nicht als ungerade Zahl) angesehen wird. Ein anderes
Ereignis M nennt sich "manque":

$M = \{1, 2, 3, \ldots, 17, 18\}.$

Das Ereignis $P \cap M$ besteht dann aus den geraden Zahlen zwischen 1 und 18:

$P \cap M = \{2, 4, 6, 8, 10, 12, 14, 16, 18\}.$

Weiter ist $\overline{P}$ offensichtlich das Ereignis "es ist eine ungerade Zahl herausgekommen". Etwas komplizierter schliesslich (überlegen Sie sich das selbst) ist

$\overline{P \cup M} = \{0, 19, 21, 23, 25, 27, 29, 31, 33, 35\}.$

(Dies sind die Zahlen, die weder zu P noch zu M gehören.)

3. Eine geometrische Veranschaulichung beruht auf Venn-Diagrammen (vgl. (26.2.c)).

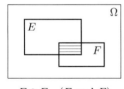 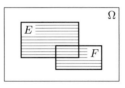 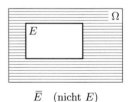

$E \cap F$ (E und F) $E \cup F$ (E oder F) $\overline{E}$ (nicht E)

Es sei schliesslich noch erwähnt, dass in manchen Büchern EF statt $E \cap F$ sowie $E + F$ statt
$E \cup F$ steht, Letzteres manchmal aber auch nur dann, wenn E und F unvereinbar im Sinne von (33.7)
sind.

(33.7) Unvereinbare Ereignisse

Wenn für zwei Ereignisse E und F

$$E \cap F = \varnothing$$

gilt, dann sagt man, E und F seien *unvereinbar* (oder "E und F schliessen sich
gegenseitig aus".)

In diesem Fall ist es nämlich nicht möglich, dass E und F zugleich eintreten, da
ihr Durchschnitt das unmögliche Ereignis $\varnothing$ ist.

Die Ereignisse E und $\bar{E}$ sind stets unvereinbar. Beim Würfeln sind z.B. $\{1,2\}$ und $\{3,4\}$ unvereinbar.

Liegen mehr als zwei Ereignisse vor, etwa

$$E_1, E_2, E_3, \ldots$$

(endlich oder unendlich viele), so sagt man, sie seien *paarweise unvereinbar*, wenn je zwei verschiedene davon unvereinbar sind, d.h. wenn gilt:

$$E_i \cap E_j = \varnothing \quad \text{für} \quad i \neq j \,.$$

Ein einfaches Beispiel: Wenn $\omega_1, \omega_2, \ldots \omega_n$ lauter verschiedene Ergebnisse aus Ω sind, dann sind die Elementarereignisse

$$\{\omega_1\}, \{\omega_2\}, \ldots, \{\omega_n\}$$

paarweise unvereinbar.

Warnung: Das Wort "unvereinbar" ist nicht zu verwechseln mit dem später einzuführenden Begriff "unabhängig" (siehe (36.7)).

(33.∞) Aufgaben

33–1 Aus einer Warensendung werden vier Artikel zur Prüfung auf Brauchbarkeit (Symbol 1) bzw. Unbrauchbarkeit (Symbol 0) herausgegriffen. Geben Sie einen passenden Ergebnisraum sowie die folgenden Ereignisse an:

    a) A: Das erste Stück ist unbrauchbar.

    b) B: Das erste Stück ist unbrauchbar, alle anderen sind brauchbar.

    c) C: Mindestens zwei Artikel sind brauchbar.

    d) $A \cap C$. Was bedeutet dies in Worten?

33–2 Bei einem Tennismatch mit den Spielerinnen A und B gewinnt die Spielerin, die zuerst zwei Sätze für sich entschieden hat. Geben sie a) den Ergebnisraum Ω an sowie die Ereignisse b) B: Spielerin B gewinnt den Match, c) C: der Match geht über drei Sätze.

33–3 Aus Ihrer Jugendzeit ist Ihnen vielleicht bekannt, wie man mit dem Verfahren "Schere-Stein-Papier" etwas ausknobelt. Beide Kinder formen mit der Hand eines dieser Symbole. Dabei schlägt der Stein ($\bigcirc$) die Schere ($\times$) (denn er macht sie schartig), die Schere das Papier ($\square$) (denn sie schneidet es) und das Papier den Stein (denn man kann ihn ins Papier einwickeln). Haben beide Kinder dasselbe Symbol gewählt, so ist der Fall unentschieden, das Spiel wird wiederholt. Geben Sie (für ein einzelnes Spiel) einen passenden Ergebnisraum an sowie die Ereignisse a) Kind 1 gewinnt, b) Kind 2 gewinnt, c) unentschieden.

33–4 Ein Zufallsexperiment besteht im Auswählen und Wägen eines Hühnereis (Gewicht beliebig genau). Geben Sie einen möglichen Ergebnisraum Ω an, und identifizieren Sie die folgenden Ereignisse mit Teilmengen von Ω. a) A: Das Ei wiegt weniger als 60 g. b) B: Es wiegt zwischen 61 g und 65 g (Grenzen eingeschlossen). c) C: Es wiegt mehr als 64 g. d) Welche der Ereignisse A, B, C sind unvereinbar?

33–5 Wir untersuchen Familien mit drei Kindern, wobei wir auf die Altersreihenfolge achten. Wir unterscheiden also z.B. die Fälle, wo ein Mädchen zwei jüngere bzw. zwei ältere Brüder hat. a) Geben Sie einen passenden Ergebnisraum Ω an. b) Geben Sie die folgenden Ereignisse als Teilmengen von Ω an. E: Genau zwei der Kinder sind Knaben. F: Das älteste Kind ist ein Mädchen. c) Was bedeuten die Ereignisse $E \cap F$, $\bar{E}$, $\bar{E} \cap F$ in Worten?

33–6 Ein Kind beschäftigt sich auf einer langen Autofahrt damit, eine Statistik über die Kantonszugehörigkeit der überholenden CH-Autos zu führen (Halbkantone eingeschlossen).
    a) Wieviele Elemente hat der Ergebnisraum Ω?
    b) Geben Sie das Ereignis G : "Auf dem Kontrollschild kommt der Buchstabe G vor" als Teilmenge von Ω an.
    c) Dasselbe für das Ereignis B : "Auf dem Kontrollschild kommt die Farbe blau vor".
    d) Geben Sie das Ereignis $G \cap B$ in Worten und als Teilmenge von Ω an.

33–7 Ein Zufallsexperiment besteht im gleichzeitigen Wurf zweier Würfel. Geben Sie den Ergebnisraum Ω an, und stellen Sie die folgenden Ereignisse als Teilmengen von Ω dar:
a) A: Beide Augenzahlen sind gleich.
b) B: Die Summe der Augenzahlen ist 6.
c) C: Die grössere der beiden Augenzahlen ist um mindestens drei grösser als die kleinere.
d) Bestimmen Sie $A \cap B$, $A \cap C$, $B \cap C$.

33–8 In einem Behältnis liegen 20 Kugeln, die mit den Zahlen von 21 bis 40 versehen sind. Das Zufallsexperiment besteht darin, dass eine Kugel gezogen wird.
    a) Geben Sie den Ergebnisraum Ω an, und beschreiben Sie die folgenden Ereignisse A bis D als Teilmengen von Ω.
        A: Es wird eine ungerade Zahl gezogen.
        B: Es wird eine Primzahl gezogen.
        C: Es wird eine durch drei teilbare Zahl gezogen.
        D: Es wird eine Zahl > 30 gezogen.
    b) Bestimmen Sie $A \cap C \cap D$, und beschreiben Sie dieses Ereignis in Worten.
    c) Welche der Ereignisse A bis D sind unvereinbar? Warum?
    d) Es ist $B \subset A$. Was bedeutet dies hier konkret?

33–9 Für beliebige Mengen A, B gelten die Beziehungen $\overline{A \cap B} = \bar{A} \cup \bar{B}$ und $\overline{A \cup B} = \bar{A} \cap \bar{B}$, wie Sie leicht mit Venn-Diagrammen einsehen können. Die Richtigkeit dieser Formeln lässt sich auch mit der Sprache der Ereignisse überlegen. Tun Sie dies.

33–10 Es seien A und B Ereignisse. a) Zeigen Sie, dass die Ereignisse $(A \cup B) \setminus (A \cap B)$ und $(\bar{A} \cap B) \cup (A \cap \bar{B})$ gleich sind (benützen Sie ein Venn-Diagramm). b) Erklären Sie in Worten, was dieses Ereignis im folgenden konkreten Fall bedeutet. Es sei nämlich Ω die Menge aller Studierenden an einer Universität, A sei das Ereignis "die oder der Studierende hat eine altsprachliche Maturität erworben", und B sei das Ereignis "die Person studiert im Hauptfach Biologie".

33–11 Zwei Zahlen x, y mit $0 \le x \le 1$, $0 \le y \le 1$ werden willkürlich gewählt. Stellen Sie die folgenden Ereignisse graphisch dar:
a) Ω, b) $A : y \le x$, c) $B : y \ge (x-1)^2$, d) $A \cap B$.
Berechnen Sie ferner die geometrisch interpretierte Wahrscheinlichkeit der Ereignisse e) B, f) $A \cap B$.

34. RECHENREGELN UND AXIOME

(34.1) Überblick

In diesem Kapitel wird ein allgemeiner, *abstrakter Wahrscheinlichkeitsbegriff* eingeführt, der sich wie folgt beschreiben lässt: *(34.5)*

Zu jedem Ereignis E aus einem Ergebnisraum Ω sei eine Zahl $P(E)$ so festgelegt worden, dass folgende Axiome erfüllt sind:

Axiom 1: $0 \leq P(E) \leq 1$ für alle E.

Axiom 2: $P(\Omega) = 1$.

Axiom 3:   Für endlich oder abzählbar unendlich viele paarweise unvereinbare Ereignisse E_i gilt

$$P\Big(\bigcup_i E_i\Big) = \sum_i P(E_i) \,.$$

Die Zahl $P(E)$ darf man dann als Wahrscheinlichkeit von E bezeichnen, unabhängig davon, wie sie im konkreten Fall bestimmt wurde.

Die in (32.4) besprochenen speziellen Wahrscheinlichkeitsbegriffe erfüllen alle diese Axiome und sind deshalb Spezialfälle des allgemeinen Begriffs. Sie tragen daher den Namen Wahrscheinlichkeit zu Recht.

Charakteristisch für diesen allgemeinen Wahrscheinlichkeitsbegriff ist, dass man keine konkrete Methode (z.B. eine Formel) angibt, mit der die Wahrscheinlichkeit $P(E)$ bestimmt werden könnte, sondern dass man die Grösse P durch ihre "formalen" Eigenschaften (Axiome 1, 2, 3) festlegt.

Die nachstehenden Rechenregeln folgen direkt aus den Axiomen und gelten daher für alle Interpretationen der Wahrscheinlichkeit:

Regel 4: $P(E \cup F) = P(E) + P(F)$, falls $E \cap F = \varnothing$.

Regel 5: $P(\varnothing) = 0$.

Regel 6: $P(\overline{E}) = 1 - P(E)$.

Regel 7: $P(E \cup F) = P(E) + P(F) - P(E \cap F)$.

Weitere Regeln zur Berechnung von Wahrscheinlichkeiten unter zusätzlichen Voraussetzungen folgen in den Kapiteln 35 und 36.

Ein Ergebnisraum Ω zusammen mit der Wahrscheinlichkeit P wird auch "*Wahrscheinlichkeitsraum*" genannt. *(34.7)*

(34.2) Grundregeln für Wahrscheinlichkeiten

In den Beispielen von (32.2) haben wir zufällige Ereignisse betrachtet und ihre Wahrscheinlichkeiten bestimmt, wobei aber verschiedene Interpretationen (klassische Wahrscheinlichkeit, geometrische Wahrscheinlichkeit etc.) verwendet wurden.

In (34.2) bis (34.4) wollen wir nun zeigen, dass diese auf den ersten Blick ganz verschiedenen Wahrscheinlichkeitsbegriffe doch recht viel gemeinsam haben. In allen Fällen gelten nämlich dieselben Grundregeln (weiter unten provisorisch Regeln (**A**) bis (**F**) genannt). In einem kühnen Schritt wird man dann unter der Wahrscheinlichkeit im abstrakten Sinn einfach "alles verstehen, was diesen Regeln gehorcht" (vgl. (34.5)). Wir beginnen deshalb mit der Erläuterung dieser Grundregeln.

In (33.4) haben wir gelernt, was unter einem Ereignis zu verstehen ist. Für die folgenden Überlegungen nehmen wir nun an, dass jedem Ereignis E aus einem Ergebnisraum Ω auf irgendeine Weise (z.B. mit einem der in (32.4) zusammengestellten Verfahren) eine gewisse Wahrscheinlichkeit zugeordnet sei, die wir mit

$$P(E)$$

bezeichnen wollen. (Die Bezeichnung P kommt natürlich von "probability" oder von "probabilité".)

Die ersten drei Regeln (**A**), (**B**), (**C**) sind eigentlich blosse Konventionen.

Eine erste Regel gilt gemäss unsern Abmachungen von (32.2):

(**A**) $0 \leq P(E) \leq 1$ für alle Ereignisse E.

In der Praxis ist es auch üblich, die Wahrscheinlichkeit in Prozenten anzugeben. In diesem Fall lautet die Beziehung selbstverständlich: $0\% \leq P(E) \leq 100\%$.

Bei jeder Zuordnung von Wahrscheinlichkeiten ist ferner darauf zu achten, dass das sichere Ereignis, also Ω (vgl. (33.5)), die Wahrscheinlichkeit 1 (bzw. 100%) hat:

(**B**) $P(\Omega) = 1$.

Ebenso hat das unmögliche Ereignis $\varnothing$ (vgl. (33.5)) die Wahrscheinlichkeit 0:

(**C**) $P(\varnothing) = 0$.

(34.3) Die Wahrscheinlichkeit von $\overline{E}$

Das Ereignis $\overline{E}$ ist das Gegenereignis von E, siehe (33.6). Es tritt genau dann ein, wenn E nicht eintritt. Schon von der Anschauung her ist klar, wie die Wahrscheinlichkeiten von E und $\overline{E}$ zusammenhängen: Wenn die Wahrscheinlichkeit einer Knabengeburt 51.3% ist, dann beträgt die Wahrscheinlichkeit des Gegenereignisses, also einer Mädchengeburt, eben 48.7%. Oder, um einmal die "subjektive Wahrscheinlich-keit" von Beispiel 32.3.G ins Spiel zu bringen: Wenn Tante Olga mit 95% Wahrschein-lichkeit zu Besuch kommt, dann kommt sie eben mit 5% Wahrscheinlichkeit nicht zu Besuch. Allgemein (und mit Wahrscheinlichkeiten zwischen 0 und 1) formuliert, lautet die Regel so:

(D) $\qquad P(\bar{E}) = 1 - P(E)$ für alle Ereignisse E.

(Drückt man die Wahrscheinlichkeiten mit Prozenten aus, so ist 1 wieder durch 100% zu ersetzen.)

Das Erfreuliche an diesem Sachverhalt ist nun, dass sich diese einleuchtende Regel *beweisen* lässt, sofern man eine konkrete Interpretation der Wahrscheinlichkeit verwen-det. Wir geben zwei Beispiele:

1. <u>Klassische Wahrscheinlichkeit</u> (vgl. (32.4, 1.))

Hier ist
$$P(E) = \frac{k}{n} \,,$$
wobei n die Anzahl der möglichen, k die Anzahl der günstigen Fälle ist.

Die Zahl der für E *ungünstigen* Fälle ist dann $n-k$, dies ist aber gerade die Anzahl der für $\bar{E}$ *günstigen* Fälle, und wir erhalten so:
$$P(\bar{E}) = \frac{n-k}{n} = 1 - \frac{k}{n} = 1 - P(E) \,. \qquad \boxtimes$$

2. <u>Das Glücksspiel von 32.3.E</u> (geometrische Wahrscheinlichkeit)

Es sei E das Ereignis "die Nadel trifft das schraffierte Quadrat". Das zugehörige Gegenereignis ist dann $\bar{E}$: "Die Nadel trifft das nicht schraffierte Flächenstück". In diesem Beispiel sind die Wahrscheinlichkeiten $P(E)$ und $P(\bar{E})$ als Flächeninhalt der entsprechenden Stücke zu interpretieren. Dem sicheren Ereignis Ω (mit $P(\Omega) = 1$) entspricht das ganze Quadrat, das somit den Flächeninhalt 1 haben muss.

Da sich die E bzw. $\bar{E}$ entsprechenden Stücke zum Quadrat ergänzen, ist die Summe ihrer Inhalte gleich 1. Wir erhalten
$$P(E) + P(\bar{E}) = 1 \,,$$
was zu **(D)** äquivalent ist. $\qquad \boxtimes$

<u>Hinweis</u>

An dieser Stelle muss noch eine auf den ersten Blick etwas merkwürdige Tatsache erwähnt werden: Es sei F das Ereignis "der Mittelpunkt des Quadrats wird getroffen". Nun hat dieser Punkt den Flächeninhalt 0, also gilt gemäss unsern Abmachungen:
$$P(F) = 0 \,,$$

und dies trotz der Tatsache, dass F nicht unmöglich ist ($F \neq \varnothing$)! Für das Gegenereignis $\overline{F}$ gilt entsprechend $P(\overline{F}) = 1$, obwohl $\overline{F} \neq \Omega$ ist.

Man muss diese Erscheinung so verstehen: Das Ereignis F ist zwar nicht unmöglich. Es ist aber so unwahrscheinlich, dass *genau* der Mittelpunkt getroffen wird, dass man diesem Ereignis keine von Null verschiedene Wahrscheinlichkeit zubilligen kann. (Siehe auch (40.4.c).)

> Sie können sich auch eine kleine Kreisscheibe um den Mittelpunkt vorstellen. Die Wahrscheinlichkeit, diese Scheibe zu treffen, ist sehr klein, aber nicht Null. Lässt man dann den Radius dieser Scheibe immer kleiner werden, dann schrumpft sie zum Mittelpunkt zusammen und die Wahrscheinlichkeit eines Treffers strebt gegen Null.

Als *Warnung* halten wir jedenfalls fest:
- Aus $P(E) = 0$ folgt nicht unbedingt, dass $E = \varnothing$ ist.
- Aus $P(E) = 1$ folgt nicht unbedingt, dass $E = \Omega$ ist.

(Mit andern Worten: Die Umkehrungen der Regeln (**B**) und (**C**) gelten im Allgemeinen nicht.)

$\boxed{\text{(34.4) Die Wahrscheinlichkeit von } E \cup F}$

In (33.6) haben wir gesehen, dass die Vereinigung $E \cup F$ das Ereignis "E oder F (oder beide zugleich)" beschreibt. Wir wollen nun eine Formel für $P(E \cup F)$ herleiten und zwar wieder anhand von zwei speziellen Wahrscheinlichkeitsbegriffen.

1. Klassische Wahrscheinlichkeit

Wir führen zuerst eine zweckmässige Bezeichnung ein:

> Wenn M eine endliche Menge ist, dann bezeichnen wir mit $|M|$ die Anzahl der Elemente von M.

Die Anzahl der für das Ereignis E günstigen Fälle ist dann gleich $|E|$; die Anzahl der überhaupt möglichen Fälle ist $|\Omega|$.

Eine einfache Illustration: Beim Würfeln ist $\Omega = \{1, 2, 3, 4, 5, 6\}$, also $|\Omega| = 6$. Das Ereignis $E =$ "gerade Zahl" ist $\{2, 4, 6\}$, somit ist $|E| = 3$.

Die in (32.4) benützte "klassische" Formel

$$\text{Wahrscheinlichkeit} = \frac{\text{Anzahl der günstigen Fälle}}{\text{Anzahl der möglichen Fälle}}$$

lautet jetzt einfach

$$P(E) = \frac{|E|}{|\Omega|} \, .$$

Nun seien also E und F zwei Ereignisse aus Ω. Dann gilt

$$P(E) = \frac{|E|}{|\Omega|}, \qquad P(F) = \frac{|F|}{|\Omega|}, \qquad P(E \cup F) = \frac{|E \cup F|}{|\Omega|} \; .$$

Wieviele Elemente liegen in $E \cup F$? Um dies zu ermitteln, addieren wir die Anzahlen der Elemente von E und von F. Allerdings zählen wir dabei manche Elemente doppelt, nämlich jene, die sowohl in E als auch in F liegen. Das sind aber genau die Elemente aus $E \cap F$. Deren Anzahl muss also wieder subtrahiert werden. Wir finden so

$$|E \cup F| = |E| + |F| - |E \cap F| \; .$$

Damit lässt sich $P(E \cup F)$ bestimmen:

$$P(E \cup F) = \frac{|E \cup F|}{|\Omega|} = \frac{|E|}{|\Omega|} + \frac{|F|}{|\Omega|} - \frac{|E \cap F|}{|\Omega|} \; .$$

Wir erhalten schliesslich:

(E) $P(E \cup F) = P(E) + P(F) - P(E \cap F).$

Wenn E und F *unvereinbar* sind (33.7), dann ist $E \cap F = \varnothing$ und somit ist $P(E \cap F) = 0$. Die Regel vereinfacht sich zu

(F)   Wenn E und F unvereinbar sind, dann ist $P(E \cup F) = P(E) + P(F).$

$\boxtimes$

2. <u>Das Glücksspiel von 32.3.E</u>

Hier wird die Wahrscheinlichkeit durch einen Flächeninhalt beschrieben. Den folgenden "Bildern ohne Worte" entnimmt man ohne weiteres, dass Formel (**E**) (und damit Formel (**F**)) auch hier gilt.

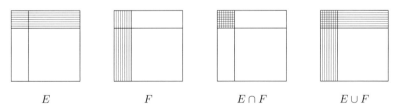

$\qquad\qquad E \qquad\qquad\qquad\quad F \qquad\qquad\qquad E \cap F \qquad\qquad\quad E \cup F$

$\boxtimes$

(34.5) Der allgemeine Wahrscheinlichkeitsbegriff

Wir sind nun so weit, dass wir den Schritt zum allgemeinen Wahrscheinlichkeitsbegriff wagen können. In (34.2) bis (34.4) haben wir gesehen, dass die Wahrscheinlichkeiten von Ereignissen gewissen Rechenregeln (**A**) bis (**F**) genügen, und zwar sind wir bei zwei ganz verschiedenen Interpretationen der Wahrscheinlichkeit auf dieselben Regeln gestossen. Diese leuchten auch anschaulich ein, und so ist es sicher nicht unvernünftig, von *jedem* — wie auch immer definierten — Wahrscheinlichkeitsbegriff zu fordern, dass diese Regeln gelten sollen.

Hat man den Sachverhalt so weit durchdacht, dann ist es nur noch ein kleiner Schritt zum abstrakten Wahrscheinlichkeitsbegriff. Hier versucht man gar nicht erst, die Wahrscheinlichkeit eines Ereignisses durch eine in allen Fällen anwendbare *Formel* zu definieren; vielmehr wird der Begriff der Wahrscheinlichkeit durch seine *Eigenschaften* festgelegt, und zwar spricht man immer dann von einer Wahrscheinlichkeit P, wenn jedem Ereignis E eine Zahl $P(E)$ zugeordnet ist, derart, dass die Regeln (**A**) bis (**F**) gelten. Wie wir gleich sehen werden, muss die Regel (**F**) allerdings auf abzählbar unendlich viele Ereignisse ausgedehnt werden.

Diese Auffassung hat den grossen Vorteil*, dass sie alle konkreten, aber nicht durch eine einheitliche Berechnungsmethode erfassbaren Vorstellungen der Wahrscheinlichkeit unter einen Hut bringt. Man spricht hier auch von der "axiomatischen Grundlegung" der Wahrscheinlichkeitsrechnung, denn man stellt einige Grundregeln (oder Axiome) an den Anfang.

Die Mathematiker haben sich nun gefragt, ob nicht noch einige der Regeln (**A**) bis (**F**) in dem Sinne überflüssig seien, dass man sie aus den übrigen herleiten könnte. Dies ist tatsächlich der Fall: Die Regeln (**C**), (**D**) und (**E**) lassen sich ganz abstrakt und ohne konkrete Interpretationen aus (**A**), (**B**) und (**F**) beweisen, wie wir noch sehen werden. Anderseits zeigt es sich auch, dass für unendliche Ergebnisräume die Regel (**F**) nicht genügt. Man muss etwas mehr fordern (vgl. Axiom 3). So gelangt man schliesslich zu drei Grundregeln (oder Axiomen), von denen vor allem die ersten beiden fast selbstverständlich sind.

Es sei Ω ein Ergebnisraum (abstrakt gesehen also eine Menge). Jedem Ereignis E aus Ω sei eine Zahl $P(E)$ zugeordnet, so dass die folgenden Axiome gelten:

Axiom 1:	$0 \leq P(E) \leq 1$ für alle E.
Axiom 2:	$P(\Omega) = 1$.
Axiom 3:	Für endlich oder abzählbar unendlich viele paarweise unvereinbare Ereignisse E_i gilt $P(E_1 \cup E_2 \cup \ldots) = P(E_1) + P(E_2) + \ldots$

In diesem Fall sagt man, dass auf Ω eine *Wahrscheinlichkeit* P definiert sei und nennt $P(E)$ die Wahrscheinlichkeit des Ereignisses E. P selbst kann als Abbildung der Menge der Ereignisse in die Menge der reellen Zahlen aufgefasst werden.

---

* Ein Nachteil ist vielleicht, dass der Begriff etwas abstrakt und ohne konkreten Inhalt ist.

Bemerkungen

a) Beachten Sie, dass man nicht die Ergebnisse (also die Elemente von Ω) sondern die Ereignisse (also Teilmengen von Ω) mit Wahrscheinlichkeiten versieht. (Dies ist deshalb nötig, weil es Fälle gibt, wo alle Ergebnisse die Wahrscheinlichkeit Null haben, vgl. Beispiel 2. in (34.3)). Die Ergebnisse kommen aber trotzdem zu ihrem Recht, denn jedem Ergebnis ω entspricht ja auch ein Ereignis, nämlich das Elementarereignis $\{\omega\}$, siehe (33.5).

b) Die obigen drei Axiome bilden das so genannte *Axiomensystem von Kolmogoroff*, benannt nach einem russischen Mathematiker, der es in den dreissiger Jahren des letzten Jahrhunderts aufstellte. (A.N. KOLMOGOROFF, 1903–1987.)

Kommentare zu Axiom 3

1) Die Voraussetzung der paarweisen Unvereinbarkeit bedeutet nach (33.7), dass $E_i \cap E_j = \varnothing$ ist, für alle $i \neq j$.

2) Die Formel ist so zu interpretieren:
   - Wenn nur endlich viele Ereignisse $E_1, \ldots, E_n$ vorliegen, dann steht rechts eine gewöhnliche (endliche) Summe.
   - Sind aber abzählbar unendlich viele E_i vorhanden, so steht rechts eine konvergente unendliche Reihe (19.3).

3) Zur Abkürzung schreibt man auch

$$P\Big(\bigcup_i E_i\Big) = \sum_i P(E_i)\,.$$

Dabei durchläuft der Index i je nach Fall eine endliche oder eine abzählbar unendliche Zahlenmenge.

4) Wenden wir das Axiom 3 auf den Fall von zwei Ereignissen $E_1 = E$ und $E_2 = F$ an, so erhalten wir gerade unsere alte Formel (**F**) zurück, die wir nun neu nummerieren:

Regel 4:   Wenn die Ereignisse E und F *unvereinbar* sind, dann gilt
$P(E \cup F) = P(E) + P(F)$.

Wir sprechen hier von einer "Regel" und nicht mehr von einem "Axiom", denn diese Regel wurde aus den Axiomen hergeleitet.

(34.6) Herleitung von Rechenregeln aus den Axiomen

Wir haben weiter oben behauptet, dass die übrigen Rechenregeln für Wahrscheinlichkeiten ganz abstrakt aus den drei Axiomen hergeleitet werden können. Dies wollen wir nun tun. Dabei geht es vor allem darum, die Möglichkeiten der "axiomatischen Methode" vorzuführen. Diese Überlegungen sind also eher von theoretischem als von praktischem Interesse.

1. Regel (**C**): $P(\varnothing) = 0$.

Wegen $\Omega \cap \varnothing = \varnothing$ sind Ω und $\varnothing$ unvereinbar. Wegen Axiom 3 (bzw. der daraus folgenden Regel 4) ist dann $P(\Omega \cup \varnothing) = P(\Omega) + P(\varnothing)$. Nun ist aber $P(\Omega \cup \varnothing) = P(\Omega) = 1$ (letzte Gleichheit wegen Axiom 2), woraus folgt, dass $P(\varnothing) = 0$ ist.

2. Regel (**D**): $P(\overline{E}) = 1 - P(E)$.

Es ist $E \cap \overline{E} = \varnothing$, denn E und $\overline{E}$ sind unvereinbar. Ferner ist $E \cup \overline{E} = \Omega$. Unter Anwendung von Axiom 3 (bzw. Regel 4) und von Axiom 2 folgt:

$$1 = P(\Omega) = P(E \cup \overline{E}) = P(E) + P(\overline{E}) \, ,$$

woraus sich die Regel (**D**) sogleich ergibt.

3. Regel (**E**): $P(E \cup F) = P(E) + P(F) - P(E \cap F)$.

Dieser Beweis ist etwas komplizierter. Wir setzen $X = F \backslash E$. Nach (26.2.d) versteht man darunter die Menge aller Elemente aus F, welche nicht in E liegen. Die folgende Figur illustriert den Sachverhalt:

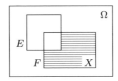

Man entnimmt ihr folgende Beziehungen:

(1) $$E \cup F = E \cup X \, ,$$

(1') $$E \cap X = \varnothing \, ,$$

(2) $$F = (E \cap F) \cup X \, ,$$

(2') $$(E \cap F) \cap X = \varnothing \, .$$

Wegen (1) und (1') (bzw. (2) und (2')) dürfen wir die Regel 4 auf $E \cup X$ (bzw. auf F) anwenden und finden

$$P(E \cup F) = P(E \cup X) = P(E) + P(X) \, ,$$

$$P(F) = P((E \cap F) \cup X) = P(E \cap F) + P(X) \, .$$

Subtraktion der linken bzw. der rechten Enden der Gleichungen liefert

$$P(E \cup F) - P(F) = P(E) + P(X) - P(E \cap F) - P(X) = P(E) - P(E \cap F) \, ,$$

woraus die Regel (**E**) sofort folgt, wenn wir noch $P(F)$ auf die rechte Seite bringen.

Wir nummerieren auch diese Regeln neu:

Regel 5:	$P(\varnothing) = 0$.
Regel 6:	$P(\overline{E}) = 1 - P(E)$ für alle Ereignisse E.
Regel 7:	$P(E \cup F) = P(E) + P(F) - P(E \cap F)$
	für alle Ereignisse E und F.

Von nun an werden wir im Umgang mit Wahrscheinlichkeiten die Regeln 4–7 sowie natürlich auch die Axiome 1–3 unbesorgt verwenden. Weitere Regeln kommen in den Kapiteln 35 und 36 hinzu. Beachten Sie in diesem Zusammenhang auch die Ausführungen im folgenden Abschnitt (34.7).

(34.7) Erläuterungen zum allgemeinen Wahrscheinlichkeitsbegriff

Unter einem Axiom versteht man in der Mathematik bekanntlich eine Aussage, aus der andere Aussagen ableitbar sind, die aber selbst nicht zu beweisen (wohl aber zu motivieren!) ist. In unserm Fall ist die Bedeutung der Axiome 1, 2, 3, wie schon erwähnt, die folgende: Man darf immer dann von Wahrscheinlichkeiten (im allgemeinen Sinn) sprechen, wenn jedem Ereignis E aus Ω eine Zahl $P(E)$ zugeordnet ist, derart, dass diese Axiome gelten. Die Zahl $P(E)$ heisst dann die *Wahrscheinlichkeit* von E, und P selbst kann als Abbildung interpretiert werden (vgl. (34.9)).

Das Entscheidende an dieser Betrachtungsweise ist, dass man die Wahrscheinlichkeit einfach durch ihre Grundeigenschaften (die in den Axiomen 1, 2, 3 ausgedrückt sind) charakterisiert und nicht etwa eine Methode (z.B. eine Formel) zu ihrer Berechnung angibt. Wie man in konkreten Einzelfällen (vgl. die Beispiele in (32.3)) vorgeht, ist irrelevant, solange der verwendete spezielle Wahrscheinlichkeitsbegriff die drei Axiome erfüllt.

Die gesamte weitere Theorie der Wahrscheinlichkeitsrechnung baut auf diesen drei Axiomen auf. Dieses Vorgehen ist verhältnismässig abstrakt, hat aber den ganz wesentlichen Vorteil, dass sich die bisher betrachteten speziellen Wahrscheinlichkeitsbegriffe der neuen, allgemeinen Theorie unterordnen, denn sie erfüllen, wie man zeigen kann, die Axiome 1, 2, 3. Man kann somit die allgemeine Theorie auf diese Fälle anwenden. Beispielsweise ist man sicher, dass in allen diesen Fällen die Regeln 4, 5, 6, 7 gelten, denn diese folgen aus den Axiomen.

Umgekehrt kann man aber auch eine abstrakte Wahrscheinlichkeit bei Bedarf konkret interpretieren. In den Naturwissenschaften wird die Vorstellung der *idealisierten relativen Häufigkeit* besonders wichtig sein. Wenn also z.B. ein Ereignis E im abstrakten Sinne die Wahrscheinlichkeit 0.05 hat, dann kann man dies anschaulich so deuten, dass in 100 Wiederholungen des Experiments das Ereignis E etwa fünfmal auftreten wird.

(34.8) Zur Aufgabe der Wahrscheinlichkeitsrechnung

Bei dieser Gelegenheit sei noch etwas über die Aufgabe der Wahrscheinlichkeitsrechnung gesagt: Sie lehrt, wie man mit Wahrscheinlichkeiten umgeht, wie man aus als bekannt vorausgesetzten Wahrscheinlichkeiten neue berechnet, wie man sie in Zusammenhang mit andern Begriffen bringt, usw. Es ist aber *nicht* ihre Aufgabe, die zugrunde liegenden Wahrscheinlichkeiten konkret zu bestimmen.

So ist es wohl allen klar, dass man aufgrund der Axiome 1, 2, 3 nichts über die Wahrscheinlichkeit einer Knabengeburt (Beispiel 32.3.C) aussagen kann. Eine solche Wahrscheinlichkeit muss durch Beobachtungen (statistische Untersuchungen) ermittelt werden. Dagegen lassen sich aus bereits bekannten Wahrscheinlichkeiten neue berechnen. Die Wahrscheinlichkeitsrechnung kann z.B. Aussagen der folgenden Art machen: *Wenn* die Wahrscheinlichkeit einer Knabengeburt gleich 0.513 ist, *dann* hat es in einer Familie mit fünf Kindern mit der Wahrscheinlichkeit 0.304 zwei Knaben und drei Mädchen. (Wie man das effektiv ausrechnet, werden Sie in Beispiel 38.3.B sehen.)

Es folgt auch nicht aus den Axiomen, dass beim Würfelspiel die Wahrscheinlichkeit einer Sechs gleich 1/6 ist. Um dieses Resultat zu erhalten, muss man — gewissermassen von aussen — die (berechtigte oder unberechtigte, es gibt ja verfälschte Würfel) Zusatzvoraussetzung machen, dass alle sechs möglichen Ergebnisse (genauer: Elementarereignisse) die gleiche Wahrscheinlichkeit haben (vgl. Kapitel 35).

(34.9) Wahrscheinlichkeitsräume

In (34.5) sind wir von einem festen Ergebnisraum Ω ausgegangen und haben jedem Ereignis E eine Wahrscheinlichkeit $P(E)$ zugeordnet, wobei die Axiome von Kolmogoroff erfüllt sein sollen. In diesem Fall nennt man Ω auch einen *Wahrscheinlichkeitsraum*. Mit diesem Namen will man betonen, dass nicht nur die Ergebnisse und Ereignisse interessieren, sondern auch — und vor allem — die zugehörigen Wahrscheinlichkeiten.

Es wurde auch schon erwähnt, dass man die Wahrscheinlichkeit P als Abbildung auffassen kann. Dies wollen wir noch etwas präzisieren: Dazu bezeichnen wir mit $\mathcal{E}$ die Menge der Ereignisse aus dem Ergebnisraum Ω. Unter einer *Wahrscheinlichkeit auf $\mathcal{E}$* versteht man nun eine Abbildung

$$P : \mathcal{E} \to \mathbb{R}, \qquad E \mapsto P(E)\,,$$

so dass $P(E)$ die Axiome 1, 2, 3 erfüllt. Der Wahrscheinlichkeitsraum ist somit genaugenommen durch die drei Objekte $\Omega, \mathcal{E}, P$ festgelegt. Hier hakt die allgemeine mathematische Theorie der Wahrscheinlichkeitsrechnung ein.

An dieser Stelle sei noch auf eine gewisse Problematik hingewiesen, um die wir uns aber für unsere Bedürfnisse nachher nicht mehr zu kümmern brauchen: Ein Ereignis E ist definiert als Teilmenge von Ω, und jedem Ereignis soll eine Wahrscheinlichkeit $P(E)$ so zugeordnet werden, dass die Axiome 1, 2, 3 gelten. Wir haben uns nicht mit der Frage aufgehalten, ob so etwas überhaupt möglich sei. Solange Ω endlich oder abzählbar unendlich ist, kann man tatsächlich *jeder* Teilmenge von Ω in der gewünschten Weise eine Wahrscheinlichkeit zuordnen. Dies geht aber nicht mehr, wenn Ω überabzählbar unendlich (z.B. $\Omega = \mathbb{R}$ oder $\Omega = [a, b]$) ist. Man meistert in der weiterführenden Theorie diese Situation dadurch, dass man *nicht mehr jede* Teilmenge von Ω als Ereignis betrachtet. Man muss dann zusätzlich abklären, welche Mengen $\mathcal{E}$ von Ereignissen überhaupt in Frage kommen. An dieser Stelle sei aber auf die diesbezüglichen Einzelheiten verzichtet.

(34.∞) Aufgaben

34−1 Aus Erfahrung weiss man, dass ein(e) Student(in) die Prüfung in Alphalogie mit 80% Wahrscheinlichkeit, jene in Betametrie mit 70% Wahrscheinlichkeit besteht. Mit 60% Wahrscheinlichkeit werden beide Prüfungen bestanden. Mit welcher Wahrscheinlichkeit fällt eine Person bei beiden Prüfungen durch?

34−2 Es seien E und F Ereignisse. Man weiss, dass $P(E \cup F) = 0.7$, $P(E \cap F) = 0.2$ und $P(\bar{E}) = 0.6$ ist. Berechnen Sie $P(E)$ und $P(F)$.

34−3 In (33.6) ist erwähnt worden, dass die Beziehung $A \subset B$ für Ereignisse bedeutet, dass B aus A folgt. In diesem Fall leuchtet es anschaulich ein, dass $P(A) \leq P(B)$ ist. Beweisen Sie dies mit Hilfe der Axiome von Kolmogoroff.

34−4 Es seien $A, B \subset \Omega$ Ereignisse.
   a) Umschreiben Sie $A \cap B$ und $A \cap \bar{B}$ in Worten.
   b) Zeichnen Sie ein illustrierendes Venn-Diagramm.
   c) Was können Sie über $P(A \cap B) + P(A \cap \bar{B})$ sagen? Welches Axiom verwenden Sie?
   d) Berechnen Sie $P(A \cap B) + P(A \cap \bar{B}) + P(\bar{A} \cap B) + P(\bar{A} \cap \bar{B})$.

34−5 Interpretieren Sie die durch Kreise dargestellten Mengen A, B, C aus der Figur als Ereignisse und geben Sie eine der Regel 7 ähnliche Formel für $P(A \cup B \cup C)$ an. Geben Sie auch einen rechnerischen Beweis unter Verwendung der Axiome 1, 2, 3.

34−6 Das Axiom 1 kann noch etwas abgeschwächt werden, indem man nur noch "die erste Hälfte" verlangt, nämlich

$$\text{Axiom 1*: } 0 \leq P(E) \text{ für alle } E .$$

Zeigen Sie, dass die Beziehung $P(E) \leq 1$ (und damit das Axiom 1) unter Verwendung der Axiome 1*, 2 und 3 *bewiesen* werden kann. (Dies ist insofern von Interesse, als die Mathematiker bei einem Axiomensystem möglichst wenig verlangen möchten.)

35. ENDLICHE WAHRSCHEINLICHKEITSRÄUME

(35.1) Überblick

Wenn ein Wahrscheinlichkeitsraum Ω nur endlich viele Elemente enthält, dann gilt

Regel 8:   *(35.2)*

Die Wahrscheinlichkeit eines Ereignisses E ist die Summe der Wahrscheinlichkeiten der zu E gehörigen Ergebnisse (genauer: der Elementarereignisse).

Ein Wahrscheinlichkeitsraum Ω heisst ein *Laplace-Raum*, wenn er   *(35.3)* endlich ist und wenn jedes Ergebnis (genauer: jedes Elementarereignis) dieselbe Wahrscheinlichkeit hat.

Dann gilt für die Wahrscheinlichkeit des Ereignisses E aus Ω die Formel der *"klassischen Wahrscheinlichkeit"*   *(35.3)*

Regel 9:

$$P(E) = \frac{|E|}{|\Omega|} \; .$$

Dabei bezeichnet $|E|$ die Anzahl der "günstigen Ergebnisse" (d.h., der Ergebnisse aus E), $|\Omega|$ die Anzahl der "möglichen Ergebnisse" (d.h., der Ergebnisse aus Ω).

Zur Berechnung von $|E|$ und $|\Omega|$ sind oft Methoden der *Kombinatorik*   *Kap. 48* erforderlich. Ferner ist es in manchen Fällen einfacher, die Wahrscheinlichkeit des Gegenereignisses $\overline{E}$ zu bestimmen und anschliessend die Regel 6   *(35.4.B)* $(P(\overline{E}) = 1 - P(E))$ zu benützen.

Etwas im Widerspruch zum Titel wird am Schluss noch kurz auf den   *(35.5)* Fall eingegangen, wo der Wahrscheinlichkeitsraum *abzählbar unendlich* ist. Hier gibt es die zu Regel 8 analoge Regel 10.

(35.2) Beispiele von endlichen Wahrscheinlichkeitsräumen

Wenn ein Wahrscheinlichkeitsraum Ω nur endlich viele Elemente (konkreter: Ergebnisse) enthält, dann nennt man ihn (wer hätte das gedacht) *endlich*. Beim Auflisten der Beispiele sind der Phantasie keine Grenzen gesetzt. Wir beschränken uns auf einige harmlose Muster. Zuerst aber noch eine Vorbemerkung: Es sei $\omega \in \Omega$ ein Ergebnis. Gemäss den Axiomen von Kolmogoroff (34.5), die wir ja nun zugrunde legen wollen, kann man zunächst die Wahrscheinlichkeiten nur für Ereignisse, nicht aber für Ergebnisse angeben. Will man aber doch von der Wahrscheinlichkeit eines Ergebnisses ω sprechen, so müsste man streng genommen das Ergebnis ω durch das Ereignis (Elementarereignis, vgl. (33.5,3.)) $\{\omega\}$ ersetzen und somit $P(\{\omega\})$ schreiben. Dies ist aber zu schwerfällig, so dass man lieber eine kleine Ungenauigkeit begeht und $P(\omega)$ verwendet. Nun zu den Beispielen.

Beispiel 35.2.A Würfeln

Hier ist
$$\Omega = \{1,2,3,4,5,6\} \ .$$

Ferner ist
$$P(1) = P(2) = P(3) = P(4) = P(5) = P(6) = \frac{1}{6}$$

(sofern der Würfel ehrlich ist).   ⊠

Beispiel 35.2.B Geburten

Hier ist
$$\Omega = \{♀, ♂\}$$

mit (gemäss Beispiel 32.3.C) $P(♀) = 0.487, P(♂) = 0.513$.   ⊠

Beispiel 35.2.C

Am nächsten Sonntag findet der traditionelle Fussballmatch zwischen dem FC Vordertal und dem SC Hinterberg statt. Ich interessiere mich für die drei Ausgänge

ω_1 :   FCV gewinnt,

ω_2 :   unentschieden,

ω_3 :   SCH gewinnt.

Hier kann ich die Wahrscheinlichkeiten subjektiv (meinem Gefühl oder meiner Hoffnung entsprechend) festlegen (vgl. (32.4)), etwa so:

$$P(\omega_1) = 0.75, \quad P(\omega_2) = 0.2, \quad P(\omega_3) = 0.05 \ .$$ ⊠

Den Beispielen entnimmt man, dass die Summe der Wahrscheinlichkeiten aller Ergebnisse (bzw. genauer aller Elementarereignisse) stets 1 ist. Dies entspricht zunächst sicher dem gesunden Menschenverstand. Interessant ist nun aber, dass diese Tatsache auch aus den Axiomen herleitbar ist (was letztlich einfach bestätigt, dass die Axiome vernünftig gewählt sind!):

Es sei nämlich
$$\Omega = \{\omega_1, \omega_2, \ldots, \omega_n\}$$

ein aus n verschiedenen Ergebnissen bestehender endlicher Wahrscheinlichkeitsraum. Die Elementarereignisse
$$\{\omega_1\}, \{\omega_2\}, \ldots, \{\omega_n\}$$

sind sicher paarweise unvereinbar (vgl. dazu (33.7)). Ferner ist

$$\Omega = \{\omega_1\} \cup \{\omega_2\} \cup \ldots \cup \{\omega_n\} \, .$$

Aus den Axiomen 2 und 3 folgt dann

$$1 = P(\Omega) = P(\omega_1) + P(\omega_2) + \ldots + P(\omega_n) \, ,$$

d.h., die Summe aller Einzelwahrscheinlichkeiten ist 1.

Mit derselben Überlegung lässt sich auch eine Formel für die Wahrscheinlichkeit eines beliebigen Ereignisses herleiten: Wenn z.B.

$$E = \{\omega_1, \omega_2\}$$

ist, dann gilt (weil $\{\omega_1\}, \{\omega_2\}$ unvereinbar sind)

$$P(E) = P(\{\omega_1\} \cup \{\omega_2\}) = P(\omega_1) + P(\omega_2) \, .$$

Die allgemeinen Formulierung dieses Sachverhalts wirkt etwas schwerfällig, weil wir "zweistöckige" Indizes verwenden müssen: Wenn

$$E = \{\omega_{i_1}, \omega_{i_2}, \ldots, \omega_{i_m}\}$$

aus m verschiedenen Ergebnissen besteht, dann gilt

$$P(E) = P(\omega_{i_1}) + P(\omega_{i_2}) + \ldots + P(\omega_{i_m}) \, .$$

Wir formulieren deshalb dieses Resultat lieber in Worten:

Regel 8:

In einem endlichen Wahrscheinlichkeitsraum Ω gilt:

Die Wahrscheinlichkeit des Ereignisses E ist die Summe der Wahrscheinlichkeiten der zu E gehörigen Ergebnisse.

In einem endlichen Wahrscheinlichkeitsraum genügt es also, die Wahrscheinlichkeit der einzelnen Ergebnisse zu kennen; die Wahrscheinlichkeiten aller Ereignisse lassen sich dann durch Summation berechnen. Es sei hier darauf hingewiesen, dass für überabzählbar unendliche Wahrscheinlichkeitsräume dies nicht zu gelten braucht: Im Glücksspiel von Beispiel 32.3.F haben die einzelnen Ergebnisse (also die Punkte des Quadrats) alle die Wahrscheinlichkeit Null (vgl. (34.3,2.)), und erst die Ereignisse, die zu einem "richtigen Flächenstück" gehören, haben eine Wahrscheinlichkeit $\neq 0$. (Vielleicht verstehen Sie jetzt noch besser, warum die Axiome von Kolmogoroff für Ereignisse und nicht bloss für Ergebnisse formuliert worden sind.)

Wir werden dieses Verfahren sehr oft anwenden, deshalb genügt an dieser Stelle ein banales Beispiel: Im Fall des Fussballmatchs (Beispiel 35.2.C) ist $E = \{\omega_1, \omega_2\}$ das Ereignis "der FCV verliert nicht", welches die Wahrscheinlichkeit $P(E) = P(\omega_1) + P(\omega_2) = 0.75 + 0.2 = 0.95$ hat (was hoffentlich auch direkt einleuchtet).

Zum Schluss dieses Abschnitts sei noch erwähnt, dass sich ein endlicher Wahrscheinlichkeitsraum

$$\Omega = \{\omega_1, \omega_2, \ldots, \omega_n\}$$

mit den Wahrscheinlichkeiten

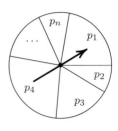

$$P(\omega_1) = p_1,\ P(\omega_2) = p_2,\ \ldots,\ P(\omega_n) = p_n,\ \text{mit } \sum_{i=1}^{n} p_i = 1\ ,$$

stets durch ein einfaches Modell, nämlich ein "Glücksrad" veranschaulichen lässt, welches in n Sektoren eingeteilt ist, deren Flächeninhalt proportional zu $p_1, \ldots, p_n$ ist.

$\boxed{\text{(35.3) Laplace-Räume}}$

Sehr häufig trifft man endliche Wahrscheinlichkeitsräume an, bei denen alle Ergebnisse gleich wahrscheinlich sind. Beispiele dazu sind etwa

- Münzenwurf,
- Würfelspiel,
- Roulette

(immer vorausgesetzt, dass die Spielgeräte unverfälscht sind), aber auch z.B. das zufällige Herausgreifen einer Versuchsperson aus einer Gruppe von Individuen. ("Zufällig" soll hier eben gerade bedeuten, dass jede Person dieselbe Chance hat, ausgewählt zu werden.)

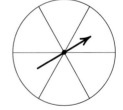

Allgemein kann man sich ein Glücksrad (vgl. oben) vorstellen, das in n gleiche Sektoren aufgeteilt ist. Beispielsweise ist das nebenstehende Rad ein *Modell* für einen ausgewogenen Würfel (mit $n = 6$).

Da solche Wahrscheinlichkeitsräume häufig vorkommen, tragen sie einen besonderen Namen: Man nennt sie *Laplace-Räume**. Also:

> Ein Wahrscheinlichkeitsraum heisst ein *Laplace-Raum*, wenn er endlich ist und wenn jedes Ergebnis (bzw. genauer: jedes Elementarereignis) dieselbe Wahrscheinlichkeit hat.

---

* Nach P.S. DE LAPLACE, 1749-1827.

Es schadet vielleicht nichts, ausdrücklich darauf hinzuweisen, dass die Gleichwahrscheinlichkeit der Ergebnisse nicht aus den Axiomen herleitbar ist. Vielmehr ist dies eine Zusatzinformation, die man aufgrund der Kenntnis des Zufallsexperiments zur Verfügung hat und sozusagen von aussen her eingibt. Wenn man etwa beim Würfelspiel oder beim Roulette von einem Laplace-Raum spricht, dann will man damit einfach ausdrücken, dass das Spielgerät unverfälscht sei.

In einem Laplace-Raum $\Omega = \{\omega_1, \ldots, \omega_n\}$ ist, wie in jedem Wahrscheinlichkeitsraum, die Summe der Wahrscheinlichkeiten der Ergebnisse gleich 1. Da aber zusätzlich alle Ergebnisse dieselbe Wahrscheinlichkeit haben, folgt daraus, dass gilt:

$$P(\omega) = \frac{1}{n}, \quad \text{für alle } \omega \in \Omega \,,$$

oder, etwas anders geschrieben,

$$P(\omega_i) = \frac{1}{n}, \quad \text{für } i = 1, \ldots, n \,.$$

Wenn ein Ereignis E aus k Ergebnissen besteht, dann ist wegen Regel 8 seine Wahrscheinlichkeit die Summe der k einzelnen Wahrscheinlichkeiten, in Formeln also:

$$P(E) = \frac{k}{n} \,.$$

Wird wie in (34.4) die Abkürzung $|M|$ für die Anzahl der Elemente der Menge M benützt, so lautet die Formel

$$P(E) = \frac{|E|}{|\Omega|} \,.$$

Mit der üblichen Sprechweise
   $|E|$: Anzahl der günstigen Fälle,
   $|\Omega|$: Anzahl der möglichen Fälle,
erhält man die bekannte Regel:

Regel 9:

In einem Laplace-Raum gilt:

$$\text{Wahrscheinlichkeit} = \frac{\text{Anzahl günstige Fälle}}{\text{Anzahl mögliche Fälle}}$$

oder kurz

$$P(E) = \frac{|E|}{|\Omega|} \,.$$

Nun ist diese Regel ja nicht neu; wir haben sie bereits in Beispiel 32.2.B und auch später verwendet. Wie ist ihr erneutes Auftauchen zu verstehen? Die Sache ist die: Bis jetzt wurde diese Formel ("klassische Wahrscheinlichkeit") ohne Begründung (der Anschauung entsprechend) benützt, wobei aber klar war, dass sie nicht in allen Fällen gebraucht werden konnte. Im Kapitel 34 war sie dann eine der *Motivationen* für die Axiome von Kolmogoroff. Jetzt aber — und das ist das Neue — lässt sich diese Formel *beweisen* und zwar unter Verwendung der Axiome von Kolmogoroff, zusammen mit der Zusatzvoraussetzung, dass ein Laplace-Raum vorliegt. Der Kreis hat sich also geschlossen.

Ebenso sollte nun völlig klar sein, dass die Formel $P(E) = |E|/|\Omega|$ *nur* in Laplace-Räumen gilt, also nur dann, wenn man von vornherein weiss oder annimmt, dass nur endliche viele Ergebnisse auftreten und dass alle gleich wahrscheinlich sind.

Die in der Regel 9 benötigte Anzahl der günstigen bzw. der möglichen Fälle kann in einfachen Situationen durch Auszählen ermittelt werden. In komplizierteren Fällen wird eine etwas höher entwickelte Form des Zählens verwendet, die Sie unter dem Namen *Kombinatorik* kennen. Die einfachen Resultate, die wir hier brauchen, werden als bekannt vorausgesetzt. Nötigenfalls finden Sie aber im Anhang (Kapitel 48) eine kurze Einführung.

(35.4) Beispiele zur Wahrscheinlichkeit in Laplace-Räumen

Beispiel 35.4.A Zahlenlotto

Beim Lotto werden aus 45 Zahlen 6 gezogen. Da es auf die Reihenfolge nicht ankommt, gibt es hierfür

$$\binom{45}{6} = 8'145'060$$

Möglichkeiten. (Vgl. (48.5) für weitere Informationen, insbesondere zu den Binomialkoeffizienten $\binom{n}{k}$.)

Wieviele Möglichkeiten gibt es für 4 richtige Zahlen? Man erzielt einen "Vierer", indem man 4 Zahlen aus den 6 richtigen und die übrigen 2 Zahlen aus den 39 falschen wählt. Fürs erste hat man $\binom{6}{4}$, fürs zweite $\binom{39}{2}$ Möglichkeiten. Dies ergibt total

$$\binom{6}{4}\binom{39}{2} = 11'115$$

Möglichkeiten.

In gleicher Weise überlegt man sich: Die Anzahl der Möglichkeiten für genau k richtige beträgt

$$\binom{6}{k}\binom{39}{6-k} \qquad k = 0, 1, 2, 3, 4, 5, 6 \,.$$

Man erhält die folgenden Zahlen:

$k = 6$	1
$k = 5$	234
$k = 4$	11'115
$k = 3$	182'780
$k = 2$	1'233'765
$k = 1$	3'454'542
$k = 0$	3'262'623
total	8'145'060

Zur Berechnung der Wahrscheinlichkeiten brauchen wir nun die Formel der klassischen Wahrscheinlichkeit, also Regel 9. Nach der obigen Tabelle gibt es 8'145'060 mögliche Fälle. Davon sind günstig:

Für einen "Sechser": 1.

Für einen "Fünfer": 234, usw.

Damit berechnet sich die Wahrscheinlichkeit für einen Sechser zu

$$\frac{1}{8'145'060} = 0.000'000'122'8 \,.$$

Für einen Fünfer ist sie gleich

$$\frac{234}{8'145'060} = 0.000'028'729'1 \,.$$

Die weiteren Wahrscheinlichkeiten betragen (in Prozenten und gerundet):

4 Richtige: 0.14% ,
3 Richtige: 2.24% ,
2 Richtige: 15.15% ,
1 Richtige: 42.41% ,
0 Richtige: 40.01% .

$\boxtimes$

Beispiel 35.4.B

Der CHEVALIER DE MÉRÉ, ein Edelmann am Hof von LUDWIG XIV., stellte dem Philosophen und Mathematiker BLAISE PASCAL (1623–1662) folgendes Problem: Ist es wahrscheinlicher

a) bei 4 Würfen mit einem Würfel mindestens eine Sechs zu erreichen oder

b) bei 24 Würfen mit zwei Würfeln mindestens eine Doppelsechs zu erzielen?

Wir wollen nun die beiden Wahrscheinlichkeiten berechnen. Die Aufgabe ist ein schönes Beispiel dafür, dass es oft einfacher ist, statt einer bestimmten Wahrscheinlichkeit jene des Gegenereignisses ("Gegenwahrscheinlichkeit") zu bestimmen (33.6), (34.3).

Frage a):

Für die vier Würfe mit einem Würfel gibt es gemäss (48.6) oder (besser) dem gesunden Menschenverstand $6^4 = 1296$ Möglichkeiten. Alle sind gleich wahrscheinlich (sofern der Würfel nicht gefälscht ist), d.h., es liegt ein Laplace-Raum vor. Das gesuchte Ereignis

$$E : \text{mindestens eine Sechs}$$

tritt ein, wenn 1, 2, 3 oder 4 mal eine Sechs geworfen wird. Wegen dieser vielen Fälle ist es einfacher, das Ereignis

$$\overline{E} : \text{keine Sechs}$$

zu betrachten.

Günstig für $\overline{E}$ (also Ergebnisse, bei denen $\overline{E}$ eintritt) sind bei jedem Wurf die fünf Möglichkeiten: 1, 2, 3, 4, 5 Augen. Total gibt es also $5^4 = 625$ für $\overline{E}$ günstige Fälle. Es folgt

$$P(\overline{E}) = \frac{|\overline{E}|}{|\Omega|} = \frac{625}{1296} = 0.4823 \,,$$

und nach Regel 6 ist $P(E) = 1 - 0.4823 = 0.5177$.

Frage b)

Bei einem Wurf mit zwei Würfeln gibt es 36 Möglichkeiten, bei 24 Würfen also (wegen (48.6)) 36^{24} mögliche Ergebnisse. Es sei

$$F : \text{mindestens eine Doppelsechs,}$$
$$\overline{F} : \text{keine Doppelsechs.}$$

Günstig für $\overline{F}$ sind bei jedem Wurf 35 Möglichkeiten. Da 24-mal geworfen wird, umfasst das Ereignis $\overline{F}$ total 35^{24} Fälle. Es folgt

$$P(\overline{F}) = \frac{|\overline{F}|}{|\Omega|} = \frac{35^{24}}{36^{24}} = \left(\frac{35}{36}\right)^{24} = 0.5086$$

und somit

$$P(F) = 1 - 0.5086 = 0.4914 \,.$$

Das in a) beschriebene Ereignis ist also etwas wahrscheinlicher als das Ereignis von b). ⊠

Beispiel 35.4.C

Wie oft muss man mit einem gewöhnlichen Würfel mindestens würfeln, damit die Wahrscheinlichkeit für eine Sechs mindestens 95% ist?

Die (vorläufig unbekannte) Anzahl der Würfe bezeichnen wir mit n. Die Anzahl der möglichen Ergebnisse beträgt dann 6^n. Das Ereignis E: "mindestens eine Sechs" bedeutet "1, 2, ... oder n Sechsen". Wie im Beispiel 35.4.B ersparen wir uns die Untersuchung all dieser verschiedenen Fälle, indem wir zum Gegenereignis $\overline{E}$: "keine

Sechs" übergehen. Dieses tritt ein, wenn in jedem Wurf eine der Augenzahlen 1 bis 5 (aber eben keine 6) auftritt. Dafür gibt es 5^n Möglichkeiten. Somit ist

$$P(E) = 1 - P(\bar{E}) = 1 - \frac{5^n}{6^n} = 1 - \left(\frac{5}{6}\right)^n .$$

Die Aufgabenstellung verlangt

$$P(E) \geq 0.95, \quad \text{also} \quad 1 - \left(\frac{5}{6}\right)^n \geq 0.95 .$$

Umgeformt ergibt dies

$$\left(\frac{5}{6}\right)^n \leq 0.05 .$$

Um den Exponenten n zu bestimmen, nehmen wir auf beiden Seiten den natürlichen Logarithmus:

$$n \cdot \ln \frac{5}{6} \leq \ln 0.05 \quad \text{oder in Zahlen} \quad n \cdot (-0.1823) \leq -2.9957 .$$

Daraus folgt

$$n \geq 16.43 .$$

Hier ist zu beachten, dass bei der Division einer Ungleichung durch eine negative Zahl das Ungleichheitszeichen seine Richtung wechselt. Analog natürlich bei der Multiplikation (vgl. (26.7)).

Somit sind mindestens 17 Würfe erforderlich.   ⊠

Beispiel 35.4.D

Wie gross ist die Wahrscheinlichkeit dafür, dass ich beim Schieber vier Bauern (Under) habe?

Ich erhalte 9 von den 36 Karten. Da die Reihenfolge keine Rolle spielt, gibt es dafür (vgl. (48.5)) $\binom{36}{9}$ Möglichkeiten. In wieviel Fällen habe ich vier Bauern? Wenn ich diese mal habe, dann bleiben noch 32 Karten ("Nicht-Bauern") übrig, von denen ich noch 5 kriege. Dafür gibt es $\binom{32}{5}$ Möglichkeiten.

$$P(\text{vier Bauern}) = \frac{\binom{32}{5}}{\binom{36}{9}} = \frac{32 \cdot 31 \cdot 30 \cdot 29 \cdot 28}{5 \cdot 4 \cdot 3 \cdot 2 \cdot 1} \cdot \frac{9 \cdot 8 \cdot 7 \cdot 6 \cdot 5 \cdot 4 \cdot 3 \cdot 2 \cdot 1}{36 \cdot 35 \cdot 34 \cdot 33 \cdot 32 \cdot 31 \cdot 30 \cdot 29 \cdot 28}$$

$$= 0.00214 \qquad\qquad ⊠$$

Beispiel 35.4.E

Das folgende, rechnerisch sehr einfache Beispiel soll zeigen, dass umgangssprachliche Redewendungen wie "etwas geschieht zufällig" nicht immer präzis genug sind, um eindeutig in eine mathematische Formulierung umgesetzt werden zu können.

Links und rechts von einer Tür sind je zwei Kleiderhaken angebracht. Zwei Personen hängen ihre Mäntel zufällig (aber an verschiedene Haken) auf. Mit welcher Wahrscheinlichkeit befinden sich die beiden Mäntel auf verschiedenen Seiten der Tür?

<u>Lösung 1</u>

Die erste Person hat vier Haken zur Auswahl, die zweite noch drei. Von diesen zwölf gleich wahrscheinlichen Möglichkeiten sind vier ungünstig, nämlich die, wo beide ihre Mäntel links bzw. rechts aufhängen (in beiden Fällen gibt es je zwei Möglichkeiten, da die Mäntel vertauscht werden können). Die gesuchte Wahrscheinlichkeit beträgt daher $8/12 = 2/3$.

Dieselbe Wahrscheinlichkeit kann auch durch andere — gleichwertige — Überlegungen gefunden werden:
- Von den vier Haken sind zwei zu belegen. Nach (48.5) geht dies auf $\binom{4}{2} = 6$ Arten. Davon sind zwei ungünstig, vier günstig.
- Wenn die erste Person ihren Mantel aufgehängt hat, sind noch drei Haken frei; zwei davon sind günstig.

<u>Lösung 2</u>

Jede Person hat beide Seiten zur Auswahl. Es gibt vier gleich wahrscheinliche Möglichkeiten (nämlich links/links, links/rechts, rechts/links, rechts/rechts), von denen zwei günstig sind. Die gesuchte Wahrscheinlichkeit beträgt $2/4 = 1/2$.

Eine gleichwertige Überlegung: Wenn die erste Person ihren Mantel aufgehängt hat, dann hat die zweite immer noch zwei Möglichkeiten.

Auf den ersten Moment ist es störend und paradox, dass zwei verschiedene Ergebnisse herausgekommen sind. Wie ist dies zu erklären? In der Fragestellung wurde einfach gesagt, die Mäntel würden "zufällig" aufgehängt. Um die Aufgabe rechnerisch zu lösen, mussten wir nun dieses Wort interpretieren. Diese Interpretation wird in den beiden Fällen jeweils durch ein (sehr einfaches) Zufallsexperiment beschrieben.

Bei der Lösung 1 wählt jede Person zufällig einen Haken. Diese zufällige Auswahl könnte etwa dadurch realisiert werden, dass vier Zettel mit den Nummern 1 bis 4 verdeckt auf dem Tisch liegen und dass jede Person einen dieser Zettel auswählt.

Bei der Lösung 2 wählt jede Person zufällig eine Seite, etwa indem sie eine Münze wirft und bei "Kopf" die linke, bei "Zahl" die rechte Seite wählt.

Es ist nun aber klar, dass es sich hier um verschiedene Zufallsversuche handelt; deshalb dürfen wir uns auch nicht allzu sehr wundern, wenn die Ergebnisse verschieden ausfallen. Es ist müssig zu fragen, welche Lösung die richtige sei. Die Aufgabe ist eben so vage formuliert, dass verschiedene Antworten möglich sind. Erst wenn die Fragestellung dadurch präzisiert wird, dass der zugrunde liegende Zufallsmechanismus genau angegeben wird, ist eine eindeutige Antwort möglich.

In solchen Situationen spricht man von Paradoxa der Wahrscheinlichkeitsrechnung. Probleme dieser Art treten auch in Fällen auf, die weniger leicht zu durchschauen sind als unser schlichtes Beispiel. ⊠

(35.5) Abzählbar unendliche Wahrscheinlichkeitsräume

Zum Abschluss dieses Kapitels wollen wir noch kurz auf den Fall eintreten, wo

$$\Omega = \{\omega_1, \omega_2, \ldots\}$$

abzählbar unendlich viele Ergebnisse umfasst. Führt man die Überlegung von (35.2) nochmals durch, wendet dabei aber das Axiom 3 in seiner "stärksten" (auf unendlich viele Ereignisse bezogenen) Form an, so erhält man ohne weiteres die Beziehung

$$P(\omega_1) + P(\omega_2) + \ldots = 1$$

oder, als (konvergente) unendliche Reihe geschrieben,

$$\sum_{i=1}^{\infty} P(\omega_i) = 1 \ .$$

Ganz entsprechend verallgemeinert man die Regel 8 zu

Regel 10:

In einem abzählbar unendlichen Wahrscheinlichkeitsraum gilt: Die Wahrscheinlichkeit des Ereignisses E ist die (endliche oder unendliche) Summe der Wahrscheinlichkeiten der zu E gehörigen Ergebnisse.

Dabei ist eine "unendliche Summe" wie üblich als Reihe aufzufassen.

Beispiel 35.5.A

Wir werfen eine (unverfälschte) Münze so oft, bis erstmals "Kopf" erscheint, dann hören wir auf. Das Ergebnis des Versuchs sei die Anzahl der benötigten Würfe. Diese Anzahl kann (theoretisch) beliebig gross sein. Es ist sogar (aber wirklich bloss theoretisch, immerhin dürfen wir diese Möglichkeit in unserm Denkmodell nicht ausschliessen) denkbar, dass überhaupt nie "Kopf" eintritt. Dieses besondere Ergebnis bezeichnen wir mit ∞. Der Ergebnisraum hat dann die Form

$$\Omega = \{1, 2, 3, \ldots, \infty\} \ .$$

Wir wollen nun die Wahrscheinlichkeiten der einzelnen Ergebnisse bestimmen:
1) $\omega = 1$: Hier ist $P(1) = 1/2$, denn für den ersten Wurf gibt es genau zwei mögliche Ausgänge: "Kopf" (K) oder "Zahl" (Z).
2) $\omega = 2$: Es ist $P(2) = 1/4$, denn für zwei aufeinanderfolgende Würfe gibt es vier gleichwahrscheinliche Möglichkeiten, nämlich ZZ, ZK, KZ, KK, und nur die Folge ZK liefert das Ergebnis "2" (d.h., genau im 2. Wurf erscheint "Kopf").
3) $\omega = 3$: In gleicher Weise ergibt sich $P(3) = 1/8$, denn von den acht Möglichkeiten ZZZ, ZZK, ZKZ, ZKK, KZZ, KZK, KKZ, KKK ist nur ZZK günstig.

Allgemein sieht man nun ein, dass

$$P(n) = \left(\frac{1}{2}\right)^n, \qquad n = 1, 2, 3, \ldots$$

ist. Die Summe dieser abzählbar unendlich vielen Wahrscheinlichkeiten beträgt

$$P(1) + P(2) + P(3) + P(4) + \ldots = \frac{1}{2} + \frac{1}{4} + \frac{1}{8} + \frac{1}{16} + \ldots$$

Dies ist eine geometrische Reihe mit dem Anfangsglied $1/2$ und dem Quotienten $1/2$. Ihre Summe errechnet sich sofort zu 1 (vgl. z.B. (19.4)). Weiter oben haben wir gesehen, dass die Summe der Wahrscheinlichkeiten *aller* Ereignisse $= 1$ sein muss. Wir erhalten

$$P(\infty) + \underbrace{P(1) + P(2) + \ldots}_{1} = 1 \ .$$

Es folgt, dass $P(\infty) = 0$ ist.

Wir haben also, ähnlich wie in (34.3), einen Fall vor uns, wo ein Ereignis zwar nicht unmöglich ist, aber trotzdem die Wahrscheinlichkeit Null hat.

Nun betrachten wir noch die zwei folgenden Ereignisse. (Da $P(\infty) = 0$ ist, brauchen wir das Ergebnis "∞" gar nicht zu berücksichtigen.)

a) $E = \{1, 3, 5, 7, \ldots\}$.

Interpretation: Das gewünschte Resultat ("Kopf") ist nach einer ungeraden Anzahl von Würfen eingetroffen. Nach Regel 10 ist

$$P(E) = \frac{1}{2} + \frac{1}{8} + \frac{1}{32} + \frac{1}{128} + \ldots = \frac{2}{3} \ .$$

(Es handelt sich um eine geometrische Reihe mit Anfangsglied $1/2$ und Quotient $1/4$.)

b) $F = \{2, 4, 6, \ldots\}$.

Interpretation: Das gewünschte Resultat ist nach einer geraden Anzahl von Würfen eingetroffen. Wir könnten wieder nach Regel 10 vorgehen. Eine andere Möglichkeit besteht darin, zu beachten, dass F das Gegenereignis von $E \cup \{\infty\}$ ist. Wegen $P(\infty) = 0$ (und Regel 5) gilt also $P(F) = 1 - P(E) = 1/3$.

Vielleicht sind Sie etwas überrascht darüber, dass E und F nicht gleichwahrscheinlich sind. Die Sache erklärt sich aber leicht, wenn man bedenkt, dass das Ergebnis "1" eine sehr hohe Wahrscheinlichkeit hat (nämlich $P(E) = 1/2$) und dass dieses Ergebnis zu E gehört.   ⊠

Beachten Sie schliesslich auch, dass es in diesem Beispiel in keiner Weise möglich gewesen wäre, mit Formeln zu operieren, in denen — wie etwa in Regel 9 — Anzahlen vorkommen, ist doch hier sowohl die Anzahl der möglichen, als auch jene der günstigen Fälle unendlich. Dies zeigt erneut die Zweckmässigkeit unseres axiomatischen Aufbaus.

(35.∞) Aufgaben

35−1 Willy Würfel, eine legendäre Gestalt in den Spelunken der Hafenstadt, benützte (jedenfalls bis man ihn erwischte) einen Würfel, bei welchem die Sechs dreimal wahrscheinlicher als die Eins war. Die übrigen Augenzahlen waren alle halb so wahrscheinlich wie die Sechs. a) Bestimmen Sie die einzelnen Wahrscheinlichkeiten. b) Wie gross ist die Wahrscheinlichkeit, dass Willy eine ungerade Zahl würfelte? c) Wieviele Ereignisse aus $\Omega = \{1, 2, 3, 4, 5, 6\}$ haben die Wahrscheinlichkeit 0.3?

35−2 Ein Glücksrad hat vier Sektoren, welche mit 1, 2, 3, 4 beschriftet sind. Der zugehörige Ergebnisraum ist somit gleich $\{1, 2, 3, 4\}$. Jedes der Ereignisse $\{2\}$, $\{3\}$, $\{4\}$ soll dreimal so wahrscheinlich sein wie dasjenige mit der vorausgehenden Nummer. a) Berechnen Sie die Öffnungswinkel der vier Sektoren. b) Mit welcher Wahrscheinlichkeit kommt eine gerade Zahl heraus? c) Mit welcher Wahrscheinlichkeit kommt die "4" nicht heraus?

35−3 Ein Glücksrad soll aus einem roten, einem blauen und einem grünen Sektor bestehen. Dabei soll die Wahrscheinlichkeit für "rot oder blau" gleich jener für "grün" und die Wahrscheinlichkeit für "blau oder grün" doppelt so gross wie jene für "rot" sein. a) Berechnen Sie die drei Wahrscheinlichkeiten, und legen Sie die Winkel der Sektoren des Glückrads fest. b) Wie gross ist die Wahrscheinlichkeit für "rot oder grün"?

35−4 Wir würfeln dreimal mit einem normalen Würfel. Mit den erhaltenen Augenzahlen wird in der gewürfelten Reihenfolge eine dreistellige Zahl gebildet. Mit welcher Wahrscheinlichkeit ist diese a) ≥ 123, b) ≥ 456, c) ≥ 567?

35−5 Aus der "Ars conjectandi" von JAKOB BERNOULLI (1654–1705): "Jemand will mit einem gewöhnlichen Würfel auf 6 Würfe erreichen, dass alle 6 Würfelflächen nach oben zu liegen kommen; es soll also jede Augenzahl einmal und keine zweimal erscheinen. Wie gross ist seine Hoffnung?" Berechnen Sie diese Hoffnung (= Wahrscheinlichkeit).

35−6 Eine natürliche Zahl n mit $1000 \leq n \leq 9999$ wird zufällig gewählt. Wie gross ist die Wahrscheinlichkeit dafür, dass alle vier Ziffern verschieden sind?

35−7 Drei Würfel A, B, C sind wie folgt beschriftet:

$$A \; : \; 1, 1, 6, 6, 8, 8. \qquad B \; : \; 3, 3, 5, 5, 7, 7. \qquad C \; : \; 2, 2, 4, 4, 9, 9.$$

Bestimmen Sie die Gewinn-Wahrscheinlichkeit von A über B, von B über C und von C über A. Was ist daran merkwürdig?

35−8 Auf einem sonst leeren Schachbrett steht der schwarze König a) auf dem Feld a8 (d.h., in einer Ecke), b) auf dem Feld c4. Nun wird die weisse Dame zufällig auf eines der 63 freien Felder gestellt. Mit welcher Wahrscheinlichkeit bietet sie Schach?

35−9 Ergänzen Sie die Aufstellung von Beispiel 35.4.A durch die Wahrscheinlichkeit eines "Fünfers mit Zusatzzahl".

35−10 Mit E_k bezeichnen wir das Ereignis "Beim Zahlenlotto (6 aus 45) ist die kleinste gezogene Zahl gleich k". Geben Sie eine Formel für $P(E_k)$, $k = 1, \ldots, 45$ an.

35−11 Wir treffen die (unrealistische) Annahme, beim Sporttoto (vgl. (48.6)) seien bei jedem der 13 Spiele die drei Ausgänge 1, x, 2 gleich wahrscheinlich. Wie gross ist dann die Wahrscheinlichkeit dafür, bei zufälligem Ausfüllen einer Tippkolonne genau 11 Richtige zu erzielen?

35−12 Farbwürfel haben zwei rote, zwei blaue und zwei grüne Seitenflächen. Wie gross ist die Wahrscheinlichkeit dafür, dass beim gleichzeitigen Wurf von a) drei, b) vier solchen Farbwürfeln alle drei Farben oben zu liegen kommen?

35−13 Eine Packung Krokuszwiebeln enthält zwei weisse, zwei violette und zwei gelbe Pflanzen; leider sind die Zwiebeln nicht unterscheidbar. Die Zwiebeln werden in eine Reihe gepflanzt. Wie gross ist die Wahrscheinlichkeit dafür, dass die gleichen Farben jeweils nebeneinander wachsen?

35−14 In einer Schachtel hat es 8 rote und 4 blaue Farbstifte. Ich nehme mit einem Griff drei Stifte heraus. Gesucht ist die Wahrscheinlichkeit für folgende Ereignisse: a) Genau einer der Farbstifte ist rot, b) mindestens ein Farbstift ist blau.

35−15 In einem Skirennen sind unter den 15 Fahrerinnen der ersten Startgruppe 6 Schweizerinnen. Wie gross ist (bei zufälliger Auslosung) die Wahrscheinlichkeit dafür, dass die Startnummern 1–4 alle an Schweizerinnen gehen?

35−16 In einem Korb hat es 5 gute und 3 faule Äpfel. Ich nehme diese einzeln nacheinander und in zufälliger Reihenfolge aus dem Korb. Mit welcher Wahrscheinlichkeit folgen sich die drei faulen unmittelbar?

35−17 Es sind fünf Strecken mit den Längen 1, 3, 5, 7 und 9 cm gegeben. Drei davon werden willkürlich ausgewählt. Wie gross ist die Wahrscheinlichkeit dafür, dass man daraus ein Dreieck bilden kann?

35−18 Wir gehen von der Annahme aus, dass die Geburten gleichmässig auf die sieben Wochentage verteilt seien. An einem Fest sind n Personen beisammen. Wie gross ist die Wahrscheinlichkeit dafür, dass mindestens zwei davon am gleichen Wochentag geboren worden sind? Wählen Sie $n = 2, 3, 4, 5, 6, 7$.

35−19 Einige, mathematischer ausgedrückt n, Personen gehen ins Wirtshaus und hängen ihre Mäntel im Gang an Kleiderhaken. Zur Polizeistunde ist die klare Sicht nicht mehr so gegeben, vielleicht ist aber auch einfach das Licht im Gang erloschen. Jedenfalls nimmt jede Person zufällig einen der Mäntel an sich.
a) Mit welcher Wahrscheinlichkeit p_n haben *alle* einen falschen Mantel erwischt? Lösen Sie die Aufgabe für $n = 2, 3, 4$.
b) Eine Variante: Es sei $n = 4$. Im Gang hängen total zwölf Mäntel. Mit welcher Wahrscheinlichkeit nimmt nun jede der vier Personen zufällig ihren eigenen Mantel?

35−20 Wie oft darf man eine (unverfälschte) Münze höchstens werfen, wenn die Wahrscheinlichkeit dafür, dass dabei *nie* Kopf erscheint a) mindestens 10%, b) mindestens 10^{-10} betragen soll?

35−21 Auf eine 3 m lange Holzleiste werden mit schwarzer Farbe Streifen gemalt. Dabei ist das erste (schwarze) Stück 1 m lang; jedes der nachfolgenden (abwechselnd unbemalten bzw. schwarzen) Stücke hat zwei Drittel der Länge des vorhergehenden. Dies wird (in Gedanken) unendlich oft durchgeführt.

$$1 \qquad \frac{2}{3} \qquad \frac{4}{9} \qquad \frac{8}{27} \quad \frac{16}{81} \ \frac{32}{243} \ \ldots$$

Eine (für unser Gedankenexperiment punktförmig gedachte) Mücke setzt sich zufällig auf die Leiste. Mit welcher Wahrscheinlichkeit bleibt sie kleben?

35−22 Ein (offensichtlich nur in der Gedankenwelt existierendes) Glücksrad hat abzählbar unendlich viele Sektoren, die mit 1, 2, 3, ... nummeriert sind. Diese Zahl ist gleichzeitig der Gewinn in Franken, der zum betreffenden Sektor gehört. Der Sektor Nummer k hat den Öffnungswinkel

$$\frac{360°}{k(k+1)} .$$

Mit p_k bezeichnen wir die Wahrscheinlichkeit dafür, dass der Zeiger im Sektor k stehen bleibt.
a) Wie gross ist p_k? b) Zeigen Sie, dass $\sum_{k=1}^{\infty} p_k = 1$ ist (wie es sein muss). c) Wie gross ist die Wahrscheinlichkeit dafür, dass der Gewinn bei einmaligem Drehen höchstens n Franken beträgt?

36. BEDINGTE WAHRSCHEINLICHKEIT

(36.1) Überblick

Wenn E und F zwei Ereignisse aus einem Wahrscheinlichkeitsraum Ω sind, dann nennt man den Ausdruck

$$P(E|F) = \frac{P(E \cap F)}{P(F)}$$

eine *bedingte Wahrscheinlichkeit*. Er gibt die Wahrscheinlichkeit dafür an, dass das Ereignis E eintritt, unter der Bedingung, dass F eingetreten ist.

(36.3)

Dieser Begriff ist auch nützlich bei der Behandlung von *mehrstufigen Experimenten*, d.h., von Zufallsexperimenten, die aus mehreren nacheinander ausgeführten Einzelversuchen bestehen. Derartige Experimente werden zweckmässigerweise mit *Baumdiagrammen* dargestellt.

(36.6)

Schliesslich geben wir noch eine formelmässige Umschreibung der anschaulichen Vorstellung der "Unabhängigkeit" von Ereignissen:

Zwei Ereignisse E und F sind *unabhängig*, wenn die folgende Beziehung (**Regel 11**) gilt:

(36.7)

$$P(E \cap F) = P(E) \cdot P(F) \,.$$

Diese Definition lässt sich auch mit der bedingten Wahrscheinlichkeit in Beziehung bringen.

(36.2) Ein einleitendes Beispiel

Beispiel 36.2.A

Anlässlich einer Umfrage äusserten sich 1000 Personen darüber, ob sie für (F) oder gegen (G) ein bestimmtes Projekt waren. Gliedert man die Ergebnisse nach Altersgruppen (J: unter 25 Jahre, A: über 25 Jahre), so ergeben sich die folgenden Zahlen:

	F	G	total
J	260	140	400
A	240	360	600
total	500	500	1000

Im Gesamten beläuft sich der Anteil der befürwortenden Personen somit auf 50%, anders ausgedrückt: Ihre relative Häufigkeit beträgt $0.5 = 500/1000$. Betrachtet man aber nur die Altersgruppe unter 25 Jahren, so ändert sich dieser Anteil: Die relative Häufigkeit ist jetzt $260/400 = 0.65$, d.h., 65% der "Jungen" sind für das Projekt.

Diese relativen Häufigkeiten lassen sich als Wahrscheinlichkeiten interpretieren. Wir können aber auch den klassischen Wahrscheinlichkeitsbegriff benützen. Dazu fassen wir die Menge der 1000 befragten Personen als unsern Ergebnisraum Ω auf. Das Zufallsexperiment besteht im willkürlichen Auswählen (z.B. Auslosen) einer Person. Da dabei jede Person dieselbe Chance hat, ausgewählt zu werden, liegt ein Laplaceraum im Sinne von (35.3) vor. Das Ereignis "Befürwortung" besteht dann einfach aus allen befürwortenden Personen und hat deshalb nach der üblichen Formel die Wahrscheinlichkeit $500/1000 = 0.5$.

Schränken wir uns aber von vornherein auf die Altergruppe "J" ein, so besteht der Ergebnisraum nur noch aus 400 Personen, von denen 260 zu den Befürwortern gehören, was eine Wahrscheinlichkeit von $260/400 = 0.65$ ergibt.

Die Wahrscheinlichkeit einer Befürwortung ändert sich also, wenn man von der Gesamtheit der befragten Personen zur Gruppe der unter 25-jährigen übergeht. Dies ist keineswegs unerwartet, und man darf sich nicht darüber wundern, dass hier zwei verschiedene Werte für die Wahrscheinlichkeiten auftreten, denn diese beziehen sich ja auf verschiedene Situationen.

Zur Verdeutlichung pflegt man die zweite der berechneten Wahrscheinlichkeiten (also die Wahrscheinlichkeit 0.65) als *bedingte Wahrscheinlichkeit* zu bezeichnen, denn sie wurde unter einer *Bedingung* bestimmt, nämlich der, dass man sich bloss noch auf die Personen unter 25 Jahren konzentriert, während für die zuerst bestimmte Wahrscheinlichkeit (0.5) keine einschränkende Bedingung vorliegt.

Um zu einer allgemeinen Formel für solche bedingten Wahrscheinlichkeiten zu gelangen, arbeiten wir mit der klassischen Wahrscheinlichkeit. Der Ergebnisraum Ω besteht also aus den 1000 befragten Personen. Zunächst interessieren uns folgende Ereignisse:

F: Die befragte Person ist für das Projekt.
G: Die befragte Person ist gegen das Projekt.
J: Die befragte Person ist jünger als 25 Jahre.
A: Die befragte Person ist älter als 25 Jahre.

Daneben sind auch die Durchschnitte ("sowohl als auch", vgl. (33.6)) von Bedeutung, z.B.

$F \cap J$: Die befragte Person ist weniger als 25 Jahre alt und für das Projekt, etc.

Wir erhalten so die folgende Tabelle:

$F \cap J$	$G \cap J$	J
$F \cap A$	$G \cap A$	A
F	G	Ω

Die zugehörigen Wahrscheinlichkeiten berechnen sich zu*

$$P(F \cap J) = \frac{|F \cap J|}{|\Omega|} = \frac{260}{1000} = 0.26, \quad \text{etc.}$$

Diese Wahrscheinlichkeiten lassen sich in Tabellenform zusammenfassen:

0.26	0.14	0.4
0.24	0.36	0.6
0.5	0.5	1.0

Die bereits mehrfach erwähnte bedingte Wahrscheinlichkeit dafür, dass eine Person aus der Gruppe "J" für das Projekt ist, wurde mit der Formel

$$\frac{|F \cap J|}{|J|} = \frac{260}{400} = 0.65$$

berechnet.

Für diese Wahrscheinlichkeit gebraucht man gewöhnlich die folgende Bezeichnung:

$$\boxed{P(F|J)\,,}$$

gelesen als: "Die bedingte Wahrscheinlichkeit von F unter der Bedingung J". In unserem Beispiel ist also

$$P(F|J) = 0.65\,.$$

Es ist wichtig, die Wahrscheinlichkeiten $P(F \cap J)$ und $P(F|J)$ gut zu unterscheiden. Die erste bezieht sich auf das Ereignis, aus der gesamten Stichprobe von 1000 Personen jemanden auszuwählen, der "für das Projekt" und gleichzeitig "jung" ist. Die zweite dagegen ist die Wahrscheinlichkeit dafür, dass eine unter den "Jungen" gewählte Person zu den Befürwortern gehört.

Wir berechnen nun noch die bedingte Wahrscheinlichkeit dafür, dass eine unter allen Befürwortern herausgegriffene Person zu den "Jungen" gehört. Sie bestimmt sich zu

$$P(J|F) = \frac{|J \cap F|}{|F|} = \frac{260}{500} = 0.52$$

und ist natürlich etwas anderes als $P(F|J)$.

---

* $|F \cap J|$ bezeichnet wie in (34.4) die Anzahl der Elemente in $F \cap J$.

Schliesslich wollen wir eine Formel für $P(J|F)$ angeben, in der nur noch Wahrscheinlichkeiten vorkommen. Dazu erweitern wir einfach den Bruch mit $1/|\Omega|$,

$$P(J|F) = \frac{\dfrac{|J \cap F|}{|\Omega|}}{\dfrac{|F|}{|\Omega|}} \ ,$$

und erhalten

$$P(J|F) = \frac{P(J \cap F)}{P(F)} \ .$$

(36.3) Die allgemeine Definition

Die obige Formel für die bedingte Wahrscheinlichkeit wurde für den Fall der klassischen Wahrscheinlichkeit hergeleitet. Sie kann aber auch für geometrische Wahrscheinlichkeiten bewiesen werden.

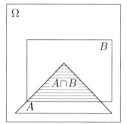

Wir stellen uns dazu eine etwas ungewöhnliche Zielscheibe vor. Die Wahrscheinlichkeiten $P(A), P(B)$ und $P(\Omega) = 1$ eines Treffers in die bezeichneten Teilstücke sind durch Flächeninhalte gegeben.

Wie gross ist nun die Wahrscheinlichkeit dafür, dass das Dreieck A getroffen wurde unter der Voraussetzung, dass der Pfeil im Rechteck B landete? Die Figur zeigt, dass dies gleich dem Verhältnis der Flächeninhalte des schraffierten Dreiecks $A \cap B$ und des Rechtecks B ist, also

$$P(A|B) = \frac{P(A \cap B)}{P(B)} \ .$$

Wir erhalten bis auf die Bezeichnungen dieselbe Formel wie am Schluss von (36.2).

Es ist deshalb vernünftig, diese Formel für die bedingte Wahrscheinlichkeit auch für den abstrakten Wahrscheinlichkeitsbegriff zu verwenden, wie er in (34.5) mit den Axiomen von Kolmogoroff festgelegt wurde. In diesem abstrakten Rahmen lässt sich die Formel nicht beweisen, es handelt sich vielmehr um eine *Definition*. Natürlich muss noch der guten Ordnung halber vorausgesetzt werden, dass der auftretende Nenner $\neq 0$ ist. Man kommt so zu folgender Begriffsbildung:

Es sei Ω ein beliebiger Wahrscheinlichkeitsraum und es seien E, F Ereignisse aus Ω mit $P(F) \neq 0$. Dann nennt man

$$P(E|F) = \frac{P(E \cap F)}{P(F)}$$

die *bedingte Wahrscheinlichkeit von E unter der Bedingung F*.

Kürzer spricht man einfach von einer bedingten Wahrscheinlichkeit schlechthin.

Bevor wir weiterfahren, sollen noch einmal die verschiedenen Begriffsbildungen verglichen werden. Wir wählen dazu ein Beispiel mit geometrischen Wahrscheinlichkeiten.

Dargestellt ist der Ergebnisraum Ω mit zwei Ereignissen A (senkrecht schraffiert) und B (waagerecht schraffiert). Die schräge Gerade geht durch die Punkte mit den Koordinaten $(0.2, 1)$ und $(0.7, 0)$. Sie hat also die Steigung -2 und man stellt leicht fest, dass ihr Schnittpunkt mit der horizontalen Geraden die Koordinaten $(0.5, 0.4)$ hat. Damit lassen sich die Flächeninhalte, die hier Wahrscheinlichkeiten entsprechen, rasch bestimmen. Natürlich ist $P(\Omega) = 1$. Weiter ist $P(A) = 0.45$, $P(B) = 0.4$. Ferner ist $A \cap B$ das karierte Trapez; es ist $P(A \cap B) = 0.24$.

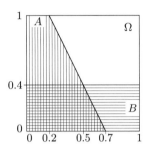

Die bedingte Wahrscheinlichkeit $P(A|B)$ ist aber der Anteil von $A \cap B$ am Inhalt von B, d.h., sie ist gleich $P(A \cap B)/P(B) = 0.24/0.4 = 0.6$. Analog ist $P(B|A) = P(A \cap B)/P(A) = 0.24/0.45 = 0.5333$. Damit treten die Unterschiede zwischen den drei Wahrscheinlichkeiten $P(A \cap B)$, $P(A|B)$ und $P(B|A)$ nochmals klar zu Tage.

Bevor wir zu Beispielen übergehen, noch eine Bemerkung allgemeiner Art. Die Verwendung der bedingten Wahrscheinlichkeit $P(E|F)$ bedeutet, dass wir die Wahrscheinlichkeiten der Ereignisse E aus Ω neu festlegen und zwar so, dass F nun die Wahrscheinlichkeit 1 und $\bar{F}$ die Wahrscheinlichkeit 0 hat*. Damit drücken wir aus, dass wir F als sicher betrachten. Warum wir dies tun, ist für die Rechnung irrelevant. Insbesondere braucht im Allgemeinen kein zeitlicher Zusammenhang zwischen F und den anderen Ereignissen vorzuliegen, auch wenn ein solcher in manchen Beispielen vorkommt (so etwa in 36.4.B oder 36.4.C, wo davon gesprochen wird, dass ein bestimmtes Ereignis bereits eingetreten sei).

Um die Tatsache zu betonen, dass wirklich eine Wahrscheinlichkeit, wenn auch eine "anders verteilte", vorliegt, schreiben manche Autoren $P_F(E)$ statt $P(E|F)$. Man kann zeigen, dass die auf der Menge aller Ereignisse von Ω definierte Abbildung $E \mapsto P_F(E)$ die Axiome von Kolmogoroff (34.5) erfüllt und somit tatsächlich eine Wahrscheinlichkeit im abstrakten Sinn ist. Wir werden uns aber an die weiter verbreitete Bezeichnungsweise $P(E|F)$ halten.

(36.4) Beispiele zur bedingten Wahrscheinlichkeit

Wir illustrieren nun den Begriff der bedingten Wahrscheinlichkeit und die Anwendung der entsprechenden Formel an einigen Beispielen.

---

* In der Tat ist ja $P(F|F) = P(F \cap F)/P(F) = P(F)/P(F) = 1$ und $P(\bar{F}|F) = P(\bar{F} \cap F)/P(F) = P(\varnothing)/P(F) = 0$.

Beispiel 36.4.A

Beim Roulette erscheinen die Zahlen 0 bis 36 mit (so wollen wir wenigstens hoffen) derselben Wahrscheinlichkeit. Wir betrachten einige (in den Casinos unübliche) Ereignisse, nämlich E: die gespielte Zahl ist durch 2 teilbar, F: die gespielte Zahl ist durch 3 teilbar, G: die gespielte Zahl ist durch 6 teilbar. Gesucht ist a) $P(E|F)$, b) $P(F|E)$, c) $P(G|E)$, d) $P(E|G)$.

Es ist zu beachten, dass 0 durch alle Zahlen, also insbesondere durch 2, 3 und 6 teilbar ist*. Zunächst ist $|E| = 19$, denn E besteht aus den geraden Zahlen 0, 2, ..., 36. Analog ist $|F| = 13$ und $|G| = 7$. Da eine Zahl genau dann durch 6 teilbar ist, wenn sie durch 2 und durch 3 teilbar ist, ist $G = E \cap F$. Da G in E enthalten ist, ist $G \cap E = G$. Für die gesuchten Wahrscheinlichkeiten erhalten wir:

a) $P(E|F) = \dfrac{P(E \cap F)}{P(F)} = \dfrac{7/37}{13/37} = \dfrac{7}{13} = 0.5385.$

b) $P(F|E) = \dfrac{P(E \cap F)}{P(E)} = \dfrac{7/37}{19/37} = \dfrac{7}{19} = 0.3684.$

c) $P(G|E) = \dfrac{P(G \cap E)}{P(E)} = \dfrac{7/37}{19/37} = \dfrac{7}{19} = 0.3684.$

d) $P(E|G) = \dfrac{P(G \cap E)}{P(G)} = \dfrac{7/37}{7/37} = \dfrac{7}{7} = 1.$

Da jede durch 6 teilbare Zahl auch gerade ist, tritt E sicher ein, wenn G eingetroffen ist. Dies erklärt unmittelbar die letzte Beziehung $P(E|G) = 1$. ⊠

Beispiel 36.4.B

Wir betrachten beim Würfelspiel die Ereignisse

$$E = \{1, 2, 3, 4, 5\}, \; F = \{4, 5, 6\}, \; E \cap F = \{4, 5\} \, .$$

Nach den Regeln der klassischen Wahrscheinlichkeit (Regel 9) ist $P(E) = \frac{5}{6}$, $P(F) = \frac{3}{6}$, $P(E \cap F) = \frac{2}{6}$.

Nun würfelt mein Kollege und sagt mir, dass das Ereignis F eingetreten sei (im Klartext: "Ich habe mehr als drei Augen geworfen."). Wie gross ist nun die bedingte Wahrscheinlichkeit von E unter der Bedingung, dass F eingetroffen ist? Mit unserer Formel berechnet man sofort

$$P(E|F) = \frac{P(E \cap F)}{P(F)} = \frac{2/6}{3/6} = \frac{2}{3} \, .$$

Dies leuchtet auch direkt ein: Wenn F eingetreten ist, dann liegen 4 oder 5 oder 6 Augen. Bei 4 oder 5 Augen tritt auch E ein, bei 6 Augen nicht. Von den drei noch möglichen Fällen (4, 5, 6) sind zwei günstig, einer ist ungünstig. Nach den Regeln der klassischen Wahrscheinlichkeit ist also die gesuchte Wahrscheinlichkeit tatsächlich $= \frac{2}{3}$.

---

* Deshalb ist E nicht gleich dem Ereignis "pair" von (33.6), Illustration 2.

Nun nehmen wir noch das weitere Ereignis $G = \{3, 4\}$ mit $P(G) = \frac{2}{6}$ hinzu. Dann ist $E \cap G = G$ und daher auch $P(E \cap G) = \frac{2}{6}$. Es folgt

$$P(E|G) = \frac{P(E \cap G)}{P(G)} = \frac{2/6}{2/6} = 1 \ .$$

Auch dieses Resultat verwundert nicht: Wenn nämlich G eintritt, dann tritt automatisch auch E ein, denn $G \subset E$. Das Eintreten von E unter der Bedingung G ist also sicher! (Vgl. Beispiel 36.4.A.) Dagegen berechnet sich $P(G|E)$ zu $\frac{2}{5}$. ⊠

Beispiel 36.4.C

Dieses Beispiel ist von der Kombinatorik her etwas komplizierter, dafür aber (hoffentlich) auch lehrreich.

Der in Beispiel 36.4.A erwähnte Kollege macht auch beim Schieber mit, wo 36 Karten auf 4 Personen verteilt werden. Er ist etwas geschwätzig und verplappert sich gerne. Einmal sagt er, er habe eben ein Ass aufgenommen, ein zweites Mal ist er noch etwas präziser und plaudert aus, dass er das Rosen-Ass hat. Wie gross ist in den beiden Fällen die Wahrscheinlichkeit dafür, dass er noch mindestens ein weiteres Ass hat?

Gefragt ist also nach der bedingten Wahrscheinlichkeit dafür, dass mein Kollege K mindestens zwei Asse hat, vorausgesetzt,

a) dass er mindestens ein Ass hat,

b) dass er das Rosen-Ass hat.

Fall a)

Der Ergebnisraum Ω ist hier die Menge aller "Blätter" aus 9 Karten. Wie wir bereits in Beispiel 35.4.D gesehen haben, gibt es hierfür $\binom{36}{9}$ Möglichkeiten: $|\Omega| = \binom{36}{9}$. Weiter sei E das Ereignis "K hat mindestens ein Ass", F das Ereignis "K hat mindestens zwei Asse". Gesucht ist

$$P(F|E) = \frac{P(F \cap E)}{P(E)} \ .$$

Wir berechnen zuerst $|E|$: Da es ausser den Assen 32 Karten gibt, gibt es $\binom{32}{9}$ Möglichkeiten für ein Blatt ganz ohne Ass. Um $|E|$ zu erhalten, ist diese Zahl von der Anzahl aller Möglichkeiten für ein Blatt zu subtrahieren:

$$|E| = \binom{36}{9} - \binom{32}{9} = 66'094'480 \ .$$

Nun bestimmen wir $|F|$. Diese Zahl erhalten wir, indem wir von $|E|$ die Anzahl der Fälle subtrahieren, in denen K genau ein Ass hat. Diese letztere Zahl wird so berechnet: K hat genau ein Ass, wenn er aus der Menge der 4 Asse *eine* Karte, aus der Menge der 32 "Nicht-Asse" aber *acht* Karten auswählt. Für's erste gibt es $\binom{4}{1} = 4$, für's zweite $\binom{32}{8}$, total also $4 \cdot \binom{32}{8} = 42'073'200$ Möglichkeiten*. Es folgt

$$|F| = |E| - 4 \cdot \binom{32}{8} \ .$$

Wegen $F \subset E$ (wenn man mindestens zwei Asse hat, dann hat man sicherlich mindestens ein Ass!) ist der Durchschnitt $F \cap E = F$. Nun setzen wir ein, was wir wissen. Gesucht ist ja $P(F|E)$.

$$P(F|E) = \frac{P(F \cap E)}{P(E)} = \frac{P(F)}{P(E)} = \frac{|F|/|\Omega|}{|E|/|\Omega|} = \frac{|F|}{|E|}$$

$$= \frac{|E| - 4 \cdot \binom{32}{8}}{|E|} = 1 - \frac{4 \cdot \binom{32}{8}}{|E|} = 1 - \frac{42'073'200}{66'094'480} = 0.3634 \ .$$

---

* Dies ist im Prinzip genau dieselbe Überlegung wie beim Zahlenlotto (35.4.A).

Fall b)

Ω und F sind wie im Fall a) bestimmt. Gesucht ist nun aber

$$P(F|G) = \frac{P(F \cap G)}{P(G)} \, ,$$

wobei G das Ereignis "K hat das Rosen-Ass" ist. Wenn K dieses Ass hat, dann gibt es für die restlichen acht Karten $\binom{35}{8}$ Möglichkeiten:

$$|G| = \binom{35}{8} \, .$$

Wie gross ist $|F \cap G|$? Die $\binom{35}{8}$ Fälle, wo K das Rosen-Ass hat, lassen sich in zwei Gruppen aufteilen:
1. K hat kein anderes Ass mehr.
2. K hat neben dem Rosen-Ass noch mindestens ein weiteres Ass. Dies ist gerade das Ereignis $F \cap G$.

Die Anzahl der Möglichkeiten in 1. lässt sich gut berechnen: In diesem Fall hat K nämlich neben dem Rosen-Ass 8 Karten aus der Menge der 32 "Nicht-Asse"; dafür gibt es $\binom{32}{8}$ Möglichkeiten. Für die Anzahl der Möglichkeiten in 2., also $|F \cap G|$, gilt daher

$$|F \cap G| = |G| - \binom{32}{8} \, .$$

Wir erhalten somit

$$P(G) = \frac{|G|}{|\Omega|} = \frac{\binom{35}{8}}{|\Omega|}, \quad P(F \cap G) = \frac{|G| - \binom{32}{8}}{|\Omega|} = \frac{\binom{35}{8} - \binom{32}{8}}{|\Omega|} \, .$$

Schliesslich finden wir für die gesuchte bedingte Wahrscheinlichkeit

$$P(F|G) = \frac{P(F \cap G)}{P(G)} = \frac{\binom{35}{8} - \binom{32}{8}}{\binom{35}{8}} = 1 - \frac{\binom{32}{8}}{\binom{35}{8}} = \ldots = 0.5531 \, .$$

Das Ergebnis überrascht vielleicht etwas; im Fall b) beträgt die Wahrscheinlichkeit für mindestens ein weiteres Ass etwa 55%, im Fall a) dagegen nur etwa 36%. Man darf aber nicht vergessen, dass es sich hier eben um bedingte Wahrscheinlichkeiten handelt, die unter verschiedenen Voraussetzungen berechnet wurden. $\boxtimes$

In solchen Fällen kann es hilfreich sein, ein ähnliches, aber einfacheres Problem zu betrachten, das besser überblickbar ist. Wir erfinden dazu ein Kartenspiel für zwei Personen mit nur vier Karten, nämlich mit Rosen-Ass (RA), Rosen-König (RK), Eichel-Ass (EA) und Eichel-König (EK). Jede Person erhält zwei Karten. Für meinen Kollegen K gibt es also $\binom{4}{2} = 6$ Möglichkeiten, nämlich

1. {RA,EA}, 2. {RA,RK}, 3. {RA,EK}, 4. {RK,EA}, 5. {EA,EK}, 6. {RK,EK} .

Die (unbedingte) Wahrscheinlichkeit dafür, zwei Asse zu haben, beträgt 1/6.

a) Wenn K nun sagt, er habe (mindestens) ein Ass, dann liegt einer der Fälle 1. bis 5. vor. Im Fall 1. hat er dann sogar beide Asse; die bedingte Wahrscheinlichkeit für dieses Ereignis beträgt somit 1/5.

b) Sagt K aber präziser, er habe das Rosen-Ass, so sind nur noch drei Möglichkeiten übrig, nämlich 1., 2. und 3. Die zugehörige bedingte Wahrscheinlichkeit ist nun gleich 1/3.

(36.5) Die Produktformel

Die Formel für die bedingte Wahrscheinlichkeit

$$P(E|F) = \frac{P(E \cap F)}{P(F)}$$

wird oft auch auf eine etwas andere Weise verwendet. Damit das Resultat schön herauskommt, vertauschen wir zunächst E und F. Wegen $E \cap F = F \cap E$ finden wir dann

$$P(F|E) = \frac{P(E \cap F)}{P(E)} \ .$$

Durch Ausmultiplizieren erhält man daraus sofort die so genannte *Produktformel*

$$P(E \cap F) = P(E) \cdot P(F|E) \ .$$

Diese Formel ist deshalb nützlich, weil es oft vorkommt, dass die rechts stehenden Wahrscheinlichkeiten bekannt sind. Daraus kann dann die Wahrscheinlichkeit des Durchschnitts (d.h., des Ereignisses "E und F") berechnet werden. Beispiele hierzu folgen in (36.6).

Die Produktregel kann auf mehr als zwei Ereignisse erweitert werden. Wir betrachten dazu $P(E \cap F \cap G) = P\big((E \cap F) \cap G\big)$ und wenden die Produktformel zunächst auf die beiden Ereignisse $E \cap F$ und G an. Wir erhalten

$$P(E \cap F \cap G) = P(E \cap F) \cdot P(G|E \cap F) \ .$$

Für $P(E \cap F)$ kennen wir aber bereits die Produktformel. Durch Einsetzen erhalten wir die *erweiterte Produktformel*

$$P(E \cap F \cap G) = P(E) \cdot P(F|E) \cdot P(G|E \cap F) \ .$$

Es sollte nun klar sein, wie die Formel für vier und mehr Ereignisse aussieht. Es sei aber darauf verzichtet, sie anzuschreiben.

Anwendungen der Produktformel werden, wie erwähnt, in (36.6) gegeben. Auch im folgenden Beispiel wird sie benützt:

Beispiel 36.5.A

Eine grosse Zahl von Samenkörnern wurde auf folgende Eigenschaften hin untersucht:

  i) Auf die drei Farben braun (B), dunkelgrün (D), hellgrün (H).

  ii) Auf die zwei Grössen gross (G), klein (K).

Durch Auszählen und Schätzen sind die folgenden (z.T. bedingten) Wahrscheinlichkeiten bestimmt worden:

$$P(B) = 0.3, \ P(D) = 0.5, \ P(G) = 0.6, \ P(D|G) = 0.3, \ P(H|G) = 0.2 \ .$$

Gesucht sind die folgenden Wahrscheinlichkeiten:

a) $P(H)$, b) $P(D \cap G)$, c) $P(G|D)$, d) $P(B|G)$, e) $P(K|H)$.

a) Die Ereignisse B, D und H sind paarweise unvereinbar, und es ist $B \cup D \cup H = \Omega$. Somit ist $P(B) + P(D) + P(H) = P(\Omega) = 1$, woraus $P(H) = 1 - 0.3 - 0.5 = 0.2$ folgt. (Dies ist letzlich eine Anwendung von Axiom 3 [oder des gesunden Menschenverstandes].)

b) Es ist $P(D|G) = P(D \cap G)/P(G)$ oder $P(D \cap G) = P(D|G) \cdot P(G)$. Wir kennen $P(D|G) = 0.3$ sowie $P(G) = 0.6$ und finden* $P(D \cap G) = 0.18$.

c) Es ist $P(G|D) = P(D \cap G)/P(D) = 0.18/0.5 = 0.36$, wobei der in b) bestimmte Wert von $P(D \cap G)$ benützt wurde.

d) Auch unter der Bedingung, dass das Samenkorn gross (G) ist, ist es entweder braun (B), dunkelgrün (D) oder hellgrün (H). Es folgt, dass

$$(*) \qquad P(B|G) + P(D|G) + P(H|G) = 1$$

ist. Mit den gegebenen Werten finden wir $P(B|G) = 1 - P(D|G) - P(H|G) = 0.5$.

Die benützte Formel $(*)$ lässt sich auch abstrakt begründen: Es ist $(B \cap G) \cup (D \cap G) \cup (H \cap G) = G$, und die drei in Klammern gesetzten Durchschnitte sind paarweise unvereinbar. Es folgt $P(B \cap G) + P(D \cap G) + P(H \cap G) = P(G)$. Dividiert man durch $P(G)$, so erhält man die gewünschte Beziehung $P(B|G) + P(D|G) + P(H|G) = 1$.

e) Mit demselben Argument wie in d) ist $P(K|H) = 1 - P(G|H)$. Wir kennen zwar $P(G|H)$ nicht, wohl aber $P(H|G)$, und damit können wir wie in c) den Wert von $P(G|H)$ bestimmen: Es ist $P(H \cap G) = P(H|G) \cdot P(G) = 0.2 \cdot 0.6 = 0.12$. Es folgt $P(G|H) = P(H \cap G)/P(H) = 0.12/0.2 = 0.6$. Damit wird $P(K|H) = 0.4$.

Man sieht ferner, dass $P(K|H) = P(K)$ ist. Daraus folgt, das H und K unabhängig sind (im Sinne von (36.7)). ⊠

(36.6) Mehrstufige Experimente

Besteht ein Zufallsexperiment aus mehreren nacheinander ausgeführten Einzelexperimenten, so spricht man von einem *mehrstufigen Experiment*. Die Ergebnisse lassen sich dann sehr anschaulich durch so genannte *Baumdiagramme* darstellen.

Beispiel 36.6.A

Drei Urnen U, V, W enthalten rote und weisse Kugeln wie folgt:

Urne U: 8 rote, 2 weisse,
Urne V: 3 rote, 7 weisse,
Urne W: 5 rote, 5 weisse.

---

* Es wäre falsch, $P(D \cap G) = P(D) \cdot P(G) = 0.3$ zu setzen, denn D und G sind nicht unabhängig. (Der Begriff "Unabhängigkeit" wird in (36.7) behandelt.)

Der Zufallsversuch besteht aus zwei Stufen:

1. Ich wähle zufällig eine der drei Urnen, indem ich einen ehrlichen Würfel werfe und mich bei den Augenzahlen 1, 2 oder 3 für die Urne U, bei 4 oder 5 für die Urne V und bei 6 schliesslich für die Urne W entscheide.
2. Ich entnehme der gewählten Urne zufällig eine Kugel.

Die folgende schematische Darstellung gibt den Vorgang übersichtlich wieder:

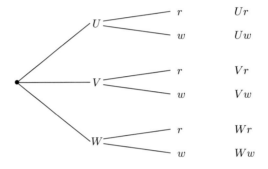

In der Figur sind die zur Wahl stehenden Objekte (Urne, Kugel) eingetragen, rechts sind in leicht verständlicher Abkürzung die sechs möglichen Ergebnisse angeschrieben. Diese bilden den Ergebnisraum Ω:

$$\Omega = \{Ur, Uw, Vr, Vw, Wr, Ww\}\,.$$

Die im 1. Schritt erfolgte Wahl der Urne U wird durch das Ereignis

$$U = \{Ur, Uw\}$$

beschrieben. Entsprechendes gilt für V und W.

Natürlich interessieren wir uns hauptsächlich für die Farbe der gewählten Kugel, also für die Ereignisse r (rot) und w (weiss):

$$r = \{Ur, Vr, Wr\}, \qquad w = \{Uw, Vw, Ww\}\,.$$

Es ist dann

$$\{Ur\} = U \cap r \quad \text{usw. (total 6 Fälle)}\,.$$

Wie gross ist nun die Wahrscheinlichkeit von $\{Ur\}$? Hierzu benützen wir die in (36.5) angegebene Produktformel:

$$P(\{Ur\}) = P(U \cap r) = P(U) \cdot P(r|U)\,.$$

Dies ist deshalb eine gute Idee, weil wir die beiden rechts stehenden Wahrscheinlichkeiten kennen. Zunächst ist aufgrund der "Spielregel" $P(U) = 3/6 = 1/2$, $P(V) = 2/6 = 1/3$ und $P(W) = 1/6$. Die Zahl $P(r|U)$ lässt sich aber ebenfalls sofort berechnen: In der gewählten Urne U hat es 8 rote und 2 weisse Kugeln. Die Wahrscheinlichkeit, eine rote Kugel zu ziehen, ist also 8/10. (Hier und im Folgenden lassen wir der Einheitlichkeit halber die Brüche zunächst ungekürzt stehen.) Damit ergibt sich

$$P(\{Ur\}) = P(U \cap r) = P(U) \cdot P(r|U) = \frac{3}{6} \cdot \frac{8}{10} = \frac{24}{60} = \frac{2}{5} \, .$$

Die benützten Wahrscheinlichkeiten schreibt man am besten direkt ins Diagramm. Beachten Sie, dass die Berechnung von $P(\{Ur\})$ deshalb möglich ist, weil man $\{Ur\}$ als Durchschnitt von zwei Ereignissen ($U \cap r$) darstellen und dann die Produktformel anwenden kann. Führt man die analoge Rechnung für die übrigen Ergebnisse durch, so erhält man die rechts aussen notierten einzelnen Wahrscheinlichkeiten.

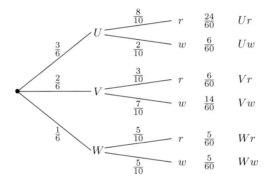

Wie wir gesehen haben, wird die Farbe der gewählten Kugel durch die Ereignisse

$$r = \{Ur, Vr, Wr\} \quad \text{und} \quad w = \{Uw, Vw, Ww\}$$

beschrieben. Durch Addition findet man dann

$$P(r) = P(\{Ur\}) + P(\{Vr\}) + P(\{Wr\}) = \frac{24}{60} + \frac{6}{60} + \frac{5}{60} = \frac{35}{60} = \frac{7}{12} \, ,$$
$$P(w) = P(\{Uw\}) + P(\{Vw\}) + P(\{Ww\}) = \frac{6}{60} + \frac{14}{60} + \frac{5}{60} = \frac{25}{60} = \frac{5}{12} \, .$$

Mit dem Baumdiagramm kann man auch andere Fragen zur bedingten Wahrscheinlichkeit behandeln, wie etwa die folgende: Beim obigen Versuch sei eine weisse Kugel gezogen worden. Wie gross ist die Wahrscheinlichkeit dafür, dass sie aus der Urne U stammt? Gesucht ist also die bedingte Wahrscheinlichkeit

$$P(U|w) = \frac{P(U \cap w)}{P(w)} \, .$$

Wir haben die Wahrscheinlichkeiten rechts aber bereits bestimmt. Es gilt ja
$P(U \cap w) = P(\{Uw\}) = 6/60 = 1/10, P(w) = 5/12$. Es folgt

$$P(U|w) = \frac{1/10}{5/12} = \frac{6}{25} \, . \qquad \boxtimes$$

Wir wollen uns nochmals allgemein überlegen, wie die Berechnung der Wahrscheinlichkeiten im Baumdiagramm mit den bedingten Wahrscheinlichkeiten zusammenhängt und betrachten dazu den obersten Zweig:

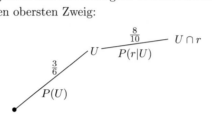

Rechts aussen haben wir jetzt nicht mehr einfach r, sondern genauer $U \cap r$ hingeschrieben. Dieses Ereignis bedeutet im Klartext: Aus der Urne U wurde eine rote Kugel gewählt. Dies erlaubt uns, die Produktformel anzuwenden, wobei die Wahrscheinlichkeit von $U \cap r$ das Produkt der Wahrscheinlichkeiten auf den Wegstücken ist, also $P(U \cap r) = P(\{Ur\}) = P(U) \cdot P(r|U)$. Dabei ist die 2. Wahrscheinlichkeit gerade die bedingte Wahrscheinlichkeit dafür, dass das Ereignis r (rote Kugel) eingetroffen ist, vorausgesetzt, das Ereignis U (Wahl von Urne U) sei zuvor eingetroffen.

Die weiter oben in Beispiel 36.6.A berechnete Wahrscheinlichkeit für $P(r)$ schreibt sich unter Verwendung des soeben angestellten Gedankengangs in der Form

$$P(r) = P(\{Ur\}) + P(\{Vr\}) + P(\{Wr\}) = P(U) \cdot P(r|U) + P(V) \cdot P(r|V) + P(W) \cdot P(r|W) \, .$$

Eine analoge Formel ist als *Satz von der vollständigen Wahrscheinlichkeit* bekannt: Schreibt man B statt r und ersetzt man die Ereignisse U, V, W durch n paarweise unvereinbare Ereignisse $A_1, \ldots, A_n$ mit $P(A_i) > 0$ für alle i, dann erhält man mit ganz analogen Überlegungen die Formel

(A) $$P(B) = \sum_{i=1}^{n} P(A_i) \cdot P(B|A_i) \, .$$

Die im Beispiel 36.6.A ausführlich dargestellten Überlegungen funktionieren auch für Zufallsexperimente mit mehr als zwei Stufen: Jeder Knotenpunkt wird mit einem Ereignis identifiziert, und jede Wegstrecke wird mit der bedingten Wahrscheinlichkeit dafür angeschrieben, dass das "Endereignis" eintritt, vorausgesetzt, das "Anfangsereignis" habe stattgefunden:

Aufgrund der erweiterten Produktformel von (36.5) ist dann z.B.

$$P(E \cap F \cap G) = P(E) \cdot P(F|E) \cdot P(G|E \cap F) \, .$$

$$\bullet \underset{E}{\overline{P(E)}} \overset{P(F|E)}{\underset{E \cap F}{\overline{}}} \overset{P(G|E \cap F)}{\overline{}} E \cap F \cap G$$

<u>Beispiel 36.6.B</u>

Wir nehmen an, 1% der Bevölkerung leide an einer gewissen Krankheit K. Nun gibt es einen Test, der bei vorhandener Krankheit (Ereignis K) mit 95% Wahrscheinlichkeit positiv (Ereignis p) reagiert, bei nicht vorhandener Krankheit ($\overline{K}$) aber mit 90% Wahrscheinlichkeit negativ (n). Jetzt wird der Test bei einer Person durchgeführt und geht positiv aus. Wie gross ist die Wahrscheinlichkeit dafür, dass diese Person die Krankheit wirklich hat?

Wir zeichnen das Baumdiagramm und tragen die durch die Aufgabenstellung gegebenen Wahrscheinlichkeiten ein:

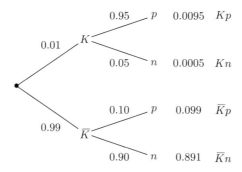

Die vier Wahrscheinlichkeiten rechts wurden wie vorher durch Multiplikation bestimmt. So ist zum Beispiel

$$P(\{Kp\}) = P(K \cap p) = P(K) \cdot P(p|K) = 0.01 \cdot 0.95 = 0.0095 \,,$$

usw. Dabei ist $K = \{Kp, Kn\}$ das Ereignis "Krankheit vorhanden", $p = \{Kp, \overline{K}p\}$ das Ereignis "Test fällt positiv aus". Die Wahrscheinlichkeit für p findet man durch Addition:

$$P(p) = P(\{Kp\}) + P(\{\overline{K}p\}) = 0.0095 + 0.099 = 0.1085 \,.$$

Gesucht ist ja die bedingte Wahrscheinlichkeit $P(K|p)$. Wir erhalten dafür (gerundet)

$$P(K|p) = \frac{P(K \cap p)}{P(p)} = \frac{0.0095}{0.1085} = 0.0876 \,.$$

Die Wahrscheinlichkeit für das Vorhandensein der Krankheit ist also sehr klein, auch wenn der Test positiv ausgefallen ist. Dies liegt daran, dass zwar viele Leute diese Krankheit nicht haben, dass aber bei 10% davon der Test trotzdem positiv ausgeht. ⊠

Man kann die eben angestellten Überlegungen auch allgemein durchführen. Beachtet man nämlich, dass $P(K \cap p) = P(K) \cdot P(p|K)$ ist, so erhält die Formel für $P(K|p)$ die Gestalt

$$P(K|p) = \frac{P(K) \cdot P(p|K)}{P(p)} \,.$$

Schreiben wir allgemein B (mit $P(B) > 0$) statt p und A_k statt K, wobei $A_1, A_2, \ldots, A_n$ paarweise unvereinbare Ereignisse mit $P(A_k) > 0$ für alle k sind, so lautet dieselbe Formel nun

$$P(A_k|B) = \frac{P(A_k) \cdot P(B|A_k)}{P(B)} \ .$$

Wegen der weiter oben hergeleiteten Beziehung (A) können wir $P(B)$ anders schreiben. Der resultierende Ausdruck

(B) $$P(A_k|B) = \frac{P(A_k) \cdot P(B|A_k)}{\sum_{i=1}^{n} P(A_i) \cdot P(B|A_i)}$$

heisst die *Formel von Bayes**. Ihre Bedeutung liegt darin, dass die bedingte Wahrscheinlichkeit $P(A_k|B)$ aus den bedingten Wahrscheinlichkeiten $P(B|A_i)$ und den "unbedingten" Wahrscheinlichkeiten $P(A_i)$ bestimmt werden kann.

Beachten Sie aber, dass wir in Beispiel 36.6.B das Resultat ohne Verwendung der Formel von Bayes durch direkte Überlegung am Baumdiagramm erhalten haben. Man kann in einfacheren Fällen also ohne weiteres ohne diese Formel auskommen.

Beispiel 36.6.C

Ein einfaches Beispiel eines "dreistufigen" Versuchs ist der dreimalige Münzenwurf, zu dem das folgende Baumdiagramm gehört:

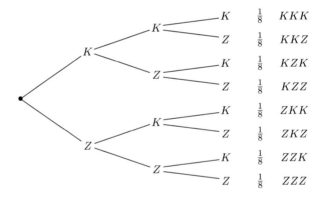

Hier ist jede Einzelwahrscheinlichkeit $= 1/2$, die Wahrscheinlichkeiten der 8 Ergebnisse sind dann $= (1/2)^3 = 1/8$, was sich auch daraus ergibt, dass alle acht Ergebnisse gleich wahrscheinlich sind. $\boxtimes$

Beispiel 36.6.D

Baumdiagramme können auch unendlich sein. Wir nehmen das Beispiel 33.3.C (Eile mit Weile) wieder auf, diesmal soll aber (notfalls bis in alle Ewigkeit) gewürfelt werden, bis eine Fünf erscheint. Die Wahrscheinlichkeit für eine Fünf ist (bei einem ehrlichen

---

* Benannt nach Thomas Bayes, 1702–1761.

Würfel) natürlich 1/6, das Gegenereignis hat die Wahrscheinlichkeit 5/6. Man erhält das folgende Diagramm, in welchem F für "eine Fünf" und K für "keine Fünf" steht.

$$
\begin{array}{ccccccccc}
 & \overset{\frac{5}{6}}{\longrightarrow} & K & \overset{\frac{5}{6}}{\longrightarrow} & K & \overset{\frac{5}{6}}{\longrightarrow} & K & \overset{\frac{5}{6}}{\longrightarrow} & K \; \overset{\frac{5}{6}}{\text{-----}} \\
\bullet & & & & & & & & \\
\Big\downarrow{\frac{1}{6}} & \Big\downarrow{\frac{1}{6}} & & \Big\downarrow{\frac{1}{6}} & & \Big\downarrow{\frac{1}{6}} & & \Big\downarrow{\frac{1}{6}} & \\
F & & F & & F & & F & & F \\
\frac{1}{6} & & \frac{5}{36} & & \frac{25}{216} & & \frac{125}{1296} & & \frac{625}{7776}
\end{array}
$$

Die Wahrscheinlichkeit p_k dafür, dass die erste Fünf im Wurf Nummer k fällt, ist daher durch die folgende Tabelle gegeben:

k	1	2	3	4	$\ldots$	k	$\ldots$
p_k	$\dfrac{1}{6}$	$\dfrac{5}{36}$	$\dfrac{25}{216}$	$\dfrac{125}{1296}$	$\ldots$	$\dfrac{5^{k-1}}{6^k}$	$\ldots$

Wir können noch die Summe der Wahrscheinlichkeiten p_k, $k = 1, 2, 3, \ldots$ berechnen. Es handelt sich um eine unendliche Reihe und zwar genauer um eine geometrische Reihe mit Anfangsglied $\frac{1}{6}$ und Quotient $\frac{5}{6}$:

$$
\frac{1}{6}\Big(1 + \Big(\frac{5}{6}\Big) + \Big(\frac{5}{6}\Big)^2 + \Big(\frac{5}{6}\Big)^3 + \Big(\frac{5}{6}\Big)^4 + \ldots\Big) = \frac{1}{6}\Big(\frac{1}{1 - \frac{5}{6}}\Big) = 1 \,.
$$

Hier wurde die bekannte Summenformel für die geometrische Reihe verwendet (siehe z.B. (19.4.a)). Die Summe ergibt, wie es sein muss, 1 (vgl. auch (35.5)).

(36.7) Unabhängige Ereignisse

Der Begriff der *Unabhängigkeit* von zwei Ereignissen hat eine anschauliche Bedeutung: Wenn ich etwa eine Münze zweimal hintereinander werfe, dann ist das Ergebnis des zweiten Wurfs völlig unabhängig vom Ausgang des ersten Wurfs, denn die Münze hat ja kein Gedächtnis. Noch etwas extremer: Auch wenn ich zehnmal hintereinander "Kopf" geworfen habe, so ist die Wahrscheinlichkeit dafür, dass auch beim elften Mal "Kopf" erscheint, eben immer noch gleich 1/2 — auch wenn dies manchen Leuten nicht recht einleuchtet.

Wir müssen nun diesen Sachverhalt in eine mathematische Formel umsetzen. Dazu betrachten wir zuerst ein Beispiel, das uns dann auf die gewünschte Formel führt. Anschliessend werden wir auch noch sehen, wie der Begriff der *Unabhängigkeit* mit der *bedingten Wahrscheinlichkeit* zusammenhängt.

Beispiel 36.7.A

In einem Betrieb sind 70% der Beschäftigten Männer, 30% Frauen. Weiter seien 60% aller (männlichen und weiblichen) Beschäftigten weniger als 40 Jahre alt, die restlichen 40% sind dann logischerweise älter als 40 Jahre.

In dieser Situation besteht der Ereignisraum Ω aus allen Mitarbeiter(inne)n des Betriebs. Das zugehörige Zufallsexperiment besteht darin, eine Person zufällig auszuwählen (z.B. auszulosen). Mit M, W, J, A bezeichnen wir die Ereignisse "männlich", "weiblich", "jünger als vierzig", "älter als vierzig". Für diese Ereignisse gelten dann die folgenden Wahrscheinlichkeiten:

$$P(M) = 0.7, \ P(W) = 0.3, \ P(J) = 0.6, \ P(A) = 0.4 \ .$$

Wir wollen nun annehmen, die Altersstruktur sei (im anschaulichen Sinne) unabhängig vom Geschlecht. Dies bedeutet aber einfach, dass sowohl unter den Männern als unter den Frauen jeweils 60% jünger als vierzig sind. Wie gross ist nun die Wahrscheinlichkeit dafür, einen "jungen" Mann auszuwählen? Da nach der eben getroffenen Annahme 60% aller Männer "jung" sind, müssen wir 60% von den 70% nehmen, das sind 42%. Rechnen wir wie für die Theorie üblich nicht mit Prozenten, sondern mit Wahrscheinlichkeiten zwischen 0 und 1, so finden wir

$$P(M \cap J) = P(M) \cdot P(J) = 0.7 \cdot 0.6 = 0.42 \ .$$

Unsere Annahme, die Altersstruktur sei unabhängig vom Geschlecht, hätten wir übrigens auch auf eine zweite Art in eine Formel umsetzen können: Von den 60% "Jungen" müssen 70% Männer sein (derselbe Prozentsatz wie für die gesamte Belegschaft). Dies führt ebenfalls auf eine Wahrscheinlichkeit von 42% für das Ereignis $M \cap J$.

Auf genau dieselbe Weise berechnet man die andern Wahrscheinlichkeiten. So ist etwa

$$P(W \cap A) = P(W) \cdot P(A) = 0.3 \cdot 0.4 = 0.12 \ .$$

Diese Zahlen lassen sich genau wie in (36.2) in Tabellenform darstellen:

	M	W	total
J	0.42	0.18	0.60
A	0.28	0.12	0.40
total	0.70	0.30	1.00

Wir sehen: Die Wahrscheinlichkeit von $E \cap F$, also die Wahrscheinlichkeit dafür, dass sowohl E als auch F eintritt, ist gleich dem Produkt der Wahrscheinlichkeiten von E und von F, *vorausgesetzt, dass E und F unabhängig sind.*   ⊠

Wir haben die Formel $P(E \cap F) = P(E) \cdot P(F)$ aufgrund einer konkreten Situation hergeleitet, wo der anschauliche Begriff der Unabhängigkeit rechnerisch einfach umgesetzt werden konnte. Dieses Beispiel motiviert nun die folgende Definition, die für ganz beliebige Wahrscheinlichkeiträume gelten soll:

Zwei Ereignisse E und F heissen *unabhängig*, falls gilt

$$P(E \cap F) = P(E) \cdot P(F) .$$

Statt des Begriffs "unabhängig" benützen manche Autoren die präzisere Bezeichung "stochastisch unabhängig"*.

Bei dieser Gelegenheit sei gleich betont, dass man die Begriffe "Unabhängigkeit" und "Unvereinbarkeit" keinesfalls verwechseln darf. E und F heissen ja unvereinbar, wenn $E \cap F = \emptyset$ ist, siehe (33.7). In diesem Fall kann die obige Formel $P(E \cap F) = P(E) \cdot P(F)$ also nicht gelten (ausser im Sonderfall, wo $P(E)$ oder $P(F) = 0$ ist), d.h., unvereinbare Ereignisse sind i. Allg. *nicht* unabhängig. Weiter gilt für unvereinbare Ereignisse bekanntlich eine Formel für die Vereinigung $P(E \cup F)$, nämlich $P(E \cup F) = P(E) + P(F)$, wogegen für unabhängige Ereignisse eine Formel für den Durchschnitt $P(E \cap F)$ besteht.

Es ist ferner bemerkenswert, dass die Unvereinbarkeit zweier Ereignisse E und F auch ohne Kenntnis der zugehörigen Wahrscheinlichkeiten nachgeprüft werden kann (es ist ja nur zu kontrollieren, ob der Durchschnitt $E \cap F$ leer ist), während zum Nachweis der Unabhängigkeit die Wahrscheinlichkeiten selber eine Rolle spielen.

Die Definition der Unabhängigkeit (und mit ihr die Formel), kann auf zwei Arten gebraucht werden:
1) Aus der Problemstellung (z.B. Würfel- oder Münzenwurf) weiss man von vornherein, dass die Ereignisse im anschaulichen Sinn unabhängig sind. Dies übersetzt man dadurch in die Theorie, dass man die oben stehende Formel anwendet. Wenn man also $P(E)$ und $P(F)$ kennt, so lässt sich daraus $P(E \cap F)$ bestimmen. (Siehe Beispiele 36.8.A und 36.8.B.) In diesem Fall ist die Formel eine Rechenregel, nämlich die *Multiplikationsregel*:

Regel 11:
Wenn die Ereignisse E und F unabhängig sind, dann gilt

$$P(E \cap F) = P(E) \cdot P(F) .$$

---

* Unter dem Begriff "Stochastik" fasst man die Wahrscheinlichkeitsrechnung und die Statistik zusammen.

2) Man kennt alle drei Wahrscheinlichkeiten $P(E)$, $P(F)$, $P(E \cap F)$ und kann damit kontrollieren, ob E und F unabhängig sind. (Siehe Beispiele 36.8.C und 36.8.D.)

Wir zeigen nun noch einen wichtigen Zusammenhang zwischen den Begriffen "Unabhängigkeit" und "bedingte Wahrscheinlichkeit" auf.

Wenn E und F unabhängig sind, wenn also

(1) $$P(E \cap F) = P(E) \cdot P(F)$$

ist, dann gilt offenbar (für $P(F) \neq 0$)

(2) $$P(E) = \frac{P(E \cap F)}{P(F)} \ .$$

Nun ist aber die rechte Seite gerade gleich $P(E|F)$. Für unabhängige Ereignisse E und F gilt daher

(3) $$P(E) = P(E|F) \ .$$

Dividiert man (1) durch $P(E)$ statt durch $P(F)$, so erhält man analog die Beziehung

(4) $$P(F) = P(F|E) \ .$$

Umgekehrt folgt aus (3) durch Multiplikation der gleichwertigen Formel (2) mit $P(F)$ wiederum die ursprüngliche Formel (1). Die Aussage (3) (und entsprechend die Aussage (4)) ist also einfach eine andere Art, die Unabhängigkeit von E und F auszudrücken.

In Worten bedeutet (3): Die Wahrscheinlichkeit von E hängt nicht davon ab, ob die Bedingung F erfüllt ist oder ob nichts über F vorausgesetzt wird. Da dies auch anschaulich eine durchaus einleuchtende Beschreibung der Idee der Unabhängigkeit ist, wird die Formel (3) oft zur *Definition* dieses Begriffs verwendet*.

Die verschiedenen Beziehungen kann man sich am nachstehenden Beispiel mit geometrischen Wahrscheinlichkeiten klar machen (vgl. auch eine ähnliche Situation in (36.3)).

Durch Vergleich der Flächeninhalte stellt man folgende Beziehungen fest:

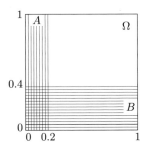

$$P(A) = 0.2, \ P(B) = 0.4, \ P(A \cap B) = 0.08 \ .$$

Somit sind A und B unabhängig. Weiter folgt

$$P(A|B) = \frac{P(A \cap B)}{P(B)} = \frac{0.08}{0.4} = 0.2 \ ,$$

$$P(B|A) = \frac{P(A \cap B)}{P(A)} = \frac{0.08}{0.2} = 0.4 \ .$$

---

* Ein kleiner Nachteil dieses Zugangs ist allerdings der, dass die Formel (3) a priori nicht symmetrisch in Bezug auf E und F ist. Der Übergang von (3) zu (1) liefert aber sogleich eine symmetrische Aussage.

Es gilt also, wie es gemäss (3) sein muss, $P(A) = P(A|B)$ und $P(B) = P(B|A)$. Weiter liest man ab, dass

$$P(A \cap \overline{B}) = 0.12 = 0.2 \cdot 0.6 = P(A) \cdot P(\overline{B})$$

ist. Dies illustriert übrigens die erste Formel von Beispiel 36.8.E; die andern könnten analog behandelt werden.

(36.8) Beispiele zur Unabhängigkeit

Beispiel 36.8.A

Ein ganz einfaches Beispiel ist der zweimalige Münzenwurf. Mit E bezeichnen wir das Ereignis "beim ersten Mal Kopf", mit F das Ereignis "beim zweiten Mal Zahl". Natürlich ist $P(E) = P(F) = \frac{1}{2}$ und da die beiden Ereignisse sicher im anschaulichen Sinn unabhängig sind, verwenden wir die Regel 11 — dies ist die weiter oben beschriebene "Art 1)" der Anwendung — und finden $P(E \cap F) = \frac{1}{2} \cdot \frac{1}{2} = \frac{1}{4}$. $E \cap F$ bedeutet dann "erster Wurf Kopf, zweiter Wurf Zahl".

Dieses Beispiel kann noch anders behandelt werden: Der Sachverhalt wird durch den Laplace-Raum $\Omega = \{KK,\ KZ,\ ZK,\ ZZ\}$ beschrieben. Dabei ist $E = \{KK,\ KZ\}$, $F = \{KZ,\ ZZ\}$ und $E \cap F = \{KZ\}$. Auf diese Weise stellt man direkt fest, dass $P(E \cap F) = P(E) \cdot P(F)$ ist. Man kann nun den Spiess umdrehen und aus diesem Ergebnis — im Sinne von "Art 2)" der Anwendung — zurückschliessen, dass E und F unabhängig sein müssen. Bei der ersten Rechnung hatten wir dies von vornherein angenommen. ⊠

Beispiel 36.8.B

An meinem Bahnhof fährt der Zug mit 10% Wahrscheinlichkeit zu spät ab, und ich komme mit 20% Wahrscheinlichkeit zu spät. Wie gross ist die Wahrscheinlichkeit dafür, dass der Zug mit mir an Bord pünktlich abfährt?

E sei das Ereignis "Zug zu spät", F bedeute "ich bin zu spät". Das gesuchte Ereignis findet statt, wenn weder E noch F eintrifft, oder — was hier sinnvoll ist — mit Gegenereignissen ausgedrückt, wenn sowohl $\overline{E}$ als auch $\overline{F}$, d.h., wenn $\overline{E} \cap \overline{F}$ eintritt. Es ist klar, dass hier die beiden Ereignisse $\overline{E}$ und $\overline{F}$ unabhängig sind (übrigens auch E und F, was anschaulich einleuchtet, aber auch rechnerisch gezeigt werden kann, vgl. Beispiel 36.8.E). Somit gilt $P(\overline{E} \cap \overline{F}) = P(\overline{E}) \cdot P(\overline{F}) = 0.9 \cdot 0.8 = 0.72$. Mit einer Wahrscheinlichkeit von 72% fährt also der Zug mit mir als Passagier pünktlich ab. ⊠

Beispiel 36.8.C

Wir betrachten das Zahlenmaterial aus dem Beispiel 36.2.A. F (bzw. J) bezeichnete damals das Ereignis "die befragte Person ist für das Projekt (bzw. jünger als 25 Jahre)". Wir stellten unter anderem folgendes fest:

$$P(F) = 0.5, \quad P(J) = 0.4, \quad P(F \cap J) = 0.26 \,.$$

Hier ist $P(F \cap J) \neq P(F) \cdot P(J)$, was bedeutet, dass die beiden Ereignisse nicht unabhängig sind: Zustimmung bzw. Ablehnung des Projekts hängt von der Altersgruppe ab.

Wir können auch mit der bedingten Wahrscheinlichkeit operieren: Wegen $P(F|J) = P(F \cap J)/P(J) = 0.26/0.4 = 0.65 \neq 0.5 = P(F)$ folgt erneut, dass F und J nicht unabhängig sind (vgl. Formel (3) in (36.7)). ⊠

> Diese Schlussfolgerung bezieht sich zunächst nur auf die Gruppe der 1000 befragten Personen. Es ist Sache der beurteilenden Statistik, zu untersuchen, wieweit man daraus Schlüsse in Bezug auf die Gesamtbevölkerung ziehen darf, vgl. (47.5).

Im Beispiel 36.7.A haben wir — in einer ähnlichen Situation — den Fall vor uns, wo Unabhängigkeit vorliegt.

Beispiel 36.8.D

Wir werfen eine Münze dreimal hintereinander. Mit E, F, G bezeichnen wir der Reihe nach die Ereignisse "der erste Wurf ist Kopf", "der zweite Wurf ist Kopf", "es werden genau zwei Köpfe hintereinander geworfen". Wie steht es mit der Unabhängigkeit? Mit

$$\Omega = \{KKK, \ KKZ, \ KZK, \ KZZ, \ ZKK, \ ZKZ, \ ZZK, \ ZZZ\}$$

ist

$$E = \{KKK, \ KKZ, \ KZK, \ KZZ\}, \quad F = \{KKK, \ KKZ, \ ZKK, \ ZKZ\},$$
$$G = \{KKZ, \ ZKK\}.$$

Weiter ist

$$E \cap F = \{KKK, \ KKZ\}, \quad E \cap G = \{KKZ\}, \quad F \cap G = \{KKZ, \ ZKK\}.$$

Durch Abzählen findet man sofort die Beziehungen

$$P(E \cap F) = \frac{1}{4} = P(E) \cdot P(F) = \frac{1}{2} \cdot \frac{1}{2},$$
$$P(E \cap G) = \frac{1}{8} = P(E) \cdot P(G) = \frac{1}{2} \cdot \frac{1}{4},$$
$$P(F \cap G) = \frac{1}{4} \neq P(F) \cdot P(G) = \frac{1}{2} \cdot \frac{1}{4}.$$

Somit sind E und F sowie E und G unabhängig, nicht aber F und G. Dies ist gefühlsmässig vielleicht nicht mehr ohne weiteres klar. Beachten Sie aber, dass beim Eintreffen von G der zweite Wurf zwingend "Kopf" sein muss. Nun erstaunt es weniger, dass F und G abhängig sind.

Es ist nicht immer einfach, die Unabhängigkeit von zwei Ereignissen gefühlsmässig einzuschätzen, und man ist dann auf die Rechnung angewiesen. Manchmal hilft aber der Miteinbezug von bedingten Wahrscheinlichkeiten. Im obigen Beispiel ist

$$P(F|G) = \frac{P(F \cap G)}{P(G)} = \frac{1/4}{1/4} = 1 \neq P(F) = \frac{1}{2},$$

und diese Ungleichheit sagt Ihnen, dass F und G nicht unabhängig sind. Noch etwas anders formuliert: Nehmen wir an, Sie müssten auf das Ereignis F (zweiter Wurf Kopf) wetten. Wenn Ihnen nun ein hilfreicher Geist zuflüstert, es seien genau zwei Köpfe hintereinander gefallen, dann sind Sie sicher, dass jedenfalls der zweite Wurf "Kopf" war, und Sie können beruhigt Ihr ganzes Vermögen einsetzen. Ohne diese Zusatzinformation sollten Sie dies vielleicht besser nicht tun, denn die (unbedingte) Wahrscheinlichkeit für F ist nur gleich 50%. Etwas abstrakter ausgedrückt: Die Wahrscheinlichkeit von F hängt davon ab, ob G eingetroffen ist oder nicht, und diese Ereignisse sind daher nicht unabhängig. ⊠

Beispiel 36.8.E

Eine allgemeine Aussage: Wenn E und F unabhängige Ereignisse sind, dann sind auch die Ereignispaare a) E und $\bar{F}$, b) $\bar{E}$ und F, c) $\bar{E}$ und $\bar{F}$ unabhängig.

a) Wie man z.B. anhand einer Skizze einsieht, gilt

$$(E \cap \bar{F}) \cup (E \cap F) = E, \quad (E \cap \bar{F}) \cap (E \cap F) = \varnothing .$$

Nach Regel 4 von (34.6) ist somit $P(E) = P(E \cap \bar{F}) + P(E \cap F)$. Weil E und F nach Voraussetzung unabhängig sind, gilt $P(E \cap F) = P(E) \cdot P(F)$. Es folgt $P(E) = P(E \cap \bar{F}) + P(E) \cdot P(F)$ oder $P(E) \cdot (1 - P(F)) = P(E \cap \bar{F})$. Wegen Regel 6 (34.6) erhalten wir schliesslich $P(E) \cdot P(\bar{F}) = P(E \cap \bar{F})$, was bedeutet, dass E und $\bar{F}$ unabhängig sind.

b) Dies folgt durch Vertauschen der Rollen von E und F.

c) Wenn E und F unabhängig sind, dann sind dies wegen a) auch E und $\bar{F}$. Wir betrachten nun das Paar E, $\bar{F}$ und wenden darauf b) an, woraus sich die Behauptung c) ergibt. ⊠

(36.9) Unabhängigkeit von mehr als zwei Ereignissen

Der Begriff der Unabhängigkeit lässt sich auch für mehr als zwei Ereignisse erklären. Man setzt dazu folgendes fest:

Die Ereignisse E_1, E_2, ..., E_n heissen *unabhängig*, wenn für je m Ereignisse

$$E_{k_1}, E_{k_2}, \ldots, E_{k_m} ,$$

wobei m eine natürliche Zahl mit $2 \leq m \leq n$ und $\{k_1, \ldots, k_m\} \subset \{1, \ldots, n\}$ ist, stets gilt

$$P(E_{k_1} \cap E_{k_2} \cap \ldots \cap E_{k_m}) = P(E_{k_1}) \cdot P(E_{k_2}) \cdot \ldots \cdot P(E_{k_m}) .$$

Die (unumgängliche) Verwendung von "Doppelindizes" soll am Spezialfall für $n = 3$ klar gemacht werden. Hier heissen die Ereignisse E_1, E_2, E_3 unabhängig, falls gilt

$$P(E_1 \cap E_2) = P(E_1) \cdot P(E_2) ,$$
$$P(E_1 \cap E_3) = P(E_1) \cdot P(E_3) ,$$
$$P(E_2 \cap E_3) = P(E_2) \cdot P(E_3) ,$$
$$P(E_1 \cap E_2 \cap E_3) = P(E_1) \cdot P(E_2) \cdot P(E_3) .$$

Hinweis

Man kann Beispiele angeben, die zeigen, dass es für $n > 2$ *nicht* genügt, zu verlangen, dass die E_i bloss "paarweise" unabhängig sind, d.h., dass bloss gilt $P(E_i \cap E_j) = P(E_i) \cdot P(E_j)$ für alle $i \neq j$.

$(36.\infty)$ Aufgaben

36−1 Von 500 Personen waren 300 gegen eine Krankheit geimpft. Von den geimpften erkrankten 50 Personen, von den ungeimpften dagegen 100. Aus dieser Schar wird eine Person zufällig ausgewählt. Mit I bzw. N bezeichnen wir die Ereignisse "geimpft" bzw. "nicht geimpft", mit K bzw. G die Ereignisse "erkrankt" bzw. "gesund geblieben". Berechnen Sie a) $P(I)$, b) $P(G)$, c) $P(K)$, d) $P(I \cap G)$, e) $P(G|I)$, f) $P(I|G)$.

36−2 Zwei ehrliche Würfel werden gleichzeitig geworfen. Wie gross ist unter der Bedingung, dass die beiden Augenzahlen verschieden sind, die Wahrscheinlichkeit dafür, dass a) mindestens ein Würfel eine Sechs zeigt, b) beide Würfel eine Fünf zeigen, c) der erste Würfel eine Vier zeigt, d) die Summe der Augenzahlen 6 ist?

36−3 Wir kümmern uns erneut um Xaver und Yvonne (Beispiel 32.3.F). Die Voraussetzungen sind dieselben, wir fragen nun aber: Wie gross ist die Wahrscheinlichkeit eines Treffens unter der Bedingung, dass beide nach 12 Uhr 30 (aber vor 13 Uhr) in die Cafeteria gehen?

36−4 Von Aadorf führen mehrere Strassen nach Zettstadt (siehe Plan). Die Zahlen 1, 2, 3, 4 bezeichnen Baustellen, die jeweils mit 50% Wahrscheinlichkeit die Durchfahrt verunmöglichen, wobei der Zustand einer Baustelle auf den der andern keinen Einfluss hat. Es sei E das Ereignis "Baustelle 1 ist passierbar", F das Ereignis "man kann von Aadorf nach Zettstadt gelangen". Berechnen Sie $P(E)$, $P(F)$, $P(F|E)$.

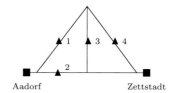

36−5 Von meiner Tramhaltestelle fährt sowohl die Linie A als auch die Linie B ins Stadtzentrum. Beide fahren alle 10 Minuten (und zwar, wie wir annehmen wollen, ganz pünktlich). Die Linie A fährt jeweils um 07.00, 07.10, 07.20, usw., die Linie B dagegen um 07.03, 07.13, 07.23, usw. In der Linie A finde ich erfahrungsgemäss mit einer Wahrscheinlichkeit von 60% einen Sitzplatz, in der Linie B aber nur mit einer Wahrscheinlichkeit von 40%. Ich gehe völlig zufällig zur Haltestelle und nehme das erstbeste Tram. a) Mit welcher Wahrscheinlichkeit erwische ich einen Sitzplatz? b) Ich bin ohne mich umzusehen in ein Tram eingestiegen und finde einen Sitzplatz. Mit welcher Wahrscheinlichkeit sitze ich in einem Tram der Linie A?

36−6 In einer Schachtel hat es 25 rote, 15 braune und 10 grüne Gummibärchen. Ihr Kollege und Sie nehmen (ohne zu gucken) je ein Bärchen, wobei Sie ihm den Vortritt lassen. Zeichnen Sie das zugehörige Baumdiagramm, und berechnen Sie die folgenden Wahrscheinlichkeiten: a) Beide Gummibärchen haben dieselbe Farbe. b) Genau eines der Gummibärchen ist grün. c) Mindestens ein Gummibärchen ist rot.

36−7 Ein Spiel: In einer Schachtel hat es 4 weisse, 6 graue und 10 schwarze Kugeln. Das Ziel ist es, in maximal drei Versuchen eine weisse Kugel zu erwischen, wobei die gezogene Kugel nach jedem Versuch zurückgelegt wird. Zieht man eine schwarze Kugel, dann ist Schluss. Zieht man eine graue Kugel, so darf man (im Rahmen der Maximalzahl von drei Versuchen) nochmals probieren. Wie gross ist die Gewinnwahrscheinlichkeit?

36−8 In einem Dorf in den Schweizer Alpen leben während der Ferienzeit dreimal so viele (männliche) Touristen wie Einheimische. 20% der Einheimischen und 40% der Fremden tragen ein Sennenkäppli. Ich treffe einen Herrn mit einer derartigen Kopfbedeckung an. Mit welcher Wahrscheinlichkeit ist er ein Einheimischer?

36−9 Ein Massenartikel wird auf drei Maschinen produziert. 50% der Produktion stammen von Maschine A, 30% von B, der Rest von C. Maschine A liefert 10% Ausschuss, Maschine B 5%, Maschine C 2%. a) Mit welcher Wahrscheinlichkeit ist ein zufällig aus der Gesamtproduktion gewählter Artikel brauchbar? b) Ich habe einen defekten Artikel erwischt. Mit welcher Wahrscheinlichkeit stammt er von Maschine A?

36−10 Diese Aufgabe führt auf ein unendliches Baumdiagramm, vgl. Beispiel 36.6.D. Wir würfeln so lange mit zwei Würfeln, bis ein Wurf mit der Augensumme 10 auftritt. Wie gross ist die Wahrscheinlichkeit p_k dafür, dass dies im k-ten Wurf ($k = 1, 2, 3, \ldots$) geschieht?

36−11 Max und Moritz möchten eine Fensterscheibe einschmeissen und werfen abwechselnd Steine. Max beginnt. Die Trefferwahrscheinlichkeit von Max ist bei jedem Wurf $= p$, jene von Moritz $= q$. a) Mit welcher Wahrscheinlichkeit gelingt Max der erste Treffer? b) Es sei $p = 1/3$. Wie gross muss q sein, damit beide dieselbe Chance haben, die Scheibe zuerst zu treffen?

36−12 Wir würfeln mit einem roten und einem blauen Würfel. Mit E bezeichnen wir das Ereignis "der rote Würfel zeigt eine gerade Zahl", mit F das Ereignis "beide Würfel zeigen dieselbe Zahl". Sind E und F unabhängig?

36−13 Aus einer Menge M von Zahlen wird zufällig eine Zahl ausgewählt. Es sei E (bzw. F) das Ereignis "die ausgewählte Zahl ist durch 2 (bzw. 3) teilbar". Sind E und F unabhängig

a) für $M = \{0, 1, 2, 3, 4, 5, 6, 7, 8, 9\}$,
b) für $M = \{1, 2, 3, 4, 5, 6, 7, 8, 9\}$?

Pro memoria: Die Zahl 0 ist durch jede Zahl teilbar.

36−14 In der Schulklasse A hat es 10 Mädchen und 15 Knaben. Von der Schulklasse B weiss ich nur, dass sie 20 Schüler(innen) hat, die Anzahl der Knaben wird darum mit n bezeichnet. a) Eine aus den beiden Klassen zufällig ausgewählte Person erweist sich als Knabe. Wie gross ist die bedingte Wahrscheinlichkeit dafür, dass dieser in der Klasse A ist? (In der Antwort kommt natürlich die Zahl n vor.) b) Für welches n wird diese Wahrscheinlichkeit maximal bzw. minimal? c) Für welches n sind die Ereignisse "Person gehört zur Klasse A" und "Person ist männlichen Geschlechts" unabhängig?

36−15 Wir geben uns noch einmal mit Xaver und Yvonne ab. Die Geschichte ist immer noch dieselbe wie in Beispiel 32.3.F (d.h., die beiden warten höchstens 20 Minuten aufeinander). Wir betrachten die folgenden drei Ereignisse:

E: Die beiden treffen sich.
F: Xaver erscheint zwischen 12.00 und 12.30 Uhr.
G: Xaver erscheint nach Yvonne.

Prüfen Sie E, F sowie E, G und F, G auf Unabhängigkeit.

36−16 Von 500 befragten Personen (300 Frauen, 200 Männer) waren 400 schweizerischer Nationalität. Wie gross ist die Wahrscheinlichkeit dafür, dass eine zufällig aus dieser Gruppe ausgewählte Person a) männlich, b) Ausländerin ist? Welche (plausible) Annahme müssen Sie im Fall b) treffen?

36−17 Wir würfeln mit zwei Würfeln und betrachten die Ereignisse

A: Der erste Würfel zeigt eine gerade Zahl.
B: Der zweite Würfel zeigt eine ungerade Zahl.
C: Die Summe der beiden Augenzahlen ist gerade.

Zeigen Sie, dass die Paare (A, B), (A, C) und (B, C) jeweils unabhängig sind. Sind die drei Ereignisse im Sinne von (36.9) unabhängig?

37. DISKRETE ZUFALLSGRÖSSEN

(37.1) Überblick

Eine *Zufallsgrösse* X ist eine Abbildung

$$X : \Omega \to \mathbb{R} \,,$$

die jedem Element des Ergebnisraumes Ω eine Zahl zuordnet. Zufalls- *(37.3)*
grössen treten also immer dann auf, wenn ein Ergebnis eines Zufallsexperiments mit einer Zahl verbunden ist, in der Praxis also z.B. bei Messungen
oder Zählungen an zufällig ausgewählten Objekten.

Eine Zufallsgrösse heisst *diskret*, wenn sie nur endlich oder abzählbar *(37.4)*
unendlich viele Werte x_1, x_2, ... annimmt. In Kapitel 40 werden daneben
noch die *stetigen* Zufallsgrössen besprochen.

Jeder Wert x_i der diskreten Zufallsgrösse wird mit einer bestimmten
Wahrscheinlichkeit

$$p_i = P(X = x_i)$$

angenommen. Unter der *Verteilung* von X versteht man die Menge der *(37.5)*
Paare (x_i, p_i). Sie kann auch durch das *Stabdiagramm*, durch die *Wahr-* *(37.6)*
scheinlichkeitsfunktion *(37.6)*

$$f(x) = P(X = x)$$

oder durch die *Verteilungsfunktion* *(37.7)*

$$F(x) = P(X \leq x)$$

beschrieben werden.

Von Bedeutung sind ferner die folgenden *wahrscheinlichkeitstheoreti-*
schen Masszahlen der Zufallsgrösse X:

Erwartungswert $\qquad \mu = E(X) = \sum_i x_i p_i \,,$

Varianz $\qquad \sigma^2 = V(X) = \sum_i (x_i - \mu)^2 p_i \,,$

Standardabweichung $\quad \sigma = \sqrt{V(X)} \,.$

Der Erwartungswert ist ein Lagemass. Führt man das Zufallsexpe- *(37.9)*
riment sehr oft durch, so wird man erwarten, dass der Durchschnitt der
von X angenommenen Werte ungefähr $= \mu$ ist. Die Varianz und die *(37.10)*
Standardabweichung sind Streuungsmasse.

(37.2) Einleitende Beispiele

Beispiel 37.2.A

Auf einer Wiese soll das Vorkommen einer bestimmten Pflanzenart untersucht werden. Zu diesem Zweck teilt der Forscher die Wiese in viele gleich grosse Parzellen ein und bestimmt in jeder dieser Parzellen die Anzahl der Pflanzen dieser Art. Diese Anzahl hängt erfahrungsgemäss vom Zufall ab: Es wird Parzellen geben, in denen keine solche Pflanze gedeiht, in andern wachsen vielleicht fünf oder zehn Exemplare. Wie ist nun diese Abhängigkeit vom Zufall zu verstehen? Das Zählen selbst ist bestimmt nicht ein zufälliger Prozess. Wenn unser Forscher nämlich eine Parzelle ausgewählt hat, dann kommt er auf ein eindeutig festgelegtes Resultat. Der Zufall steckt also vielmehr in der Auswahl der Parzelle. (Natürlich spielt auch die Grösse dieser Parzelle eine Rolle, doch diese soll für den Verlauf der Untersuchung ein für allemal fest gewählt sein.)

Sobald man von zufälligen Vorgängen spricht, stellt sich sofort die Frage nach der Wahrscheinlichkeit der Ergebnisse. Bei einer häufig vorkommenden Pflanzenart wird es viel wahrscheinlicher sein, dass auf einer Parzelle fünf Exemplare wachsen, als dass keines vorkommt.

Wie wir bereits zur Genüge gesehen haben, gehört zur Beschreibung eines Zufallsexperiments und zur Bestimmung von Wahrscheinlichkeiten stets ein Wahrscheinlichkeitsraum Ω. In unserm Beispiel ist dies gerade die Menge aller Parzellen. Neu an der Sache ist nun, dass zu jedem Ergebnis $\omega \in \Omega$, also auf Deutsch zu jeder Parzelle, eine Zahl gehört (nämlich die Anzahl Pflanzen), der unser eigentliches Interesse gilt.   ⊠

Beispiel 37.2.B

Eine andere Gelehrte will die Körperlänge der Einwohner von Zürich erforschen. Dazu wählt sie zufällig eine Anzahl von Zürcher(inne)n aus und misst ihre Grösse. Ähnlich wie im Beispiel 37.2.A steckt hier der Zufall in der Auswahl der Person, die Körperlänge selbst ermittelt sich anschliessend auf klar bestimmte Weise. Der zum "Experiment" gehörende Ergebnisraum ist also die Menge aller Zürcher(innen), von Bedeutung aber ist vor allem die zum Ergebnis (also zur Person) gehörende Körperlänge, also, wie schon oben, eine Zahl.   ⊠

Beispiel 37.2.C

Vergleichbare Situationen treten bei Glücksspielen auf, die ja Prototypen von Zufallsereignissen sind. Ein einfaches Beispiel:

Ich werfe dreimal eine Münze. Die Anzahl der Köpfe soll mein Gewinn sein. Der Ergebnisraum Ω besteht aus acht Ergebnissen, die man zusammen mit dem "Gewinn" wie folgt tabellieren kann:

Ergebnis	KKK	KKZ	KZK	KZZ	ZKK	ZKZ	ZZK	ZZZ
Gewinn	3	2	2	1	2	1	1	0

Von Interesse ist hier eigentlich nicht das Ergebnis, also etwa KKK oder KZK aus Ω, sondern vielmehr der Gewinn, denn es ist mir nämlich egal, ob ich meine zwei Franken mit der Kombination KKZ oder mit KZK gewonnen habe. In der Tabelle sieht man jetzt besonders deutlich, wie zu einem Zufallsergebnis die uns interessierende Zahl gehört. ⊠

Beispiel 37.2.D

Das folgende Würfelspiel hat etwas eigenartige Regeln, nämlich:

- Bei gerader Augenzahl gewinne ich, und zwar das Doppelte der gewürfelten Augenzahl.
- Bei ungerader Augenzahl verliere ich, und zwar das Dreifache der gewürfelten Zahl.

Der Ergebnisraum Ω besteht hier aus den Augenzahlen 1, 2, 3, 4, 5 und 6, seine Elemente sind also — im Gegensatz zu den Beispielen 37.2.A, 37.2.B und 37.2.C — selbst Zahlen. Wenn man einen Verlust als negativen Gewinn notiert, dann lässt sich der Sachverhalt mit der folgenden Tabelle beschreiben:

Ergebnis	1	2	3	4	5	6
Gewinn	−3	4	−9	8	−15	12

Wiederum haben wir einerseits die Ergebnisse aus Ω und andererseits die zugehörigen Zahlen, d.h., die Gewinne. ⊠

Beispiel 37.2.E

Eine Sendung von Massenartikeln, z.B. von Schrauben, wird auf ihre Brauchbarkeit geprüft. Wir ordnen jedem intakten Artikel (willkürlich) die Zahl 1, einem Ausschussartikel dagegen die Zahl 0 zu. Der Ergebnisraum Ω besteht aus allen Artikeln aus der Sendung, das Zufallsexperiment besteht im Auswählen eines Artikels. Zu jedem Ergebnis gehört eine Zahl, nämlich 1 oder 0, die hier aber bloss eine Art Code für "brauchbar" bzw. "Ausschuss" ist.

(37.3) Zufallsgrössen

Den obigen fünf Beispielen ist etwas gemeinsam: Jedes Mal haben wir einen Ergebnisraum Ω; unser primäres Interesse liegt aber nicht bei den Ergebnissen ω aus Ω, sondern bei gewissen Zahlen, die zu diesen Ergebnissen gehören, im Sinne der folgenden Tabelle:

Ergebnis $\omega \in \Omega$	Zugehörige Zahl
Parzelle	Anzahl Pflanzen
Person	Körperlänge
Münzenwurf	Anzahl Köpfe
Augenzahl	Gewinn
Artikel	0 oder 1

Allgemein lässt sich dieser Sachverhalt dadurch ausdrücken, dass man sagt, es sei eine *Abbildung* $\Omega \to \mathbb{R}$ gegeben. (Zum Begriff der Abbildung im allgemeinen Sinn finden Sie in (26.9) eine Bemerkung.) Traditionellerweise nennt man eine solche Abbildung eine *Zufallsgrösse* und bezeichnet sie mit X oder auch einem andern Buchstaben, meist vom Ende des Alphabets, wie etwa T, Y oder Z.

Die formale Definition lautet:

Es sei Ω ein Ergebnisraum. Unter einer *Zufallsgrösse* (auf Ω) versteht man eine Abbildung

$$X : \Omega \to \mathbb{R} \, .$$

Bemerkungen

1) Über den Ergebnisraum wird nichts vorausgesetzt. Er kann — wie in den Beispielen von (37.2) — endlich, aber auch abzählbar oder sogar überabzählbar unendlich sein. Beispiele hierzu folgen.

2) Wir wollen an zwei Beispielen illustrieren, wie die Abbildung $X : \Omega \to \mathbb{R}$ in konkreten Fällen aussehen kann.

   In Beispiel 37.2.C ist X die Anzahl Köpfe bei einem dreifachen Münzenwurf. So ist etwa $X(\text{KKK}) = 3$, $X(\text{KKZ}) = X(\text{KZK}) = 2$ usw.

   In Beispiel 37.2.D ist $X(k)$ der Gewinn, wenn beim Würfeln die Augenzahl k fällt, es ist also $X(1) = -3$, $X(2) = 4$ usw. Die im Beispiel angegebene Tabelle ist also einfach eine Wertetabelle für die Abbildung X, vgl. auch Bemerkung 5) weiter unten.

3) Sehr oft wird die Bezeichnung "Zufallsvariable" statt "Zufallsgrösse" verwendet. Mir scheint dies nicht sehr glücklich, denn X ist eine Abbildung und keine "Variable" (die Rolle der Letztern wird von $\omega \in \Omega$ gespielt). Sie ist auch nur insofern vom "Zufall" abhängig, als das Argument $\omega \in \Omega$ als zufälliges Ereignis aufgefasst wird. Der Wert $X(\omega)$ selbst ist vollständig bestimmt und nicht mehr zufällig. Ist in Beispiel 37.2.A die Parzelle einmal gewählt, so ist die Anzahl der darauf wachsenden Pflanzen eindeutig festgelegt.

   Aus diesen Gründen ziehe ich den Namen "Zufallsgrösse" vor. Allerdings müssen Sie auch den andern Begriff kennen, weshalb in diesem Skript gelegentlich auch von Zufallsvariablen die Rede sein wird.

4) Die folgende Vorstellung kann manchmal hilfreich sein: Eine Zufallsgrösse X lässt sich stets als Gewinn (oder Verlust) bei einem "Glücksspiel" auffassen. Das Spiel besteht darin, ein Element $\omega \in \Omega$ zufällig zu wählen. Dabei ist dann $X(\omega)$ der Gewinn oder der Verlust.

5) Zufallsgrössen kann man auch ganz willkürlich festlegen, ohne dass man an einen bestimmten konkreten Anlass denkt. Besteht Ω aus den Elementen ω_1, $\omega_2, \ldots, \omega_n$,

so kann man n beliebige Zahlen x_1, $x_2, \ldots, x_n$ wählen und durch

$$X(\omega_i) = x_i, \qquad i = 1, \ldots, n$$

eine Zufallsgrösse auf Ω festsetzen. Dies entspricht der tabellarischen Darstellung

Ergebnis ω	ω_1	ω_2	$\ldots$	ω_n
$X(\omega)$	x_1	x_2	$\ldots$	x_n .

6) Aus gegebenen Zufallsgrössen kann man neue bilden. Ist X wie in Beispiel 37.2.D durch die Tabelle

ω	1	2	3	4	5	6
$X(\omega)$	-3	4	-9	8	-15	12

gegeben, so kann man eine neue Zufallsgrösse Y dadurch bilden, dass der durch X beschriebene Gewinn verdoppelt und um 1 erhöht wird. Würfelt man also eine "1", so ist der Gewinn gleich $2 \cdot (-3) + 1 = -5$ (also ein Verlust). Allgemein erhält man $Y(\omega)$ mit der Formel

$$Y(\omega) = 2X(\omega) + 1 \,,$$

was folgende Tabelle ergibt:

ω	1	2	3	4	5	6
$Y(\omega)$	-5	9	-17	17	-29	25 .

Man schreibt dann kurz $Y = 2X + 1$. Auf ähnliche Weise kann man weitere Zufallsgrössen wie $Z = X^2$ usw. angeben.

7) Man kann auch mehrere Zufallsgrössen, die auf demselben Ergebnisraum Ω definiert sind, kombinieren: Es sei X die Erfahrungs-, Y die Prüfungsnote in Mathematik. (Unter Ω ist hier die Menge aller Maturand(inn)en zu verstehen; das Zufallsexperiment besteht in der Auswahl einer Person.) Dann sind auch $Z = X + Y$ und $M = \frac{1}{2}(X+Y)$ Zufallsgrössen (M ist, abgesehen von Rundungseffekten, gerade die Note im Maturzeugnis). Sie werden mit den Formeln

$$Z(\omega) = X(\omega) + Y(\omega), \ M(\omega) = \frac{1}{2}(X(\omega) + Y(\omega)), \quad \omega \in \Omega = \{\text{Maturand(inn)en}\}$$

berechnet. Hier steht ω also für eine Person.

8) Obwohl Zufallsgrössen definitionsgemäss Abbildungen von einem Ergebnisraum Ω nach $\mathbb{R}$ sind, sieht man in der Praxis sehr oft davon ab, diesen Raum Ω ausdrücklich anzugeben. Man sagt vielmehr einfach (etwa im Zusammenhang mit den Beispielen 37.2.A und 37.3.B):

- "Die Zufallsgrösse X bezeichnet die Anzahl der Pflanzen der betreffenden Art pro Parzelle."

oder

- "Die Zufallsvariable X sei die Körperlänge von Zürchern."

Es ist dann der Leserin oder dem Leser überlassen, das zugehörige Ω selbst zu konstruieren und X als Abbildung zu identifizieren, falls dies überhaupt nötig ist, was aber meistens gar nicht der Fall sein wird.

Hierzu noch ein weiteres Beispiel. Die Feststellung

- "X bezeichnet die Anzahl der Mädchen in Familien mit drei Kindern"

ist so aufzufassen: Wir betrachten alle Familien mit drei Kindern (z.B. im Kanton Zürich oder in der Schweiz); diese bilden den Ergebnisraum Ω. Für jede solche Familie (abstrakt: für jedes $\omega \in \Omega$) ist dann $X(\omega)$ die Anzahl der Mädchen, wobei $X(\omega)$ natürlich die Werte 0, 1, 2 oder 3 annehmen kann.

(37.4) Diskrete und stetige Zufallsgrössen

Für uns sind zwei verschiedene Arten von Zufallsgrössen besonders wichtig. Wir besprechen sie anhand von zwei Beispielen.

Beispiel 37.4.A

Wir betrachten ein Glücksrad. Der Gewinn bei diesem Spiel sei gerade die angeschriebene Zahl. Wir können ihn als Wert einer Zufallsgrösse X auffassen, wobei Ω aus allen möglichen Endlagen des Zeigers besteht. Je nach Zeigerstellung nimmt dann X einen der vier Werte 1, 2, 3, 4 an.   ⊠

Beispiel 37.4.B

Beim selben Glücksrad können wir uns aber auch für den Winkel φ interessieren, der sich aus der Endlage des Zeigers ergibt (siehe Figur), wobei wir festlegen, dass $0 \leq \varphi < 2\pi$ sein soll, damit Eindeutigkeit herrscht. Diesen Winkel können wir als Zufallsgrösse Y auffassen.   ⊠

Im Beispiel 37.4.A nimmt die Zufallsgrösse X nur endlich viele Werte an (nämlich 1, 2, 3, 4); man spricht von einer diskreten Zufallsgrösse. Die Zufallsgrösse Y dagegen kann jeden Wert aus dem Intervall $[0, 2\pi)$ annehmen; sie ist stetig. Etwas genauer definiert man:

Eine Zufallsgrösse heisst *diskret*, wenn sie nur endlich oder abzählbar unendlich viele Werte annimmt.

Die Beispiele 37.2.A, 37.2.C, 37.2.D und 37.2.E liefern diskrete Zufallsgrössen. Auch 37.2.B (Körperlänge von Zürchern) gehört zu diesem Typ; wenigstens, wenn die Körperlänge wie üblich durch Auf- oder Abrunden "diskretisiert" worden ist.

In Kapitel 39 werden wir im Zusammenhang mit der so genannten Poisson-Verteilung eine Zufallsgrösse kennen lernen, welche nicht bloss endlich (wie in den bisherigen

Beispielen), sondern abzählbar unendlich viele Werte annimmt. (Es sei in Erinnerung gerufen, dass eine Menge "abzählbar unendlich" heisst, wenn ihre Elemente in eine Folge angeordnet werden können, vgl. (29.5) oder Beispiel 33.3.B.)

Der Begriff der diskreten Zufallsgrösse, der zur Wahrscheinlichkeitsrechnung gehört, ist also das genaue Analogon des Begriffs des diskreten Merkmals, wie es in der beschreibenden Statistik definiert wurde (vgl. (29.5)).

Dagegen ist die präzise Definition der stetigen Zufallsgrösse etwas komplizierter und wird erst im Kapitel 40 gegeben. Sie dürfen sich zwar für den Moment durchaus eine Analogie zum "stetigen Merkmal" von (29.5) vorstellen und sich merken, dass eine stetige Zufallsgrösse alle reellen Zahlen aus einem bestimmten Intervall als Werte annehmen kann, dass dies aber noch nicht die ganze Wahrheit ist.

Um Missverständnissen vorzubeugen, sei noch bemerkt, dass es auch Zufallsgrössen gibt, welche weder diskret noch stetig sind. Derartige Fälle werden wir aber nicht behandeln.

(37.5) Die Verteilung einer diskreten Zufallsgrösse

Bis jetzt haben wir unsere Zufallsgrössen nicht mit dem Begriff der Wahrscheinlichkeit in Beziehung gebracht. Nun ist es an der Zeit, dies zu tun. Wir betrachten zur Illustration noch einmal Beispiel 37.2.C, wobei wir in der Tabelle nun zusätzlich noch die Wahrscheinlichkeiten $P(\omega)$ der Ergebnisse anführen.

ω	KKK	KKZ	KZK	KZZ	ZKK	ZKZ	ZZK	ZZZ
$X(\omega)$	3	2	2	1	2	1	1	0
$P(\omega)$	1/8	1/8	1/8	1/8	1/8	1/8	1/8	1/8

Im Grunde interessiert uns aber, wie schon im Beispiel 37.2.C erwähnt, nicht das Ergebnis (also z.B. KKK), sondern der Wert der Zufallsgrösse, also der Gewinn (z.B. 3). Hier gibt es nur noch die Möglichkeiten 0, 1, 2, 3, entsprechend den vier Werten, welche unsere Zufallsgrösse annimmt.

Ein Gewinn von 1 ergibt sich genau dann, wenn KZZ oder ZKZ oder ZZK herauskommt, also — etwas gelehrter formuliert — wenn das Ereignis

$$E = \{\text{KZZ, ZKZ, ZZK}\}$$

eintritt. Dieses hat die Wahrscheinlichkeit $P(E) = \frac{1}{8} + \frac{1}{8} + \frac{1}{8} = \frac{3}{8}$. Entsprechend bestimmt man die übrigen Wahrscheinlichkeiten in der folgenden Tabelle:

(*)

Wert x von X	0	1	2	3
Wahrscheinlichkeit	1/8	3/8	3/8	1/8

Nun führen wir eine wichtige neue Bezeichnung ein, die man immer dann verwendet, wenn man Wahrscheinlichkeiten im Zusammenhang mit Zufallsgrössen angeben will:

Die Wahrscheinlichkeit dafür, dass die Zufallsgrösse X den Wert x annimmt, bezeichnet man mit

$$\boxed{P(X = x)\,.}$$

Im Beispiel der Tabelle $(*)$ hat man also konkret die folgenden Beziehungen:

$$P(X = 0) = \frac{1}{8},\ P(X = 1) = \frac{3}{8},\ P(X = 2) = \frac{3}{8},\ P(X = 3) = \frac{1}{8}\,.$$

Ganz entsprechend schreibt man

$$\boxed{P(X \le x)\,.}$$

für die Wahrscheinlichkeit dafür, dass X einen Wert $\le x$ annimmt. Im Falle der Tabelle $(*)$ ist dann beispielsweise

$$P(X \le 1) = P(X = 0) + P(X = 1) = \frac{1}{8} + \frac{3}{8} = \frac{1}{2}\,,$$

denn $X \le 1$ tritt genau dann ein, wenn $X = 0$ oder $X = 1$ ist. Der Grund dafür, dass wir die beiden Wahrscheinlichkeiten addieren dürfen, liegt darin, dass die Ereignisse "die Zufallsgrösse nimmt den Wert 0 an" und "die Zufallsgrösse nimmt den Wert 1 an" unvereinbar sind und dass daher Regel 4 angewendet werden kann.

Es gibt noch weitere Varianten, die wohl kaum einer detaillierten Erklärung bedürfen, wie etwa

$$P(1 \le X \le 3) = P(X = 1) + P(X = 2) + P(X = 3) = \frac{7}{8}\,,$$

$$P(X > 1) = P(X = 2) + P(X = 3) = \frac{1}{2}\quad \text{usw.}$$

Diese neuen Bezeichnungsweisen werden wir von nun an ständig verwenden.

Schon bisher hatten wir unsere Zufallsgrössen in Tabellenform dargestellt. Dies wollen wir nun von einem allgemeineren Standpunkt aus erneut tun. Wir betrachten dazu eine diskrete Zufallsgrösse X und gehen zunächst davon aus, dass sie nur endlich viele Werte annimmt. Die gesamte Information über X ist dann in der folgenden Tabelle enthalten (ein konkretes Beispiel dafür ist die Tabelle $(*)$):

Wert x von X	x_1	x_2	$\ldots$	x_n
$P(X = x)$	$P(X = x_1)$	$P(X = x_2)$	$\ldots$	$P(X = x_n)$

Statt $P(X = x_i)$ schreiben wir meist kürzer p_i. Die obige Tabelle nimmt dann folgende Form an:

Wert x von X	x_1	x_2	$\ldots$	x_n
$P(X = x)$	p_1	p_2	$\ldots$	p_n

Die x_i und die p_i können dabei beliebige Zahlen sein, abgesehen davon, dass die p_i als Wahrscheinlichkeiten die Bedingungen $0 \leq p_i \leq 1$ und $\sum_{i=1}^{n} p_i = 1$ erfüllen müssen. Die zweite Forderung ergibt sich übrigens daraus, dass die Ereignisse $X = x_1, \ldots, X = x_n$ paarweise unvereinbar sind und dass ihre Vereinigung der ganze Ergebnisraum ist.

Eine entsprechende Aussage gilt selbstverständlich auch für den Fall, wo X abzählbar unendlich viele Werte annimmt. Die Tabelle hat dann folgendes Aussehen,

Wert x von X	x_1	x_2	x_3	$\ldots$
$P(X = x)$	p_1	p_2	p_3	$\ldots$

wobei diesmal $\sum_{i=1}^{\infty} p_i = 1$ sein muss (konvergente unendliche Reihe, vgl. Axiom 3).

Die in diesen Tabellen enthaltene Information über die Zufallsgrösse X nennt man die *Verteilung* von X. Etwas präziser, aber auch etwas abstrakter definiert man die Verteilung der diskreten Zufallsgrösse X als die Menge $\mathcal{V}$ aller Paare $\big(x_i, P(X = x_i)\big)$. Ein Element von $\mathcal{V}$ ist also ein Paar, bestehend aus x_i, d.h., einem der möglichen Werte für X und der Wahrscheinlichkeit dafür, dass X gerade diesen Wert annimmt. Diese Angaben können statt in Tabellenform auch graphisch dargestellt werden, siehe (37.6) und (37.7). Wir führen nun zwei Beispiele vor.

Beispiel 37.5.A

Wenn ich Telefon 111 anrufe, dann komme ich erfahrungsgemäss mit einer Wahrscheinlichkeit von 30% durch. Ich rufe mehrmals hintereinander an, bis ich Erfolg habe. Spätestens nach fünf Versuchen gebe ich aber auf (und schaue eben im Telefonbuch nach). Wie ist die Zufallsgrösse $T =$ "Anzahl Anrufe" verteilt?

Es ist klar, dass T die Werte 1 bis 5 annehmen kann. Die zugehörigen Wahrscheinlichkeiten für 1 bis 4 Anrufe entnimmt man am besten einem Baumdiagramm (E bedeutet Erfolg, M Misserfolg), die Wahrscheinlichkeit für $T = 5$ ist dann die Ergänzung auf die Summe 1.

Die Verteilung von T ist also durch die folgende Tabelle gegeben:

t	1	2	3	4	5
$P(T = t)$	0.3	0.21	0.147	0.1029	0.2401

Daraus liest man beispielsweise sofort ab:

$$P(2 \leq T \leq 4) = 0.21 + 0.147 + 0.1029 = 0.4599 \ .$$

⊠

Beispiel 37.5.B

In einer Tüte hat es 3 weisse und 7 rote Zucker-Eili. Ich nehme mit einem Griff vier Eili heraus. Die Zufallsgrösse W sei die Anzahl weisser Eili, die ich dabei erwischt habe. Gesucht ist die Verteilung von W.

Offenbar kann W die Werte 0, 1, 2, 3 annehmen. Wie gross sind die zugehörigen Wahrscheinlichkeiten? Nach den Regeln der Kombinatorik gibt es $\binom{10}{4}$ Möglichkeiten, aus 10 "Objekten" (hier Zuckereiern) deren 4 herauszugreifen (auf die Reihenfolge kommt es hier nicht an), vgl. (48.5). Damit unter den vier ausgewählten Eiern kein weisses ist, muss ich meine vier Eier unter den sieben roten ausgewählt haben, wofür es $\binom{7}{4}$ Möglichkeiten gibt. Es folgt

$$P(W = 0) = \frac{\binom{7}{4}}{\binom{10}{4}} = \frac{1}{6} \ .$$

Um genau ein weisses Ei zu haben, muss ich unter den drei weissen eines, unter den sieben roten drei auswählen. Man findet

$$P(W = 1) = \frac{\binom{3}{1} \cdot \binom{7}{3}}{\binom{10}{4}} = \frac{1}{2} \ .$$

Die Situation ist übrigens genau dieselbe wie beim Zahlenlotto (Beispiel 35.4.A, vgl. auch (37.12.c)); den drei weissen Eiern entsprechen die 6 Gewinnzahlen, den 7 roten die 39 Nicht-Gewinnzahlen. Entsprechend folgt weiter

$$P(W = 2) = \frac{\binom{3}{2} \cdot \binom{7}{2}}{\binom{10}{4}} = \frac{3}{10}, \qquad P(W = 3) = \frac{\binom{3}{3} \cdot \binom{7}{1}}{\binom{10}{4}} = \frac{1}{30} \ .$$

In Tabellenform also

k	0	1	2	3
$P(W = k)$	1/6	1/2	3/10	1/30

⊠

Zum Schluss noch eine Klarstellung von Begriffen. Weiter oben (im Anschluss an die eingerahmte Formel $P(X \leq x)$) war die Rede vom Ereignis "die Zufallsgrösse nimmt den Wert 0 (bzw. 1) an". Diese Sprechweise ist insofern nicht ganz präzis, als sich der Begriff "Ereignis" auf eine Teilmenge des Ergebnisraums Ω bezieht. Mit "die Zufallsgrösse nimmt den Wert 0 an" war natürlich das Ereignis {ZZZ} (kein Kopf), mit "sie nimmt den Wert 1 an" das Ereignis {KZZ, ZKZ, ZZK} (ein Kopf) gemeint. Die abgekürzte Sprechweise ist aber sehr zweckmässig, da im Zusammenhang mit Zufallsgrössen der Ergebnisraum Ω sehr oft überhaupt nicht erwähnt wird. Missverständnisse sind kaum zu befürchten.

Für jene, die es genau formuliert haben wollen: Wenn $X : \Omega \to \mathbb{R}$ eine Zufallsgrösse im abstrakten Sinn ist, dann betrachten wir für irgendeine reelle Zahl x die Teilmengen (die Ereignisse) $E = \{\omega \in \Omega \mid X(\omega) = x\}$ bzw. $F = \{\omega \in \Omega \mid X(\omega) \leq x\}$. Offensichtlich ist dann $P(X = x) = P(E)$ bzw. $P(X \leq x) = P(F)$, und es liegen nun wirklich Wahrscheinlichkeiten von Ereignissen E, $F \subset \Omega$ vor.

Bei dieser Gelegenheit sei noch ein weiterer theoretischer Punkt angesprochen. In (34.9) ist erwähnt worden, dass in der allgemeinen Theorie nicht mehr jede Teilmenge von Ω als Ereignis zugelassen werden kann. Deshalb ist auch nicht mehr jede beliebige Abbildung $X : \Omega \to \mathbb{R}$ eine Zufallsgrösse. Man muss vielmehr verlangen, dass für jedes Intervall I aus $\mathbb{R}$ (wobei I hier auch bloss aus einer einzigen Zahl bestehen darf) die Menge $\{\omega \mid X(\omega) \in I\}$ ein Ereignis aus $\mathcal{E}$ ist, wobei $\mathcal{E}$ die zugelassene Menge von Ereignissen bezeichnet (vgl. (34.9)). Im Rahmen dieses Skripts spielt diese Einschränkung aber keine Rolle.

(37.6) Die Wahrscheinlichkeitsfunktion

Wir betrachten weiterhin eine diskrete Zufallsvariable X, welche die endlich oder abzählbar unendlich vielen Werte x_i mit der Wahrscheinlichkeit p_i annimmt. Ihre Verteilung ist wie in (37.5) durch die folgende Tabelle gegeben

Wert x von X	x_1	x_2	x_3	$\ldots$
$P(X = x)$	p_1	p_2	p_3	$\ldots$

(mit $\sum p_i = 1$) oder als konkretes Beispiel:

(∗)

x_i	0	1	2	3
$P(X = x_i)$	1/8	3/8	3/8	1/8

Oft ist es zweckmässig, diese Angaben graphisch darzustellen. Dazu trägt man auf der x-Achse den Wert x_i und darüber eine vertikale Strecke der Länge p_i ab. Das folgende konkrete Beispiel enthält die Angaben der Tabelle (∗).

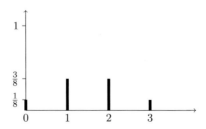

In Übereinstimmung mit (30.2) nennt man diese Zeichnung ein *Stabdiagramm* (oder auch Histogramm), wobei man statt einfachen Strichen auch gerne schmale Balken einzeichnet, vgl. (30.2)). Beachten Sie, dass bei den Stabdiagrammen der beschreibenden Statistik absolute oder relative Häufigkeiten, hier aber Wahrscheinlichkeiten abgetragen werden.

Die Verteilung kann auch mittels der so genannten Wahrscheinlichkeitsfunktion beschrieben werden.

Unter der *Wahrscheinlichkeitsfunktion* der diskreten Zufallsgrösse X versteht man die Funktion
$$f : \mathbb{R} \to \mathbb{R}, \quad f(x) = \begin{cases} p_i & x = x_i, \quad i = 1, 2, \ldots \\ 0 & \text{sonst} \end{cases}.$$

Der Graph dieser Funktion entspricht im wesentlichen dem Stabdiagramm, abgesehen davon, dass bei einem Funktionsgraphen nur die Endpunkte der vertikalen Strecken eingetragen werden.

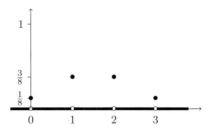

Wir wollen noch eine zweite Formel für $f(x)$ angeben. Dazu beachten wir, dass einerseits für jeden von der Zufallsgrösse angenommenen Wert x_i die Beziehung $p_i = P(X = x_i)$ gilt und dass anderseits für die übrigen x (also für die $x \neq x_i$) die Wahrscheinlichkeit $P(X = x) = 0$ ist. Daraus ergibt sich die kurze Formel

$$f(x) = P(X = x).$$

Beispiel 37.6.A

Wir würfeln mit drei Würfeln. Die Zufallsgrösse X bezeichne die Summe der drei Augenzahlen. Sie ist diskret, denn sie kann nur die 16 Werte 3, 4, ..., 18 annehmen. Die zugehörigen Wahrscheinlichkeiten bestimmt man durch (etwas langweiliges) Auszählen:

Im Ganzen gibt es $6^3 = 216$ Möglichkeiten. Die Augenzahl 3 kann nur auf eine Art erzielt werden: $3 = 1 + 1 + 1$, daher ist $P(X = 3) = 1/216$. Für die Augenzahl 4 gibt es bereits 3 Möglichkeiten: $4 = 2 + 1 + 1 = 1 + 2 + 1 = 1 + 1 + 2$, also $P(X = 4) = 3/216$ usw.

Man kommt so schliesslich auf die nachstehende Tabelle:

$$P(X = 3) = P(X = 18) = 1/216 \qquad P(X = 7) = P(X = 14) = 15/216$$
$$P(X = 4) = P(X = 17) = 3/216 \qquad P(X = 8) = P(X = 13) = 21/216$$
$$P(X = 5) = P(X = 16) = 6/216 \qquad P(X = 9) = P(X = 12) = 25/216$$
$$P(X = 6) = P(X = 15) = 10/216 \qquad P(X = 10) = P(X = 11) = 27/216$$

Das Stabdiagramm sieht wie folgt aus (die Symmetrie ergibt sich direkt aus der Problemstellung):

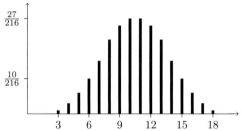

$\boxtimes$

(37.7) Die Verteilungsfunktion

Wir haben vorhin gesehen, dass die Wahrscheinlichkeitsfunktion einer Zufallsgrösse dem Stabdiagramm der beschreibenden Statistik entspricht. Wir haben in diesem Zusammenhang in (30.6) noch eine weitere Art zur Darstellung einer Verteilung angetroffen, nämlich die so genannte Summenhäufigkeitsverteilung. Auch diese hat hier ein Gegenstück, nämlich die *Verteilungsfunktion*.

Wie Sie sich erinnern werden, erhält man die Summenhäufigkeitsverteilung, indem man abzählt, wieviele Messwerte höchstens gleich einer gegebenen Zahl sind, und die entsprechende relative oder absolute Häufigkeit aufträgt.

Genau dasselbe tun wir nun auch im Fall einer Zufallsgrösse X, nur steht anstelle der Häufigkeit die Wahrscheinlichkeit. Wir interessieren uns also für die folgende Frage:

Wie gross ist die Wahrscheinlichkeit dafür, dass die Zufallsgrösse X einen Wert $\leq x$ annimmt, wobei x eine gegebene Zahl ist? Diese Wahrscheinlichkeit bezeichnen wir gemäss (37.5) mit

$$P(X \leq x) \,.$$

Eine ganz einfache Illustration ergibt sich am Beispiel der Tabelle (∗) von (37.6):

(∗)

x_i	0	1	2	3
$P(X = x_i)$	1/8	3/8	3/8	1/8

Wir überlegen uns nun, wie gross $P(X \leq x)$ für verschiedene x sein wird.

1) $x = 2$. Das Ereignis $X \leq 2$ tritt dann ein, wenn $X = 0$, 1 oder 2 ist. Die Wahrscheinlichkeit dafür ist $1/8 + 3/8 + 3/8 = 7/8$, d.h., es ist

$$P(X \leq 2) = 7/8 \,.$$

2) $x = 3$. Das Ereignis $X \leq 3$ tritt dann ein, wenn $X = 0$, 1, 2 oder 3 ist. Man findet so

$$P(X \leq 3) = 1/8 + 3/8 + 3/8 + 1/8 = 1 \,.$$

Dies ist nicht verwunderlich, denn das Ereignis $X \leq 3$ tritt *sicher* ein.

3) $x = -1$. Hier ist

$$P(X \leq -1) = 0 \,,$$

denn dieses Ereignis ist *unmöglich*.

4) Beachten Sie, dass $P(X \leq x)$ für *alle* Werte von x berechnet werden kann und nicht nur für jene x, die in der Tabelle selbst vorkommen. So ist z.B.

$$P(X \leq 2.5) = P(X = 0) + P(X = 1) + P(X = 2) = 7/8,$$
$$P(X \leq \sqrt{2}) = P(X = 0) + P(X = 1) = 1/2, \quad \text{usw.}$$

Die Wahrscheinlichkeit $P(X \leq x)$ ist also für jedes $x \in \mathbb{R}$ definiert und kann somit als Funktion

$$F : \mathbb{R} \to \mathbb{R}, \quad x \mapsto F(x) = P(X \leq x)$$

aufgefasst werden. Es ist klar, dass diese Funktion von der Zufallsgrösse X abhängig sein wird. Man nennt sie die Verteilungsfunktion von X.

Es ist wichtig zu beachten, dass die Formel $F(x) = P(X \leq x)$ für ganz beliebige Zufallsgrössen sinnvoll ist, obwohl unser obiges Beispiel einfachheitshalber eine diskrete Zufallsgrösse betraf.

Wir wiederholen die formale *Definition*:

Wenn X eine beliebige Zufallsgrösse ist, dann heisst die durch

$$F(x) = P(X \leq x)$$

gegebene Funktion F die *Verteilungsfunktion* von X.

Obwohl, wie eben erwähnt, diese Definition für alle Zufallsgrössen gilt, bleiben wir für den Moment bei den diskreten Zufallsgrössen. Wir wollen für diesen Fall noch eine konkrete Formel für $F(x)$ angeben. Um $F(x)$ zu bestimmen, nimmt man genau wie im obigen Zahlenbeispiel alle von der Zufallsgrösse angenommenen Werte x_i, welche kleiner oder gleich x sind und addiert die zugehörigen Wahrscheinlichkeiten. In leicht verständlicher Summenschreibweise lässt sich dies so ausdrücken:

$$F(x) = P(X \leq x) = \sum_{x_i \leq x} P(X = x_i) = \sum_{x_i \leq x} p_i .$$

Im Fall, wo die Zufallsgrösse abzählbar unendlich viele Werte annimmt, kann diese Summe auch unendlich, also eine Reihe, sein.

Eine weitere Variante erhält man, wenn man noch die Wahrscheinlichkeitsfunktion $f(x)$ von (37.5) mit ins Spiel bringt. Wegen $p_i = f(x_i)$ ist dann

$$F(x) = \sum_{x_i \leq x} f(x_i) .$$

Zum Schluss zeichnen wir noch den Graphen der Verteilungsfunktion $F(x)$ für den Fall einer diskreten Zufallsgrösse. Als konkretes Beispiel muss noch einmal die Tabelle $(*)$ von (37.6) herhalten.

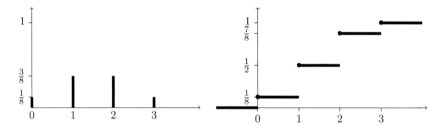

Erläuterung

Für $x < 0$ ist $F(x) = P(X \leq x) = 0$, denn unsere Zufallsgrösse nimmt ja gar keine negativen Werte an. Erst an der Stelle $x = 0$ "passiert etwas", denn es ist $P(X = 0) = 1/8$. Somit springt $F(x)$ an der Stelle 0 auf den Wert $1/8$ und bleibt dann konstant bis zur Stelle $x = 1$. Dort folgt erneut ein Sprung, denn $F(1) = P(X \leq 1) = P(X = 0) + P(X = 1) = 1/8 + 3/8 = 1/2$. Der Wert $1/2$ ist also sozusagen die bis zur Stelle 1 "angesammelte" oder "kumulierte" Wahrscheinlichkeit. Der Wert $7/8$ im Intervall $[2,3)$ erklärt sich genau gleich. Von $x = 3$ an haben wir dann die Wahrscheinlichkeit 1 für das sichere Ereignis angesammelt. (In (30.6) und (30.7) haben wir dasselbe für absolute und relative Häufigkeiten durchgeführt.)

Wie Sie sehen, bestimmen sich Wahrscheinlichkeitsfunktion und Verteilungsfunktion für diskrete Zufallsgrössen gegenseitig: Wenn man die eine kennt, kann man die andere berechnen. Die Verteilung einer diskreten Zufallsgrösse X kann also wahlweise durch

- die Tabelle,
- das Stabdiagramm,
- die Wahrscheinlichkeitsfunktion,
- die Verteilungsfunktion

gegeben werden.

(37.8) Allgemeines zur Verteilungsfunktion

In diesem Abschnitt soll — auch im Hinblick auf Kapitel 40 — dargelegt werden, dass die Verteilungsfunktion auch für nicht diskrete Zufallsgrössen sinnvoll und nützlich ist. Dagegen werden wir gleich sehen, dass wir die Wahrscheinlichkeitsfunktion nur bei diskreten Zufallsgrössen verwenden können.

Im Fall einer diskreten Zufallsvariablen X haben wir in (37.7) die Wahrscheinlichkeitsfunktion mit der Formel

$$f(x) = P(X = x)$$

beschrieben.

Es gibt nun Fälle von (nicht diskreten) Zufallsgrössen, wo diese Definition nichts einbringt. Betrachten wir etwa ein Glücksrad. Die Zufallsgrösse X (mit $0 \le X < 2\pi$) sei der Winkel (in der angegebenen Weise gemessen), bei welchem der Zeiger stehen bleibt. Der hier verwendete Wahrscheinlichkeitsbegriff ist geometrisch. Die Wahrscheinlichkeit dafür, dass der Zeiger in einem gegebenen Sektor vom Öffnungswinkel α stehen bleibt, ist proportional zu α, und zwar ist sie (für $0 \le \alpha < 2\pi$) gleich $\alpha/2\pi$. Konkret etwa

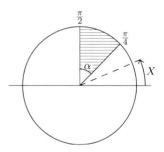

$$P(\frac{\pi}{4} \le X \le \frac{\pi}{2}) = \frac{\pi/4}{2\pi} = \frac{1}{8} \ .$$

Entsprechend ist die Wahrscheinlichkeit dafür, dass der Zeiger *genau* beim Winkel x anhält, gleich Null:

$$P(X = x) = 0 \quad \text{für alle } x, \ 0 \le x < 2\pi \ ,$$

und dies, obwohl das Elementarereignis $X = x$ nicht unmöglich ist. In (34.3), vgl. den dortigen Hinweis, haben wir übrigens eine ähnliche Erscheinung angetroffen.

Die "Moral" ist die, dass im nicht diskreten Fall die Wahrscheinlichkeitsfunktion $f(x) = P(X = x)$ nicht brauchbar ist, da sie stets den Wert 0 annimmt. (An ihre Stelle wird in (40.3) die "Dichtefunktion" treten.)

Dagegen ist die Verteilungsfunktion $F(x) = P(X \leq x)$ durchaus sinnvoll. So ist beispielsweise

$$P(X \leq \tfrac{\pi}{2}) = \tfrac{1}{4}, \qquad P(X \leq \pi) = \tfrac{1}{2}.$$

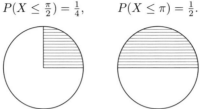

Dieses Beispiel soll belegen, dass die Verteilungsfunktion für ganz beliebige (nicht nur für diskrete) Zufallsvariable Sinn macht. So betrachtet ist sie also bedeutsamer als die Wahrscheinlichkeitsfunktion. Aus diesem Grund wurde in (37.7) die Definition der Verteilungsfunktion für eine beliebige Zufallsgrösse angeschrieben. In den Kapiteln 40 und 41 wird dann die Verteilungsfunktion eine wichtige Rolle spielen.

(37.9) Der Erwartungswert einer diskreten Zufallsgrösse

Wir wenden uns nun wieder dem Fall einer beliebigen diskreten Zufallsgrösse zu und beginnen mit einem Beispiel.

Beispiel 37.9.A

Wir betrachten ein Glücksrad mit Sektoren von $180°$, $90°$, $60°$ und $30°$. Die Angaben in den Feldern stellen die jeweiligen Gewinne dar. Dadurch wird eine Zufallsgrösse X beschrieben, deren Verteilung durch die folgende Tabelle gegeben ist:

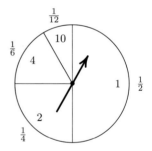

x_i	1	2	4	10
$p_i = P(X = x_i)$	1/2	1/4	1/6	1/12

Wir stellen uns nun die folgende Frage: Wie gross ist der durchschnittliche Gewinn bei diesem Glücksspiel, oder — anders betrachtet — wie gross muss der Spieleinsatz sein, den der Organisator des Spiels verlangen muss, damit er keinen Verlust erleidet?

Angenommen, ich spiele 12-mal. Dann kann ich ungefähr mit folgenden Gewinnen rechnen:

6 mal	1.–	:	6.–
3 mal	2.–	:	6.–
2 mal	4.–	:	8.–
1 mal	10.–	:	10.–
total		:	30.–

Der durchschnittliche Gewinn bzw. der Mindesteinsatz beträgt also $30.– : 12 = 2.50$.

Natürlich wird man bei nur 12-maligem Spiel kaum genau diese Gewinnverteilung erwarten. Spielt man aber sehr oft, so rechnet man aufgrund der intuitiven Interpretation der Wahrscheinlichkeit damit, dass der durchschnittliche Gewinn sehr nahe und im Grenzfall (wenn die Zahl der Spiele gegen unendlich strebt) genau bei Fr. 2.50 liegt.

$\boxtimes$

Diesen (hypothetischen) durchschnittlichen Gewinn nennt man den *Erwartungswert* der Zufallsgrösse X.

Wir führen nun diese Überlegung mit allgemeinen Grössen nochmals durch. Die Verteilung der diskreten Zufallsgrösse X sei gegeben durch

x_1	x_2	x_3	$\ldots$
p_1	p_2	p_3	$\ldots$

Spielen wir n-mal, so werden wir np_1-mal das Resultat x_1 erwarten, np_2-mal das Resultat x_2 usw. Für den Gesamtgewinn erhalten wir

$$np_1x_1 + np_2x_2 + np_3x_3 + \ldots$$

Der Durchschnittsgewinn ergibt sich durch Division durch n zu

$$p_1x_1 + p_2x_2 + p_3x_3 + \ldots$$

Da diese Summe eine anschauliche Bedeutung hat (z.B. Durchschnittsgewinn) ist die folgende Definition sinnvoll:

Die diskrete Zufallsgrösse X nehme die Werte x_i mit der Wahrscheinlichkeit $p_i = P(X = x_i)$ an. Dann heisst die Zahl

$$E(X) = p_1x_1 + p_2x_2 + p_3x_3 + \ldots = \sum_i p_ix_i = \sum_i P(X = x_i)x_i$$

der *Erwartungswert* von X. Statt $E(X)$ schreibt man oft auch μ.

Bemerkungen

1) Je nachdem, ob X endlich oder abzählbar unendlich viele Werte annimmt, handelt es sich bei der Formel für $E(X)$ um eine endliche Summe oder um eine unendliche Reihe.

   Es kann vorkommen, dass diese Reihe divergiert. Dann hat X keinen Erwartungswert. Aus gewissen theoretischen Gründen fordert man sogar, dass die Reihe $\sum_i p_i|x_i|$ konvergiert, was uns aber nicht weiter berührt.

2) Der Erwartungswert $E(X)$ einer Zufallsgrösse ist eng verwandt mit dem Durchschnitt (vgl. (31.3)). Wir nehmen an, wir hätten n Messungen eines quantitativen Merkmals durchgeführt. Dabei sei H_1-mal der Wert x_1, H_2-mal der Wert x_2, $\ldots$,

H_k-mal der Wert x_k herausgekommen (mit $H_1 + H_2 + \ldots + H_k = n$). In (31.3.d) haben wir unter diesen Voraussetzungen die folgende Formel für den Durchschnitt $\bar{x}$ angegeben:

$$\bar{x} = \frac{1}{n} \sum_{i=1}^{k} H_i x_i = \sum_{i=1}^{k} \frac{H_i}{n} x_i \, ; \, .$$

Nun ist aber H_i/n gerade die relative Häufigkeit des Auftretens von x_i. Für $\bar{x}$ gilt also dieselbe Formel wie für $E(X)$, abgesehen davon, dass die Wahrscheinlichkeiten p_i durch die relativen Häufigkeiten H_i/n zu ersetzen sind.

3) In (31.2) und (31.3) haben wir den Durchschnitt $\bar{x}$ als statistische Masszahl, genauer als Lagemass, interpretiert. Er beschreibt — ganz grob natürlich — die Lage der Messwerte.

Genauso können wir $\mu = E(X)$ als *wahrscheinlichkeitstheoretische* Masszahl betrachten. Der Erwartungswert beschreibt — ebenfalls ganz grob — die "durchschnittliche Lage" der Zufallsgrösse X.

Dieser Vergleich von $\bar{x}$ und $\mu = E(X)$ zusammen mit der einleitend dargestellten Auffassung von $E(X)$ als durchschnittlicher Gewinn, sollte genügen, um der abstrakt definierten Zahl $E(X)$ einen eingängigen anschaulichen Sinn zu verleihen.

4) Wie bereits erwähnt, wird neben $E(X)$ auch die Bezeichnung μ verwendet. Diese ist etwas kürzer, doch geht der explizite Bezug zu X verloren.

5) In den Bemerkungen 6) und 7) von (37.3) ist erwähnt worden, dass man aus alten Zufallsgrössen neue bilden kann. Man kann zeigen (vgl. Anhang (49.2)), dass dann für den Erwartungswert von $Y = aX + b$ eine einfache Formel gilt, nämlich

$$E(Y) = E(aX + b) = aE(X) + b \, .$$

Man beschreibt diese Situation in Worten dadurch, dass man sagt, der Erwartungswert sei *linear*.

Zwei einfache Beispiele

– Wenn die Zufallsgrösse X die Anzahl der Exemplare einer bestimmten Pflanzenart pro Parzelle beschreibt (vgl. Beispiel 37.2.A), dann ist $E(X)$ anschaulich die mittlere Anzahl von Pflanzen pro Parzelle, genommen über alle denkbaren (nicht nur die untersuchten) Parzellen.

– Entsprechend muss man sich im Beispiel 37.2.B ($X =$ Körperlänge) unter $E(X)$ die mittlere Körperlänge aller Zürcher(innen) vorstellen.   ⊠

Es folgen noch drei Beispiele, in denen es etwas mehr zu rechnen gibt.

Beispiel 37.9.B

Wir greifen auf Beispiel 37.6.A zurück (Würfeln mit drei Würfeln). Die Zufallsgrösse $X =$ "Summe der Augenzahlen" kann 16 Werte annehmen, nämlich die Zahlen

3 bis 18. Wir berechnen nun den Erwartungswert unter Verwendung der in 37.6.A angegebenen Wahrscheinlichkeiten und klammern dabei 1/216 gleich vor:

$$E(X) = \sum_{i=1}^{16} p_i x_i = \frac{1}{216}(1 \cdot 3 + 3 \cdot 4 + 6 \cdot 5 + 10 \cdot 6 + 15 \cdot 7 + 21 \cdot 8 + 25 \cdot 9$$

$$+ 27 \cdot 10 + 27 \cdot 11 + 25 \cdot 12 + 21 \cdot 13 + 15 \cdot 14 + 10 \cdot 15 + 6 \cdot 16 + 3 \cdot 17 + 1 \cdot 18)$$

$$= \frac{1}{216} \cdot 2268 = 10.5 \ .$$

Würfelt man also sehr oft mit drei Würfeln, so wird man im Durchschnitt 10.5 Punkte erzielen.

Dies leuchtet auch direkt ein, denn 10.5 ist der Durchschnitt der minimalen (3) und der maximalen (18) Augenzahl. Ein Blick auf die Tabelle in 37.6.A zeigt, dass die Verteilung symmetrisch ist: 3 ist gleich wahrscheinlich wie 18, 4 wie 17 etc. ⊠

Beispiel 37.9.C

Ein Gerät besteht aus drei Komponenten, die in einem bestimmten Zeitraum unabhängig voneinander mit den Wahrscheinlichkeiten 0.1, 0.2 und 0.3 ausfallen. Wie gross ist die zu erwartende Anzahl der ausfallenden Komponenten?

Die Zufallsgrösse X = "Anzahl der ausfallenden Komponenten" kann die Werte 0, 1, 2, 3 annehmen. Gesucht ist ihr Erwartungswert. Wir berechnen zuerst die zugehörigen Wahrscheinlichkeiten (wer will, kann einen Baum zeichnen):

$P(X = 0) = 0.9 \cdot 0.8 \cdot 0.7 = 0.504$ (Gegenwahrscheinlichkeiten!).
$P(X = 1) = 0.1 \cdot 0.8 \cdot 0.7 + 0.9 \cdot 0.2 \cdot 0.7 + 0.9 \cdot 0.8 \cdot 0.3 = 0.398$
    (denn entweder fällt bloss die erste oder bloss die zweite oder bloss die dritte
    Komponente aus.) Analog
$P(X = 2) = 0.9 \cdot 0.2 \cdot 0.3 + 0.1 \cdot 0.8 \cdot 0.3 + 0.1 \cdot 0.2 \cdot 0.7 = 0.092$,
$P(X = 3) = 0.1 \cdot 0.2 \cdot 0.3 = 0.006$.

Wir erhalten

x	0	1	2	3
$P(X = x)$	0.504	0.398	0.092	0.006

Es folgt $E(X) = 0 \cdot 0.504 + 1 \cdot 0.398 + 2 \cdot 0.092 + 3 \cdot 0.006 = 0.6$. ⊠

Beispiel 37.9.D

Beim Schieber werden die 36 Jasskarten auf vier Personen verteilt. Wieviele Under (andernorts "Bube" genannt) erhalte ich im Durchschnitt? Gesucht ist — genauer formuliert — der Erwartungswert der Zufallsgrösse X = "Anzahl Under". Wiederum ist die Berechnung der Wahrscheinlichkeiten die Hauptaufgabe.

Für mein "Blatt" im Kartenspiel gibt es $\binom{36}{9}$ Möglichkeiten (vgl. (48.5)), denn es handelt sich um die Auswahl von 9 Karten aus 36, ohne Berücksichtigung der Reihenfolge. In wievielen dieser Möglichkeiten habe ich z.B. zwei Under? Die Überlegung ist dieselbe wie beim Zahlenlotto (Beispiel 35.4.A, vgl. auch (37.12)): Ich erhalte von den 4 Undern 2 Karten ($\binom{4}{2}$ Möglichkeiten) und aus den 32 "Nicht-Undern" 7 weitere Karten ($\binom{32}{7}$ Möglichkeiten). Somit ist (mit gerundeten Werten)

$$P(U = 2) = \frac{\binom{4}{2} \cdot \binom{32}{7}}{\binom{36}{9}} = 0.215 \,.$$

Analog[*]:

$$P(U = 0) = \frac{\binom{4}{0} \cdot \binom{32}{9}}{\binom{36}{9}} = 0.298 \,,$$

$$P(U = 1) = \frac{\binom{4}{1} \cdot \binom{32}{8}}{\binom{36}{9}} = 0.447 \,,$$

$$P(U = 3) = \frac{\binom{4}{3} \cdot \binom{32}{6}}{\binom{36}{9}} = 0.039 \,,$$

$$P(U = 4) = \frac{\binom{4}{4} \cdot \binom{32}{5}}{\binom{36}{9}} = 0.002 \,.$$

Aus der Tabelle[**]

k	0	1	2	3	4
$P(U = k)$	0.298	0.447	0.215	0.039	0.002

liest man ab:

$$E(U) = 1 \cdot 0.447 + 2 \cdot 0.215 + 3 \cdot 0.039 + 4 \cdot 0.002 = 1.002 \,.$$

Da dieser Wert nahe bei 1 liegt, denkt man an Rundungsfehler. In der Tat liefert eine exakte Berechnung (unter Verwendung der Binomialkoeffizienten) den Wert

$$E(U) = 1 \,,$$

der auch anschaulich sofort einleuchtet: Da die vier Under auf vier Personen verteilt werden, wird man im Mittel pro Spiel einen Under erhalten.   ⊠

(37.10) Die Varianz einer diskreten Zufallsgrösse

In der beschreibenden Statistik haben wir den Durchschnitt $\bar{x}$ als Lagemass und die Varianz s^2 als Streuungsmass kennen gelernt (31.7).

---

[*] Der Wert für 4 Under wurde bereits in 35.4.D bestimmt.
[**] Aus Rundungsgründen ist die Summe der Wahrscheinlichkeiten $\neq 1$.

Für wahrscheinlichkeitstheoretische Verteilungen tritt, wie wir in (37.9) gesehen haben, der Erwartungswert $\mu = E(X)$ an die Stelle des Durchschnitts $\bar{x}$. Ganz entsprechend tritt die nun zu definierende wahrscheinlichkeitstheoretische Varianz $\sigma^2 = V(X)$ an die Stelle der statistischen (oder empirischen) Varianz s^2. Die Zahl $V(X)$ dient also als Mass für die Streuung der Verteilung einer Zufallsgrösse.

Genau wie in (31.7) definiert man die Standardabweichung als positive Wurzel aus der Varianz.

s : Statistische (oder empirische) Standardabweichung.

σ : Wahrscheinlichkeitstheoretische Standardabweichung.

Da $\mu = E(X)$ das Pendant zu $\bar{x}$ ist, wird man zur Bildung von σ^2 vernünftigerweise die Quadrate der Abweichungen vom Erwartungswert, also

$$(x_i - \mu)^2 = (x_i - E(X))^2$$

verwenden. Diese Grössen wird man nun aber nicht einfach addieren, sondern man wird die x_i, welche mit einer grossen Wahrscheinlichkeit auftreten, stärker gewichten wollen, als jene, die nur mit einer geringen Wahrscheinlichkeit vorkommen. Etwas anders formuliert: Ein Wert x_i von X, der mit einer kleinen Wahrscheinlichkeit angenommen wird, soll nur wenig zur Varianz beitragen, auch wenn seine Abweichung von $E(X)$ gross ist. Aus diesem Grund multipliziert man die Quadrate der Abweichungen noch mit p_i, bevor man sie addiert. Man spricht in diesem Zusammenhang auch etwa von einer "gewichteten Summe".

Die eben angestellten Überlegungen zeigen, dass die folgende Definition sinnvoll ist:

Die diskrete Zufallsgrösse X nehme die Werte x_i mit der Wahrscheinlichkeit p_i an. Ferner sei μ der Erwartungswert von X. Dann heisst die Zahl

$$\sigma^2 = V(X) = p_1(x_1-\mu)^2 + p_2(x_2-\mu)^2 + \ldots = \sum_i p_i(x_i-\mu)^2 = \sum_i P(X=x_i)(x_i-\mu)^2$$

die (wahrscheinlichkeitstheoretische) *Varianz* von X.

Die (positive) Wurzel σ aus $V(X)$ heisst die (wahrscheinlichkeitstheoretische) *Standardabweichung* von X.

Bemerkungen

1) Wenn X abzählbar unendlich viele Werte annimmt, dann steht in der Definition eine unendliche Reihe. Es ist möglich, dass diese divergiert. In diesem Fall existiert $V(X)$ nicht. Es kann sogar noch schlimmer sein: Wenn schon $E(X)$ nicht existieren sollte (vgl. Bemerkung 1) in (37.9)), dann existiert $V(X)$ erst recht nicht.

2) In manchen Büchern findet man auch die Bezeichnung $D^2(X)$ für die Varianz. Dies hat den Vorteil, dass man für die Standardabweichung $D(X)$ schreiben kann.

3) Ähnlich wie für den Erwartungswert von $Y = aX + b$ (vgl. Bemerkung 5) von (37.9)) gibt es eine Formel für die Varianz von Y, deren Beweis Sie ebenfalls im Anhang (49.2) finden:

$$V(Y) = V(aX + b) = a^2 V(X) \, .$$

(Die Varianz ist also *nicht* linear, was nicht verwundert, da in der Definition ein Quadrat vorkommt.)

Beispiel 37.10.A (vgl. Beispiel 37.9.A)

Es geht hier um ein Glücksrad, das durch die folgende Verteilung der Zufallsgrösse X beschrieben wird:

	1	2	4	10
	1/2	1/4	1/6	1/12

Wir wissen schon, dass $\mu = E(X) = 2.5$ ist. Wir erhalten daher

$$\sigma^2 = V(X) = \frac{1}{2}(1 - 2.5)^2 + \frac{1}{4}(2 - 2.5)^2 + \frac{1}{6}(4 - 2.5)^2 + \frac{1}{12}(10 - 2.5)^2 = \ldots = 6.25 \, . \; \boxtimes$$

Die Varianz und die Standardabweichung haben keine so direkte anschauliche Bedeutung wie der Erwartungswert. Die Situation ist ähnlich wie in der beschreibenden Statistik (31.8). In (37.11) werden wir noch etwas genauer auf diese Problematik eingehen.

Als nächstes betrachten wir noch den Spezialfall, wo die Zufallsgrösse X nur endlich viele Werte $x_1, \ldots, x_n$ annimmt, und zwar alle mit derselben Wahrscheinlichkeit $p_i = 1/n$. Dann ist

$$\sigma^2 = \sum_{i=1}^{n} p_i(x_i - \mu)^2$$

oder

$$\sigma^2 = \frac{1}{n} \sum_{i=1}^{n} (x_i - \mu)^2 \, .$$

Diese Formel wurde schon in (31.7) erwähnt. Beachten Sie, dass hier im Nenner die Zahl n steht. Bei der statistischen Varianz dagegen steht im Nenner die Zahl $n - 1$, siehe (31.7.b). Eine Begründung für diesen Unterschied wird in der beurteilenden Statistik gegeben (43.6).

Als Nächstes erwähnen wir zwei Formeln für $V(X)$, welche die Varianz von X mit den Erwartungswerten von gewissen andern Zufallsgrössen in Beziehung bringen. Die

Herleitung finden Sie im Anhang (49.2). Es gelten die Formeln

$$V(X) = E\big((X - \mu)^2\big) = E\big((X - E(X))^2\big) \,,$$
$$V(X) = E(X^2) - E(X)^2 \,.$$

Die zweite Formel hat den Vorteil, dass nicht für jedes i die Differenz $x_i - E(X)$ einzeln gebildet werden muss.

Beispiel 37.10.B

Wir rechnen Beispiel 37.10.A mit der neuen Formel nochmals durch: Für die Zufallsgrösse X haben wir folgende Verteilungstabelle:

1	2	4	10
1/2	1/4	1/6	1/12

Den zugehörigen Erwartungswert $\mu = E(X) = 2.5$ kennen wir bereits von früher. Nun brauchen wir noch den Erwartungswert $E(X^2)$ der neuen Zufallsgrösse X^2. Deren Verteilung ist gegeben durch

1	4	16	100
1/2	1/4	1/6	1/12

(die von X angenommenen Werte werden einfach quadriert, die Wahrscheinlichkeiten bleiben unverändert). Man erhält sofort

$$E(X^2) = 1 \cdot \frac{1}{2} + 4 \cdot \frac{1}{4} + 16 \cdot \frac{1}{6} + 100 \cdot \frac{1}{12} = 12.5 \,.$$

Die Formel $V(X) = E(X^2) - E(X)^2$ liefert nun $V(X) = 12.5 - 2.5^2 = 6.25$, was wir vorher schon einmal ausgerechnet haben. ⊠

(37.11) Näheres zur Bedeutung der Standardabweichung

Zum Schluss sei noch etwas zur konkreten Interpretation der Standardabweichung gesagt. Wir betrachten als Beispiel zwei Zufallsgrössen X, Y die beide den Erwartungswert $\mu = E(X) = E(Y) = 100$ haben sollen. Ferner habe X die Standardabweichung $\sigma = \sqrt{V(X)} = 10$ und Y die Standardabweichung $\sqrt{V(Y)} = 20$.

Die Bedeutung von $\mu = 100$ ist nach (37.9) anschaulich leicht verständlich, es handelt sich dabei um den "mittleren Wert" der Zufallsgrösse X bzw. Y. Im Zusammenhang mit der Standardabweichung ist zunächst nur klar, dass Y breiter gestreut ist als X, σ hat also vorerst eine relative, vergleichende Bedeutung. Was aber $\sigma = 10$ "absolut" bedeutet, ist nicht so leicht einzusehen. Für ein besseres

Verständnis bietet nun die folgende Formel (1) eine kleine Hilfe. Es sei X eine beliebige Zufallsgrösse mit Erwartungswert μ und Standardabweichung σ^2. Für jede positive Zahl r gilt dann

$$(1) \qquad\qquad P(|X - \mu| < r\sigma) \geq 1 - \frac{1}{r^2} \;.$$

In Worten bedeutet dies: Die Wahrscheinlichkeit dafür, dass der Wert von X um weniger als $r\sigma$ vom Erwartungswert abweicht, ist grösser als eine bestimmte, nur von r abhängige Zahl. Es ist übrigens offensichtlich

$$P(|X - \mu| < r\sigma) = P(\mu - r\sigma < X < \mu + r\sigma) \;.$$

Wir erhalten z.B.

- für $r = 2$: $P(|X - \mu| < 2\sigma) \geq 3/4$,
- für $r = 3$: $P(|X - \mu| < 3\sigma) \geq 8/9$,
- für $r = 4$: $P(|X - \mu| < 4\sigma) \geq 15/16$.

Wenden wir dies konkret auf unsere eingangs gegebene Zufallsgrösse X mit $\mu = 100$, $\sigma = 10$ an, so finden wir

- mit einer Wahrscheinlichkeit, die ≥ 0.75 ist, liegt der Wert von X im Intervall $[80, 120]$,
- mit einer Wahrscheinlichkeit, die ≥ 0.8889 ist, liegt der Wert von X im Intervall $[70, 130]$,
- mit einer Wahrscheinlichkeit, die ≥ 0.9375 ist, liegt der Wert von X im Intervall $[60, 140]$.

Damit hat der Wert der Standardabweichung σ in einem gewissen Sinn auch eine konkrete, absolute Bedeutung gewonnen. Der Vorteil der Formel (1) ist der, dass sie für ganz beliebige Zufallsgrössen gilt*. Ein Nachteil ist, dass die gelieferten Abschätzungen eher schlecht sind. Für $r \leq 1$ besagt (1) bloss, dass $P(|X - \mu| < r\sigma) \geq 0$ ist, was zwar stimmt, aber wenig hilfreich ist. Man wird diese Formel also nur verwenden, wenn man über die Verteilung von X nichts Näheres weiss. Wenn man konkrete Informationen hat, dann kann man meist viel bessere Abschätzungen geben. So werden wir in (41.7) sehen, dass im Fall der Normalverteilung $P(|X - \mu| < 2\sigma) = 0.9545$ ist, diese Wahrscheinlichkeit ist viel grösser als der weiter oben gefundene allgemeingültige Wert 0.75.

Die Formel (1) ist eine unmittelbare Folgerung aus der so genannten *Ungleichung von Tschebyscheff***, die Sie im Anhang (49.5) finden.

(37.12) Anhang: Einige diskrete Verteilungen

In der Mathematik kommen gewisse Funktionen besonders häufig vor oder sind speziell interessant und haben deshalb eigene Namen, wie etwa die Exponentialfunktion, der Sinus usw. Ganz ähnlich ist es mit den diskreten Verteilungen, wo wir bis jetzt einige allgemeine Beispiele gesehen haben. Manche Verteilungen sind aber besonders wichtig und erfreuen sich deshalb ebenfalls eines eigenen Namens. Dazu gehören die *Binomialverteilung* und die *Poisson-Verteilung*, denen eigene Kapitel (38 und 39) gewidmet sind.

Hier wollen wir als Ergänzung drei andere Verteilungen, denen wir schon mehrmals begegnet sind, bei ihrem in der Literatur gebräuchlichen Namen nennen.

---

* Im Anhang (49.5) steht der Beweis für diskrete Zufallsgrössen, welche nur endlich viele Werte annehmen. Die Formel gilt aber auch für beliebige diskrete und stetige Zufallsgrössen, für welche die Varianz existiert.

** P.L. TSCHEBYSCHEFF, 1821–1894.

a) Die diskrete Gleichverteilung

Man sagt, dass die diskrete Zufallsgrösse X einer *diskreten Gleichverteilung* folgt, wenn sie alle vorkommenden Werte mit derselben Wahrscheinlichkeit annimmt:

x_i	x_1	x_2	$\dots$	x_n
$P(X = x_i)$	$\frac{1}{n}$	$\frac{1}{n}$	$\dots$	$\frac{1}{n}$

Beispiele dazu sind der Münzenwurf ($n = 2$), das Würfelspiel ($n = 6$) oder das Roulette ($n = 37$); Ehrlichkeit der betreffenden Spielgeräte vorausgesetzt.

Der Erwartungswert bzw. die Varianz der Gleichverteilung sind gegeben durch

$$E(X) = \frac{1}{n}(x_1 + x_2 + \dots + x_n), \qquad V(X) = \frac{1}{n}\sum_{i=1}^{n} x_i^2 - \left(\frac{1}{n}\sum_{i=1}^{n} x_i\right)^2.$$

Die erste Formel ist offensichtlich, auf den Beweis der zweiten sei verzichtet.

b) Die geometrische Verteilung

Ein Beispiel zu dieser Verteilung haben wir in 36.6.D kennen gelernt. Allgemein heisst eine Zufallsgrösse X *geometrisch verteilt* (mit dem Parameter p ($0 < p < 1$)), wenn sie die (abzählbar vielen) Werte 1, 2, 3, ... annimmt und wenn gilt

$$P(X = k) = p \cdot (1 - p)^{k-1}, \quad k = 1,\ 2,\ 3,\dots$$

In 36.6.D (Würfeln, bis eine Fünf erscheint) liegt eine solche Verteilung mit dem Parameter $p = 1/6$ vor. Dort wird auch ein Zusammenhang zur geometrischen Reihe hergestellt, welcher den Namen erklärt.

Man kann zeigen, dass für die geometrische Verteilung mit dem Parameter p die Beziehungen

$$E(X) = \frac{1}{p}, \quad V(X) = \frac{1-p}{p^2}$$

gelten.

c) Die hypergeometrische Verteilung

Diese Verteilung mit ihrem imposanten Namen* haben wir bereits mehrfach angetroffen, nämlich in den folgenden Fällen:

– Beispiel 35.4.A (Zahlenlotto),
– Beispiel 37.5.B (Zucker-Eili),
– Beispiel 37.9.D (Anzahl Under beim Jassen).

---

* Dieser Name erklärt sich dadurch, dass es in der Mathematik den Begriff der "hypergeometrischen Reihe" gibt, der etwas mit dieser Verteilung zu tun hat.

In diesen Beispielen geht es jedes Mal um folgendes: Man hat N Objekte (45 Lottozahlen, 10 Zucker-Eili, 36 Jasskarten), wovon M "gut" oder "interessant" sind (6 Gewinnzahlen, 3 weisse Eili, 4 Under). Aus den gesamten N Objekten werden nun n ausgewählt (6 angekreuzte Zahlen, 4 Eili, 9 Karten eines "Blattes"). Wie gross ist jetzt die Wahrscheinlichkeit $P(X = k)$ dafür, dass unter den n ausgewählten Objekten genau k "gute" sind, nämlich k Gewinnzahlen unter den 6 angekreuzten ($k = 0, \ldots, 6$), k weisse Eili unter den 4 ausgewählten ($k = 0, \ldots, 3$), oder k Under unter den 9 Karten ($k = 0, \ldots, 4$)?

Die Überlegung ist genau dieselbe wie beim Lotto (Beispiel 35.4.A, beachten Sie aber auch die beiden andern Beispiele): Wir haben dort den Fall $N = 45$, $M = 6$, $n = 6$, $k = 4$ ausführlich behandelt und gefunden, dass die Wahrscheinlichkeit für einen Vierer

$$\frac{\binom{6}{4}\binom{39}{2}}{\binom{45}{6}}$$

beträgt. Ganz analog erhält man mit den allgemeinen Grössen die Formel

$$P(X = k) = \frac{\binom{M}{k}\binom{N-M}{n-k}}{\binom{N}{n}} \, .$$

Die so definierte Verteilung der Zufallsgrösse X nennt man die *hypergeometrische Verteilung*. Die beiden andern Beispiele könnten ebenfalls mit dieser Formel behandelt werden.

Wir erwähnen noch ohne Beweis die Formeln für Erwartungswert und Varianz der hypergeometrischen Verteilung. Mit der Abkürzung

$$p = \frac{M}{N} \quad \text{ist} \quad E(X) = np, \quad V(X) = np(1-p)\frac{N-n}{N-1} \, .$$

Im Beispiel der Jasskarten 37.9.D haben wir $E(X)$ berechnet. Dort ist $M = 4$, $N = 36$, $n = 9$, und unsere Formel liefert $E(X) = 9 \cdot \frac{4}{36} = 1$, wie früher schon angegeben.

In (38.5) werden wir die hypergeometrische Verteilung und die Binomialverteilung vergleichen.

(37.∞) Aufgaben

37−1 In Bemerkung 8) von (37.3) wird darauf hingewiesen, dass eine Zufallsgrösse oft durch einen umgangssprachlichen Satz beschrieben wird. Beispiele:

   a) Die Zufallsgrösse X sei die Anzahl Reissnägel in einer Schachtel.

   b) Die Zufallsvariable Y bezeichne die Brenndauer einer Wunderkerze am Christbaum.

Beschreiben Sie in den beiden Fällen ein passendes Zufallsexperiment, und geben Sie den Ergebnisraum Ω sowie die Abbildungen $X : \Omega \to \mathbb{R}$ bzw. $Y : \Omega \to \mathbb{R}$ in Worten an.

37−2 Eine diskrete Zufallsgrösse X ist durch die folgende Tabelle gegeben

x_i	−3	−1	0	2	4	6
p_i	0.2	0.1	0.1	0.15	0.25	a

a) Wie gross ist a? b) Zeichnen Sie den Graphen der Verteilungsfunktion von X. Berechnen Sie ferner c) $P(0 < X \leq 4)$, d) $P(\pi \leq X \leq 2\pi)$, e) $P(X^2 < 10)$.

37−3 Eine diskrete Zufallsgrösse X ist durch die folgende Tabelle gegeben:

x_i	−2	−1	0	1	4
p_i	0.1	0.2	0.3	0.1	0.3

a) Stellen Sie die entsprechende Tabelle für $Z = X^2 - 1$ auf. b) Berechnen Sie $P(3 \leq Z \leq 8)$.

37−4 Eine diskrete Zufallsgrösse X ist durch folgende Tabelle gegeben:

x_i	−4	−2	0	4	7
p_i	0.1	0.2	0.3	0.1	0.3

a) Zeichnen Sie den Graphen der Verteilungsfunktion $F(x)$ von X.
b) Berechnen Sie Erwartungswert, Varianz und Standardabweichung.
c) Berechnen Sie $P(X \geq 2)$ und $P(|X| \geq 3)$.

37−5 Die Zufallsgrösse X ist durch die nachstehende Tabelle definiert:

x_i	−2	−1	1	3	4
p_i	0.1	0.1	0.2	0.3	0.3

a) Geben Sie die Tabellen für die Zufallsgrössen $Y = 2X + 1$ und $Z = X^2$ an.
b) Berechnen Sie $E(Y)$, $E(Z)$, $V(Y)$, $V(Z)$.
c) Verifizieren Sie die Gültigkeit der Formel $V(X) = E(X^2) - \left(E(X)^2\right)$ von (37.10).

37−6 Ein Würfelspiel: Wir würfeln mit zwei Würfeln. Sind die beiden Augenzahlen gleich, dann ist der Gewinn X gleich dieser Augenzahl, also Fr. 1.– bis Fr. 6.–. Andernfalls ist der Gewinn gleich der Differenz zwischen der grösseren und der kleineren Augenzahl. Geben Sie die Verteilung von X an a) durch eine Tabelle, b) durch ein Stabdiagramm. c) Wie gross ist $P(X \leq 3)$?

37−7 In einem Karton mit 10 Eiern sind vier faul. Ich nehme die Eier einzeln heraus, bis ich ein brauchbares erwische. Die faulen werfe ich weg. Die Zufallsgrösse W gibt an, wieviele Eier ich bei diesem Vorgang wegwerfe. a) Geben Sie die Verteilung von W in Tabellenform an. b) Wie gross ist $P(W \leq 2)$? c) Zeichnen Sie den Graphen der Verteilungsfunktion von W.

37−8 Eine ausgewogene Münze wird dreimal geworfen. Die Zufallsgrössen X bzw. Y bezeichnen die Anzahl der Köpfe in den beiden ersten Würfen bzw. in den beiden letzten Würfen. a) Geben Sie die möglichen Werte von X und Y mit den zugehörigen Wahrscheinlichkeiten in Tabellen an. b) Dasselbe für die Zufallsgrösse $X + Y$. c) Berechnen Sie $P(X \leq 1)$ und $P(X + Y \leq 2)$.

37−9 Eine unverfälschte Münze wird so lange geworfen, bis eine der beiden Seiten zum zweiten Mal erschienen ist. Die Zufallsgrösse X bezeichne die Anzahl der dazu notwendigen Würfe. Bestimmen Sie a) den Ergebnisraum Ω, b) die Werte $X(\omega)$ für $\omega \in \Omega$, c) die Verteilung von X in Form einer (allerdings recht kleinen) Tabelle. d) Zusatzfrage: Wieviele Elemente hat Ω, wenn wir so lange werfen, bis eine der beiden Seiten zum dritten Mal erschienen ist?

37−10 Bei einem Würfelspiel darf man einmal würfeln, es sei denn, es sei eine Sechs gefallen. In diesem Fall hat man noch einen zweiten (und in jedem Falle letzten) Wurf zugute. Man gewinnt die totale Augenzahl in Franken. Wie gross ist der zu erwartende Gewinn? a) Bei einem ehrlichen Würfel. b) Bei einem manipulierten Würfel, wo die Eins die Wahrscheinlichkeit 2/9, die Sechs eine solche von 1/9 hat (übrige Wahrscheinlichkeiten unverändert).

37−11 Für eine Prüfung müssen zwanzig Stoffgebiete vorbereitet werden, von denen dann vier zufällig ausgewählte an die Reihe kommen. Eine betroffene Person hat leider nur zehn dieser Gebiete gelernt. Die Zufallsgrösse G (für gelernt [oder für $\underline{G}$lück]) gibt an, wieviele der vier Fragen aus einem gelernten Gebiet stammen. a) Geben Sie die Verteilung von G in Tabellenform an. b) Wie gross ist der Erwartungswert $E(G)$? Was bedeutet er anschaulich?

37−12 Ein (nicht sehr faires) Glücksspiel hat eine Gewinnwahrscheinlichkeit von 25% und offeriert im Gewinnfall eine Auszahlung von Fr. 5.–, wobei der Einsatz Fr. 2.50 beträgt. Ich spiele so oft, bis ich zum ersten Mal gewonnen oder bis ich zehn Franken verloren habe. Wie gross ist der zu erwartende Reingewinn?

37−13 Ein Glücksspiel: Durch Drehen des Glücksrades wird entschieden, ob Ihr Kapital verdoppelt oder halbiert wird. Dies wird zweimal durchgeführt, wobei Sie mit einem Einsatz von Fr. 8.– beginnen. Wie gross muss der Winkel α sein, damit das Spiel fair ist, d.h., damit der Erwartungswert für das Kapital am Schluss gleich dem Einsatz ist?

37−14 Ein rot lackierter Holzwürfel mit der Kantenlänge n cm ($n = 2, 3, 4, \ldots$) wird in n^3 Würfelchen mit der Kantenlänge 1 cm zersägt. Unter diesen Würfelchen wird eines zufällig ausgewählt. Die Zufallsgrösse X_n bezeichnet die Anzahl roter Seitenflächen dieses Würfelchens. Wie gross ist der Erwartungswert von X_n?

37−15 Ein Konditor stellt üppige Crème-Torten her, die er aber gleichentags verkaufen muss. Die Herstellung kostet ihn Fr. 8.–, der Verkaufspreis beträgt Fr. 20.–. Mehr als vier Torten pro Tag sind noch nie verlangt worden. Aus Erfahrung kennt er die folgenden Wahrscheinlichkeiten:

k	0	1	2	3	4
Wahrscheinlichkeit dafür, dass k Torten verlangt werden	0.05	0.25	0.40	0.20	0.10

Wieviel Torten muss er pro Tag produzieren, damit sein Gewinn (auf das Crème-Torten-Geschäft bezogen) möglichst gross wird?

37−16 Eine diskrete Zufallsgrösse X nimmt die abzählbar unendlich vielen Werte 0, 1, 2, ... mit den Wahrscheinlichkeiten $P(X = k) = \frac{c}{3^k}$ an. a) Wie gross muss c sein, damit durch diese Festsetzung tatsächlich eine Zufallsgrösse gegeben ist? b) Wie gross ist dann $P(X \leq 5)$? c) Mit welcher Wahrscheinlichkeit nimmt X einen ungeraden Wert an?

37−17 Eine Person hat drei (zumindest im Dunkeln, und in dieser Situation spielt unsere Geschichte) nicht unterscheidbare Schlüssel an ihrem Schlüsselring. Sie probiert die Schlüssel, bis der passende gefunden ist. Die Zufallsgrösse X stellt die Anzahl der dazu nötigen Versuche dar. Berechnen Sie den Erwartungswert von X in den folgenden Fällen: a) Ein Schlüssel, der erfolglos ausprobiert wurde, wird nicht wieder verwendet. b) Die Person ist nicht (mehr) in der Lage, sich zu merken, welche Schlüssel schon getestet wurden und probiert völlig zufällig (aber hartnäckig). Tipp: Zur Bestimmung der Summe der auftretenden unendlichen Reihe können Sie sich in (19.6) umsehen.

37−18 Eine Münze wird so lange geworfen, bis "Kopf" oben liegt. Die Zufallsgrösse X beschreibt die Anzahl der notwendigen Würfe. So bedeutet $X = 1$, dass gleich beim ersten Wurf "Kopf" gefallen ist etc. Wie gross ist der Erwartungswert von X? (Wie in Aufgabe 37−17 kann auch hier in Blick in (19.6) hilfreich sein.)

37−19 Die Zufallsgrösse X nehme die abzählbar unendlich vielen Werte $k = 1, 2, 3, \ldots$ mit den Wahrscheinlichkeiten $P(X = k) = 1/k(k + 1)$ an. Zeigen Sie, dass der Erwartungswert von X nicht existiert.

38. DIE BINOMIALVERTEILUNG

(38.1) Überblick

Ein wichtiges konkretes Beispiel einer diskreten Verteilung ist die
Binomialverteilung. Sie tritt in der folgenden Situation auf: $\qquad$ (38.2)

Ein Experiment mit nur zwei möglichen Ausgängen (Erfolg oder Misserfolg) wird n-mal durchgeführt, wobei die einzelnen Versuche voneinander
unabhängig sind. Die Wahrscheinlichkeit eines Erfolgs bei einem einzelnen
Versuch sei gleich p, ferner setzt man $q = 1 - p$.

Die Zufallsgrösse $X =$ "Anzahl der Erfolge" ist dann binomial verteilt
(mit den Parametern n und p), d.h., X nimmt die Werte

$$0, 1, 2, \ldots, n$$

mit der Wahrscheinlichkeit

$$P(X = k) = \binom{n}{k} p^k q^{n-k} \quad (k = 0, 1, \ldots, n)$$

an.

Ferner hat die Binomialverteilung die folgenden Masszahlen: $\qquad$ (38.4)

$$E(X) = np, \qquad V(X) = npq \, .$$

(38.2) Wie kommt man auf die Binomialverteilung?

Bis jetzt haben wir allgemein über diskrete Verteilungen gesprochen. Zu jedem
Wert x_i der Zufallsgrösse X gehörte eine Wahrscheinlichkeit $P(X = x_i)$, über die wir
aber — abgesehen von ein paar Beispielen — wenig Konkretes sagten. Es gibt nun aber
Verteilungen, die in der Praxis immer wieder auftreten und die besondere Namen haben.
Dabei sind dann die möglichen Werte $x_1, x_2, \ldots$ von X von vornherein festgelegt, und
es gibt Formeln für die Wahrscheinlichkeiten $P(X = x_i)$.

Eines der wichtigsten Beispiele hierzu ist die *Binomialverteilung*, die wir nun ausführlich behandeln wollen.

Sie können sich das Vorgehen wie etwa bei der Besprechung von Funktionen vorstellen. Zuerst
geht es um allgemeine Dinge, wie etwa graphische Darstellung oder Differenzierbarkeit, anschliessend
wendet man sich speziellen Funktionen zu, z.B. der Quadrat- oder der Exponentialfunktion.

Um die Binomialverteilung einzuführen, betrachten wir ein "Experiment" (im allgemeinen Sinn von (32.2)), das nur zwei Ergebnisse zulässt. Ein solches Experiment

heisst manchmal ein "Bernoulli-Experiment". Konkrete Beispiele von solchen Paaren von Ergebnissen sind etwa

$$
\begin{array}{cc}
1 & 0 \\
\text{Kopf} & \text{Zahl} \\
\text{gesund} & \text{krank} \\
\text{weiblich} & \text{männlich} \\
\text{eine "Sechs"} & \text{keine "Sechs"} \\
E & \overline{E}
\end{array}
$$

wobei E im letzten Fall irgendein Ereignis ist.

Wir werden meist von *Erfolg* bzw. *Misserfolg* sprechen und zur Abkürzung die Zeichen 1 bzw. 0 gebrauchen.

Die Wahrscheinlichkeit für "Erfolg" bzw. "1" bezeichnen wir stets mit p, jene für "Misserfolg" bzw. "0" mit q. Natürlich ist $q = 1 - p$. Es wird aber nicht etwa vorausgesetzt, dass $p = q$ sei.

Nun wiederholen wir unsern Versuch (das "Einzelexperiment") n-mal hintereinander, wobei die einzelnen Wiederholungen *unabhängig* voneinander sein sollen, d.h., das Ergebnis eines Einzelversuchs hängt nicht davon ab, wie die vorangegangenen Versuche ausgegangen sind. Diese Voraussetzung über die Unabhängigkeit ist wichtig. Ob man sie in einem konkreten Beispiel als gegeben annehmen darf, muss die Person entscheiden, die den Versuch durchführt und die Wahrscheinlichkeitsrechnung anwenden will.

Wir interessieren uns nun für die Anzahl Erfolge bei diesen n Wiederholungen. Diese Anzahl kann als Wert einer Zufallsgrösse X aufgefasst werden. Zwei einfache Beispiele hierzu:

- Ich würfle zehnmal hintereinander. Das Einzelexperiment ist hier ein einzelner Wurf. Eine "Sechs" rechne ich als Erfolg, alles andere als Misserfolg. Die Zufallsgrösse X ist dann gegeben durch

$$X = \text{Anzahl "Sechsen" in zehn Würfen}$$

und kann die ganzzahligen Werte 0 bis 10 annehmen.

- Ich untersuche eine Klasse von 20 Schülern auf Linkshänder. Das Einzelexperiment ist hier die Untersuchung eines einzelnen Schülers. Wenn ich "Linkshändigkeit" (willkürlich) als Erfolg rechne, dann ist

$$X = \text{Anzahl Linkshänder}$$

und X kann ganzzahlige Werte zwischen 0 und 20 annehmen.

Es dürfte klar sein, dass uns jetzt vor allem die Wahrscheinlichkeiten interessieren, mit denen die Werte unserer Zufallsgrösse angenommen werden. Um auf eine entsprechende Formel zu kommen, abstrahieren wir insofern etwas, als wir "Erfolg" mit "1", "Misserfolg" mit "0" abkürzen und von der speziellen Bedeutung vorläufig absehen wollen.

Die möglichen Ergebnisse eines "Gesamtversuchs", bestehend aus n unabhängigen Wiederholungen des Einzelversuchs, sind dann alle möglichen Folgen von total n Einsen und Nullen; für $n = 5$ erhält man etwa

$$00000, \ 00001, \ 00010, \ \ldots, 11111 \, .$$

Die erste Zifferngruppe stellt also eine Reihe von fünf Misserfolgen hintereinander dar, bei der zweiten tritt nach vier Misserfolgen endlich ein Erfolg ein usw.

Da jede der n Stellen der Folge entweder 0 oder 1 sein kann, gibt es total 2^n mögliche Folgen, dies in Übereinstimmung mit den Regeln der Kombinatorik (48.6).

Beachten Sie noch, dass uns weniger die einzelnen Folgen interessieren als vielmehr die Anzahl der Erfolge. Im obigen Beispiel gibt es fünf Möglichkeiten dafür, dass genau ein Erfolg zustande kommt, nämlich:

$$00001, \ 00010, \ 00100, \ 01000, \ 10000 \, .$$

Nun wollen wir aber endlich die uns interessierenden Wahrscheinlichkeiten bestimmen. Die Wahrscheinlichkeit des Auftretens einer bestimmten Folge lässt sich am besten mit einem Baumdiagramm (vgl. (36.6)) berechnen. Wir zeichnen ein Beispiel für den Fall $n = 3$; das Einzelexperiment wird hier also dreimal wiederholt.

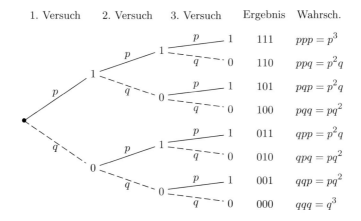

Erläuterung

Wir haben ausdrücklich vorausgesetzt, dass die einzelnen Wiederholungen der Versuche unabhängig voneinander sind. Die Wahrscheinlichkeit eines Erfolgs ("1") ist also jedes Mal $= p$, jene eines Misserfolgs ("0") ist $= q$, wie das auch in der Figur angeschrieben wurde. Durch Multiplikation der Wahrscheinlichkeiten entlang jedes Zweigs des Baumes kommt man dann auf die rechts angeführten Wahrscheinlichkeiten der einzelnen Ergebnisse. Beispielsweise haben die Folgen 100, 010 und 001 je die Wahrscheinlichkeit pq^2. Das uns mehr interessierende Ereignis E "ein Erfolg in drei Versuchen" setzt sich aus diesen drei Ergebnissen (Elementarereignissen, (33.5)) zusammen

$$E = \{100, 010, 001\}$$

und hat infolgedessen die Wahrscheinlichkeit $3pq^2$. Für die Zufallsgrösse

$$X = \text{Anzahl Erfolge in drei Wiederholungen}$$

gilt daher

$$P(X = 1) = 3pq^2 .$$

Für beliebiges n geht die Überlegung ganz analog: Eine Folge der Länge n mit k Einsen hat $n - k$ Nullen, und die Wahrscheinlichkeit ihres Auftretens beträgt

$(*)$ $\qquad\qquad\qquad\qquad\qquad p^k q^{n-k} .$

Unsere Zufallsgrösse X bedeutet nun

"Anzahl Erfolge in n Versuchen"

und kann die Werte $k = 0,1,2,\ldots,n$ annehmen. Wir wollen jetzt $P(X = k)$ berechnen.

$k = 0$: Es gibt nur eine Folge mit 0 "Einsen", nämlich $000\ldots0$, und die zugehörige Wahrscheinlichkeit ist $P(X = 0) = q^n$.

$k = 1$: Es gibt n verschiedene Folgen, in welchen genau einmal eine "Eins" auftritt: $1000\ldots0, 0100\ldots0, 0010\ldots0, \ldots, 0000\ldots1$.
Jede davon hat die Wahrscheinlichkeit pq^{n-1}. Die Wahrscheinlichkeit dafür, dass $X = 1$ ist, ist daher n-mal grösser: $P(X = 1) = npq^{n-1}$.

$k = 2$: Nach den Regeln der Kombinatorik (siehe (48.5), wo auch die Binomialkoeffizienten $\binom{n}{k}$ erläutert sind) gibt es $\binom{n}{2}$ verschiedene Folgen mit 2 "Einsen" (und $n - 2$ "Nullen"), denn man kann die zwei Plätze für die "Eins" auf $\binom{n}{2}$ Arten auswählen. Jede davon hat die Wahrscheinlichkeit $p^2 q^{n-2}$, und wir erhalten $P(X = 2) = \binom{n}{2}p^2 q^{n-2}$.

k: Nun sollte der allgemeine Fall klar sein: Es gibt $\binom{n}{k}$ verschiedene Folgen mit genau k "Einsen", und jede davon hat die Wahrscheinlichkeit $p^k q^{n-k}$. Wir erhalten somit wegen $(*)$

$$P(X = k) = \binom{n}{k}p^k q^{n-k} .$$

Damit ist nun unser weiter oben formuliertes Problem gelöst: Wenn das Einzelexperiment die Erfolgswahrscheinlichkeit p hat, dann ist die Wahrscheinlichkeit dafür, dass in n unabhängigen Wiederholungen des Versuchs genau k Erfolge auftreten, gegeben durch

$$P(X = k) = \binom{n}{k}p^k q^{n-k}, \quad k = 0, 1, 2, \ldots, n .$$

Von unserer Zufallsgrösse X kennen wir also die Werte, die sie annimmt $(0, 1, \ldots, n)$ sowie die zugehörigen Wahrscheinlichkeiten (nämlich $\binom{n}{k}p^k q^{n-k}$). Mit andern Worten: Wir kennen die Verteilung von X (37.5).

Diese Verteilung nennt man nun die *Binomialverteilung* (nicht "Binominalverteilung"). Sie hängt von den Grössen n und p ab, die man auch die *Parameter* der Verteilung nennt. (Der Wert q ist durch $q = 1 - p$ festgelegt.) Für jedes $n \in \mathbb{N}$ und jedes p mit $0 \leq p \leq 1$ erhalten wir eine andere Binomialverteilung.

Zur Erleichterung der Rechenarbeit gibt es Tabellen, in denen die Werte von $P(X = k) = \binom{n}{k}p^k q^{n-k}$ in Abhängigkeit von n, p und k aufgeführt sind. Ein nicht sehr umfangreiches Exemplar finden Sie in (51.1).

Der Name "Binomialverteilung" rührt einfach davon her, dass die Wahrscheinlichkeiten $P(X = k)$ gerade die einzelnen Summanden sind, wenn man die binomische Formel (26.4) auf $(p + q)^n$ anwendet:

$$(p+q)^n = \binom{n}{0}p^0 q^n + \binom{n}{1}p^1 q^{n-1} + \ldots + \binom{n}{k}p^k q^{n-k} + \ldots + \binom{n}{n}p^n q^0 .$$

Wegen $p + q = 1$ ergibt sich daraus sofort

$$\sum_{k=0}^{n} P(X = k) = \sum_{k=0}^{n} \binom{n}{k}p^k q^{n-k} = 1 ,$$

wie es nach (37.5) auch sein muss.

Zur weitern Illustration geben wir auf der nächsten Seite die Stabdiagramme der Binomialverteilung für die Fälle $n = 6, p = 0.1, 0.2, 0.3, 0.4, 0.5$ und 0.6 an:

Bemerkungen

1) Im Fall $p = q = \frac{1}{2}$ wird die Formel etwas einfacher. Man erhält

$$P(X = k) = \binom{n}{k}\left(\frac{1}{2}\right)^k \left(\frac{1}{2}\right)^{n-k} = \binom{n}{k}\left(\frac{1}{2}\right)^n .$$

Wegen $\binom{n}{k} = \binom{n}{n-k}$ (siehe 48.5)) ist dann auch

$$P(X = n - k) = \binom{n}{k}\left(\frac{1}{2}\right)^n .$$

Dies bedeutet, dass für $p = q = \frac{1}{2}$ das Stabdiagramm symmetrisch ist. Dies überrascht nicht, denn in diesem Fall ist die Wahrscheinlichkeit von k Erfolgen genau dieselbe, wie die von k Misserfolgen (d.h., $n - k$ Erfolgen).

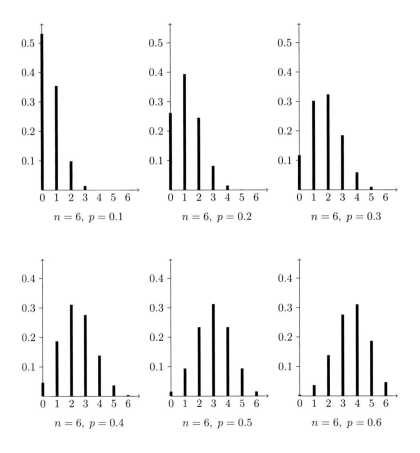

2) Die Histogramme für $p = 0.4$ und $p = 0.6$ gehen, wie man sehen kann, durch Spiegelung auseinander hervor. Es ist nämlich wegen $\binom{n}{k} = \binom{n}{n-k}$

$$\binom{n}{k}p^k q^{n-k} = \binom{n}{n-k}q^{n-k}p^k,$$

und die erste Zahl ist die Wahrscheinlichkeit von k Erfolgen bei der Einzelerfolgswahrscheinlichkeit p, die zweite aber die Wahrscheinlichkeit von $n - k$ Erfolgen bei der Einzelerfolgswahrscheinlichkeit q.

Wir rekapitulieren die bisher behandelten Punkte.

Zusammenfassung

(1) Die diskrete Zufallsgrösse X folgt der Binomialverteilung mit den Parametern n und p ($n \in \mathbb{N}, 0 \leq p \leq 1$), wenn sie die Werte

$$0, 1, 2, \ldots, n-1, n$$

annimmt und wenn für die zugehörigen Wahrscheinlichkeiten gilt

$$P(X = k) = \binom{n}{k} p^k q^{n-k}, \quad k = 0, 1, \ldots, n ,$$

wobei $q = 1 - p$ ist.

(2) In der Praxis tritt diese Binomialverteilung in der folgenden Situation auf:
Ein Experiment mit nur zwei möglichen Ergebnissen (Erfolg/Misserfolg) wird n-mal wiederholt, wobei die einzelnen Versuche voneinander unabhängig sein sollen. Die Wahrscheinlichkeit eines Erfolgs bei einem einzelnen Versuch sei gleich p.

Dann folgt die Zufallsgrösse

$$X = \text{Anzahl der Erfolge}$$

der Binomialverteilung mit den Parametern n und p, d.h., es ist

$$P(X = k) = \binom{n}{k} p^k q^{n-k}, \quad k = 0, 1, \ldots, n .$$

Es kommt nicht darauf an, wie die "Einzelwahrscheinlichkeit" p festgelegt wird. Es kann sich dabei z.B. um eine klassische Wahrscheinlichkeit oder um eine idealisierte relative Häufigkeit handeln (vgl. (32.4)).

(38.3) Beispiele zur Binomialverteilung

Beispiel 38.3.A

Ein (unverfälschter) Würfel wird zwölfmal geworfen. Wie gross ist die Wahrscheinlichkeit

a) genau dreimal eine Sechs,
b) höchstens drei Sechsen,
c) mindestens eine Sechs

zu werfen?

Wir übersetzen zunächst die Aufgabenstellung in die Sprache der Wahrscheinlichkeitsrechnung. Jeder einzelne Wurf ist ein Zufallsexperiment, das aber in unserm Beispiel nicht etwa sechs mögliche Ergebnisse hat, sondern nur zwei. Wir interessieren uns nämlich nur dafür, ob eine Sechs herauskommt (Erfolg) oder keine Sechs (Misserfolg).

Die Wahrscheinlichkeiten dieser beiden Ereignisse sind verschieden; die Wahrscheinlichkeit für eine Sechs (also die Erfolgswahrscheinlichkeit) ist $p = 1/6$, die Wahrscheinlichkeit für einen Misserfolg, d.h., für das Gegenereignis "keine Sechs" ist $q = 1 - p = 5/6$. Diese Wahrscheinlichkeiten erhält man aufgrund unserer Annahme, dass der Würfel unverfälscht sei, als klassische Wahrscheinlichkeit.

Es handelt sich hier also um ein Bernoulli-Experiment im Sinne von (38.2), d.h., ein Experiment mit nur zwei möglichen Ergebnissen. Dieses Experiment wird nun zwölfmal wiederholt, wobei die einzelnen Wiederholungen sicher voneinander unabhängig sind, denn der Ausgang eines Wurfs hängt nicht von den vorangegangenen Würfen ab.

Die Anzahl der "Erfolge" (also der Sechsen) ist eine Zufallsvariable, welche hier die Werte 0, 1, ..., 12 annehmen kann, da zwölfmal gewürfelt wird. Wie eben erläutert wurde, sind alle Voraussetzungen von Punkt (2) der oben stehenden Zusammenfassung erfüllt. Wir wissen also:

Die Zufallsgrösse $X = $ "Anzahl der Sechsen" folgt einer Binomialverteilung mit den Parametern $n = 12$ und $p = 1/6$. Es gilt deshalb

$$P(X = k) = \binom{12}{k} \left(\frac{1}{6}\right)^k \left(\frac{5}{6}\right)^{12-k} .$$

Nun lassen sich die drei Teilaufgaben sofort lösen:

a) Hier ist gefragt, mit welcher Wahrscheinlichkeit X den Wert 3 annimmt. Wir setzen daher in der obigen Formel $k = 3$ und finden

$$P(X = 3) = \binom{12}{3} \left(\frac{1}{6}\right)^3 \left(\frac{5}{6}\right)^9 = 0.1974 .$$

b) Höchstens drei Sechsen treten dann ein, wenn $X = 0$, 1, 2 oder 3 ist. Die gesuchte Wahrscheinlichkeit ist somit gleich

$$P(X \leq 3) = P(X = 0) + P(X = 1) + P(X = 2) + P(X = 3) .$$

Wendet man die obige Formel für $k = 0$, 1, 2, 3 an und addiert, so erhält man

$$P(X \leq 3) = 0.8748 .$$

Beachten Sie übrigens, dass $P(X \leq 3)$ gerade der Wert der Verteilungsfunktion an der Stelle 3 ist.

c) "Mindestens eine Sechs" bedeutet

$$X = 1, \ X = 2, \ \ldots \ \text{oder} \ X = 12 .$$

Die gesuchte Wahrscheinlichkeit ist also die Summe aller $P(X = k)$, $k = 1, \ldots, 12$. Die Berechnung ist mühsam; viel einfacher ist es, die Gegenwahrscheinlichkeit zu bestimmen:

Das Gegenereignis zu "mindestens eine Sechs" ist "keine Sechs" und hat die Wahrscheinlichkeit

$$P(X = 0) = \binom{12}{0}\left(\frac{1}{6}\right)^0\left(\frac{5}{6}\right)^{12} = \left(\frac{5}{6}\right)^{12} = 0.1122 \ .$$

Die ursprünglich gesuchte Wahrscheinlichkeit ist dann

$$P(X \geq 1) = 1 - 0.1122 = 0.8878 \ .$$

Der hier gebrauchte "Trick" mit der Gegenwahrscheinlichkeit ist natürlich auch sonst nützlich. ⊠

Die nächsten Beispiele wollen wir etwas knapper behandeln.

Beispiel 38.3.B

Wir denken uns zweihundert Familien mit je fünf Kindern. In wievielen von diesen Familien hat es (theoretisch) drei Mädchen und zwei Knaben? Dabei sei die Wahrscheinlichkeit für Knaben 0.513, für Mädchen 0.487 (vgl. Beispiel 32.3.C), also eine idealisierte relative Häufigkeit.

Das Zufallsexperiment besteht hier darin, dass man in einer Familie ein Kind herausgreift und feststellt, ob es ein Mädchen ("Erfolg") oder ein Knabe ("Misserfolg") ist (keine Diskriminierung beabsichtigt). Nach Voraussetzung ist $p = 0.487$, $q = 0.513$. Da es sich um Familien mit fünf Kindern handelt, ist $n = 5$ (und nicht etwa $n = 200$). Die Zufallsgrösse

$$X = \text{Anzahl der Mädchen}$$

ist also binomial verteilt mit den Parametern $n = 5$ und $p = 0.487$; dies allerdings nur unter der stillschweigend getroffenen Voraussetzung, dass die einzelnen Geburten voneinander unabhängig sind.

Die gesuchte und übrigens schon in (34.8) erwähnte Wahrscheinlichkeit $P(X = 3)$ berechnet sich nach der üblichen Formel zu

$$P(X = 3) = \binom{5}{3}0.487^3 0.513^2 = 0.304 \ .$$

Bis jetzt hatte die Anzahl (200) der untersuchten Familien überhaupt keine Rolle gespielt. Interpretiert man nun aber die Wahrscheinlichkeit als idealisierte relative Häufigkeit, so werden theoretisch unter den 200 Familien

$$200 \cdot 0.304 = 60.8 \ ,$$

also rund 61 Familien drei Mädchen und zwei Knaben haben.

Man erwartet natürlich nicht, dass bei einer effektiven Untersuchung von 200 Familien *genau* 61 Familien drei Mädchen haben werden, sondern man wird mit gewissen Abweichungen rechnen. Es ist Aufgabe der beurteilenden Statistik, nachzuprüfen, ob diese Abweichungen "zufällig" oder aber "signifikant" sind. Vgl. hierzu das Kapitel 47 über den χ^2-Test.

Man hätte in diesem Beispiel auch einfachheitshalber mit den Wahrscheinlichkeiten $p = q = 0.5$ arbeiten und die Tabelle (51.1) benützen können, wobei dann $P(X = 3) = 0.3125$ herausgekommen wäre. ⊠

Beispiel 38.3.C

Tulpenzwiebeln keimen nur zu einem gewissen Prozentsatz $P\%$. Die Firma "Frühlingsfreude" verkauft Packungen zu 12 Stück und möchte garantieren, dass höchstens eine Zwiebel nicht keimt. Wie gross muss P mindestens sein, damit die erwähnte Garantiebedingung mit einer Wahrscheinlichkeit von (mindestens) 95% erfüllt ist? Wir gehen wie folgt vor:

Die Wahrscheinlichkeit dafür, dass eine einzelne Zwiebel keimt, ist hier gleich $p = P/100$. Mit X bezeichnen wir die Anzahl der keimenden Zwiebeln. Diese Zufallsgrösse ist binomial verteilt mit $n = 12$ und unbekanntem p. Die gestellte Bedingung lautet $P(X \geq 11) \geq 0.95$, d.h. (wegen $q = 1 - p$)

$$\binom{12}{11}p^{11}(1-p) + \binom{12}{12}p^{12} = 12p^{11}(1-p) + p^{12} \geq 0.95$$

oder schliesslich, umgeformt, $12p^{11} - 11p^{12} \geq 0.95$. Die Gleichung $12p^{11} - 11p^{12} = 0.95$ kann nicht direkt mit einer Formel gelöst werden. Vielmehr braucht man ein Näherungsverfahren, z.B. das Newton-Verfahren (21.2). Man erhält $p \approx 0.9696$ und schliesst, dass P grösser als ungefähr 97% sein muss. ⊠

(38.4) Erwartungswert und Varianz der Binomialverteilung

Wir wollen nun noch angeben, wie die wahrscheinlichkeitstheoretischen Masszahlen im Spezialfall der Binomialverteilung aussehen. Wir gehen dazu von den allgemeinen Formeln von (37.9) bzw. (37.10) aus:

$$\mu = E(X) = \sum_{k=0}^{n} p_k x_k, \quad \sigma^2 = V(X) = \sum_{k=0}^{n} p_k (x_k - \mu)^2 .$$

Im Fall der Binomialverteilung ist $x_k = k$ und $p_k = P(X = k) = \binom{n}{k}p^k q^{n-k}$. Setzt man dies ein, findet man

$$\mu = E(X) = \sum_{k=0}^{n} \binom{n}{k}p^k q^{n-k} k$$

$$\sigma^2 = V(X) = \sum_{k=0}^{n} \binom{n}{k}p^k q^{n-k}(k - \mu)^2 .$$

Die Berechnung von μ und σ^2 anhand dieser Formeln ist etwas umständlich und wurde in den Anhang (49.3) verwiesen. Für die Praxis sind vor allem die Ergebnisse dieser Rechnungen wichtig. Man findet

$$\mu = E(X) = np, \quad \sigma^2 = V(X) = npq \;.$$

Das Resultat für den Erwartungswert ($\mu = np$) leuchtet auch ohne Rechnung ein: Führt man nämlich n Versuche durch, wobei die Erfolgswahrscheinlichkeit im Einzelversuch $= p$ ist, so wird man im Mittel — d.h., wenn man sehr oft eine solche Serie von n Versuchen durchführt — etwa np Erfolge erwarten.

Würfelt man z.B. mit einem unverfälschten Würfel zwölfmal, so wird man erwarten, dass wegen $12 \cdot \frac{1}{6} = 2$ zweimal eine Sechs herauskommt, denn die Wahrscheinlichkeit für eine Sechs im Einzelversuch ist $\frac{1}{6}$. Diese Zahl 2 ist gerade der Erwartungswert np.

Natürlich wird man nicht mit Sicherheit sagen können, dass in einer Serie von zwölf Würfen *genau* zwei Sechsen auftreten. Spielt man aber sehr viele solcher Serien durch und notiert sich jedes Mal die Anzahl der Sechsen, so erwartet man, dass im Durchschnitt aller Serien ziemlich genau zwei Sechsen pro Serie geworfen werden und zwar umso genauer, je mehr Serien gespielt werden. Dieser Gedankengang gibt einfach nochmals die Idee des Erwartungswerts (37.9) wieder.

(38.5) Stichproben mit und ohne Zurücklegen

Beim Herausgreifen einer Stichprobe aus einer grösseren Menge von Objekten (z.B. zur Prüfung auf allfällige Ausschussteile) macht es einen Unterschied, ob man die Stichprobe "mit Zurücklegen" oder "ohne Zurücklegen" auswählt. Wir illustrieren das Problem am Beispiel 37.5.B. Dort waren in einer Tüte 3 weisse und 7 rote Zuckereier; wir griffen vier Stück heraus und interessierten uns für die Wahrscheinlichkeit dafür, dass man dabei 0, 1, 2 oder 3 weisse Eier erwischt. Dasselbe Resultat könnte man auch erzielen, indem man die vier Eili hintereinander entnimmt, aber *ohne Zurücklegen*, d.h., das gerade herausgenommene Ei wird nicht wieder in die Tüte getan. Dies führte in 37.5.B auf die folgenden Wahrscheinlichkeiten:

k	0	1	2	3
$P(W = k)$	1/6	1/2	3/10	1/30

In (37.12) haben wir erwähnt, dass hier eine so genannte hypergeometrische Verteilung vorliegt.

Ganz anders ist die Situation, wenn wir die Stichprobe *mit Zurücklegen* auswählen, d.h., wenn wir jedes Mal das gezogene Eili wieder in die Tüte zurücktun. Jetzt ist nämlich die Wahrscheinlichkeit dafür, bei einer einzelnen Auswahl ein weisses Ei zu erwischen, stets gleich $p = 0.3$, und wenn wir nach der Wahrscheinlichkeit fragen, in

4 Versuchen z.B. 2 weisse Eier zu ziehen, dann haben wir eine Binomialverteilung mit $n = 4$, $p = 0.3$ vor uns, daher ist

$$P(X = 2) = \binom{4}{2} 0.3^2 0.7^2 = 0.2646 \,,$$

während die Wahrscheinlichkeit für zwei weisse Eier im Fall "ohne Zurücklegen" gemäss obiger Tabelle $= 0.3$ ist.

Für grosses n fällt der Unterschied zwischen Stichproben mit und ohne Zurücklegen allerdings nicht mehr stark in Betracht.

(38.6) Das Bernoullische Gesetz der grossen Zahlen

Dieses Gesetz stellt eine Beziehung zwischen relativen Häufigkeiten und Wahrscheinlichkeiten her. Wir illustrieren es zuerst an einem einfachen Beispiel. Bei einem ehrlichen Würfel ist die Wahrscheinlichkeit für eine Sechs gleich $p = 1/6$. Nun werfen wir diesen Würfel n-mal und X_n (statt des üblichen X) sei die Anzahl der Sechsen unter diesen n Würfen. Die Zufallsgrösse X_n/n beschreibt dann die relative Häufigkeit der Sechs. Ist nämlich beispielsweise $n = 120$ und nimmt X_n den Wert 15 an, so ist $X_n/n = 15/120 = 0.125$ die angegebene relative Häufigkeit. Aufgrund unserer Vorstellung als idealisierte relative Häufigkeit erwarten wir nun, dass diese Zufallsgrösse X_n/n einen Wert nahe bei $p = 1/6$ annimmt, und zwar sollte diese Annäherung umso besser sein, je grösser n ist. Diese Vorstellung lässt sich nun mathematisch präzis formulieren.

Wir gehen davon aus, dass wir einen Versuch n-mal wiederholen, wobei jedes Mal das Ereignis E mit der Wahrscheinlichkeit p eintritt und wobei die Wiederholungen unabhängig voneinander sind. Die Zufallsgrösse X_n gibt an, wie oft das Ereignis E eintritt. Sie ist binomial verteilt mit den Parametern n und p. Ferner sei $\varepsilon > 0$ eine (beliebig kleine) positive Zahl. Dann gilt (der Beweis folgt unten)

(1) $$P\left(\left|\frac{X_n}{n} - p\right| < \varepsilon\right) \geq 1 - \frac{p(1-p)}{\varepsilon^2 n} \,.$$

Da die rechte Seite (bei festem ε und p) mit wachsendem n gegen Null strebt, kann die Aussage (1) auch so formuliert werden: Für alle $\varepsilon > 0$ ist

(2) $$\lim_{n\to\infty} P\left(\left|\frac{X_n}{n} - p\right| < \varepsilon\right) = 1 \,.$$

Diese Aussage besagt in Worten: Unter den angegebenen Voraussetzungen strebt die Wahrscheinlichkeit dafür, dass die relative Häufigkeit X_n/n des Eintreffens von E und die Wahrscheinlichkeit p höchstens um ε voneinander abweichen, mit wachsendem n gegen 1.

Ein Zahlenbeispiel. Wir betrachten unseren Würfel mit $p = 1/6$ und wählen $\varepsilon = 0.05$. Die Formel (1) besagt dann

$$P\left(\left|\frac{X_n}{n} - \frac{1}{6}\right| < 0.05\right) \geq 1 - \frac{\frac{1}{6}\cdot\frac{5}{6}}{0.05^2 \cdot n} = 1 - \frac{1}{n}\frac{2000}{36} = 1 - \frac{55.56}{n} \,.$$

Für $n > 556$ ist

$$P\left(\left|\frac{X_n}{n} - p\right| < 0.05\right) \geq 1 - \frac{55.56}{556} > 0.9 \,.$$

Wählt man also $n > 556$, so ist man also zu mindestens 90% sicher, dass sich die relative Häufigkeit um weniger als 0.05 von 1/6 unterscheidet, d.h., im Bereich von 0.117 bis 0.217 liegt.

Will man zu 99% sicher sein, so muss $n > 5556$ sein, und durch entsprechende Wahl von n lässt sich diese Wahrscheinlichkeit beliebig nahe an 100% bringen. Die Abweichung $\varepsilon = 0.05$ kann man, unter entsprechenden "Kosten" für n, ebenfalls beliebig verkleinern.

Nun zum Beweis der Formel (1). Die Zufallsgrösse X_n ist binomial verteilt. Ferner sind die Aussagen $|\frac{X_n}{n} - p| < \varepsilon$ und $|X_n - np| < n\varepsilon$ sicher gleichwertig. Weiter ist $np = \mu$, und dies ist der Erwartungswert von X_n. Es ist also (mit der Abkürzung Q für die gesuchte Wahrscheinlichkeit)

$$Q = P\left(\left|\frac{X_n}{n} - p\right| < \varepsilon\right) = P(|X_n - \mu| < n\varepsilon).$$

Für die Wahrscheinlichkeit rechts haben wir aber in Formel (1) von (37.11) eine Abschätzung gefunden. Wir müssen darin nur noch $n\varepsilon$ in der Form $r\sigma$ schreiben, d.h., wir müssen $r = \varepsilon n/\sigma$ setzen. Dann ist nach der erwähnten Formel

$$Q = P(|X_n - \mu| < n\varepsilon) = P(|X_n - \mu| < r\sigma) \geq 1 - \frac{1}{r^2} = 1 - \frac{\sigma^2}{\varepsilon^2 n^2} = 1 - \frac{np(1-p)}{\varepsilon^2 n^2} = 1 - \frac{p(1-p)}{\varepsilon^2 n}.$$

Dabei wurde noch die Beziehung $\sigma^2 = npq$ für die Varianz der Binomialverteilung gebraucht.

Es sei betont, dass wir nicht bewiesen haben, dass die relative Häufigkeit h_n von E im Sinne eines Grenzwerts von Folgen gegen p strebt, d.h., dass $\lim_{n\to\infty} h_n = p$ gilt. Vielmehr wurde gezeigt, dass ein grosser Unterschied zwischen h_n und p mit wachsendem n immer unwahrscheinlicher wird.

(38.∞) Aufgaben

38−1 Zeichnen Sie das Stabdiagramm und den Graphen der Verteilungsfunktion der Binomialverteilung mit den Parametern $n = 4$, $p = 1/3$.

38−2 Die Zufallsgrösse X folge der Binomialverteilung mit $n = 8$, $p = 0.6$. Berechnen Sie
a) $P(X \leq 3)$, b) $P(X \geq 6)$, c) $P(2 \leq X \leq 5)$.

38−3 a) Berechnen Sie Erwartungswert, Varianz und Standardabweichung für die Binomialverteilung mit $n = 50$, $p = 0.2$. b) Eine Binomialverteilung hat den Erwartungswert 80 und die Standardabweichung 8. Wie gross sind n, p und q?

38−4 Eine Maschine stellt Unterlagsscheiben mit einer Ausschussquote von 10% her. Was ist wahrscheinlicher: a) Kein Ausschuss unter 10 Scheiben, b) höchstens ein Ausschuss-Stück unter 20 Scheiben?

38−5 Wir würfeln mit einem fairen Würfel. Berechnen Sie die Wahrscheinlichkeit dafür, dass a) bei 12 Würfen genau zweimal, b) bei 30 Würfen genau fünfmal eine Sechs erscheint.

38−6 Bei Verkehrsflugzeugen mit vier Triebwerken müssen mindestens zwei funktionieren, damit sie landen können, bei solchen mit drei Triebwerken dagegen nur eines. Welcher Flugzeugtyp ist sicherer, wenn wir annehmen, dass alle Triebwerke dieselbe Ausfallwahrscheinlichkeit haben und die Ausfälle unabhängig voneinander sind?

38−7 Eine Konditorei produziert äusserlich nicht unterscheidbare Pralinés mit roter (60% der Gesamtproduktion) oder weisser (40%) Zucker-Fondant-Füllung, welche in hübsche Schachteln zu 12 Stück abgefüllt werden. a) Welches ist die wahrscheinlichste Anzahl rot gefüllter Pralinés pro Schachtel? Wie gross ist die betreffende Wahrscheinlichkeit? b) Ich kaufe gleich fünf Schachteln aufs Mal. Wie gross ist die Wahrscheinlichkeit dafür, dass jede dieser Schachteln höchstens drei weiss gefüllte Pralinés enthält?

38−8 Wie gross müsste die Wahrscheinlichkeit für eine Mädchengeburt sein, damit in einer Familie mit drei Kindern die Wahrscheinlichkeit für das Ereignis "zwei Mädchen, ein Knabe" genau 30% ist? Gesucht ist eine Lösung im Bereich zwischen 0.4 und 0.6.

38−9 Jemand behauptet, mittels Psychokinese den Fall von Münzen beeinflussen zu können. Als Test wird eine Münze zehnmal geworfen. Unser Freund gibt in 7 Fällen eine korrekte Vorhersage. Als kritische(r) Beobachter(in) fragen Sie sich: Wie gross ist denn die Wahrscheinlichkeit dafür, auch ohne spezielle Fähigkeiten so gut oder gar noch besser abzuschneiden?

38−10 Bei einem Multiple-Choice-Test werden vier Fragen mit je drei und eine Frage mit nur zwei möglichen Antworten gestellt. Wie gross ist die Wahrscheinlichkeit dafür, bei völlig zufälligem Ankreuzen drei oder mehr Fragen richtig zu beantworten?

38−11 Willy Würfel (vgl. Aufgabe 35−1) bietet Ihnen folgendes Spielchen an: Eine ehrliche Münze wird 20mal geworfen. Sie gewinnen, wenn 9- oder 10- oder 11-mal Kopf erscheint. Bestimmen Sie Ihre Gewinnwahrscheinlichkeit.

38−12 Zur Abwechslung eine Extremal-Aufgabe: Ein Glücksrad hat einen roten und einen blauen Sektor. Sie dürfen es zehnmal drehen und gewinnen einen schönen Preis, wenn dabei der Zeiger genau einmal im roten Sektor stehen bleibt. Wie gross muss der Öffnungswinkel des Sektors (in Grad) sein, damit Ihre Gewinnchance maximal ist? Wie gross ist dann diese Gewinnwahrscheinlichkeit?

38−13 Von allen Eiern, welche ein Produzent auf den Markt bringt, sind leider nur $P\%$ frisch, die andern sind bereits etwas angefault. Er verkauft dafür seine (zufällig abgefüllten) Zwölferpackungen zum Preis von zehn Eiern und garantiert, dass höchstens eines der Eier schlecht ist.
a) Es sei $P = 90\%$. Mit welcher Wahrscheinlichkeit trifft die garantierte Bedingung ein?
b) Unser Produzent möchte, dass bei (mindestens) 95% aller Packungen die Garantie zutrifft. Wie gross muss P mindestens sein?

38−14 Drei Produzenten A, B und C mit den Marktanteilen 50%, 30% und 20% stellen einen Artikel her, der in zufällig abgefüllten Packungen zu sechs Stück auf den Markt gelangt. Die einzelnen Artikel sind mit den folgenden Wahrscheinlichkeiten defekt: Bei A 5%, bei B 10% und bei C 15%.
Mit welcher Wahrscheinlichkeit hat es in einer zufällig ausgewählten Sechserpackung genau ein defektes Stück, wenn das Erstellen der Packungen wie folgt geschieht?
a) "Zuerst mischen, dann abfüllen": Die einzelnen Artikel der drei Hersteller werden zuerst gemischt, und die Packungen werden anschliessend abgefüllt.
b) "Zuerst abfüllen, dann mischen": Jeder Hersteller packt seine eigene Produktion in Sechserpackungen; diese Packungen gelangen dann zufällig gemischt in den Verkauf.

39. DIE POISSON-VERTEILUNG

(39.1) Überblick

Die diskrete Zufallsgrösse X folgt der *Poisson-Verteilung* mit dem Parameter $\mu > 0$, wenn sie die (abzählbar unendlich vielen) Werte 0, 1, 2, 3, ... annimmt und wenn die zugehörigen Wahrscheinlichkeiten durch

$$P(X = k) = \frac{\mu^k}{k!} e^{-\mu}, \qquad k = 0, 1, 2, \ldots$$

gegeben sind. (39.2)

Für den Erwartungswert und die Varianz der Poisson-Verteilung mit dem Parameter μ gilt: (39.4)

$$E(X) = V(X) = \mu \, .$$

Die Poisson-Verteilung kann in gewissen Fällen als bequem zu berechnende Annäherung an die Binomialverteilung verwendet werden: Für grosses n (n etwa > 10) und kleines p (p etwa < 0.05) ist in guter Näherung (39.3)

$$\binom{n}{k} p^k q^{n-k} \approx \frac{\mu^k}{k!} e^{-\mu} \quad \text{mit} \quad \mu = np \, .$$

(39.2) Definition der Poisson-Verteilung

Die Poisson-Verteilung ist ein weiteres wichtiges Beispiel einer diskreten Verteilung. Im Gegensatz zur Binomialverteilung ist es hier aber so, dass die Zufallsgrösse X abzählbar unendlich viele Werte (die natürlichen Zahlen 0, 1, 2, ...) annimmt. Wir führen in diesem Abschnitt gleich die allgemeine Definition an; eine Motivation folgt in (39.3). Dabei benützen wir, dass eine diskrete Zufallsgrösse dadurch bestimmt ist, dass man ihre Werte mitsamt den zugehörigen Wahrscheinlichkeiten angibt. Dies werden wir nun tun.

Es sei noch vorausgeschickt, dass die Poisson-Verteilung von einer vorgegebenen Zahl $\mu > 0$ abhängt; es gibt also dementsprechend nicht nur eine, sondern unendlich viele Möglichkeiten für die Poisson-Verteilung.

Die diskrete Zufallsgrösse X folgt der *Poisson-Verteilung*[*] mit dem Parameter μ ($\mu > 0$), wenn sie die (abzählbar unendlich vielen) Werte 0, 1, 2, … annimmt und wenn für die zugehörigen Wahrscheinlichkeiten gilt:

$$P(X = k) = \frac{\mu^k}{k!}e^{-\mu}, \qquad k = 0, 1, 2, \ldots$$

Der Parameter μ kann eine beliebige reelle Zahl > 0 sein.

Damit wir sicher sind, dass die angegebenen Wahrscheinlichkeiten tatsächlich eine Verteilung beschreiben, müssen wir zeigen, dass ihre (hier unendliche) Summe $= 1$ ist (37.5). Dies ist auch der Fall:

$$\sum_{k=0}^{\infty} P(X = k) = \sum_{k=0}^{\infty} \frac{\mu^k}{k!}e^{-\mu} = e^{-\mu}\sum_{k=0}^{\infty}\frac{\mu^k}{k!} = e^{-\mu}\cdot e^{\mu} = 1$$

denn die letzte Reihe ist ja die Exponentialreihe (19.8.a).

Die Wahrscheinlichkeiten $P(X = k)$ sind mit dem Taschenrechner leicht zu bestimmen; man kann sie aber auch in Abhängigkeit von μ und k tabellieren (vgl. Tabelle (51.2)).

Als konkretes Beispiel geben wir die Werte

$$P(X = k) = \frac{5^k}{k!}e^{-5}$$

für die Poisson-Verteilung mit dem Parameter $\mu = 5$ in gerundeter Form an:

k	0	1	2	3	4	5	6	7	8	…
$P(X = k)$	0.007	0.034	0.084	0.140	0.175	0.175	0.146	0.104	0.065	…

Das zugehörige Stabdiagramm sieht so aus:

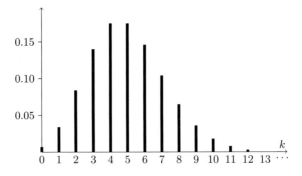

---

[*] Benannt nach S.D. POISSON, 1781–1840.

(39.3) Herleitung der Poisson-Verteilung aus der Binomialverteilung

Die Poisson-Verteilung ist in (39.2) einfach als abstrakt gegebene Verteilung eingeführt worden. Wir wollen nun die fehlende Motivation nachholen. Dabei setzen wir die Poisson-Verteilung mit der Binomialverteilung in Beziehung.

Bekanntlich (siehe (38.4)) ist der Erwartungswert μ der Binomialverteilung mit den Parametern n und p gegeben durch $\mu = np$. Dieser Wert μ kann natürlich auf verschiedene Arten zustande kommen. Auf $\mu = 2$ beispielsweise kommt man etwa durch die Wahl $n = 4$, $p = \frac{1}{2}$, aber auch durch $n = 100$, $p = \frac{1}{50}$.

Berechnet man nun bei festgehaltenem μ die Wahrscheinlichkeiten $P(X = k)$ der Binomialverteilung für verschiedene n und p (aber immer mit $np = \mu$), so stellt man fest, dass bei grossem n (und entsprechend kleinem p) die Werte $P(X = k)$ für ein festes k ungefähr gleich gross sind.

Das folgende Zahlenbeispiel mit $\mu = 2$ soll diesen Sachverhalt illustrieren, wobei wir uns auf die Wahrscheinlichkeiten $P(X = 0)$ und $P(X = 2)$ beschränken.

	$n = 50$, $p = \frac{1}{25}$	$n = 100$, $p = \frac{1}{50}$	$n = 200$, $p = \frac{1}{100}$	$n = 500$, $p = \frac{1}{250}$	$n = 1000$, $p = \frac{1}{500}$
$P(X = 0)$	0.1299	0.1326	0.1340	0.1348	0.1351
$P(X = 2)$	0.2762	0.2734	0.2720	0.2712	0.2709

Wir werden nun rechnerisch zeigen, dass die zur Binomialverteilung gehörende Wahrscheinlichkeit

$$\binom{n}{k} p^k q^{n-k}$$

bei festgehaltenem μ für jeden einzelnen Wert von k ($0 \leq k \leq n$) gegen einen bestimmten Grenzwert strebt. Es gilt nämlich für jedes k die folgende Beziehung:

$(*)$
$$\lim_{n \to \infty} \binom{n}{k} p^k q^{n-k} = \frac{\mu^k}{k!} e^{-\mu}, \quad (\mu = np, \text{ fest}) .$$

Dies soll jetzt bewiesen werden. Weil $pn = \mu$ festgehalten wird, ist $p = \frac{\mu}{n}$, ferner ist $q = 1 - p = 1 - \frac{\mu}{n}$. Nun formen wir um, wobei wir p und q durch die eben angegebenen Ausdrücke ersetzen:

$$\binom{n}{k} p^k q^{n-k} = \frac{n(n-1)(n-2)\cdots(n-k+1)}{k!} \left(\frac{\mu}{n}\right)^k \left(1 - \frac{\mu}{n}\right)^{n-k}$$

$$= \frac{\mu^k}{k!} \frac{n(n-1)(n-2)\cdots(n-k+1)}{n^k} \left(1 - \frac{\mu}{n}\right)^n \left(1 - \frac{\mu}{n}\right)^{-k}$$

$$= \frac{\mu^k}{k!} \left(1 - \frac{\mu}{n}\right)^n \left(1 - \frac{\mu}{n}\right)^{-k} \cdot 1 \cdot \left(1 - \frac{1}{n}\right) \cdot \left(1 - \frac{2}{n}\right) \cdot \ldots \cdot \left(1 - \frac{k-1}{n}\right) .$$

Im letzten Ausdruck lassen wir n gegen ∞ streben (gleichzeitig geht dann p gegen 0). Der erste Faktor $\frac{\mu^k}{k!}$ ändert sich nicht. Der zweite Faktor $(1 - \frac{\mu}{n})^n$ strebt, wie interessierte Leute in (39.7) nachlesen können, gegen $e^{-\mu}$. Alle übrigen Faktoren dagegen streben gegen 1, denn $\frac{1}{n} \to 0$, $\frac{2}{n} \to 0$ usw. Infolgedessen gilt

$$\lim_{n \to \infty} \binom{n}{k} p^k q^{n-k} = \frac{\mu^k}{k!} e^{-\mu}, \quad (\mu = np \text{ fest}) ,$$

was wir behauptet haben.

Die Grenzwertbeziehung $(*)$ lässt sich, wenigstens für genügend grosse n, auch als Näherung schreiben:

$(**)$
$$\binom{n}{k} p^k q^{n-k} \approx \frac{\mu^k}{k!} e^{-\mu}, \quad (\mu = np) .$$

Diese Approximation ist dann brauchbar, wenn n gross und p klein ist. Als Faustregel kann man sich etwa merken, dass $n > 10$ und $p < 0.05$ sein sollte.

In der folgenden Tabelle werden als Illustration die beiden Seiten von $(**)$ verglichen. Sie bezieht sich auf die Werte $n = 100$, $p = 0.01$, $\mu = 1$.

In der Zeile B steht jeweils der Wert der Binomialverteilung, also von $\binom{n}{k} p^k q^{n-k}$, in der Zeile P jener von $\frac{\mu^k}{k!} e^{-\mu}$, also der Poisson-Verteilung.

k	0	1	2	3	4	5
B	0.366	0.370	0.185	0.0610	0.0149	0.0029
P	0.368	0.368	0.184	0.0613	0.0153	0.0031

Zu beachten ist, dass die Werte der Binomialverteilungen nur für $0 \le k \le n$ definiert sind (für $k > n$ könnte man $P(X = k) = 0$ setzen); dagegen ist $\frac{\mu^k}{k!} e^{-\mu}$ für alle $k \ge 0$ definiert und > 0. Allerdings wird dieser Ausdruck mit wachsendem k immer kleiner, so dass dieser Unterschied zur Binomialverteilung fast nichts ausmacht.

Schliesslich sei darauf hingewiesen, dass die rechte Seite in der Näherung $(**)$ leichter zu berechnen ist als die linke Seite, wo die doch etwas unhandlichen Binomialkoeffizienten vorkommen.

(39.4) Erwartungswert und Varianz der Poisson-Verteilung

Die Poisson-Verteilung kann gemäss (39.3) aus Binomialverteilungen mit dem konstant gehaltenen Erwartungswert $\mu = np$ hergeleitet werden. Es überrascht deshalb nicht, dass gilt:

Die Poisson-Verteilung mit dem Parameter μ hat den Erwartungswert μ:

$$\boxed{E(X) = \mu\,.}$$

Auch für die Varianz können wir eine anschauliche Überlegung anstellen: Nach (38.4) hat die Binomialverteilung die Varianz $V(X) = npq = np\,(1-p)$. Schreiben wir wie in (39.3) $p = \mu/n$ und $q = 1 - \mu/n$, so ergibt sich $V(X) = \mu(1 - \mu/n)$, und mit $n \to \infty$ strebt dieser Ausdruck gegen μ. Somit hat die Poisson-Verteilung, als Grenzfall der Binomialverteilung, die Varianz

$$\boxed{V(X) = \mu\,.}$$

Diese Herleitungen sind plausibel, aber mathematisch nicht ganz korrekt, denn $E(X)$ und $V(X)$ sind ja als Summen definiert, und zwar hier, wo X abzählbar unendlich viele Werte annimmt, als unendliche Summen, d.h., als Reihen. Korrekte Beweise stützen sich deshalb auf die Definitionen von (38.4):

Für den Erwartungswert sieht die Rechnung so aus:

$$
\begin{aligned}
E(X) &= \sum_{k=0}^{\infty} \frac{\mu^k}{k!} e^{-\mu} k && \text{(Definition von } E(X)\text{)} \\
&= \sum_{k=1}^{\infty} \frac{\mu^k}{k!} e^{-\mu} k && \text{(Summand mit } k=0 \text{ hat den Wert 0)} \\
&= \mu e^{-\mu} \sum_{k=1}^{\infty} \frac{\mu^{k-1}}{(k-1)!} && (k! = k(k-1)!) \\
&= \mu e^{-\mu} \sum_{h=0}^{\infty} \frac{\mu^h}{h!} && \text{(Setze } h = k-1\text{)} \\
&= \mu e^{-\mu}\, e^{\mu} && \text{(Exponentialreihe!)} \\
&= \mu\,.
\end{aligned}
$$

Für die Herleitung der Formel für die Varianz sei auf den Anhang verwiesen (49.4).

(39.5) Beispiele zur Approximation der Binomialverteilung durch die Poisson-Verteilung

In (39.3) wurde gezeigt, dass die Poisson-Verteilung eine bequem zu berechnende Approximation der Binomialverteilung ist. Für die Praxis ist, wie bereits erwähnt, die Näherung brauchbar, wenn n gross (d.h. n etwa > 10) und p klein (d.h. p etwa < 0.05) ist.

Zur weiteren Erläuterung dienen die folgenden Beispiele:

Beispiel 39.5.A

In 5 kg Teig befinden sich 200 Rosinen. Der Bäcker stellt daraus Brötchen von 50 g her. Wie gross ist die Wahrscheinlichkeit dafür, dass ein Brötchen keine Rosinen enthält?

Wir stellen folgende Überlegung an: Wir betrachten ein bestimmtes Brötchen. Die Wahrscheinlichkeit, dass eine gewisse Rosine gerade in dieses Brötchen gerät, ist $p = 0.01$, denn es sind ja 100 Brötchen vorhanden.

Nun nehmen wir uns die Rosinen der Reihe nach vor und sehen nach, ob sie in unserem gewählten Brötchen sind ("Erfolg") oder nicht ("Misserfolg"). Dies liefert uns $n = 200$ unabhängige Wiederholungen eines "Versuchs" mit zwei möglichen Ausgängen. Gefragt ist nach der Wahrscheinlichkeit von 0 Erfolgen. Die Binomialverteilung liefert

$$P(X = 0) = \binom{200}{0} 0.01^0 \cdot 0.99^{200} = 0.13397\ldots$$

Dabei bezeichnet die Zufallsgrösse X die Anzahl Rosinen pro Brötchen. Da n gross und p klein ist, dürfen wir auch die Poisson-Verteilung gebrauchen, mit $\mu = np = 2$. Wir erhalten damit

$$P(X = 0) = \frac{\mu^0}{0!} e^{-\mu} = e^{-2} = 0.13533\ldots .$$

Die Approximation ist genügend gut.

Wir haben also gefunden: Von den 100 Brötchen werden ca. 14 keine Rosine enthalten.   ⊠

Hier machte übrigens die Berechnung der Binomialverteilung nicht viel mehr Mühe als jene der Poisson-Verteilung. Dies liegt daran, dass $k = 0$ war. Für grosse n und k ist aber der Binomialkoeffizient $\binom{n}{k}$ etwas mühsam zu berechnen.

Beispiel 39.5.B

Wir setzen Beispiel 39.5.A fort und fragen, wieviele Rosinen man braucht, damit mit 95%-iger Wahrscheinlichkeit in jedem Brötchen mindestens eine Rosine zu finden ist.

Wie vorhin ist $p = 0.01$ gegeben. Die Zahl n der Rosinen und damit μ ist unbekannt. Der Parameter μ ist so zu bestimmen, dass

$$P(X = 0) = \frac{\mu^0}{0!} e^{-\mu} = e^{-\mu} \leq 0.05 \text{ ist} .$$

Durch Logarithmieren erhält man

$$-\mu \leq \ln 0.05 = -2.9957$$
$$\mu \geq 2.9957$$

und schliesslich $\quad n = \frac{\mu}{p} = 100\mu \geq 299.57$.

Es sind also mindestens 300 Rosinen zu verwenden.   ⊠

Beispiel 39.5.C

Eine Fabrik produziert Schrauben, die mit einer Wahrscheinlichkeit von $p = 0.001$ defekt sind. Wie gross ist die Wahrscheinlichkeit, in einer Schachtel von 500 Schrauben zwei oder mehr defekte zu finden?

Im Grunde liegt eine Binomialverteilung mit $n = 500$ und $p = 0.001$ vor, die wir unbesorgt mit einer Poisson-Verteilung approximieren. Es ist dann $\mu = 500 \cdot 0.001 = 0.5$. Gesucht ist $P(X \geq 2)$, wobei die Zufallsgrösse X die Zahl der defekten Schrauben in einer Schachtel bezeichnet. Es ist hier sinnvoll, die Gegenwahrscheinlichkeit zu berechnen. Man hat

$$P(X \geq 2) = 1 - P(X < 2)$$

und

$$\begin{aligned}
P(X < 2) &= P(X = 0) + P(X = 1) \\
&= \frac{\mu^0}{0!}e^{-\mu} + \frac{\mu^1}{1!}e^{-\mu} \\
&= e^{-0.5} + 0.5e^{-0.5} = 0.9097 .
\end{aligned}$$

Für die gesuchte Wahrscheinlichkeit erhalten wir schliesslich

$$P(X \geq 2) = 1 - 0.9097 = 0.0903 . \qquad\qquad \boxtimes$$

Beachten Sie bei dieser Gelegenheit, dass stets

$$\frac{\mu^0}{0!} = 1 \quad \text{und} \quad \frac{\mu^1}{1!} = \mu, \quad \text{also} \quad P(X = 0) = e^{-\mu} \quad \text{und} \quad P(X = 1) = \mu e^{-\mu}$$

ist.

(39.6) Weitere Beispiele zur Poisson-Verteilung

In (39.5) haben wir die Poisson-Verteilung zur Approximation der Binomialverteilung benützt. Es gibt aber auch Situationen, wo man von vornherein eine Poisson-Verteilung annimmt.

Dies trifft besonders bei "seltenen Ereignissen" zu, d.h., bei Ereignissen, die mit einer geringen Wahrscheinlichkeit eintreffen. Beispiele von solchen seltenen Ereignissen sind etwa:

- Radioaktiver Zerfall,
- Verteilung der Rosinen in Rosinenbrötchen,
- Anzahl Druckfehler pro Seite eines Buchs (von den vielen Buchstaben auf einer Seite sind die allermeisten richtig),
- Anzahl Pannen pro Jahr eines bestimmten Automodells,
- Anzahl nicht keimender Kartoffeln in einer Sendung Saatkartoffeln,
- etc. etc.

Die Überlegungen sind in allen diesen Fällen analog; wir führen sie im nächsten Beispiel konkret durch.

Beispiel 39.6.A Radioaktiver Zerfall

Wir untersuchen eine radioaktive Substanz und interessieren uns dafür, wieviele Atome in einem gegebenen Zeitintervall einer bestimmten Länge (z.B. einer Sekunde) zerfallen.

Jedes Atom hat dieselbe (sehr kleine) Wahrscheinlichkeit p, in diesem Zeitintervall zu zerfallen. Die totale Anzahl n der vorhandenen Atome ist sehr gross. Wir fixieren nun ein solches Zeitintervall und gehen in diesem Intervall (in Gedanken) jedes einzelne der Atome durch. Zerfällt es in diesem Intervall, notieren wir einen Erfolg, zerfällt es nicht, liegt ein Misserfolg vor.

Mit X bezeichnen wir die Zufallsgrösse

"Anzahl Zerfälle pro Zeitintervall*".

Die Grösse X nimmt die Werte 0, 1, 2, ... an. Unter der Voraussetzung, dass die Atome unabhängig voneinander zerfallen, würde eigentlich eine Binomialverteilung vorliegen. Um hier die Wahrscheinlichkeiten $P(X = k)$ zu berechnen, müsste man aber die Anzahl n der Atome und die Wahrscheinlichkeit p kennen, was aber nicht der Fall ist.

Das Problem ist jedoch lösbar, wenn man zur Poisson-Verteilung übergeht. Dies ist im Sinne einer Annäherung an die Binomialverteilung erlaubt, da n sehr gross und p sehr klein ist. Vor allem ist aber wichtig, dass man zwar n und p nicht einzeln kennt, wohl aber ihr Produkt $\mu = np$, und dies ist ja gerade der Parameter, der für die Poisson-Verteilung bekannt sein muss. Wie wir nämlich von (39.4) her wissen, ist μ der Erwartungswert der Poisson-Verteilung, und in unserem Beispiel entspricht der Erwartungswert gerade der durchschnittlichen Anzahl Zerfälle pro Zeitintervall und kann somit bestimmt (oder zum mindesten geschätzt) werden.

Aufgrund dieser Vorbetrachtungen nehmen wir an, dass beim radioaktiven Zerfall die Anzahl der Szintillationen pro Zeiteinheit einer Poisson-Verteilung folgt. (Dies wird übrigens experimentell gestützt. Wir kommen anlässlich der Besprechung des χ^2-Tests [Beispiel 47.4.B] auf derartige Fragen zurück.)

Nach all dieser Theorie nun ein Zahlenbeispiel:

Bei einem Experiment mit radioaktivem Zerfall wurden im Durchschnitt (über eine lange Zeitspanne hinweg) 4.4 Zerfälle pro Sekunde gezählt. Welches ist die Wahrscheinlichkeit dafür, dass in einem Zeitintervall von einer Sekunde Länge

---

* Wir haben hier also eine "Verteilung pro Zeiteinheit" vor uns, im Gegensatz zur "Rosinenaufgabe" 39.5.A, wo eine "Verteilung pro Raumeinheit" vorliegt.

a) genau vier Atome zerfallen,

b) mindestens ein Atom zerfällt?

Aufgrund des oben Gesagten nehmen wir hier eine Poisson-Verteilung mit Parameter $\mu = 4.4$ an (denn dies ist gerade der Erwartungswert). Dann findet man sofort:

a) $P(X = 4) = \frac{4.4^4}{4!}e^{-4.4} = 0.1917$.

b) Hier berechnet man natürlich zuerst die Gegenwahrscheinlichkeit $P(X = 0)$.

Die Wahrscheinlichkeit dafür, dass im gewählten Zeitintervall kein Zerfall auftritt, ist

$$P(X = 0) = \frac{\mu^0}{0!}e^{-4.4} = e^{-4.4} = 0.0123 \ .$$

Die Wahrscheinlichkeit für mindestens einen Zerfall ist daher gleich

$$1 - P(X = 0) = 1 - 0.0123 = 0.9877 \ .$$

Beispiel 39.6.B

Ein Buch weist im Mittel pro Seite 3 Druckfehler auf. Wie gross ist die Wahrscheinlichkeit dafür, dass auf einer zufällig aufgeschlagenen Seite höchstens ein Druckfehler ist?

Antwort: Nach den eingangs dieses Abschnitts gemachten Feststellungen dürfen wir annehmen, dass die Zufallsgrösse

"X = Anzahl Druckfehler pro Seite"

Poisson-verteilt mit $\mu = 3$ ist. Wir erhalten deshalb für die gesuchte Wahrscheinlichkeit

$$P(X = 0) + P(X = 1) = \frac{3^0}{0!}\ e^{-3} + \frac{3^1}{1!}\ e^{-3} = (1 + 3)e^{-3} = 0.1991 \ . \qquad \boxtimes$$

Wir überlegen uns noch etwas genauer, warum wir eine Poisson-Verteilung anehmen durften. Auf einer Buchseite hat es sehr viele Buchstaben (ihre Anzahl n ist gross), und jeder einzelne ist mit einer sehr geringen Wahrscheinlichkeit p falsch. Prüfen wir nun der Reihe nach jeden Buchstaben auf seine Richtigkeit hin, so führen wir ein Bernoulli-Experiment im Sinn von (38.2) durch, mit der Interpretation "Erfolg = Druckfehler". Demnach liegt eigentlich eine Binomialverteilung mit den Parametern n, p vor, die wir aber getrost durch eine Poisson-Verteilung approximieren. Es bleibt uns auch nichts anderes übrig, denn n und p sind unbekannt (nicht aber $\mu = np = 3$).

Bei der Annahme, dass eigentlich eine Binomialverteilung vorliege, haben wir stillschweigend vorausgesetzt, dass die Druckfehler voneinander unabhängig sind. Dies trifft vielleicht nicht immer zu, z.B. im Fall von vertauschten Bucshtaben. Gewöhnlich wird dies aber als ein einziger Fehler gezählt, so dass dieses Problem etwas entschärft wird.

Beispiel 39.6.C

Eine etwas andere Anwendung ist die folgende: Eine Blutprobe wird im Mikroskop unter einem Raster aus 400 Quadraten betrachtet. Es wird festgestellt, dass 15 Felder keine Erythrozyten (rote Blutkörperchen) enthalten. Wieviele Erythrozyten sind in der Blutprobe vorhanden?

Es scheint auf den ersten Blick, als ob diese Aufgabe infolge ungenügender Angaben unlösbar sei. Wir machen nun aber die aufgrund des bisher gesagten vernünftige Annahme, die Zufallsvariable

$$\text{“} X = \text{Anzahl Erythrozyten pro Quadrat”}$$

gehorche einer Poisson-Verteilung.

Eigentlich liegt eine Binomialverteilung mit unbekanntem n und bekanntem $p = \frac{1}{400}$ vor. (Der Sachverhalt ist genau derselbe wie bei der "Rosinen-Aufgabe" 39.5.A; die Blutkörperchen entsprechen den Rosinen, die einzelnen Felder den Brötchen.) Da p klein und n gross ist, verwenden wir jedoch ohne Skrupel eine Poisson-Verteilung mit vorläufig unbekanntem μ.

Wir wissen, dass 15 Felder frei von Erythrozyten sind, d.h., dass

$$P(X = 0) = \frac{15}{400}$$

ist. Somit ist auch

$$\frac{\mu^0}{0!}\, e^{-\mu} = e^{-\mu} = \frac{15}{400} = 0.0375$$

und daraus lässt sich μ durch Logarithmieren bestimmen:

$$\mu = -\ln 0.0375 = 3.283 \,.$$

Mit $\mu = np$ und $p = 0.0025$ ergibt sich dann schliesslich für die Anzahl der Erythrozyten

$$n \approx 1313 \,. \hspace{4cm} \boxtimes$$

(39.7) Eine Grenzwertdarstellung der Exponentialfunktion

Bei der Herleitung der Poisson-Verteilung aus der Binomialverteilung wurde in (39.3) die folgende Formel (mit $r = -\mu$) benützt, die wir nun beweisen wollen:

$$e^r = \lim_{n \to \infty} \left(1 + \frac{r}{n}\right)^n \qquad \text{für alle } r \in \mathbb{R} \,.$$

Um den "Exponenten herunterzuholen", betrachten wir anstelle der Folge

$$a_n = \left(1 + \frac{r}{n}\right)^n$$

die Folge

$$\ln a_n = \ln\left(1 + \frac{r}{n}\right)^n = n \cdot \ln\left(1 + \frac{r}{n}\right) \,.$$

Wir setzen noch $h_n = \dfrac{r}{n}$ (und damit $n = \dfrac{r}{h_n}$) und erhalten so

$$\ln a_n = r \cdot \frac{\ln(1 + h_n)}{h_n} = r \cdot \frac{\ln(1 + h_n) - \ln(1 + 0)}{h_n - 0} \ .$$

Der kleine Trick mit der Addition von $\ln(1 + 0) = 0$ im Zähler, bzw. von 0 im Nenner hat zur Folge, dass rechts der Differenzenquotient (4.3.b) der Funktion $\ln(1 + x)$ an der Stelle 0 (mit $x = h_n$) steht. Wenn nun $n \to \infty$ strebt, dann strebt die Folge h_n gegen 0. Dann aber strebt der Differenzenquotient

$$\frac{\ln(1 + h_n) - \ln(1 + 0)}{h_n - 0}$$

gegen die Ableitung der Funktion $\ln(1 + x)$ an der Stelle $x = 0$, und nach den bekannten Regeln hat diese Ableitung den Wert 1. Damit folgt

$$\lim_{n \to \infty} \ln a_n = r \cdot 1 = r \ ,$$

und da die Exponentialfunktion stetig ist, ist dann weiter

$$\lim_{n \to \infty} a_n = \lim_{n \to \infty} e^{\ln a_n} = e^{\lim\limits_{n \to \infty} \ln a_n} = e^r \ ,$$

womit die gewünschte Formel bewiesen ist.

(39.∞) Aufgaben

39–1 Zeichnen Sie in derselben Skizze die Stabdiagramme der Binomialverteilung mit $n = 5, p = 0.4$ und der Poisson-Verteilung mit $\mu = 2$.

39–2 Ein Medikament hat mit einer Wahrscheinlichkeit von 1.5% lästige Nebenwirkungen (Übelkeit). 200 Personen nehmen dieses Medikament ein. Die Zufallsgrösse X bezeichne die Anzahl der Personen, die von der Nebenwirkung betroffen werden.
    a) Bestimmen Sie den Erwartungswert von X. Was bedeutet er konkret?
    b) Berechnen Sie exakt die Wahrscheinlichkeit dafür, dass es höchstens zwei Personen übel wird.
    c) Lösen Sie b) näherungsweise mittels der Poisson-Verteilung.
    d) Wieviele Personen darf die Gruppe höchstens umfassen, wenn mit einer Wahrscheinlichkeit von mindestens 20% keine Übelkeitsfälle auftreten sollen? Verwenden Sie sowohl die Binomial- als auch die Poisson-Verteilung.

39–3 3% aller Menschen können mit den Ohren wackeln. Wie gross ist die Wahrscheinlichkeit dafür, dass in einer Gruppe von 100 Leuten a) keine, b) zwei, c) vier Personen diese nützliche Fähigkeit haben? Lösen Sie diese Aufgabe sowohl mit der Binomial- als auch mit der Poisson-Verteilung. Geben Sie die Antwort in Prozenten, mit zwei Stellen nach dem Dezimalpunkt, an.

39–4 Beim Roulette hat die Null (wie jeder andere Ausgang) die Wahrscheinlichkeit 1/37. Wie gross ist die Wahrscheinlichkeit dafür, dass in 50 Spielen die Null höchstens zweimal auftritt? Lösen Sie die Aufgabe einmal exakt (Binomialverteilung) und einmal näherungsweise (Poisson-Verteilung).

39–5 Der berühmte Mathematiker Prof. Dr. Wurzel-Zieher hält wieder einmal einen seiner stets ausverkauften Vorträge über "General Abstract Nonsense". Die Plätze im Hörsaal, der 90 Personen fasst, müssen vorgängig im Mathematischen Institut reserviert werden. Die Sekretärin weiss aus Erfahrung, dass 3% aller Leute, die reserviert haben, doch nicht auftauchen und verteilt deshalb Karten an 93 Personen. Wie gross ist die Wahrscheinlichkeit dafür, dass alle Platz finden? a) Exakte Lösung mit Binomialverteilung. b) Näherungslösung mit Poissonverteilung. Tipp: Betrachten Sie die Anzahl der nicht erscheinenden Personen.

39−6 Im Verlauf einer Stunde erhält eine Telefonzentrale durchschnittlich 60 Anrufe. Mit welcher Wahrscheinlichkeit treffen in einem Zeitintervall von a) 30 Sekunden, b) 2 Minuten keine Anrufe ein?

39−7 Ein Frosch fängt im Durchschnitt 3 Fliegen pro Stunde. Mit welcher Wahrscheinlichkeit fängt er in der nächsten Stunde a) keine Fliege, b) mehr als drei Fliegen?

39−8 Eine radioaktive Substanz gibt im Verlauf von 10 Sekunden im Mittel 5 α-Teilchen ab. Wie gross ist die Wahrscheinlichkeit dafür, dass sie im nächsten 10-Sekunden-Intervall a) mindestens ein, b) genau 5 α-Teilchen emittiert?

39−9 Ein Buch von 500 Seiten Umfang enthält 1200 Druckfehler. Wir nehmen an, die Zufallsgrösse "Anzahl Druckfehler pro Seite" folge einer Poissonverteilung.
a) Ich schlage eine Seite zufällig auf. Wie gross ist die Wahrscheinlichkeit dafür, dass auf dieser Seite a_1) kein Druckfehler ist, a_2) mindestens zwei Druckfehler sind?
b) Wie gross müsste die totale Zahl der Druckfehler sein, damit auf der aufgeschlagenen Seite mit 50% Wahrscheinlichkeit kein Druckfehler zu finden ist?

39−10 "Entsteinte" Kirschen sind dies nicht immer. Die Erfahrung zeigt, dass pro Stück einer Kirschenwähe im Mittel eine Kirsche mit Stein vorkommt. a) Mit welcher Wahrscheinlichkeit hat es auf einem Wähenstück höchstens 3 Kirschen mit Stein? b) Vier Leute haben unabhängig voneinander ein Wähenstück gekauft; auf jedem hatte es mindestens eine Kirsche mit Stein. Wie gross ist die Wahrscheinlichkeit für ein solches Ereignis?

39−11 Sepps Souvenirgeschäft verkauft pro Tag im Mittel zwei Sennenkäppli. Nachdem ein allseits beliebter Sportler am Samstag im Fernsehen ein Sennenkäppli trug, verkaufte Sepp am Montag sechs solcher Dinger. Könnte dies etwas mit dem Fernsehauftritt zu tun haben? Berechnen Sie die Wahrscheinlichkeit dafür, dass an einem normalen Tag sechs oder mehr Sennenkäppli verkauft werden und urteilen Sie.

39−12 Ein Städtchen feiert in einem halben Jahr sein tausendjähriges Bestehen. Der hochwohllöbliche Magistrat beschliesst, jedem Kind, das am Jubeltag zur Welt kommt, 1000 Dukaten zu schenken. Der Schatzmeister wird beauftragt, einen Betrag zu budgetieren, der mit einer Wahrscheinlichkeit von 90% ausreicht. Wie gross muss dieser Betrag sein, wenn in unserm Städtchen im Mittel zwei Kinder pro Tag geboren werden?

39−13 Ein Vorplatz ist mit 500 gleichgrossen Steinplatten gepflastert. Es regnet ganz kurz, so dass die einzelnen Tropfen noch zu erkennen sind. 10 Platten sind vollständig trocken geblieben. Wieviel Regentropfen sind schätzungsweise insgesamt auf die 500 Platten herniedergegangen?

39−14 Fortsetzung der "Rosinenaufgabe" 39.5.B: Wieviele Rosinen muss man in den Teig tun, damit in jedem Brötchen mit 98%-iger Wahrscheinlichkeit mindestens zwei Rosinen sind? (Verwenden Sie ein numerisches Verfahren zur Lösung von Gleichungen.)

40. STETIGE ZUFALLSGRÖSSEN

(40.1) Überblick

Eine Zufallsgrösse X heisst *stetig*, wenn sich ihre Verteilungsfunktion (40.3)

$$F(x) = P(X \leq x)$$

als Integral einer andern Funktion $f(x)$ schreiben lässt:

$$F(x) = \int_{-\infty}^{x} f(t)\, dt\ .$$

Dabei muss $f : \mathbb{R} \rightarrow \mathbb{R}$ folgende Bedingungen erfüllen:

1) f ist (stückweise) stetig,
2) $f(x) \geq 0$ für alle x,
3) $\int_{-\infty}^{\infty} f(t)\, dt = 1$.

Diese Funktion f heisst die *Dichtefunktion* von X. Dann lässt sich die (40.3)
Wahrscheinlichkeit dafür, dass X einen Wert in einem Intervall $[a, b]$ an-
nimmt, als Integral der Funktion $f(x)$ schreiben: (40.4)

$$P(a \leq X \leq b) = \int_{a}^{b} f(x)\, dx\ .$$

Es ist aber zu beachten, dass $f(x)$ nicht etwa die Wahrscheinlichkeit dafür (40.6)
ist, dass X den Wert x annimmt. Vielmehr ist stets $P(X = x) = 0$.

Die wahrscheinlichkeitstheoretischen Masszahlen *Erwartungswert* und (40.6)
Varianz sind gegeben durch (40.7)

$$\mu = E(X) = \int_{-\infty}^{\infty} x f(x)\, dx\ ,$$

$$\sigma^2 = V(X) = \int_{-\infty}^{\infty} (x - \mu)^2 f(x)\, dx\ .$$

Beispiele für stetige Verteilungen sind:

- Stetige Gleichverteilung, (40.9)
- Normalverteilung, (41.2)
- t-Verteilung, (43.7)
- χ^2-Verteilung. (47.2)

(40.2) Einleitung

Wir haben bereits in (37.4) den Begriff der stetigen Zufallsgrösse erwähnt, ohne allerdings eine präzise Definition zu geben. Anschaulich gesprochen, beschreibt eine diskrete Zufallsgrösse ein diskretes, eine stetige Zufallsgrösse ein stetiges Merkmal im Sinne von (29.5).

Entsprechend nannten wir in (37.4) eine Zufallsgrösse diskret, wenn sie nur endlich (oder abzählbar unendlich) viele Werte annimmt. Eine stetige Zufallsgrösse dagegen nimmt (ev. auch bloss innerhalb eines bestimmten Intervalls) jeden Wert an. Für die theoretische Behandlung müssen wir allerdings diesen Grundgedanken in anderer Form ausdrücken, was nun erläutert werden soll.

Wir betrachten dazu ein stetiges Merkmal, etwa das Gewicht von Küken. Beim praktischen Wägevorgang werden die Gewichte gerundet (und somit diskretisiert (29.5)), d.h., es werden Klassen einer gewissen Breite (z.B. 1 Gramm) gebildet. Die relativen Häufigkeiten (absolute Häufigkeiten wären hier unpraktisch) der einzelnen Klassen stellen wir wie gewohnt im Histogramm (Figur ①) dar, wobei der Flächeninhalt der einzelnen Balken ein Mass für relative Häufigkeit ist (vgl. (30.4)):

In Figur ① entspricht der Inhalt des mit Punkten markierten Flächenstücks der relativen Häufigkeit s aller Küken mit Gewicht $\leq x$. Dies ist eine (relative) Summenhäufigkeit, die man auch im Diagramm der Summenhäufigkeitsverteilung (Figur ②) an der Stelle x abtragen kann.

Da wir mit relativen Häufigkeiten arbeiten, hat die Gesamtfläche des Histogramms in Figur ① den Inhalt 1, entsprechend "steigt" die Summenhäufigkeit bis zum Wert 1.

Nun lassen wir in Gedanken die Klasseneinteilung immer feiner werden (z.B. durch Erhöhung der Messgenauigkeit, wobei wir aber die Anzahl der Messwerte erhöhen müssten*). Die Treppenkurve des Histogramms von Figur ① geht dabei im Grenzfall in eine glatte Kurve über, die wir als Graph einer gewissen Funktion f auffassen können (Figur ③). Im Zuge dieser Idealisierung ersetzen wir gleichzeitig die relative Häufigkeit durch die Wahrscheinlichkeit. Der Wert des Merkmals (hier des Gewichts) wird dann zum Wert einer Zufallsgrösse X.

Entsprechend der Situation beim Histogramm hat die totale Fläche unter der Kurve $f(x)$ den Inhalt 1. Er ist hier als "Gesamt"wahrscheinlichkeit (besser: Die Wahrscheinlichkeit des sicheren Ereignisses) zu deuten (Figur ③).

---

* Eine feinere Klasseneinteilung bei gleichbleibender Zahl der Beobachtungsdaten würde ein weniger übersichtliches Histogramm mit "Lücken" liefern, vgl. die Histogramme in (30.3) und (30.4).

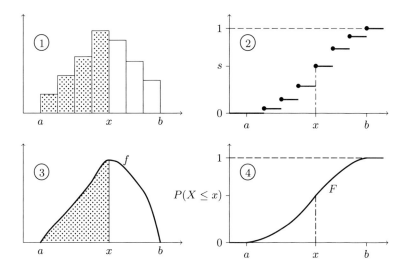

Aus der relativen Häufigkeit s aller Messwerte $\leq x$ wird bei diesem Übergang die Wahrscheinlichkeit dafür, dass $X \leq x$ ist; mit andern Worten:

Der Inhalt des in Figur ③ markierten Flächenstücks entspricht der Wahrscheinlichkeit

$$P(X \leq x) \, .$$

Nun stellen wir folgendes fest: Einerseits lässt sich dieser Flächeninhalt durch ein Integral beschreiben, nämlich durch

(A) $$P(X \leq x) = \int_a^x f(t)\, dt \, ,$$

anderseits ist $P(X \leq x)$ nach (37.8) gerade der Wert der Verteilungsfunktion F von X an der Stelle x :

(B) $$F(x) = P(X \leq x) \, .$$

Durch Zusammenfassung von (A) und (B) sehen wir, dass im Falle einer — vorläufig im anschaulichen Sinne — stetigen Zufallsgrösse X die Verteilungsfunktion $F(x)$ von X als Integral einer gewissen Funktion $f(x)$ berechnet werden kann:

(C) $$F(x) = \int_a^x f(t)\, dt \, .$$

Genau diese Eigenschaft werden wir in (40.3) zur allgemeinen Charakterisierung der stetigen Verteilungen gebrauchen.

Zunächst wollen wir uns aber noch überlegen, was bei der besprochenen Idealisierung aus der Summenhäufigkeitsverteilung wird: Die "Treppe" wird zu einer glatten Kurve, und an der Stelle x tragen wir nicht mehr die relative Summenhäufigkeit s ab, sondern die Wahrscheinlichkeit $P(X \leq x)$, die aber nach (B) gerade gleich $F(x)$ ist. Das heisst: aus der Summenhäufigkeits"kurve" wird der Graph der Verteilungsfunktion $F(x)$ von X, siehe Figur ④.

Bevor wir zur allgemeinen Theorie übergehen können, muss noch ein letzter Punkt geklärt werden: In der Formel (C) integrierten wir von a bis x. Die untere Integrationsgrenze a wird natürlich je nach betrachteter Kurve variieren, ja es gibt sogar Fälle, wo die Kurve die x-Achse gar nie berührt (z.B. bei der später zu besprechenden Normalverteilung). Aus diesem Grund muss man im allgemeinen Fall von $-\infty$ bis x integrieren, so dass man ein uneigentliches Integral im Sinne von (20.2) erhält. Die Formel lautet dann:

(D) $$F(x) = P(X \leq x) = \int_{-\infty}^{x} f(t)\, dt \ .$$

Nun können wir alles bisher Besprochene nochmals zusammenfassen:

Unsere Überlegungen haben uns gezeigt, dass die Verteilungsfunktion $F(x)$ durch ein bestimmtes Integral einer andern Funktion $f(x)$ beschrieben werden kann. Diese Funktion $f(x)$ heisst die *Dichtefunktion* (oder Wahrscheinlichkeitsdichte) der Zufallsgrösse X (oder der Verteilung). Durch die Angabe dieser Dichtefunktion $f(x)$ wird die Verteilung vollständig bestimmt.

Wir stellen noch die verwendeten Übergänge bei unserem Idealisierungsprozess zusammen:

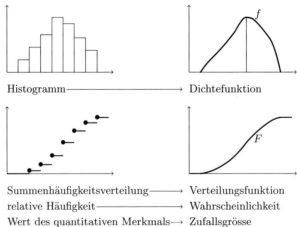

Histogramm ────────────────→ Dichtefunktion

Summenhäufigkeitsverteilung ───→ Verteilungsfunktion
relative Häufigkeit ────────────→ Wahrscheinlichkeit
Wert des quantitativen Merkmals ─→ Zufallsgrösse

(40.3) Definition der stetigen Zufallsgrösse

Wir sind nun in der Lage, genau zu sagen, was eine stetige Zufallsgrösse ist: Darunter versteht man eine Zufallsgrösse, deren Verteilungsfunktion in der oben besprochenen Weise als Integral einer "Dichtefunktion" f dargestellt werden kann. Diese Funktion f darf aber nicht ganz beliebig sein, sondern muss die in der folgenden zusammenfassenden *Definition* angegebenen Bedingungen erfüllen:

Eine Zufallsgrösse X heisst *stetig*, wenn es eine Funktion $f : \mathbb{R} \to \mathbb{R}$ gibt mit

1) f ist stetig (oder auch bloss stückweise stetig, vgl. (10.9)),

2) $f(x) \geq 0$ für alle x,

3) $\int_{-\infty}^{\infty} f(t)\, dt = 1$,

so dass für die Verteilungsfunktion $F(x) = P(X \leq x)$ von X gilt:

$$F(x) = \int_{-\infty}^{x} f(t)\, dt \ .$$

Die Funktion f heisst die *Dichtefunktion* von X.

Bemerkungen

a) Die Bedingungen 1) und 2) der Definition postuliert man aufgrund der motivierenden Betrachtungen. Auch 3) ist vernünftig. Diese Bedingung besagt einfach, dass die Gesamtfläche unter dem Graphen von f den Wert 1 hat und wird verlangt, weil dieses Integral der Gesamtwahrscheinlichkeit entspricht. Die Wahl von ∞ als obere Integrationsgrenze begründet sich ähnlich wie jene von $-\infty$ als untere Grenze. Bei

$$\int_{-\infty}^{\infty} f(t)\, dt$$

handelt es sich um ein uneigentliches Integral im Sinne von (20.3).

b) Das für uns wichtigste Beispiel ist die Dichtefunktion der so genannten "Normalverteilung", die wir in Kapitel 41 noch näher besprechen werden. Sie ist gegeben durch

$$\varphi(x) = \frac{1}{\sqrt{2\pi}\sigma} e^{-\frac{1}{2}\left(\frac{x-\mu}{\sigma}\right)^2} \qquad (\sigma > 0)\ .$$

Die Bedingungen 1) und 2) der Definition sind sicher erfüllt, denn die Exponentialfunktion ist stetig und nimmt nur positive Werte an. Eine Diskussion dieser Funktion finden Sie im Anhang (49.6), wo auch gezeigt wird, dass die Bedingung 3) gilt.

c) Die Verteilungsfunktion $F(x)$ lässt sich aus der Dichtefunktion $f(x)$ per definitionem durch Integration berechnen. Umgekehrt kann man aber auch aus der Verteilungsfunktion die Dichtefunktion bestimmen. Aufgrund der "Tatsache I" von (11.2) ist nämlich (wenigstens dort, wo F differenzierbar ist)

$$F'(x) = f(x)$$

d.h., die Dichtefunktion ist die Ableitung der Verteilungsfunktion. (Das Faktum, dass im abzuleitenden Integral die untere Grenze $-\infty$ statt a ist, ändert an der Gültigkeit der benützten Tatsache nichts.) Somit bestimmen sich Dichtefunktion und Verteilungsfunktion gegenseitig. (Im Fall einer diskreten Zufallsgrösse stehen Wahrscheinlichkeitsfunktion und Verteilungsfunktion in derselben Beziehung. Vergleiche dazu (37.7).)

(40.4) Berechnung von Wahrscheinlichkeiten

Definitionsgemäss ist $P(X \leq x) = F(x)$. Ist die Verteilungsfunktion $F(x)$ bekannt, so lassen sich aber auch andere Wahrscheinlichkeiten berechnen. Wir geben die wichtigsten Formeln an.

a) $P(X > x) = 1 - F(x).$

Da $X > x$ das Gegenereignis von $X \leq x$ ist, gilt nach Regel 6 von (34.6)

$$P(X > x) = 1 - P(X \leq x) \,,$$

woraus durch Einsetzen von $P(X \leq x) = F(x)$ die Behauptung folgt.

Die Formel hat eine ganz anschauliche geometrische Interpretation:

entspricht
$P(X \leq x) = F(x)$

entspricht
$P(X > x)$

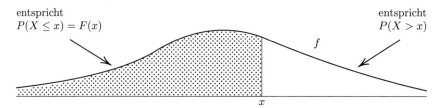

Der totale Flächeninhalt unter der Kurve ist $= 1$.

b) $P(a < X \leq b) = F(b) - F(a).$

Die Ereignisse $X \leq a$ und $a < X \leq b$ sind unvereinbar, und ihre Vereinigung ist das Ereignis $X \leq b$. Daraus ergibt sich nach der Regel 4 von (34.5):

$$P(X \leq a) + P(a < X \leq b) = P(X \leq b) \,.$$

Mit $P(X \leq a) = F(a)$, $P(X \leq b) = F(b)$ folgt die Behauptung durch Umformen.

Auch hier gibt es eine geometrische Deutung:

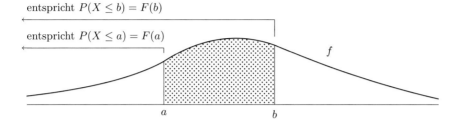

Wir halten noch eine Übereinstimmung mit der Integralrechnung fest. Nach dem Hauptsatz (11.4) ist wegen $F'(x) = f(x)$

$$\int_a^b f(t)\, dt = F(b) - F(a)\,,$$

dies entspricht dem Inhalt des markierten Flächenstücks und dieser wiederum der Wahrscheinlichkeit $P(a < X \le b)$.

c) Sinngemäss ist zu setzen:

$$P(X = a) = \int_a^a f(t)\, dt = 0 \qquad \text{(vgl. (10.8.b))}\,.$$

Wir haben also wieder einmal den Fall vor uns, dass ein Ereignis die Wahrscheinlichkeit 0 hat, ohne dass es das unmögliche Ereignis ist, vgl. (34.3) oder (37.8).

Aus der Beziehung $P(X = a) = 0$ folgen weitere Formeln wie etwa

$$P(X < x) = P(X \le x) = F(x)$$

$$P(a \le X \le b) = P(a < X \le b) = F(b) - F(a)$$

die wir jeweils ohne speziellen Hinweis benützen werden. Merken Sie sich also:

Bei stetigen Zufallsvariablen kommt es nicht darauf an, ob ein "kleiner"- oder ein "kleiner oder gleich"-Zeichen vorliegt.

d) Die in a) bis c) angestellten Überlegungen zeigen uns, dass wir sämtliche uns interessierenden Wahrscheinlichkeiten im Zusammenhang mit der Zufallsgrösse X berechnen können, wenn wir nur die Verteilungsfunktion $F(x)$ kennen.

(40.5) Dichtefunktion und Wahrscheinlichkeitsfunktion

Es sei X eine stetige Zufallsgrösse. Weil $P(X = x) = 0$ ist für alle x, ist es, im Gegensatz zu den diskreten Zufallsvariablen, nicht sinnvoll, eine "Wahrscheinlichkeitsfunktion" $P(X = x)$ im Sinne von (37.8) zu betrachten.

An deren Stelle tritt die Dichtefunktion $f(x)$. Allerdings darf man nicht glauben, dass $f(x) = P(X = x)$ sei, denn es ist ja stets $P(X = x) = 0$. Trotzdem lässt ein grosser Wert von $f(x)$ auf eine hohe Wahrscheinlichkeit schliessen, und zwar in folgendem Sinne:

Wir betrachten ein Intervall I der Länge Δx sowohl an der Stelle x_1 als auch an der Stelle x_2. Wenn nun $f(x_1) > f(x_2)$ ist, dann ist die Wahrscheinlichkeit, dass $X \in I$ ist, an der Stelle x_1 grösser als an der Stelle x_2:

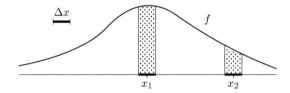

(40.6) Der Erwartungswert einer stetigen Zufallsgrösse

Wir suchen eine vernünftige Definition des Erwartungswerts einer stetigen Zufallsgrösse. Es geht im Folgenden darum, die am Schluss des Abschnitts angeführte Definition von $E(X)$ plausibel zu machen. Dazu gehen wir die in (40.2) gemachten Schritte rückwärts und "diskretisieren" die stetige Zufallsgrösse X mit Dichtefunktion $f(x)$, indem wir die x-Achse unterteilen:

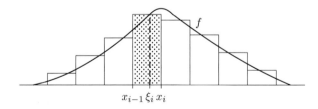

Die Wahrscheinlichkeit p_i dafür, dass ein Wert in das Intervall $[x_{i-1}, x_i]$ der Länge $\Delta x_i = x_i - x_{i-1}$ fällt, ist gleich dem Inhalt des hervorgehobenen Rechtecks. Für eine geeignete Zahl ξ_i aus $[x_{i-1}, x_i]$ ist dann dieser Inhalt gleich

$$f(\xi_i)\,\Delta x_i\,,$$

und es folgt

$$p_i = f(\xi_i)\,\Delta x_i\,.$$

Diskretisieren des Merkmals bedeutet, dass wir alle Werte im Intervall $[x_{i-1}, x_i]$ durch einen einzigen, z.B. durch ξ_i ersetzen.

Es liegt nunmehr eine diskrete Zufallsvariable vor, welche die Werte ξ_i mit der Wahrscheinlichkeit $p_i = f(\xi_i)\Delta x_i$ annimmt. Nach der Definition von μ (37.9) hat diese Zufallsgrösse den Erwartungswert

$$\mu = \sum_i \xi_i f(\xi_i)\Delta x_i \ .$$

Dies ist aber gerade eine Riemannsche Summe für die Funktion $x f(x)$ (vgl. (10.2)). Gehen wir nun zur stetigen Verteilung zurück, so geht $\Delta x_i \to 0$, und die Riemannsche Summe strebt gegen ein bestimmtes Integral:

$$\mu = \sum_i \xi_i f(\xi_i)\Delta x_i \to \int_a^b x f(x)\, dx \ .$$

Ersetzen wir nun noch a und b durch $-\infty$ und ∞, so haben wir die nachstehende *Definition* motiviert.

Es sei X eine stetige Zufallsgrösse mit der Dichtefunktion $f(x)$. Dann ist der *Erwartungswert* von X definiert durch

$$\mu = E(X) = \int_{-\infty}^{\infty} x f(x)\, dx \ .$$

Bemerkung

In der Definition steht ein uneigentliches Integral, das nicht zu existieren braucht (siehe Beispiel 40.8.B). Wenn dem so ist, dann hat X eben keinen Erwartungswert. Aus gewissen theoretischen Gründen fordert man sogar die Existenz von $\int_{-\infty}^{\infty} |x| f(x)\, dx$, was uns weiter nicht berührt.

(40.7) Die Varianz einer stetigen Zufallsgrösse

Beim Erwartungswert haben wir den folgenden Übergang vom diskreten zum stetigen Fall gemacht:

$$\mu = E(X) = \sum x_i p_i \ \rightsquigarrow \ E(X) = \int_{-\infty}^{\infty} x f(x)\, dx \ .$$

In Analogie dazu steht der entsprechende Übergang für die Varianz

$$\sigma^2 = V(X) = \sum (x_i - \mu)^2 p_i \ \rightsquigarrow \ V(X) = \int_{-\infty}^{\infty} (x - \mu)^2 f(x)\, dx \ .$$

Dies motiviert die folgenden Definitionen:

Es sei X eine stetige Zufallsgrösse mit der Dichtefunktion $f(x)$. Dann ist die *Varianz* von X definiert durch

$$\sigma^2 = V(X) = \int_{-\infty}^{\infty} (x - \mu)^2 f(x)\, dx \quad \text{mit} \quad \mu = E(X)$$

(sofern sowohl μ als auch dieses uneigentliche Integral existiert).

Die *Standardabweichung* von X ist die positive Wurzel aus der Varianz:

$$\sigma = \sqrt{V(X)} \geq 0\,.$$

(40.8) Erste Beispiele von Dichtefunktionen

Beispiel 40.8.A

Es sei λ eine positive Zahl. Wir setzen

$$f(x) = \begin{cases} Ke^{-\lambda x} & \text{für } x \geq 0 \\ 0 & \text{für } x < 0. \end{cases}$$

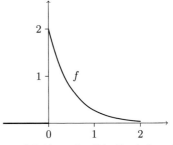

Dabei soll die Konstante K so bestimmt werden, dass f eine Dichtefunktion wird.

Wir kontrollieren die Bedingungen 1) bis 3) von (40.3) nach. Die Funktion f ist zwar nicht stetig (Unstetigkeit im Punkt $x = 0$), aber immerhin stückweise stetig: 1) ist erfüllt und ebenso 2) (offensichtlicherweise). Die dritte Bedingung

$(\star)$ $$\int_{-\infty}^{\infty} f(t)\, dt = 1$$

kann erfüllt werden, wenn wir K richtig wählen. Um dieses uneigentliche Integral zu berechnen, müssen wir gemäss (20.3) zwei uneigentliche Integrale, nämlich

$$(1)\ \int_{-\infty}^{c} f(t)\, dt \quad \text{und} \quad (2)\ \int_{c}^{\infty} f(t)\, dt$$

für eine passende Zahl c getrennt betrachten. Es sollte klar sein, dass wir $c = 0$ wählen. Das Integral (1) hat dann den Wert 0. Daher liefert nur das Integral (2) einen Beitrag zum gesamten uneigentlichen Integral aus $(\star)$. Wir berechnen (2), wie in (20.2) gelernt, als Grenzwert:

$$\int_0^\infty f(t)\, dt = \lim_{x\to\infty} \int_0^x f(t)\, dt = \lim_{x\to\infty} \int_0^x K e^{-\lambda t}\, dt$$

$$= \lim_{x\to\infty} K\left(-\frac{1}{\lambda}\right) e^{-\lambda t}\Big|_0^x = \lim_{x\to\infty}\left(-\frac{K}{\lambda}\left(e^{-\lambda x}-1\right)\right) = \frac{K}{\lambda}\;.$$

Dabei wurde benützt, dass $e^{-\lambda x}$ für $x\to\infty$ gegen Null strebt Die Bedingung $(\star)$ ist also erfüllt, wenn $\frac{K}{\lambda}=1$, also $K=\lambda$ ist.

Wir bestimmen noch die Verteilungsfunktion $F(x)$. Nach Definition ist für $x\geq 0$

$$F(x) = \int_{-\infty}^x f(t)\, dt = \int_0^x \lambda e^{-\lambda t}\, dt = -(e^{-\lambda x}-1) = 1 - e^{-\lambda x}\;.$$

Das Integral ist weiter oben schon ausgerechnet worden; es wurde noch der bereits bestimmte Wert $K=\lambda$ eingesetzt. Für den (uninteressanten) Fall $x<0$ ist $F(x)=0$.

Damit können wir nun gemäss (40.4) Wahrscheinlichkeiten berechnen. Wir setzen dabei $\lambda=2$ (dieser Fall ist in der Figur dargestellt). Es sei also X eine Zufallsgrösse, welche die entsprechende Dichtefunktion f hat. Wir erhalten beispielsweise:

a) $P(X\leq 1) = F(1) = 1 - e^{-2\cdot 1} = 0.8647$,

b) $P(X>3) = 1 - F(3) = 1 - (1 - e^{-2\cdot 3}) = e^{-2\cdot 3} = 0.0025$,

c) $P(2\leq X\leq 4) = F(4) - F(2) = (1 - e^{-8}) - (1 - e^{-4}) = 0.0180$.

Alle diese Wahrscheinlichkeiten können als Flächeninhalte unter dem Graphen von f aufgefasst werden, vgl. ähnliche Skizzen in (40.4).

Die hier besprochene Verteilung heisst *Exponentialverteilung*.

Nun bestimmen wir noch den Erwartungswert von X. Nach (40.6) ist dieser durch das folgende uneigentliche Integral gegeben:

$$\mu = E(X) = \int_{-\infty}^\infty x f(x)\, dx = \int_0^\infty x\lambda e^{-\lambda x}\, dx\;.$$

Mit partieller Integration (13.5) finden wir

$$\int \lambda x e^{-\lambda x}\, dx = \lambda\left(-\frac{1}{\lambda}x e^{-\lambda x} + \frac{1}{\lambda}\int e^{-\lambda x}\, dx\right) = -x e^{-\lambda x} - \frac{1}{\lambda}e^{-\lambda x}\;.$$

Einsetzen der Grenzen ergibt

$$\int_0^u \lambda x e^{-\lambda x}\, dx = -u e^{-\lambda u} - \frac{1}{\lambda}(e^{-\lambda u}-1)\;.$$

Jetzt lassen wir $u\to\infty$ gehen. Dabei streben $e^{-\lambda u}$ und $u e^{-\lambda u}$ beide gegen Null. Die zweite Behauptung ergibt sich aus der in (19.8.a) erwähnten Beziehung $\lim_{x\to\infty} e^x/x^n = \infty$. Setzen wir nämlich $n=1$ und gehen zum Kehrwert über, so wird $\lim_{x\to\infty} x/e^x = \lim_{x\to\infty} x e^{-x} = 0$, woraus die Behauptung folgt, wenn man noch x durch λu ersetzt. (Vgl. dazu eine analoge Rechnung in (20.2), Beispiel 4.) Aus alledem ergibt sich schliesslich $\mu = E(X) = \frac{1}{\lambda}$.

Eine ähnliche, aber noch etwas kompliziertere Rechnung liefert für die Varianz den Wert $V(X) = 1/\lambda^2$.

$\boxtimes$

Beispiel 40.8.B

Wir betrachten die Funktion

$$f(x) = \frac{c}{1 + x^2}$$

und wollen zunächst c so bestimmen, dass f eine Dichtefunktion wird. Sicher sind die Bedingungen 1) und 2) von (40.3) erfüllt. Die Bedingung 3) besagt

$$\int_{-\infty}^{\infty} f(x)\,dx = \int_{-\infty}^{\infty} \frac{c}{1 + x^2}\,dx = c \int_{-\infty}^{\infty} \frac{1}{1 + x^2}\,dx = 1 \;.$$

Nun haben wir aber den Wert des letzten Integrals in Beispiel 1 von (20.3) bestimmt; er ist gleich π. Somit ist $c = \frac{1}{\pi}$ zu setzen.

Wir berechnen damit $P(-1 \le X \le 1)$ für die so verteilte Zufallsgrösse X. Diesmal verwenden wir nicht wie in Beispiel 40.8.A die Verteilungsfunktion, sondern operieren direkt mit dem Integral (siehe den Schluss von (40.4.b)).

$$P(-1 \le X \le 1) = \frac{1}{\pi} \int_{-1}^{1} \frac{1}{1 + x^2}\,dx = \frac{1}{\pi} \arctan x \Big|_{-1}^{1} = \frac{1}{\pi}\Big(\frac{\pi}{4} - \big(-\frac{\pi}{4}\big)\Big) = \frac{1}{2} \;.$$

Diese Verteilung wird manchmal *Cauchy-Verteilung** genannt.

Wir weisen noch nach, dass diese Verteilung keinen Erwartungswert besitzt. Dazu genügt es zu zeigen, dass das uneigentliche Integral

$$\int_{0}^{\infty} x f(x)\,dx = \int_{0}^{\infty} \frac{x}{1 + x^2}\,dx$$

nicht existiert, denn dann existiert auch das entsprechende Integral mit den Grenzen $-\infty$ und ∞ nicht. Nun ist aber (man verwendet die Substitution $v = 1 + x^2$, $dv = 2x\,dx$; vgl. (13.2) und (13.4))

$$\int_{0}^{u} \frac{x}{1 + x^2}\,dx = \frac{1}{2} \ln(1 + u^2) \;,$$

und dieser Ausdruck strebt mit wachsendem u gegen unendlich. Das uneigentliche Integral existiert daher nicht; X hat keinen Erwartungswert.   ⊠

(40.9) Die stetige Gleichverteilung

Die für uns wichtigste stetige Verteilung, die Normalverteilung, wird in Kapitel 41 näher behandelt. In der beurteilenden Statistik werden wir sodann die t-Verteilung und die χ^2-Verteilung antreffen. Als ein sehr einfaches Beispiel einer stetigen Verteilung erwähnen wir hier die *stetige Gleichverteilung*, auch *Rechteckverteilung* genannt.

---

* A.L. CAUCHY, 1789–1857.

Ihre Dichtefunktion $f(x)$ ist in einem vorgegebenen Intervall $[a, b]$ konstant, und zwar hat sie dort den Wert $1/(b-a)$; ausserhalb dieses Intervalls ist $f(x) = 0$. Ihr Graph sieht so aus:

Sind die Bedingungen, die wir in (40.3) an eine Dichtefunktion stellen, erfüllt?

1) f ist stückweise stetig (aber nicht stetig, denn f hat Sprungstellen in a und b).

2) $f(x) \geq 0$ für alle x nach Definition.

3) Nur das Rechteck liefert einen Beitrag zur Integration von $-\infty$ bis ∞. Geometrisch ist klar, dass sein Flächeninhalt $= 1$ ist (denn $f(x) = 1/(b - a)$ in $[a, b]$), somit ist $\int_{-\infty}^{\infty} f(t)\, dt = 1$.

Alle drei Bedingungen gelten: $f(x)$ ist tatsächlich eine Dichtefunktion.

Die zugehörige Verteilungsfunktion ist gegeben durch

$$F(x) = \int_{-\infty}^{x} f(t)\, dt \ .$$

Man könnte dieses Integral analytisch berechnen (mit Fallunterscheidung $x < a$, $a \leq x < b$, $b \leq x$). Aufgrund geometrischer Überlegungen (Flächeninhalt; vgl. die drei unten stehenden Figuren) erkennt man aber sofort, dass gilt:

$(*)$
$$F(x) = \begin{cases} 0 & \text{für } x < a \\ (x - a)/(b - a) & \text{für } a \leq x \leq b \\ 1 & \text{für } x > b \end{cases}$$

(Das Rechteck hat ja die Höhe $1/(b - a)$.)

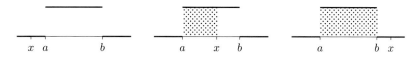

Der Graph der Verteilungsfunktion $F(x)$ hat die folgende Form:

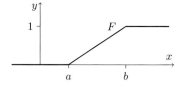

Man erkennt auch sofort, dass $F'(x) = f(x)$ ist (abgesehen von den Stellen a und b, wo F nicht differenzierbar ist, vgl. Bemerkung c) von (40.3)). Im nächsten Beispiel kommt eine solche Gleichverteilung vor.

Beispiel 40.9.A

Wir betrachten ein Glücksrad, wie z.B. in (37.8). Der Winkel X (mit $0 \leq X < 2\pi$), bei welchem der Zeiger stehenbleibt, sei unsere Zufallsgrösse. Sie kann jeden Wert in $[0, 2\pi)$ annehmen und sollte deshalb aufgrund unserer Anschauung eine stetige Zufallsgrösse sein. Um auch der theoretischen Definition zu genügen, müssen wir eine Dichtefunktion gemäss (40.3) angeben.

Unser Gefühl sagt uns, dass bei einem "ehrlichen" Glücksrad jeder Ausgang dieselbe Wahrscheinlichkeit hat. Da X aber stetig ist, ist $P(X = x) = 0$ für alle $x \in [0, 2\pi)$. Dieser scheinbare Widerspruch löst sich, wenn wir die "Ehrlichkeit" des Rades so formulieren: Im Intervall $[0, 2\pi]$ ist die *Dichtefunktion* konstant. Dies ist nun gerade der Fall einer stetigen Gleichverteilung, mit $a = 0$, $b = 2\pi$.

Die Graphen von $f(x)$ und $F(x)$ entsprechen den oben stehenden Figuren, wenn man $a = 0$, $b = 2\pi$ setzt.

Mit der weiter oben erwähnten Formel $(*)$ für $F(x)$ erhalten wir nun zum Beispiel:

$$P\left(X \leq \frac{\pi}{2}\right) = F\left(\frac{\pi}{2}\right) = \frac{\frac{\pi}{2} - 0}{2\pi - 0} = \frac{1}{4} ,$$
$$P(X \leq \pi) = F(\pi) = \frac{\pi - 0}{2\pi - 0} = \frac{1}{2} ,$$

in Übereinstimmung mit der Anschauung und den Überlegungen in (37.8).   ⊠

Schliesslich berechnen wir noch als Anwendung der Formeln aus (40.6) und (40.7) Erwartungswert und Varianz der stetigen Gleichverteilung. In den entsprechenden Integralen können die Grenzen $-\infty$ und ∞ durch a und b ersetzt werden, da die Dichtefunktion $f(x)$ ausserhalb des Intervalls $[a, b]$ den Wert 0 annimmt. Wir erhalten also zunächst

$$\mu = E(X) = \int_a^b x \cdot \frac{1}{b-a} \, dx = \frac{1}{b-a} \int_a^b x \, dx = \frac{b^2 - a^2}{2(b-a)} = \frac{a+b}{2} .$$

Der Erwartungswert ist als gleich dem Durchschnitt der Intervallgrenzen, d.h., gleich der Mitte des Intervalls $[a, b]$.

Für die Varianz lassen wir die Details der (etwas langweiligen, aber problemlosen) Rechnung aus.

$$\sigma^2 = V(X) = \int_a^b (x - \frac{a+b}{2})^2 \, \frac{1}{b-a} \, dx = \ldots = \frac{(b-a)^2}{12} .$$

Beispiel 40.9.B

Auf der S-Bahn-Linie S9 verkehrt tagsüber alle 30 Minuten ein Zug. Ein Bahn-benützer pflegt zufällig auf dem Bahnhof einzutreffen. Wie lange muss er im Durch-schnitt warten?

Der gesunde Menschenverstand suggeriert, dass die mittlere Wartezeit 15 Minuten beträgt. Dies wollen wir nun rechnerisch bestätigen. Die Wartezeit X (in Minuten) ist eine Zufallsvariable, die Werte zwischen 0 und 30 annimmt (Pünktlichkeit der Züge einmal vorausgesetzt!). Die Voraussetzung, dass unser Freund des öffentlichen Ver-kehrs zufällig eintrifft, dass also kein Zeitintervall bevorzugt ausgewählt wird, bedeutet gerade, dass X einer Gleichverteilung folgt. Dies ist — vom Standpunkt der Wahr-scheinlichkeitsrechnung aus — die Hauptüberlegung. Die mittlere Wartezeit ist dann der Erwartungswert $\mu = E(X)$, der nach der oben hergeleiteten Formel $= 15$ ist.   ⊠

(40.∞) Aufgaben

40−1 a) Bestimmen Sie die Zahl c so, dass

$$f(x) = \begin{cases} 0 & x < 0 \\ c(1+x)^{-3} & x \geq 0 \end{cases}$$

die Dichtefunktion einer Zufallsvariablen X wird. b) Skizzieren Sie den Graphen von f, und stellen Sie die Wahrscheinlichkeit $p = P(0.5 \leq X \leq 1)$ graphisch dar. c) Berechnen Sie p. d) Hat X einen Erwartungswert? Wenn ja, wie gross ist er?

40−2 a) Wie muss man die Zahl a wählen, damit

$$f(x) = \begin{cases} 0 & x < 1 \\ ax^{-2} & x \geq 1 \end{cases}$$

eine Dichtefunktion wird? Die zugehörige stetige Zufallsgrösse nennen wir X. b) Skizzieren Sie den Graphen von f, und stellen Sie die Wahrscheinlichkeit $p = P(1.5 \leq X \leq 2)$ graphisch dar. c) Bestimmen Sie die Verteilungsfunktion von X. d) Berechnen Sie p. e) Hat X einen Erwartungswert? Wenn ja, wie gross ist er?

40−3 Kann man die Zahl c so wählen, dass

$$f(x) = \begin{cases} 1 + cx & \text{für } 0 \leq x \leq 4 \\ 0 & \text{sonst} \end{cases}$$

eine Dichtefunktion ist? Wenn ja, wie gross ist dieses c?

40−4 a) Zeigen Sie, dass die nachstehende Funktion f eine Dichtefunktion ist:

$$f(x) = \begin{cases} 0 & x < 0 \\ \frac{1}{2}x & 0 \leq x \leq 2 \\ 0 & x > 2 \end{cases}$$

b) Bestimmen Sie die Verteilungsfunktion $F(x)$ der zugehörigen Zufallsgrösse X, und zeichnen Sie ihren Graphen. c) Wie muss man y wählen, damit $P(X \geq y) = 0.05$ ist? d) Überlegen Sie sich, wie der Median von X zu definieren ist, und berechnen Sie ihn.

40−5 a) Zeigen Sie, dass

$$f(x) = \begin{cases} \frac{\pi}{2} \sin(\pi x) & 0 \le x \le 1 \\ 0 & \text{sonst} \end{cases}$$

die Dichtefunktion einer Zufallsgrösse X ist. b) Geben Sie die Verteilungsfunktion $F(x)$ von X an. c) Für welche Zahl z ist $P(X < z) = 0.2$?

40−6 Die Dichtefunktion einer stetigen Zufallsgrösse X ist gegeben durch

$$f(x) = \begin{cases} a(2x - x^2) & 0 \le x \le 2 \\ 0 & \text{sonst} \end{cases}$$

a) Wie gross muss a sein, damit f eine Dichtefunktion ist? b) Skizzieren Sie den Graphen von f. c) Berechnen Sie $E(X)$.

40−7 Bestimmen Sie die Konstante c so, dass

$$f(x) = \begin{cases} 0 & x < 0 \\ cxe^{-x/2} & x \ge 0 \end{cases}$$

die Dichtefunktion einer Zufallsgrösse X ist. Berechnen Sie $P(X \ge 6)$.

40−8 Durch

$$f(x) = \begin{cases} 0 & x < 0 \\ 2x \cdot \exp(-x^2) & x \ge 0 \end{cases}$$

ist die Dichtefunktion einer Zufallsgrösse X gegeben. a) Stimmt's? b) Zeichnen Sie den Graphen von f (wo liegt das Maximum?) c) Berechnen Sie $P(X \ge 1)$. d) Für welche Zahl z ist $P(X \le z) = P(X \ge z)$? Wie ist diese Zahl zu interpretieren?

40−9 Der nebenstehende Graph zeigt die Dichtefunktion einer so genannten Dreiecksverteilung. a) Bestimmen Sie die Höhe h des Dreiecks. b) Bestimmen Sie die Verteilungsfunktion F, und zeichnen Sie ihren Graphen. c) Wie gross ist die Wahrscheinlichkeit dafür, dass eine entsprechend verteilte Zufallsvariable einen Wert ≤ 1 annimmt?

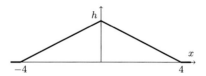

41. DIE NORMALVERTEILUNG

(41.1) Überblick

Die stetige Zufallsgrösse X folgt der *Normalverteilung* mit den *Parametern* μ, σ ($\mu, \sigma \in \mathbb{R}$, $\sigma > 0$), abgekürzt "der Verteilung $N(\mu\,;\sigma)$", wenn sie die Dichtefunktion *(41.2)*

$$\varphi_{\mu,\sigma}(x) = \frac{1}{\sqrt{2\pi}\sigma} e^{-\frac{1}{2}\left(\frac{x-\mu}{\sigma}\right)^2}$$

hat.

Im Spezialfall, wo $\mu = 0$ und $\sigma = 1$ ist, spricht man von der *Standard-Normalverteilung* und bezeichnet die Dichtefunktion mit $\varphi(x)$. *(41.3)*

Der *Graph* der Dichtefunktion der Normalverteilung $N(\mu\,;\sigma)$ ist glockenförmig, symmetrisch bezüglich der Geraden $x = \mu$, und er hat Wendepunkte an den Stellen $\mu - \sigma$ und $\mu + \sigma$. *(41.2)*

Der *Erwartungswert* der Normalverteilung $N(\mu\,;\sigma)$ ist gleich μ; ihre *Standardabweichung* ist gleich σ. *(41.6)*

Die zugehörige *Verteilungsfunktion* bezeichnet man mit $\Phi_{\mu,\sigma}(x)$, im Falle der Standard-Normalverteilung kurz mit $\Phi(x)$. Die Werte von $\Phi(x)$ sind tabelliert; zur Berechnung von $\Phi_{\mu,\sigma}(x)$ für allgemeine Werte von μ und σ muss man die folgende Formel benützen: *(41.2)* *(41.3)*

$$\Phi_{\mu,\sigma}(x) = \Phi\left(\frac{x-\mu}{\sigma}\right).$$

Für jedes $\alpha \in [0,1]$ ist der *kritische Wert* z_α dadurch definiert, dass *(41.5)*

$$P(|X| \geq z_\alpha) = \alpha$$

ist, wobei X der Standard-Normalverteilung folgt.

(41.2) Definition der Normalverteilung

Die für uns wichtigste stetige Verteilung ist die Normalverteilung (auch Gauss-Verteilung* genannt). Sie hängt von zwei "Parametern" μ und σ (μ beliebig, $\sigma > 0$) ab; es gibt also unendlich viele Normalverteilungen. Man benützt oft das Zeichen $N(\mu\,;\sigma)$ um anzugeben, dass eine Normalverteilung mit den Parametern μ und σ vorliegt.

---

* Nach C.F. GAUSS, 1777–1855.

In manchen Büchern verwendet man die Bezeichnung $N(\mu; \sigma^2)$ statt $N(\mu; \sigma)$. In diesem Fall bedeutet $N(0; 4)$ also eine Normalverteilung mit $\mu = 0$, $\sigma = 2$. Wir werden aber bei der Form $N(\mu; \sigma)$ bleiben, weil dies besser zu $\Phi_{\mu,\sigma}$ passt.

Wie jede stetige Verteilung kann die Normalverteilung durch ihre Dichtefunktion gegeben werden (40.3). Wir definieren:

> Die stetige Zufallsgrösse X folgt der *Normalverteilung* $N(\mu; \sigma)$ ($\mu, \sigma \in \mathbb{R}$, $\sigma > 0$), wenn ihre Dichtefunktion die Gestalt
>
> $$\varphi_{\mu,\sigma}(x) = \frac{1}{\sqrt{2\pi}\sigma} e^{-\frac{1}{2}\left(\frac{x-\mu}{\sigma}\right)^2}$$
>
> hat. Im Fall $N(0; 1)$, wo also $\mu = 0$ und $\sigma = 1$ ist, spricht man von der *Standard-Normalverteilung*. Ihre Dichtefunktion wird einfach mit φ bezeichnet; sie ist gegeben durch
>
> $$\varphi(x) = \frac{1}{\sqrt{2\pi}} e^{-\frac{1}{2}x^2} .$$

Wir haben bereits in (40.3) erwähnt, dass diese Funktion (die Indizes μ, σ hatten wir dort weggelassen) die Bedingungen erfüllt, die man an eine Dichtefunktion stellt.

Eine Diskussion des Graphen dieser Funktion steht im Anhang (49.6). Wir fassen die wichtigsten Punkte zusammen. Zunächst stellen wir den Graphen der Dichtefunktion $\varphi_{\mu,\sigma}$ für $\mu = 0$, $\sigma = \frac{1}{4}, \frac{1}{2}, 1$ vor (für $\sigma = 1$ handelt es sich um die Standard-Normalverteilung):

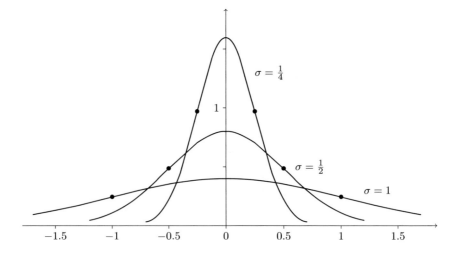

Der Graph hat die folgenden Eigenschaften:

1) Er ist symmetrisch in Bezug auf die Gerade $x = \mu$.

2) Er hat Wendepunkte in $\mu - \sigma$, $\mu + \sigma$.

3) Es ist $\lim\limits_{x \to \infty} \varphi_{\mu,\sigma}(x) = \lim\limits_{x \to -\infty} \varphi_{\mu,\sigma}(x) = 0$.

4) Spezielle Funktionswerte:

$$\varphi_{\mu,\sigma}(\mu) = \frac{1}{\sqrt{2\pi}\sigma}, \quad \varphi_{\mu,\sigma}(\mu - \sigma) = \varphi_{\mu,\sigma}(\mu + \sigma) = \frac{1}{\sqrt{2\pi}\sigma\sqrt{e}} \ .$$

Der Graph wird "Glockenkurve" oder "Gauss-Kurve" genannt. Je grösser σ ist, desto breiter und niedriger wird die Glockenkurve, was auch an den drei Fällen der Figur illustriert wird.

Ein von 0 verschiedener Wert von μ bewirkt eine Parallelverschiebung des Graphen:

$$0 \qquad\qquad\qquad \mu \neq 0$$

Die *Verteilungsfunktion* von $N(\mu\,;\sigma)$ wird mit $\Phi_{\mu,\sigma}(x)$ bezeichnet. Nach (40.3) ist sie gegeben durch

$$\Phi_{\mu,\sigma}(x) = \int_{-\infty}^{x} \varphi_{\mu,\sigma}(t)\,dt = \int_{-\infty}^{x} \frac{1}{\sqrt{2\pi}\sigma} e^{-\frac{1}{2}\left(\frac{t-\mu}{\sigma}\right)^2}\,dt \ .$$

Wir erinnern daran, dass für die Verteilungsfunktion definitionsgemäss gilt

$$\Phi_{\mu,\sigma}(x) = P(X \leq x) \ .$$

Geometrisch gesehen ist diese Zahl gleich dem Flächeninhalt des in der unten stehenden Figur mit Punkten markierten Stücks unter der Glockenkurve.

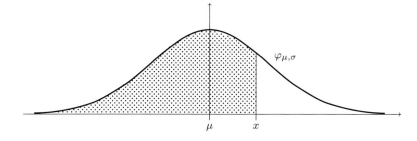

Wir haben schon in (12.3.e) erwähnt, dass die Funktion e^{-x^2} keine elementare Stammfunktion hat. Daher kann auch $\Phi_{\mu,\sigma}$ als Integral der eng mit e^{-x^2} verwandten Funktion $\varphi_{\mu,\sigma}(x)$ nicht auf elementare Weise berechnet werden. Zur Berechnung der Werte von $\Phi_{\mu,\sigma}(x)$ muss man vielmehr Reihenentwicklungen heranziehen (vgl. Beispiel 3. von (19.6)).

Immerhin ist aus Symmetriegründen klar, dass $\Phi_{\mu,\sigma}(\mu) = \frac{1}{2}$ ist. Benützt man noch, dass gilt (vgl. (40.3))

$$\Phi'_{\mu,\sigma}(x) = \varphi_{\mu,\sigma}(x) \,,$$

so dann kann man den Graphen von $\Phi_{\mu,\sigma}$ bereits einigermassen zeichnen. Genauere Skizzen erhält man, wenn man die Wertetabellen der Verteilungsfunktion verwendet (vgl. (41.3)):

Graph der Verteilungsfunktion $\Phi_{\mu,\sigma}$ für $\mu = 0$, $\sigma = \frac{1}{4}, \frac{1}{2}, 1$

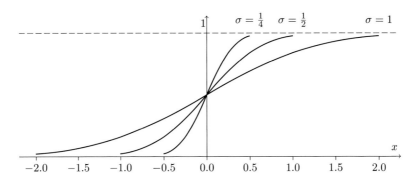

Dabei strebt $\Phi_{\mu,\sigma}(x) \to 1$ für $x \to \infty$ und $\Phi_{\mu,\sigma}(x) \to 0$ für $x \to -\infty$.

(41.3) Berechnung der Werte der Verteilungsfunktion

Wie eben erwähnt wurde, können die Werte der Verteilungsfunktion nicht auf elementare Weise bestimmt werden. Jene der Dichtefunktion sind dagegen leicht mit dem Taschenrechner zu ermitteln.

Die Werte der Verteilungsfunktion der Normalverteilung sind in Tabellen niedergelegt (vgl. Tabelle (51.3) im Anhang), doch beziehen sich diese Tabellen stets auf die Standard-Normalverteilung N$(0\,; 1)$, also die Normalverteilung mit den Parametern $\mu = 0$ und $\sigma = 1$. Für die Dichte- bzw. die Verteilungsfunktion der Standard-Normalverteilung schreiben wir kurz φ bzw. Φ (ohne Indizes).

Die Werte der Verteilungsfunktion $\Phi(x)$ der Standard-Normalverteilung können also Tabellen entnommen werden. Um nun $\Phi_{\mu,\sigma}(x)$ für beliebiges μ,σ berechnen zu können, benützt man die folgende wichtige Formel:

$(*)$
$$\boxed{\Phi_{\mu,\sigma}(x) = \Phi\left(\frac{x-\mu}{\sigma}\right).}$$

Etwas abstrakter formuliert: Man geht von der ursprünglichen Zufallsgrösse X zur neuen Zufallsgrösse $\frac{X-\mu}{\sigma}$ über. Dieser Vorgang heisst "*Standardisierung*".

Wir leiten nun die Beziehung $(*)$ her. Zuerst schreiben wir die Formel für die Dichtefunktion der Standard-Normalverteilung auf, indem wir in der Definition von $\varphi_{\mu,\sigma}$ die Parameter $\mu = 0$ und $\sigma = 1$ wählen. Wir erhalten wie in (41.2)

$$\varphi(x) = \frac{1}{\sqrt{2\pi}}e^{-\frac{1}{2}x^2} .$$

Ersetzen wir hier x durch $\frac{x-\mu}{\sigma}$ und dividieren noch durch σ, so finden wir

$$\frac{1}{\sigma}\varphi\left(\frac{x-\mu}{\sigma}\right) = \frac{1}{\sqrt{2\pi}\sigma}e^{-\frac{1}{2}\left(\frac{x-\mu}{\sigma}\right)^2} = \varphi_{\mu,\sigma}(x) ,$$

also

$(**)$
$$\varphi_{\mu,\sigma}(x) = \frac{1}{\sigma}\varphi\left(\frac{x-\mu}{\sigma}\right) .$$

Für die Formel $(*)$ benützen wir die Definition des uneigentlichen Integrals (20.2) sowie die Substitutionsregel (13.2):

$$\Phi_{\mu,\sigma}(x) = \int_{-\infty}^{x} \varphi_{\mu,\sigma}(t)\,dt = \lim_{a\to-\infty}\int_{a}^{x}\varphi_{\mu,\sigma}(t)\,dt = \lim_{a\to-\infty}\int_{a}^{x}\frac{1}{\sigma}\varphi\left(\frac{t-\mu}{\sigma}\right)dt$$

(wegen Formel $(**)$). Nun substituieren wir

$$u = \frac{t-\mu}{\sigma}, \quad du = \frac{1}{\sigma}dt .$$

Die untere Grenze a wird zu $\frac{a-\mu}{\sigma} = \tilde{a}$ (als Abkürzung), die obere Grenze x wird zu $\frac{x-\mu}{\sigma}$. Wichtig ist, dass mit $a \to -\infty$ auch $\tilde{a} \to -\infty$ strebt. Wir finden so

$$\Phi_{\mu,\sigma}(x) = \lim_{a\to-\infty}\int_{a}^{x}\frac{1}{\sigma}\varphi\left(\frac{t-\mu}{\sigma}\right)dt = \lim_{\tilde{a}\to-\infty}\int_{\tilde{a}}^{\frac{x-\mu}{\sigma}}\varphi(u)\,du$$

$$= \int_{-\infty}^{\frac{x-\mu}{\sigma}}\varphi(u)\,du = \Phi\left(\frac{x-\mu}{\sigma}\right) ,$$

wobei am Schluss die Definition von $\Phi = \Phi_{0,1}$ benützt wurde. Damit ist die Formel $(*)$ bewiesen.

(41.4) Berechnung von Wahrscheinlichkeiten

Wir geben nun einige Beispiele zur Anwendung der Formel von (41.3):

1) Gegeben sei die Normalverteilung N(-1; 2). Gesucht sei $\Phi_{-1,2}(3)$.

Wir setzen $x = 3$, $\mu = -1$ und $\sigma = 2$ in Formel (*) ein und finden unter Verwendung von Tabelle (51.3)

$$\Phi_{-1,2}(3) = \Phi\left(\frac{3 - (-1)}{2}\right) = \Phi(2) = 0.9772 \,. \qquad \boxtimes$$

2) Eine Zufallsgrösse X sei gemäss N(2; $\frac{1}{2}$) normal verteilt. Mit welcher Wahrscheinlichkeit liegt X im Intervall [1.4, 1.6]?

Wegen Formel b) (und Bemerkung c) von (40.4)) ist

$$\boxed{P(a \leq X \leq b) = \Phi_{\mu,\sigma}(b) - \Phi_{\mu,\sigma}(a) \,.}$$

Geometrisch entspricht diese Wahrscheinlichkeit dem Inhalt des markierten Flächenstücks.

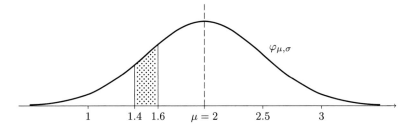

In der obigen Formel setzen wir $\mu = 2$, $\sigma = \frac{1}{2}$, $a = 1.4$, $b = 1.6$ und erhalten

$$P(1.4 \leq X \leq 1.6) = \Phi_{2,\frac{1}{2}}(1.6) - \Phi_{2,\frac{1}{2}}(1.4) \,.$$

Die beiden Funktionswerte berechnen sich zu

$$\Phi_{2,\frac{1}{2}}(1.6) = \Phi\left(\frac{1.6 - 2}{0.5}\right) = \Phi(-0.8) = 0.2119 \,,$$

$$\Phi_{2,\frac{1}{2}}(1.4) = \Phi\left(\frac{1.4 - 2}{0.5}\right) = \Phi(-1.2) = 0.1151 \,.$$

Die gesuchte Wahrscheinlichkeit ist also $= 0.0968$.

Für dieselbe Zufallsgrösse bestimmen wir noch $P(X \geq \pi)$. Wegen Formel a) und Bemerkung d) von (40.4) ist $P(X \geq \pi) = 1 - P(X \leq \pi) = 1 - \Phi_{2,\frac{1}{2}}(\pi)$. Standardisierung liefert

$$\Phi_{2,\frac{1}{2}}(\pi) = \Phi\left(\frac{\pi - 2}{0.5}\right) \approx \Phi(2.28) \,.$$

Nun ist dieser Wert in der Tabelle (51.3) leider nicht zu finden. Wir müssen deshalb interpolieren (für diesbezügliche Einzelheiten siehe (51.3)). Es ist $\Phi(2.25) = 0.9878$ und $\Phi(2.30) = 0.9893$. Wir finden so $\Phi(2.28) \approx 0.9888$. Es folgt

$$P(X \geq \pi) = 1 - 0.9888 = 0.0112 .$$ ⊠

3) Für die Standard-Normalverteilung $N(0\,;1)$ können wir ohne Umrechnung die Tabelle (51.3) verwenden. Hierzu ein weiteres Beispiel: Mit welcher Wahrscheinlichkeit gilt für die standard-normal verteilte Zufallsvariable X, dass

$$|X| \geq 2$$

ist? Gesucht ist also $P(|X| \geq 2)$.
Da "$|X| \geq 2$" gleichbedeutend mit "$X \leq -2$ oder $X \geq 2$" ist, gilt

$$P(|X| \geq 2) = P(X \leq -2) + P(X \geq 2) ,$$

und aus Symmetriegründen ist hier

$$P(X \leq -2) = P(X \geq 2) .$$

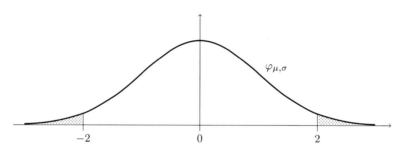

Nun ist $P(X \leq -2) = \Phi(-2)$ direkt der Tabelle zu entnehmen: $\Phi(-2) = 0.0228$. Wie wir eben gesehen haben, ist $P(|X| \geq 2)$ das Doppelte dieser Zahl:

$$P(|X| \geq 2) = 0.0456$$

oder ungefähr 5%.   ⊠

(41.5) Kritische Werte

Wir knüpfen unmittelbar an das Beispiel 3) an und betrachten weiterhin eine standard-normal verteilte Zufallsgrösse X. Wir haben gesehen, dass gilt

$$P(|X| \geq 2) \approx 0.05 .$$

Die Wahrscheinlichkeit, dass X um mehr als 2 vom Mittelwert 0 abweicht, ist also recht klein, nämlich eben etwa 5%.

Wir fragen uns nun: Durch welche Zahl z muss die Zahl 2 im obigen Beispiel ersetzt werden, damit *exakt* gilt:

$$P(|X| \geq z) = 0.05 \ ?$$

Mit der üblichen Interpretation der Wahrscheinlichkeit als Flächeninhalt können wir die Frage wie folgt umformulieren:

Gesucht ist eine Zahl z so, dass der Inhalt der hervorgehobenen Flächenstücke zusammen $= 0.05$ ist.

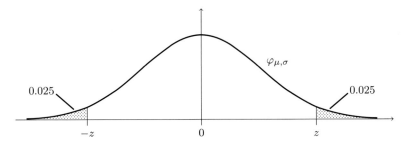

Aus Symmetriegründen haben die beiden Stücke denselben Inhalt, nämlich je 0.025. Wir müssen daher z so bestimmen, dass

$$\Phi(-z) = P(X \leq -z) = 0.025$$

ist. Nun ist nach Tabelle (51.3)

$$\Phi(-2) = 0.0228 < 0.025 \ ,$$
$$\Phi(-1.9) = 0.0287 > 0.025 \ .$$

Die Zahl $-z$ liegt also irgendwo zwischen -2.0 und -1.9. Damit gilt für z:

$$1.9 < z < 2.0 \ .$$

Genauere Berechnungen ergeben $z = 1.960$.
Damit ist

$$P(|X| \geq 1.960) = 0.05 \ .$$

Anstelle von 0.05 hätte man natürlich eine beliebige andere Wahrscheinlichkeit α nehmen können. Statt z schreibt man dann z_α. Diese Zahl ist also gegeben durch die Beziehung

$$P(|X| \geq z_\alpha) = \alpha \ .$$

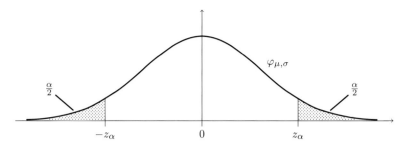

Die so definierten Zahlen z_α nennen wir *kritische Werte**. Wir führen einige an (vgl. auch (51.3) für eine etwas ausführlichere Tabelle):

α	0.001	0.01	0.02	0.05	0.1	0.2
z_α	3.291	2.576	2.326	1.960	1.645	1.282

Die eingangs behandelte Fragestellung wird aus nahe liegenden Gründen "zweiseitig" genannt. Man kann das Problem auch "einseitig" betrachten und kommt dann auf folgende Fragen: Wie gross muss z gewählt werden, damit gilt

$$P(X \geq z) = 0.05 \quad \text{bzw.} \quad P(X \leq -z) = 0.05 \, ?$$

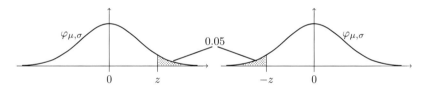

Aus Symmetriegründen führen beide Fragen auf denselben Wert von z. Das markierte Flächenstück hat in beiden Fällen den Inhalt 0.05. Wären wir im zweiseitigen Fall, so würde dem fraglichen z der kritische Wert $z_{0.1}$ für $\alpha = 0.1$ entsprechen. Nach der obigen Tabelle ist also $z = 1.645$:

$$P(X \leq -1.645) = P(X \geq 1.645) = 0.05 \, .$$

Allgemein gilt: Der "einseitige" kritische Wert zur Wahrscheinlichkeit α ist gleich dem "zweiseitigen" kritischen Wert zur Wahrscheinlichkeit 2α. Beachten Sie, dass sich die Tabellen gewöhnlich auf den zweiseitigen Fall beziehen.

Beispiel 41.5.A

Der Intelligenzquotient (IQ) ist so normiert, dass er einer Normalverteilung mit $\mu = 100$ und $\sigma = 15$ folgt. Wir entschliessen uns, die obersten 5% als "superklug" zu

---

* Die Wahl des Namens erklärt sich bei der Besprechung der statistischen Tests in den Kapiteln 44–47. Für unser z_α sind auch andere Bezeichnungen wie $z_{\frac{\alpha}{2}}$ oder $u_{1-\frac{\alpha}{2}}$ üblich.

bezeichnen. Von welchem IQ an ist eine Person superklug? Dazu sei X die Zufallsgrösse "Intelligenzquotient". Gesucht ist eine Zahl x mit

$$P(X > x) = 0.05 .$$

Dies ist gleichbedeutend mit

$$P(X \leq x) = \Phi_{100,15}(x) = 0.95 .$$

Standardisieren ergibt

$$\Phi_{100,15}(x) = \Phi\left(\frac{x - 100}{15}\right) = 0.95 .$$

Der Tabelle (51.3), in der wir jetzt für ein gegebenes $\Phi(z)$, nämlich $\Phi(z) = 0.95$ das zugehörige z suchen müssen, zeigt, dass dieses z zwischen 1.60 und 1.65 liegen muss. Einen genaueren Wert erhalten wir, wenn wir beachten, dass unser gesuchtes z gerade der kritische Wert für $\alpha = 0.1$ ist (einseitige Fragestellung!). Somit ist $z = 1.645$ (siehe die kleine Aufstellung weiter oben), also

$$\frac{x - 100}{15} = 1.645 ,$$

woraus $x = 124.675$ folgt.   ⊠

(41.6) Erwartungswert, Varianz und Standardabweichung

In (40.6) bzw. (40.7) haben wir für beliebige stetige Zufallsgrössen definiert:

$$E(X) = \int_{-\infty}^{\infty} x f(x)\, dx, \quad V(X) = \int_{-\infty}^{\infty} (x - \mu)^2 f(x)\, dx .$$

Im Falle der Normalverteilung $\mathrm{N}(\mu\,;\sigma)$ ist anstelle von f die Dichtefunktion $\varphi_{\mu,\sigma}$ einzusetzen. Diese Integrale lassen sich mit einem gewissen Aufwand berechnen (siehe unten); man erhält folgende Resultate:

---

1. Der Erwartungswert der Normalverteilung $\mathrm{N}(\mu\,;\sigma)$ ist $E(X) = \mu$.
2. Die Varianz der Normalverteilung $\mathrm{N}(\mu\,;\sigma)$ ist $V(X) = \sigma^2$.
3. Die Standardabweichung der Normalverteilung $\mathrm{N}(\mu\,;\sigma)$ ist σ.

Die Bezeichnungen in der Formel für die Dichtefunktion sind also "geschickt" gewählt worden: Das μ aus der Formel ist gerade der Erwartungswert, das σ die Standardabweichung der Zufallsgrösse X.

Wir skizzieren noch kurz, wie $E(X)$ im Einzelnen berechnet wird; die entsprechende Rechnung für $V(X)$ ist etwas komplizierter und soll weggelassen werden. $E(X)$ ist gegeben durch

$$E(X) = \int_{-\infty}^{\infty} x\,\varphi_{\mu,\sigma}(x)\,dx$$

$$= \int_{-\infty}^{\infty} x\,\frac{1}{\sigma}\,\varphi\left(\frac{x-\mu}{\sigma}\right)dx\;.$$

(Hier wurde Formel $(**)$ von (41.3) verwendet.)

Substituieren wir $t = \frac{x-\mu}{\sigma}$, so dass $dt = \frac{dx}{\sigma}$ und $x = \sigma t + \mu$ ist, so erhalten wir (wir wenden hier die Substitutionsregel auf uneigentliche Integrale an, eine detailliertere Überlegung dazu wurde im Beweis von Formel $(*)$ in (41.3) vorgeführt):

$$E(X) = \int_{-\infty}^{\infty} (\sigma t + \mu)\,\varphi(t)\,dt$$

$$= \sigma\int_{-\infty}^{\infty} t\,\varphi(t)\,dt + \mu\int_{-\infty}^{\infty}\varphi(t)\,dt\;.$$

Das erste Integral ist aus Symmetriegründen $= 0$, denn $\varphi(t)$ ist symmetrisch zur y-Achse, woraus folgt, dass $t\varphi(t)$ punktsymmetrisch bezüglich des Nullpunktes ist:

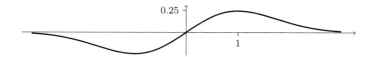

Diese Symmetrieüberlegung ist streng genommen nur dann richtig, wenn wir wissen, dass das uneigentliche Integral $\int_{-\infty}^{\infty}\varphi(t)\,dt$ tatsächlich existiert. Dazu muss man nach (20.3) zeigen, dass $\int_{-\infty}^{0}\varphi(t)\,dt$ und $\int_{0}^{\infty}\varphi(t)\,dt$ einzeln existieren. Es genügt, das zweite Integral zu betrachten. Der konstante Faktor $1/\sqrt{2\pi}$ ist offensichtlich irrelevant, so dass wir die Existenz von $\int_{0}^{\infty} te^{-t^2/2}\,dt$ zeigen müssen. Mit der weitern Substitution $u = t^2/2$, $du = t\,dt$ folgt aber mit einfacher Rechnung

$$\int_{0}^{\infty} te^{-t^2/2}\,dt = \int_{0}^{\infty} e^{-u}\,du = 1\;,$$

somit existieren die fraglichen uneigentlichen Integrale. (Siehe (20.3) für ein ganz ähnliches Beispiel.)

Das zweite Integral hat den Wert 1, da φ eine Dichtefunktion ist (Bedingung 3) von (40.3)). Zusammen ergibt sich $E(X) = \mu$, was behauptet wurde.

(41.7) Streuungsintervalle

Die Standardabweichung σ hat ja bekanntlich im Allgemeinen keine sehr anschauliche Bedeutung. Sie ist insofern ein Mass für die Streuung, als ein grosser Wert von σ eine grosse Streuung beschreibt; was die Zahl σ aber absolut gesehen bedeutet, ist nicht so unmittelbar einsichtig (vgl. jedoch (37.11)).

Für die Normalverteilung aber hat σ einen sehr konkreten Sinn, denn σ ist ja der Abstand der Wendepunkte von der Symmetrieachse der Glockenkurve (41.2) und beschreibt damit ganz direkt die "Breite" der Kurve.

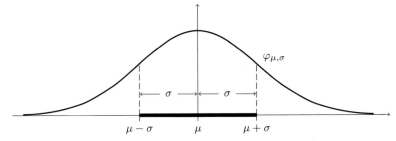

Das Intervall $[\mu - \sigma, \mu + \sigma]$ heisst das "einfache Streuungsintervall" (vgl. (31.8)). Wir berechnen nun die Wahrscheinlichkeit dafür, dass die Zufallsgrösse X in diesem Intervall liegt: Es ist (vgl. die eingerahmte Formel in (41.4) sowie Tabelle (51.3))

$$P(\mu - \sigma \leq X \leq \mu + \sigma) = \Phi_{\mu,\sigma}(\mu + \sigma) - \Phi_{\mu,\sigma}(\mu - \sigma)$$
$$= \Phi\left(\frac{(\mu + \sigma) - \mu}{\sigma}\right) - \Phi\left(\frac{(\mu - \sigma) - \mu}{\sigma}\right)$$
$$= \Phi(1) - \Phi(-1) = 0.8413 - 0.1587 = 0.6826 \ .$$

Die Wahrscheinlichkeit dafür, dass ein Wert der Zufallsgrösse im einfachen Streuungsintervall liegt, ist also $= 0.6826$ oder 68.26% (vgl. die Bemerkung in (31.8)).

Ganz entsprechend behandelt man das doppelte und das dreifache Streuungsintervall. Man findet

$$P(\mu - 2\sigma \leq X \leq \mu + 2\sigma) = 0.9545 \ ,$$
$$P(\mu - 3\sigma \leq X \leq \mu + 3\sigma) = 0.9974 \ .$$

(41.8) Approximation der Binomialverteilung durch die Normalverteilung

Zeichnet man das Stabdiagramm einer Binomialverteilung für grössere Werte von n, und verbindet man die Enden der "Stäbe", so gewinnt man den Eindruck, dass ungefähr eine Glockenkurve entstanden sei. Dieser Eindruck wird umso besser, je grösser n ist.

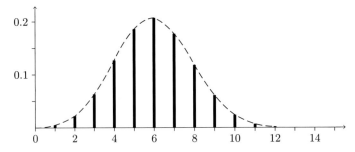

Allerdings verschiebt sich diese Kurve mit wachsendem n (und bei festgehaltenem p) immer mehr nach rechts, was nicht überrascht, da der Erwartungswert einer binomial verteilten Zufallsgrösse $= np$ ist (vgl. (38.4)).

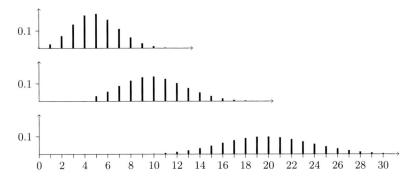

Man kann nun aber, ähnlich wie in (41.3) die Zufallsgrösse "standardisieren". Sie hat dann stets den Erwartungswert 0 und die Standardabweichung 1, unabhängig von n und p. Nun kann man n gegen unendlich streben lassen, ohne dass sich die Lage der Kurve ändert.

Dies wollen wir etwas genauer durchführen. Wir wählen eine Wahrscheinlichkeit p ($0 < p < 1$) fest und bezeichnen mit X_n eine Zufallsgrösse*, die einer Binomialverteilung mit den Parametern n und p folgt. Diese Zufallsgrösse hat den Erwartungswert $\mu = np$ und die Standardabweichung $\sigma = \sqrt{npq}$ (vgl. (38.4)). Wir führen nun die neue Zufallsgrösse

$$Z_n = \frac{X_n - \mu}{\sigma} = \frac{X_n - np}{\sqrt{npq}}$$

ein. (In (37.3), Bemerkung 6), ist erwähnt worden, wie man neue Zufallsgrössen aus alten bildet.) Man kann nun (unter Verwendung von Bemerkung 5) aus (37.9) sowie Bemerkung 3) aus (37.10)) zeigen, dass für alle Werte von n die Beziehungen $E(Z_n) = 0$ und $V(Z_n) = 1$ gelten. Ist nun $F_n(x)$ die Verteilungsfunktion von Z_n, so lässt sich beweisen (was wir hier aber nicht tun wollen), dass diese Verteilungsfunktion mit wachsendem n gegen die Verteilungsfunktion $\Phi(x)$ der Standard-Normalverteilung strebt. In Formeln

$$\lim_{n\to\infty} F_n(x) = \Phi(x) = \frac{1}{\sqrt{2\pi}} \int_{-\infty}^{x} e^{-t^2/2}\, dt \ .$$

Weiter gilt

(1) $$\lim_{n\to\infty} P(r \le Z_n \le s) = \frac{1}{\sqrt{2\pi}} \int_{r}^{s} e^{-x^2/2}\, dx = \Phi(s) - \Phi(r)\ ,$$

---

* Da es im Folgenden auf die Zahl n ankommt, schreiben wir hier X_n statt wie üblich bloss X.

wobei Φ immer noch die Verteilungsfunktion der Standard-Normalverteilung ist. Für grosse Werte von n lässt sich wegen dieser Grenzwertbeziehung die Binomialverteilung durch die Standard-Normalverteilung approximieren. Wegen

$$Z_n = \frac{X_n - np}{\sqrt{npq}}$$

ist

$$a \leq X_n \leq b$$

gleichbedeutend mit

(2) $$\frac{a - np}{\sqrt{npq}} \leq Z_n \leq \frac{b - np}{\sqrt{npq}} \, .$$

Kombiniert man (1) und (2), so kommt man — fast — auf die Formel

(3) $$P(a \leq X_n \leq b) \approx \Phi\Big(\frac{b - np + 1/2}{\sqrt{npq}}\Big) - \Phi\Big(\frac{a - np - 1/2}{\sqrt{npq}}\Big) \, .$$

"Fast" deshalb, weil noch Korrekturterme $\pm 1/2$ eingeschoben worden sind, welche — wie die Theorie zeigt — der Tatsache Rechnung tragen, dass die Binomialverteilung diskret, die Normalverteilung aber stetig ist.

Die Begründung der Formel (3) scheint vielleicht etwas theoretisch (auf einen strengen Beweis gehen wir ohnehin nicht ein), aber sie ist in der Praxis gut brauchbar, wenn es darum geht, Binomialverteilungen mit grossen Werten von n auszurechnen. Die exakte Auswertung der Ausdrücke $\binom{n}{k} p^k q^{n-k}$ gibt ja vor allem wegen der Binomialkoeffizienten viel zu rechnen.

Als Faustregel kann man sich merken: Die Formel (3) liefert hinreichend genaue Werte, wenn $npq > 9$ ist.

Beispiel 41.8.A

Wir würfeln 120-mal mit einem unverfälschten Würfel. Man wird ungefähr 20 Sechsen erwarten, aber auch kleine Abweichungen zugestehen. Wie gross ist die Wahrscheinlichkeit dafür, dass 19-, 20- oder 21-mal eine Sechs fällt?

Natürlich haben wir eine Binomialverteilung mit $n = 120$, $p = \frac{1}{6}$ vor uns. Die Berechnung von Binomialkoeffizienten wie $\binom{120}{19}$ usw. schreckt sicher ab. Wir arbeiten deshalb mit der Formel (3), was nach der Faustregel gestattet ist. Es ist $\mu = np = 120 \cdot \frac{1}{6} = 20$, $\sigma = \sqrt{npq} = \sqrt{120 \cdot \frac{1}{6} \cdot \frac{5}{6}} = 4.0825$. Die Formel (3) ergibt

$$P(19 \leq X \leq 21) \approx \Phi\Big(\frac{21 - 20 + 0.5}{4.0825}\Big) - \Phi\Big(\frac{19 - 20 - 0.5}{4.0825}\Big)$$

$$= \Phi(0.367) - \Phi(-0.367) \approx 0.6432 - 0.3568 = 0.2864 \, .$$

Grob gesagt beträgt diese Wahrscheinlichkeit also etwa 30%.   ⊠

In (41.8) ist geschildert worden, wie die Verteilungsfunktionen $F_n(x)$ einer Folge X_n von Zufallsvariablen gegen die Verteilungsfunktion $\Phi(x)$ der Standard-Normalverteilung streben. Eine solche Aussage nennt man einen Grenzwertsatz. Die Theorie der Wahrscheinlichkeitsrechnung kennt weitere solche Sätze, in denen Bedingungen angegeben werden, unter denen Folgen von gewissen Verteilungen gegen die Standard-Normalverteilung streben.

Was hier etwas theoretisch erscheint, hat aber doch auch seine praktische Seite. Es zeigt sich nämlich, dass sehr viele durch Messungen in der Natur gefundene (so genannte empirische) Verteilungen, wie Gewichte, Körperlängen, aber auch Messfehler bei physikalischen Experimenten, sich zumindest angenähert durch eine Normalverteilung beschreiben lassen.

Hierzu gibt es auch eine mathematische Begründung. Messwerte der genannten Art werden ja von einer Vielzahl von Faktoren beeinflusst (das Gewicht eines Menschen etwa durch Erbanlagen, Ernährungsgewohnheiten usw.), so dass der Messwert als Summe von vielen Zufallsgrössen aufgefasst werden kann. Einer der oben erwähnten Grenzwertsätze (der so genannte "zentrale Grenzwertsatz"), auf dessen präzise Formulierung wir hier verzichten müssen, besagt nun, dass unter passenden Voraussetzungen eine solche Summe annähernd (und im Grenzfall sogar genau) normal verteilt ist.

Dies erklärt einigermassen die Bedeutung der Normalverteilung in den Anwendungen. Damit ist auch dieses Kapitel und der ganze Abschnitt über die Wahrscheinlichkeitsrechnung abgeschlossen.

(41.∞) Aufgaben

41−1 Zeichnen Sie im selben Koordinatensystem die Graphen (inkl. Extrema und Wendepunkte) der Dichtefunktion der folgenden Normalverteilungen: N(−1 ; 0.3), b) N(−1 ; 0.6), c) N(1 ; 0.6).

41−2 a) Skizzieren Sie den Graphen der Dichtefunktion von N(50 ; 5) (wählen Sie die Einheiten auf den beiden Achsen vernünftig), und stellen Sie die Wahrscheinlichkeit des Ereignisses $48 \leq X \leq 53$ geometrisch dar. b) Berechnen Sie diese Wahrscheinlichkeit.

41−3 Berechnen Sie (Interpolation wo nötig):
   a) $P(X \geq 999)$ für N(1000 ; 10).
   b) $P(1.3 \leq X \leq 1.4)$ für N(1 ; 0.4).
   c) $P(|X| < 2)$ für N(0.5 ; 4).
   d) Eine normal verteilte Zufallsgrösse X hat Erwartungswert 50 und Varianz 4. Berechnen Sie $P(X > 52.5)$.

41−4 Die Zufallsgrösse X sei normal verteilt mit $\mu = 100$, $\sigma = 4$. Gesucht ist die Zahl z mit $P(97 \leq X \leq z) = 0.6$.
   a) Skizze anhand des Graphen.
   b) Bestimmen Sie dieses z so gut wie möglich mit der Tabelle.

41−5 Wir nehmen an, die Gewicht (in g) von Eiern einer bestimmten Singvogelart sei normal verteilt mit $\mu = 2.1$, $\sigma = 0.2$. Es werden 100 Eier untersucht. Wieviele davon erwarten Sie a) mit einem Gewicht von ≤ 2.15 g, b) mit einer Gewicht zwischen 1.9 und 2.3 g?

41−6 Das Körpergewicht einer gewissen Sorte von Menschen sei normal verteilt mit $\mu = 80$ kg, $\sigma = 10$ kg. Die schwersten 10% müssen ein Sondertraining absolvieren. Bei welchem Gewicht ist die Grenze festzusetzen?

41−7 Von einer normal verteilten Population von Menschen kennt man die durchschnittliche Körpergrösse; sie beträgt 170 cm. Ferner weiss man, dass 80% dieser Menschen zwischen 160 cm und 180 cm gross sind. a) Bestimmen Sie die Parameter μ und σ dieser Normalverteilung. b) Wie gross ist die Wahrscheinlichkeit dafür, dass eine zufällig aus dieser Gruppe ausgewählte Person zwischen 175 cm und 185 cm gross ist? c) Mit welcher Wahrscheinlichkeit ist eine Person aus dieser Population kleiner als 180 cm?

41−8 Eine Maschine stellt Tonkügelchen her, deren Durchmesser normal verteilt ist. Diese Kügelchen werden zuerst mit einem Sieb der Maschenweite 8 mm gesiebt; dabei fallen 15% der Produktion durch (wörtlich!). Der Rest wird noch mit einem Sieb von 11 mm Maschenweite geprüft, wobei 40% des Restes im Sieb zurückbleiben. Bestimmen Sie den mittleren Durchmesser aller Kügelchen.

41−9 Bei der Untersuchung einer gewissen Population hat man festgestellt, dass 33% der Personen ein Gewicht von ≤ 55 kg und 5% der Personen ein solches von > 70 kg haben. Wir nehmen an, die Zufallsgrösse $X =$ Körpergewicht sei normal verteilt. a) Berechnen Sie Erwartungswert μ und Standardabweichung σ von X mit einer Genauigkeit von zwei Stellen nach dem Dezimalpunkt. b) Mit welcher Wahrscheinlichkeit liegt das Gewicht einer zufällig aus dieser Gruppe herausgegriffenen Person zwischen 57 kg und 64 kg? c) Bestimmen Sie die Zahl z so, dass genau 25% aller Personen aus der Population mehr als z kg wiegen.

41−10 Der Intelligenzquotient ist so normiert, dass er einer Normalverteilung mit $\mu = 100$, $\sigma = 15$ folgt. Wie gross ist die Wahrscheinlichkeit dafür, dass unter 5 Personen a) genau zwei, b) mindestens zwei einen IQ > 130 haben?

41−11 Eine Anlage produziert Nägel, bei denen die Abweichung X vom Sollmass normal verteilt ist mit $E(X) = 0$ mm und $V(X) = 0.04$ mm^2. Ich kaufe eine Schachtel mit 100 Nägeln. Wie gross ist die Wahrscheinlichkeit dafür, dass höchstens 3 davon um mehr als 0.3 mm zu lang sind?

41−12 Zwei Bäckereien A und B backen Brote, deren Gewicht normal verteilt ist, mit $\mu = 250$ g. Die Standardabweichung des Gewichts beträgt bei A 15 g, bei B aber 25 g. a) Eine Person kauft bei A, eine andere, unabhängig davon, bei B ein Brot. Mit welcher Wahrscheinlichkeit wiegt jedes der beiden Brote mehr als 265 g? b) In einer Verkaufsstelle stammen 40% der Brote von A, der Rest von B. Die Brote sind nicht nach ihrer Herkunft unterscheidbar. Jemand kauft zufällig ein Brot. Mit welcher Wahrscheinlichkeit ist es leichter als 238 g? c) In der Situation von b) habe ich ein Brot gekauft, das leichter als 238 g ist. Mit welcher Wahrscheinlichkeit wurde es in der Bäckerei A gebacken?

41−13 Eine faire Münze wird 500 mal geworfen. Berechnen Sie die Wahrscheinlichkeit dafür, dass die Anzahl der Köpfe zwischen 245 und 255 (Grenzen eingeschlossen) liegt.

41−14 Eine Maschine produziert Teile, die mit einer Wahrscheinlichkeit von 10% Ausschuss sind. Mit welcher Wahrscheinlichkeit sind unter 1000 Teilen höchstens 100 Ausschussteile?

41−15 Ein Taschenrechnermodell verfügt über drei Tasten, die mit $P(t)$, $Q(t)$, $R(t)$ beschriftet sind. Ich habe leider die Betriebsanleitung verlegt, weiss aber noch, dass diese Tasten etwas mit der Standardnormalverteilung zu tun haben. Wenn ich jeweils 0.1 eingebe, erhalte ich mit der Taste $P(t)$ den Wert 0.5398, mit $Q(t)$ den Wert 0.4602 und mit $R(t)$ schliesslich den Wert 0.0398. Können Sie die Bedeutung der drei Tasten erläutern? Was erhalten Sie, wenn Sie jeweils 0.2 eingeben?

J. BEURTEILENDE STATISTIK

42. GRUNDBEGRIFFE

(42.1) Überblick

In diesem Kapitel werden zunächst einige Fragestellungen aus dem Bereich der beurteilenden Statistik vorgestellt. Anschliessend wird erklärt, wie diese unter Verwendung von früher eingeführten Begriffen (vor allem dem der Zufallsgrösse) einer mathematischen Behandlung zugänglich gemacht werden können.

(42.2)

(42.3)

Ferner werden einige neue Fachausdrücke erläutert und mit von früher her bekannten in Verbindung gebracht:

- Die *Population* ist die Menge der Untersuchungsobjekte, sie entspricht dem Ergebnisraum Ω.
- Die Beobachtung wird durch eine Zufallsgrösse X beschrieben; der Wert einer effektiv durchgeführten Beobachtung heisst *Realisierung* dieser Zufallsgrösse.
- Unter der *Grundgesamtheit* versteht man die Menge aller denkbaren Beobachtungswerte, zusammen mit ihrer Verteilung.
- Eine *Stichprobe vom Umfang n* ist eine zufällig gewählte Folge von n Objekten aus der Population; sie kann durch eine Folge von n Zufallsgrössen X_i beschrieben werden.

(42.4)

Da es in diesem Kapitel um allgemeine Begriffsbildungen geht, dürfte es zweckmässig sein, es noch einmal sorgfältig durchzulesen, nachdem Sie einige Erfahrungen mit der beurteilenden Statistik gesammelt haben.

(42.2) Womit befasst sich die beurteilende Statistik?

Im Abschnitt H (Kapitel 29–31) haben wir uns mit der beschreibenden (oder deskriptiven) Statistik befasst. Dort ging es darum, Datenmengen auf übersichtliche Weise darzustellen (Tabellen, Graphiken) und durch geeignete Masszahlen (Lagemasse wie Durchschnitt oder Median, Streuungsmasse wie Varianz oder Standardabweichung) zu charakterisieren.

Im hier vorliegenden Abschnitt J soll nun eine Einführung in die beurteilende (oder schliessende) Statistik gegeben werden. Deren Aufgabe besteht — zusammenfassend gesagt — darin, aus empirisch (durch Untersuchungen) ermittelten Stichproben Rückschlüsse auf eine Gesamtheit zu ziehen. Diese etwas trockene Formulierung erläutern wir zunächst an einigen Beispielen.

Beispiel 42.2.A

In (30.3) waren die Gewichte von 50 zweiwöchigen, aus einem grossen Hühnerhof ausgewählten Küken angegeben worden. Das durchschnittliche Gewicht betrug 102.96 g (31.3.b), und wir würden gerne wissen, was wir über das Durchschnittsgewicht *aller* Küken aus unserm Hühnerhof sagen können. Antworten dazu werden in (43.3) und (43.8) gegeben.   ⊠

Beispiel 42.2.B

Bei der Züchtung einer neuen Kartoffelsorte fand man in 7 bzw. 6 Versuchsäckern die folgenden Erträge (in kg pro Are):

Alte Sorte	410	420	430	440	450	450	480
Neue Sorte	440	450	455	480	490	505	

Die Frage ist natürlich die, ob die neue Sorte gesamthaft gesehen (nicht nur auf die Versuchsäcker bezogen) grössere Erträge als die alte Sorte ergibt. Es ist ja immerhin so, dass auch ein Feld der alten Sorte einen recht hohen Ertrag lieferte (480 kg/a). Die Antwort wird in (46.2) ermittelt.   ⊠

Beispiel 42.2.C

Wir wollen prüfen, ob eine Münze "ausgewogen" ist. Dazu werfen wir sie einige Male, z.B. 16-mal. Auch wenn die Münze ausgewogen ist, wird man nun nicht gerade 8-mal Kopf und 8-mal Zahl erwarten. Erscheint aber z.B. 15-mal Kopf und nur einmal Zahl, wird man überzeugt sein, dass etwas faul ist. Wie aber soll man sich verhalten, wenn 10-mal Kopf und 6-mal Zahl auftritt? Siehe dazu (44.4).   ⊠

Beispiel 42.2.D

Im Jahre 1910 zählten RUTHERFORD und GEIGER während 326 Minuten die Zerfälle bei einem radioaktiven Poloniumpräparat, und zwar wurde diese Zeitspanne in Intervalle von 7.5 Sekunden Länge aufgeteilt. In der folgenden Tabelle ist die Anzahl der Intervalle angegeben, in denen 0, 1, 2, ... Zerfälle erfolgten:

Anzahl Zerfälle	0	1	2	3	4	5	6	7	8	9	10	11	12	13	14	≥ 15
Anzahl Intervalle	57	203	383	525	532	408	273	139	45	27	10	4	0	1	1	0

Kann man aufgrund dieser Daten annehmen, dass die Zahl der Zerfälle einer Poisson-Verteilung folgt? Die Antwort finden Sie in Beispiel 47.4.B.   ⊠

(42.3) Wie kann man diese Probleme mathematisch erfassen?

Es geht nun darum, Fragestellungen wie die oben erwähnten einer mathematischen Behandlung zugänglich zu machen. Da unsere Stichproben (z.B. die Küken oder die Versuchsäcker) zufällig ausgewählt worden sind, ist es klar, dass die "Wissenschaft von den zufälligen Ereignissen", also die Wahrscheinlichkeitsrechnung, eine zentrale Rolle spielen wird. Ihr Einsatz wird möglich, wenn man erkennt, dass in allen Fragestellungen Zufallsgrössen stecken. Diese wollen wir nun aus den Beispielen von (42.2) herauslesen.

Beispiel A: Hier geht es offensichtlich um die (stetige) Zufallsgrösse

$$X = \text{Gewicht von zweiwöchigen Küken.}$$

Speziell interessiert uns hier das durchschnittliche Gewicht aller solcher Küken, d.h., der Erwartungswert $E(X)$.

Beispiel B: Hier kommen gleich zwei (stetige) Zufallsgrössen vor, nämlich

$$X = \text{Ertrag pro Are der alten Sorte,}$$

$$Y = \text{Ertrag pro Are der neuen Sorte.}$$

Beispiel C: Hier geht es um ein Zufallsexperiment, das im 16-maligen Wurf einer Münze besteht. Da wir uns für die Anzahl Köpfe interessieren, drängt sich hier die diskrete Zufallsgrösse

$$X = \text{Anzahl Köpfe in 16 Münzenwürfen}$$

auf.

Beispiel D: In diesem Beispiel wird die Frage gestellt, ob die Zufallsgrösse

$$X = \text{Anzahl Zerfälle pro Zeitintervall von 7.5 Sekunden Dauer}$$

Poisson-verteilt sei. Diese Zufallsgrösse ist diskret.

Die Zufallsgrösse X beschreibt somit immer das Ergebnis einer Beobachtung, also einer Messung (wie etwa des Gewichts) oder einer Zählung (wie etwa die der radioaktiven Zerfälle). In diesem Zusammenhang nennt man das Ergebnis einer solchen Beobachtung auch eine *Realisierung* der Zufallsgrösse X. Ferner haben sich in der beurteilenden Statistik weitere Fachausdrücke wie *Population* und *Grundgesamtheit* eingebürgert. Diese Ausdrücke, die wir nachher oft verwenden werden, sollen nun erläutert werden. Wir werden sehen, dass es sich bloss um neue — und in diesem Zusammenhang zweckmässige — Namen für bekannte Dinge handelt.

Eine Zufallsgrösse X ist, wie Sie sich erinnern werden, streng genommen eine Abbildung von einem Ergebnisraum Ω in die Menge $\mathbb{R}$ der reellen Zahlen (vgl. (37.3)):

$$X : \Omega \rightarrow \mathbb{R} \,.$$

Wir haben aber damals schon gesehen, dass man meistens darauf verzichtet, den Ergebnisraum Ω effektiv anzugeben (vgl. Bemerkung 8) in (37.3)), dass man ihn aber bei Bedarf rekonstruieren könnte. In unserer jetzigen Situation ist es nun ganz vernünftig, sich unter Ω von vornherein etwas Konkretes vorzustellen und zwar ist Ω nichts anderes als die Menge der zur Untersuchung stehenden Objekte. Diese Menge nennen wir kurz die *Population*.

Die Zufallsgrösse entspricht dem zu untersuchenden Merkmal. Sie kann verschiedene Werte annehmen (nämlich gerade alle möglichen Realisierungen); es sind aber nicht nur diese Werte von Interesse, sondern auch vor allem auch ihre Verteilung, denn man möchte natürlich wissen, welche Werte eine kleine und welche eine grosse Wahrscheinlichkeit haben. Die Menge der Werte, zusammen mit ihrer Verteilung, nennt man in der beurteilenden Statistik die *Grundgesamtheit*. Die gesamte Information über die Grundgesamtheit steckt in der dem Zufallsexperiment zugrunde liegenden Zufallsgrösse X mit der zugehörigen Verteilungsfunktion F. So gesehen ist der Gebrauch des Wortes "Grundgesamtheit" einfach eine anschauliche Umschreibung dieser Zufallsgrösse. Im Hinblick darauf sagt man dann auch beispielsweise, die Grundgesamtheit sei Poisson-verteilt mit dem Parameter μ oder sie sei rechtsschief (30.5). Da alle theoretisch möglichen Werte berücksichtigt werden, ist diese Grundgesamtheit i. Allg. unendlich und somit kein reales Objekt, sondern ein solches unseres Denkens, eine Idealisierung.

Als Beispiel betrachten wir den Intelligenzquotienten (IQ). Die Population besteht hier aus allen Menschen (bzw. je nach dem Ziel der Untersuchung aus einer bestimmten Klasse von Menschen). Die Zufallsgrösse X ordnet jedem Menschen seinen IQ zu. Wenn also der Mensch ω einen IQ von 150 hat, dann ist $X(\omega) = 150$ eine Realisierung von X. Wie wir in Beispiel 41.5.A gesehen haben, ist X normal verteilt. Diese Tatsache drücken wir nun auch so aus, dass wir sagen, die Grundgesamtheit beim Intelligenzquotienten (oder, noch kürzer, der IQ selbst) sei normal verteilt mit $\mu = 100$, $\sigma = 15$.

Zur weiteren Illustration gehen wir unsere Beispiele von (42.2) nochmals durch:

<u>Beispiel A:</u> Hier besteht die Population (in unserer bisherigen Redeweise also der Ergebnisraum Ω) aus der Menge "aller" zweiwöchigen Küken. (Was das "aller" genau bedeuten soll, hängt von den Umständen ab: Alle zweiwöchigen Küken einer bestimmten Rasse, in einer bestimmten geographischen Region, in einem bestimmten Zeitpunkt ...). Die Zufallsgrösse X lässt sich nun wie folgt etwas genauer beschreiben: Wenn $\omega \in \Omega$ ein Küken ist, dann ist $x = X(\omega)$ sein Gewicht. Wiegt ein ausgewähltes Küken 100 Gramm, so ist dieser Wert $x = 100$ eine Realisierung von X. Die Grundgesamtheit besteht aus den möglichen Gewichten der Küken, ihre Verteilung ist nicht genau bekannt.

<u>Beispiel B:</u> Hier haben wir zwei Zufallsgrössen und somit auch zwei Populationen, nämlich die Menge aller Ackerstücke, die mit der alten bzw. die Menge aller Ackerstücke, die mit der neuen Sorte bepflanzt wurden und werden. Die zu untersuchenden Merkmale, dargestellt durch die Zufallsgrössen, sind die Erträge pro Hektare, was natürlich auch zwei Grundgesamtheiten liefert. Die möglichen Erträge sind zwar dieselben (rein theoretisch alle positiven Zahlen), doch interessiert uns, ob ihre Verteilungen verschieden seien und zwar insbesondere, ob bei der neuen Sorte der mittlere Ertrag (also der Erwartungswert der Grundgesamtheit) höher sei als bei der alten Sorte.

Beispiel C: Hier muss man sich unter der Population die Menge aller Serien von je 16 Münzenwürfen vorstellen; die Zufallsgrösse X gibt dann die Anzahl der Köpfe pro Serie an. Die Grundgesamtheit ist hier endlich und wird durch die Binomialverteilung mit den Parametern $n = 16$, $p = 0.5$ beschrieben, ihre möglichen Werte sind 0, 1, ..., 16.

Beispiel D: Hier fällt die Population etwas abstrakt aus. Sie ist nämlich die Menge aller Zeitintervalle von 7.5 Sekunden Dauer; das uns interessierende Merkmal (die Zufallsgrösse X) ist die Anzahl Zerfälle in einem solchen Zeitintervall. Wenn also in einem bestimmten Intervall 7 Zerfälle stattgefunden haben, dann ist "7" eine Realisierung der Zufallsgrösse. Die Grundgesamtheit besteht hier aus der Menge $\mathbb{N} = \{0, 1, 2, \ldots\}$ aller natürlichen Zahlen mit einer unbekannten Verteilung, von der man allerdings vermutet, es handle sich um eine Poisson-Verteilung.

Es sei noch erwähnt, dass die oben erläuterten Begriffe "Population" und "Grundgesamtheit" in der Literatur oft überhaupt nicht präzis definiert und im intuitiven Sinn verwendet werden. Manchmal findet man auch abweichende Definitionen. Oft versteht man dort unter "Grundgesamtheit" das, was hier "Population" heisst. Dies ist aber nicht weiter tragisch.

Das Ziel der statistischen Untersuchungen ist es nun — allgemein ausgedrückt — stets, Aussagen über die Grundgesamtheit zu gewinnen. In Beispiel 42.2.A wäre dies eine Aussage über den Erwartungswert, in Beispiel 42.2.D eine solche über den Typ der Verteilung. Da es in der Praxis (etwa aus Zeit- oder Kostengründen) nicht möglich sein wird, alle Objekte aus der Population zu untersuchen, greift man sich aus dieser eine Stichprobe heraus, z.B. 50 Küken, und untersucht bloss diese. Es gibt ja auch Versuche, die mit der Zerstörung des Objekts enden, wie z.B. eine Prüfung auf Bruch. Hier ist es sowieso klar, dass nur ein relativ kleiner Teil der Population untersucht werden kann.

Eine *Stichprobe* vom *Umfang* n ist also eine Folge von n Objekten aus der Population, gegeben z.B. durch die Auswahl von $n = 50$ Küken. Es ist oft zweckmässig, auch die entsprechenden Mess- oder Zählwerte (also Elemente der Grundgesamtheit) als Stichprobe zu bezeichnen, so dass man im Beispiel 42.2.A nicht nur die 50 ausgewählten Küken, sondern auch ihre in (30.3) angegebenen Gewichte

$$x_1 = 100, \ x_2 = 87, \ \ldots, x_{50} = 106$$

als Stichprobe bezeichnet. Bei einer Stichprobe vom Umfang n wird also das der Zufallsgrösse X zugrunde liegende Experiment n-mal wiederholt.

Wenn wir von einer Stichprobe sprechen, dann meinen wir automatisch eine so genannte *Zufallsstichprobe*. Dies bedeutet, dass die Untersuchungsobjekte (Küken, Zeitintervall etc.) unabhängig voneinander ausgewählt werden und dass jedes Objekt dieselbe Wahrscheinlichkeit hat, in die Stichprobe zu gelangen.

Noch eine kleine Erläuterung zu einem etwas subtilen, aber für die Praxis nicht sonderlich wichtigen Punkt: Eine Stichprobe ist weiter oben als eine *Folge* und nicht als eine *Menge* definiert worden.

Worin besteht der Unterschied? In einer Folge darf ein Element mehrfach vorkommen. So sind z.B. (1,1,2) und (1,2,2) verschiedene Folgen, die zugehörigen Mengen sind jedoch in beiden Fällen gleich $\{1, 2\}$. Weil wir nun aber für die Stichprobe die Unabhängigkeit der Auswahl der Objekte fordern, so muss man zulassen, dass der Auswahlmechanismus (z.B. ein Zufallszahlengenerator) dasselbe Objekt mehrfach auswählt. Wenn wir uns die Population als Kugeln in einer Urne denken, heisst dies, dass die Auswahl "mit Zurücklegen" (vgl. (38.5)) erfolgt. Dieser Prozess liefert eine Folge, während die Auswahl "ohne Zurücklegen" eine Menge bestimmt. Wie wir aber in (38.5) gesehen haben, spielt der Unterschied zwischen den beiden Varianten bei einer grossen Population praktisch keine Rolle und noch viel weniger in den statistischen Anwendungen, wo man sich die Population oft sogar als unendlich gross vorstellt. So gesehen darf man ohne grosse Skrupel eine Stichprobe auch als eine *Teilmenge* der Population auffassen.

Wie bereits erwähnt, geht es in der beurteilenden Statistik darum, aus der Stichprobe Aussagen über die Grundgesamtheit zu erhalten, mit andern Worten Aussagen über die im Problem steckende Zufallsgrösse. Dies kann z.B. die Frage nach dem Typ der Verteilung dieser Zufallsgrösse (wie im Beispiel 42.2.D) oder nach ihrem Erwartungswert sein, wobei man hier auch von der Verteilung bzw. vom Erwartungswert der Grundgesamtheit (statt "der Zufallsgrösse") zu sprechen pflegt. Entsprechende Beispiele werden wir später zur Genüge kennen lernen.

Was jetzt noch fehlt, ist eine wahrscheinlichkeitstheoretische Deutung des Begriffs der "Stichprobe". Diese folgt im nächsten Abschnitt.

$\boxed{\text{(42.4) Wie kann man eine Stichprobe beschreiben?}}$

Wir illustrieren die Überlegung am vielbeanspruchten Beispiel der Küken. Wie in Beispiel 42.2.A sei

$$X = \text{Gewicht eines zweiwöchigen Kükens.}$$

Eine Stichprobe vom Umfang n (z.B. $n = 50$) wird durch Wägung von n dieser Tierchen erhalten. Das Resultat ist eine endliche Folge von n Zahlen (ein "n-Tupel", wie die Mathematiker zu sagen belieben, (22.3)), konkret (Beispiel 30.3.A)

$$100, \ 87, \ 101, \ldots, 100, \ 106$$

bzw. allgemein

$$x_1, \ x_2, \ x_3, \ldots, x_n \ .$$

Dabei ist x_i das Gewicht des Kükens Nummer i, d.h., des Küken, das als "i-tes" gewogen wurde ($i = 1, \ 2, \ldots, n$). Da das Herausgreifen eines Kükens ein zufälliger Vorgang ist, erhalten wir so für jeden Index i ($i = 1, \ 2, \ldots, n$) eine Zufallsgrösse X_i

$$X_i = \text{Gewicht des Kükens Nummer } i$$

oder allgemeiner

$$X_i = \text{Wert der } i\text{-ten Beobachtung.}$$

Im Sinne von (42.3) ist also die Zahl x_i eine Realisierung der Zufallsgrösse X_i (beachten Sie den Unterschied zwischen Klein- und Grossbuchstaben!). Der Index i dient dazu, die einzelnen Beobachtungen voneinander zu unterscheiden.

Die Stichprobe selbst wird daher durch die Folge von n Zufallsgrössen beschrieben:

$$X_1,\ X_2,\ \ldots, X_n\ .$$

Wer will, kann diese n Zufallsgrössen zu einem "n-dimensionalen Zufallsvektor"

$$\vec{X} = (X_1,\ X_2, \ldots, X_n)$$

zusammenfassen, doch wollen wir die Abstraktion an dieser Stelle nicht zu weit treiben.

Wir formulieren nochmals den Unterschied zwischen X und X_i:

- X beschreibt das Gewicht eines beliebig herausgegriffenen einzelnen Kükens.

- X_i beschreibt das Gewicht des i-ten Kükens in einer beliebigen, aber gesamthaft betrachteten Stichprobe vom Umfang n.

Es besteht aber auch eine wichtige Gemeinsamkeit zwischen X und den einzelnen X_i. Da alle Beobachtungen in derselben Grundgesamtheit liegen (sie stammen ja alle aus demselben Hühnerhof) haben alle X_i dieselbe Verteilung wie X. Es gilt also für alle x:

$$P(X \le x) = P(X_1 \le x) = P(X_2 \le x) = \ldots = P(X_n \le x)\ .$$

Man sagt, die Zufallsgrössen X_i seien identisch wie X verteilt. Diese Zufallsgrössen X_i werden wir verschiedentlich verwenden, um gewisse Sachverhalte mittels Zufallsvariablen auszudrücken, z.B. in (43.5).

Zum Schluss geben wir noch eine etwas präzisere, aber dafür auch etwas abstraktere Definition der Stichprobe: Eine Stichprobe vom Umfang n aus der durch X beschriebenen Grundgesamtheit ist eine Folge

$$(X_1,\ X_2, \ldots, X_n)$$

von n unabhängigen Zufallsgrössen, welche identisch verteilt sind.

Dabei heissen die Zufallsgrössen $X_1, \ldots, X_n$ *unabhängig*, wenn für ihre Verteilungsfunktionen für alle Werte $x_1, \ldots, x_n$ gilt:

$$P(X_1 \le x_1,\ X_2 \le x_2,\ \ldots, X_n \le x_n) = P(X_1 \le x_1) \cdot P(X_2 \le x_2) \cdot \ldots \cdot P(X_n \le x_n)\ .$$

Wir werden diesen Begriff aber nicht weiter benötigen.

(42.5) Nähere Informationen zu den X_i

Wir haben in (42.3) und auch schon früher erwähnt, dass jede Zufallsgrösse eigentlich eine Abbildung eines passenden Ergebnisraums in die Menge der reellen Zahlen ist, dass aber dieser Ergebnisraum meist nicht explizit angegeben wird. Man kann sich nun fragen, auf welchem Ergebnisraum die eben eingeführten Zufallsgrössen X_i definiert sind. Dazu muss man ein klein wenig ausholen. Damit unsere Küken sich etwas erholen können, betrachten wir einmal Hühnereier, die wir auch auf ihr Gewicht untersuchen wollen. Die Population besteht hier aus allen Hühnereiern, die Zufallsgrösse

$$X : \Omega \to \mathbb{R}$$

stellt das Gewicht dar. Wenn ω ein Ei ist, dann ist $x = X(\omega)$ das Gewicht dieses Eis. In unserer neuen Sprache ist x eine Realisierung von X.

Eine Stichprobe vom Umfang n wird erhalten, indem wir n Eier aus unserer Population Ω auswählen. Ist z.B. $n = 4$, so besteht eine Stichprobe also aus einer "Viererliste"

$$(\omega_1, \ \omega_2, \ \omega_3, \ \omega_4)$$

von Eiern. Die Menge aller solcher Viererlisten bezeichnet man mit Ω^4 (in völliger Analogie zu Bezeichnungen wie $\mathbb{R}^3$ (22.3)). Entsprechend gehört zu einer Stichprobe vom Umfang n der Ergebnisraum

$$\Omega^n = \{(\omega_1, \dots, \omega_n) \mid \omega_i \in \Omega\} \ .$$

Die Zufallsgrössen X_i sind nun alle auf Ω^n definiert, und X_i ordnet der Stichprobe $(\omega_1, \dots, \omega_i, \dots, \omega_n)$ den Wert des i-ten Merkmals, also z.B. das Gewicht des i-ten Eis zu. In Formeln

$$X_1 : \Omega^n \to \mathbb{R}, \quad (\omega_1, \dots, \omega_n) \mapsto x_1 = \text{Gewicht von } \omega_1$$

$$\vdots$$

$$X_n : \Omega^n \to \mathbb{R}, \quad (\omega_1, \dots, \omega_n) \mapsto x_n = \text{Gewicht von } \omega_n \ .$$

Wir treiben diesen Formalismus noch etwas weiter, mit der Absicht, eine in (43.5) einzuführende Begriffsbildung auch abstrakt zu erklären. Wir bilden dazu eine neue Zufallsgrösse, die wir mit $\overline{X}$ bezeichnen:

$$\overline{X} = \frac{1}{n}(X_1 + \dots + X_n) \ .$$

Da jede der Zufallsgrössen X_i auf Ω^n definiert ist, trifft dies auch für $\overline{X}$ zu. Wir berechnen jetzt (ganz stur nach den Formeln) ihren Wert auf einem Element

$$(\omega_1, \dots, \omega_n) \in \Omega^n \ .$$

Nach Bemerkung 7) von (37.3) ist

$$\overline{X}(\omega_1, \dots, \omega_n) = \frac{1}{n}(X_1 + \dots + X_n)(\omega_1, \dots, \omega_n)$$

$$= \frac{1}{n}\Big(X_1(\omega_1, \dots, \omega_n) + X_2(\omega_1, \dots, \omega_n) + \dots + X_n(\omega_1, \dots, \omega_n)\Big)$$

$$= \frac{1}{n}(x_1 + x_2 + \dots + x_n)$$

$$= \bar{x} \ .$$

(Bei der zweitletzten Gleichheit wurde die Beziehung $X_i(\omega_1, \dots, \omega_i, \dots, \omega_n) = x_i$ benützt.) In Worten ausgedrückt: $\overline{X}(\omega_1, \dots, \omega_n)$ ist der Durchschnitt (das arithmetische Mittel) der Realisierungen $x_1, \dots, x_n$ der Zufallsgrössen $X_1, \dots, X_n$, was natürlich die Bezeichnung rechtfertigt.

43. SCHÄTZEN VON PARAMETERN

(43.1) Überblick

Wenn man aufgrund einer Stichprobe auf die Grundgesamtheit schliessen will, dann wird man sich unter anderm für den Erwartungswert und die Varianz (oder die Standardabweichung) interessieren. Da diese Grössen nicht genau bekannt sind, wird man sie durch geeignete Werte *schätzen*, und zwar schätzt man

- μ durch $\bar{x}$,   *(43.3)*
- σ^2 durch s^2.   *(43.4)*

Man spricht in solchen Fällen von einer *Punktschätzung*. Daneben *(43.2)* gibt es noch so genannte *Intervallschätzungen*. Man gibt hier ein Intervall an, das *Vertrauensintervall* oder *Konfidenzintervall*, von dem man mit einer bestimmten vorgegebenen Sicherheit sagen kann, dass es einen gesuchten, aber unbekannten Parameter enthält. Wir werden hier Vertrauensintervalle für den Erwartungswert und für die Wahrscheinlichkeit *(43.8)* eines Ereignisses angeben.   *(43.9)*

Im ersten Fall spielt eine gewisse stetige Verteilung, die so genannte *t-Verteilung*, eine wichtige Rolle. Diese wird auch im Zusammenhang mit *(43.7)* statistischen Tests von Bedeutung sein.   *Kap. 45,46*

Ferner wird der *Standardfehler* eingeführt, der von nun an sehr häufig *(43.5)* gebraucht wird. Dabei handelt es sich einfach um die Standardabweichung des Durchschnitts $\overline{X}$.

(43.2) Worum geht es bei der Parameterschätzung?

Wie wir in Kapitel 42 (speziell am Schluss von (42.3)) gesehen haben, besteht die Hauptaufgabe der Statistik darin, aus einer Stichprobe Rückschlüsse auf die Grundgesamtheit zu ziehen, oder — etwas gelehrter formuliert — Informationen über die zur Grundgesamtheit gehörende Zufallsgrösse X zu erlangen.

In diesem Zusammenhang ist sicherlich der Erwartungswert

$$\mu = E(X)$$

speziell interessant, denn dieser entspricht aufgrund seiner üblichen Interpretation dem "Durchschnittswert" der Zufallsvariablen X, konkret etwa:

In 42.2.A: $X =$ Gewicht von Küken,
              $\mu =$ Durchschnittsgewicht aller Küken.

In 42.2.D: X=Anzahl Zerfälle pro Zeiteinheit,

   μ = durchschnittliche Anzahl Zerfälle pro Zeiteinheit.

Zwar ist μ nicht genau bekannt, doch lässt sich diese Zahl aufgrund der Stichprobe auf einfache Weise schätzen, wie wir in (43.3) sehen werden. Da der Erwartungswert $\mu = E(X)$ ein so genannter *Parameter* der Zufallsgrösse X ist, spricht man hier auch von einer *Parameterschätzung*.

Ebenfalls von Bedeutung ist ein weiterer Parameter, die Varianz

$$\sigma^2 = V(X)\,,$$

für die wir in (43.4) ein Schätzverfahren kennen lernen werden.

Wenn, wie in den beiden angegebenen Fällen, ein Parameter durch eine bestimmte Zahl geschätzt wird, dann spricht man auch von einer *Punktschätzung*. Daneben werden wir in (43.8) und (43.9) noch einen zweiten Typ einer Schätzung antreffen, nämlich die *Intervallschätzung*. Hier geht es nicht mehr darum, den Parameter durch eine einzelne Zahl zu schätzen, vielmehr hätte man gerne ein Intervall, von dem man mit einer bestimmten Sicherheit sagen kann, dass es den fraglichen Parameter (z.B. μ) enthält. Man gibt also sozusagen eine vernünftige "Bandbreite" für den Parameter an.

In den nächsten Abschnitten gehen wir zu den Einzelheiten über.

(43.3) Schätzung des Erwartungswerts

Wir nehmen an, es sei eine Grundgesamtheit gegeben, welche im Sinn von (42.3) durch eine Zufallsgrösse X beschrieben wird. Ferner sei eine Stichprobe

$$x_1,\ x_2,\ldots,x_n$$

vom Umfang n ermittelt worden.

Wir möchten nun den Erwartungswert $\mu = E(X)$ schätzen. Da dieser anschaulich dem Durchschnitt entspricht, liegt die folgende Festsetzung nahe:

Als Schätzung für den Erwartungswert $\mu = E(X)$ der Grundgesamtheit verwendet man den Durchschnitt $\bar{x}$ der Stichprobe, also die Zahl

$$\bar{x} = \frac{1}{n}(x_1 + x_2 + \ldots + x_n) = \frac{1}{n}\sum_{i=1}^{n} x_i\,.$$

Diese Festsetzung ist zugegebenermassen völlig unspektakulär, denn sie ist wirklich einleuchtend. Das darf Sie aber nicht stören. Immerhin werden wir in (43.6) noch eine mathematische Rechtfertigung finden.

Auch die folgenden Zahlenbeispiele sind entsprechend banal. Da wir die Zahlwerte später noch brauchen werden, geben wir sie trotzdem an:

1) Zu Beispiel 42.2.A: In (31.3.b) haben wir das Durchschnittsgewicht der 50 Küken aus (30.3) angegeben: Die Zahl $\bar{x} = 102.96$ wird daher als Schätzung für das unbekannte μ verwendet.

   Vielleicht schadet es aber nichts, nochmals den Unterschied zwischen $\bar{x}$ und μ zu betonen:

   - μ ist das Durchschnittsgewicht der Grundgesamtheit, also *aller* zweiwöchigen Küken. Diese Zahl ist unbekannt.
   - $\bar{x}$ ist der Mittelwert einer einzelnen Stichprobe von 50 Tieren. Eine andere Stichprobe (von gleichem oder verschiedenem Umfang) wird ein anderes $\bar{x}$ ergeben (vgl. (43.5)). Man erwartet aber, dass alle so erhaltenen $\bar{x}$ in der Nähe des unbekannten Parameters μ liegen und deshalb als Schätzung verwendet werden können.

2) Zu Beispiel 42.2.D (vgl. die dortige Tabelle): 326 Minuten ergeben 2608 Intervalle zu 7.5 Sekunden (dies ist natürlich auch das Total der zweiten Zeile). Die gesamte Zahl der Zerfälle ist

$$57 \cdot 0 + 203 \cdot 1 + 383 \cdot 2 + \ldots + 1 \cdot 14 = 10097 \,.$$

Daraus ergibt sich das arithmetische Mittel (auf 3 Stellen gerundet)

$$\bar{x} = \frac{10097}{2608} = 3.872 \,.$$

Dies ist also ein Schätzwert für die mittlere Anzahl der Zerfälle pro Zeitintervall von Polonium, und zwar nicht für den untersuchten Zeitraum von 326 Minuten, sondern generell.

Schon in (31.3) wurde darauf hingewiesen, dass der Durchschnitt $\bar{x}$ mit den meisten Taschenrechnern direkt berechnet werden kann.

(43.4) Schätzung von Varianz und Standardabweichung

Wir gehen von derselben Situation wie in (43.3) aus und wollen nun die (wahrscheinlichkeitstheoretische) Varianz schätzen. Hierzu verwendet man — was niemanden überraschen wird — die in (31.7) definierte statistische (oder empirische) Varianz:

Als Schätzung für die Varianz $\sigma^2 = V(X)$ der Grundgesamtheit (präziser wahrscheinlichkeitstheoretische Varianz genannt) verwendet man die Varianz s^2 der Stichprobe (die statistische oder empirische Varianz), also die Zahl

$$s^2 = \frac{1}{n-1} \sum_{i=1}^{n} (x_i - \bar{x})^2 \ .$$

Entsprechend wird die wahrscheinlichkeitstheoretische Standardabweichung σ durch die statistische (oder empirische) Standardabweichung

$$s = \sqrt{\frac{1}{n-1} \sum_{i=1}^{n} (x_i - \bar{x})^2}$$

geschätzt.

Die in (43.3) gemachten Bemerkungen gelten mutatis mutandis auch hier. Für den späteren Gebrauch zitieren wir ein früheres Zahlenbeispiel (31.7.c): Bei den Küken aus (30.3) ist $s^2 = 40.5289$ und $s = 6.3662$.

Bei der Verwendung eines Taschenrechners ist, wie schon in (31.7.e) erwähnt, darauf zu achten, ob er die Standardabweichung mit dem Nenner $n-1$ (wie er hier verwendet wird) oder mit dem Nenner n liefert.

(43.5) Wir fassen den Durchschnitt als Zufallsgrösse auf

Wir betrachten wie schon in den vorhergehenden Abschnitten eine Stichprobe

$$x_1, x_2, \ldots, x_n$$

aus einer durch die Zufallsgrösse X beschriebenen Grundgesamtheit und berechnen das arithmetische Mittel

$$\bar{x} = \frac{1}{n}(x_1 + \ldots + x_n) \ .$$

Dies kann für jede Stichprobe vom (als fest angenommenem) Umfang n durchgeführt werden. Natürlich wird $\bar{x}$ — wie schon im Beispiel 1) von (43.3) erwähnt — für jede Stichprobe ein wenig anders ausfallen. Die Zahl $\bar{x}$ kann daher als Realisierung einer neuen Zufallsgrösse $\overline{X}$ aufgefasst werden.

Der obigen Formel für $\bar{x}$ (Realisierung) entspricht die folgende Formel für $\overline{X}$ (Zufallsgrösse); vgl. (42.5) für eine theoretische Erläuterung:

$$\overline{X} = \frac{1}{n}(X_1 + \ldots + X_n) \ ,$$

wobei die Zufallsgrösse X_i wie in (42.4) als i-te Messung zu verstehen ist. (Der Umfang n der Stichprobe ist allerdings aus dem Symbol $\overline{X}$ nicht direkt ersichtlich.)

Ein Hinweis zur Bezeichnung: Wenn immer möglich, werden wir die Zufallsgrössen mit grossen, die zugehörigen Realisierungen mit den entsprechenden kleinen Buchstaben bezeichnen. (In vielen Büchern wird hier allerdings nicht so genau unterschieden.)

Die soeben eingeführte Zufallsgrösse $\overline{X}$, also der Durchschnitt einer Stichprobe vom (festen) Umfang n, besitzt einen Erwartungswert $E(\overline{X})$ und eine Varianz $V(\overline{X})$, die man ausrechnen kann, wenn man den Erwartungswert $E(X) = \mu$ und die Varianz $V(X) = \sigma^2$ der durch X beschriebenen Grundgesamtheit kennt. Es gelten die folgenden Formeln, die wir ohne Beweis angeben:

$$(1) \quad E(\overline{X}) = E(X) = \mu , \qquad (2) \quad V(\overline{X}) = \frac{V(X)}{n} = \frac{\sigma^2}{n} .$$

An dieser Stelle führen wir noch einen wichtigen Begriff ein, der auch in der Fehlerrechnung vorkommt, nämlich den *Standardfehler*. Dies ist einfach die Standardabweichung von $\overline{X}$, also die Wurzel aus der Varianz $V(\overline{X})$. Als Bezeichnung verwendet man das Symbol $\sigma_{\bar{x}}$. In Formeln also

$$(3) \qquad \sigma_{\bar{x}} = \frac{\sigma}{\sqrt{n}} .$$

Beachten Sie, dass der Standardfehler vom Umfang n der Stichprobe abhängt, obwohl dies im Zeichen $\sigma_{\bar{x}}$ nicht zum Ausdruck kommt.

Bei einer gegebenen Stichprobe wird gemäss (43.4) σ durch s geschätzt. Man kommt so auf folgendes:

Als Schätzung für den Standardfehler $\sigma_{\bar{x}}$ verwendet man die Zahl

$$s_{\bar{x}} = \frac{s}{\sqrt{n}} = \sqrt{\frac{\sum\limits_{i=1}^{n}(x_i - \bar{x})^2}{n(n-1)}} .$$

Beispiel

Im Fall der Küken ist die Standardabweichung $s = 6.36623$, ferner ist $n = 50$. Somit wird der Standardfehler geschätzt durch

$$s_{\bar{x}} = \frac{6.36623}{\sqrt{50}} = 0.9003 . \qquad \boxtimes$$

Wir besprechen nun die anschauliche Bedeutung der Formeln (1), (2) und (3). Für die Formel (1) betrachten wir wieder unsere Küken. Der Erwartungswert $\mu = E(X)$ (also anschaulich das Durchschnittsgewicht *aller* denkbaren zweiwöchigen Küken) ist nicht bekannt. Aufgrund unserer Stichprobe haben wir aber μ durch $\bar{x} = 102.96$ geschätzt. Diese Zahl ist eine Realisierung der Zufallsvariablen $\overline{X}$. Eine andere Stichprobe (aber vom *gleichen* Umfang 50) hätte einen etwas anderen Durchschnitt $\bar{x}$ ergeben (z.B. $\bar{x} = 103.33$). Der Erwartungswert $E(\overline{X})$ der Zufallsgrösse $\overline{X}$ ist nun anschaulich der "Durchschnitt aller dieser Durchschnitte". So gesehen, überrascht es kaum, dass $E(\overline{X}) = E(X) = \mu$ herauskommt.

Statt Formel (2) betrachten wir die dazu gleichwertige Formel (3) für die Standardabweichung $\sigma_{\bar{x}}$ von $\overline{X}$. Die Standardabweichung von X ist gleich σ; jene von $\overline{X}$ ist gleich $\sigma_{\bar{x}} = \sigma/\sqrt{n}$ und wird umso kleiner, je grösser n ist. Dieser Sachverhalt hat ebenfalls seinen guten Sinn: Die verschiedenen (jeweils aus einer Stichprobe vom Umfang n berechneten) Durchschnitte streuen um ihren Erwartungswert, der durch $E(\overline{X}) = E(X) = \mu$ gegeben ist. Die Standardabweichung $\sigma_{\bar{x}}$ von $\overline{X}$ ist nun gerade ein Mass für die Grösse der Streuung. Nun leuchtet es doch ein, dass ein aus vielen Werten berechneter Durchschnitt im Allgemeinen dem wahren Wert näher kommen wird, als ein aus wenigen Werten berechnetes Mittel. Dies heisst übersetzt, dass die Standardabweichung von $\overline{X}$ (also $\sigma_{\bar{x}}$) umso kleiner wird, je grösser n ist. Die Formel (3) gibt nun eine exakte, quantitative Beschreibung dieses Sachverhalts. Beachten Sie, dass im Nenner von (3) die Wurzel aus n steht. Will man also die "Genauigkeit" verdoppeln — präziser gesagt den Standardfehler $\sigma_{\bar{x}}$ halbieren — so muss die Anzahl n der Beobachtungswerte vervierfacht werden.

Wir sehen uns das Ganze noch etwas genauer an für den Fall, wo X normal verteilt ist, mit den Parametern μ, σ. Man kann zeigen (der nicht einfache Beweis sei hier unterschlagen), dass in diesem Fall auch $\overline{X}$ normal verteilt ist. Gemäss den obigen Formeln (1) und (3) hat dann die normal verteilte Zufallsgrösse $\overline{X}$ die Parameter μ und $\sigma/\sqrt{n}$. Die nebenstehende Figur zeigt sehr deutlich, wie die Dichtefunktion von $\overline{X}$ mit wachsendem n immer schmaler wird. Dies belegt noch einmal, dass $\bar{x}$ umso weniger um μ streut, je grösser n ist.

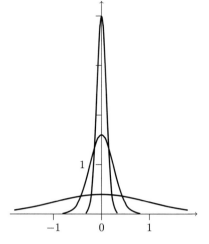

Gezeichnet sind die Verteilung von X mit $\sigma = 1$ (flachste Kurve) sowie die Verteilungen von $\overline{X}$ mit $n = 16$ und $\sigma_{\bar{x}} = 0.25$ bzw. mit $n = 100$ und $\sigma_{\bar{x}} = 0.1$ (steilste Kurve).

Zu dieser Figur geben wir noch ein

Zahlenbeispiel

Wir nehmen an, die Zufallsgrösse X sei gemäss N$(0\,;1)$ normal verteilt (Standard-Normalverteilung). Die Wahrscheinlichkeit dafür, dass ein Wert von X (also ein Wert einer einzelnen Messung) im Intervall $[-0.1,\, 0.1]$ liegt, ist dann gemäss (41.4) gegeben durch

$$\Phi(0.1) - \Phi(-0.1) = 0.5398 - 0.4602 = 0.0796\,.$$

Führen wir nun aber 100 Messungen durch ($n = 100$), so ist $E(\overline{X}) = \mu = 0$, $\sigma_{\bar{x}} = \sigma/\sqrt{100} = \sigma/10 = 0.1$. Die Wahrscheinlichkeit dafür, dass der Durchschnitt $\bar{x}$ aus 100 Messungen im erwähnten Intervall $[-0.1,\, 0.1]$ liegt, ist also gleich

$$\Phi_{0,0.1}(0.1) - \Phi_{0,0.1}(-0.1) = \Phi\left(\frac{0.1 - 0}{0.1}\right) - \Phi\left(\frac{-0.1 - 0}{0.1}\right)$$

$$= \Phi(1) - \Phi(-1) = 0.8413 - 0.1587 = 0.6826$$

und ist somit wesentlich grösser als im Fall der Einzelmessung.   ⊠

(43.6) Erwartungstreue Schätzungen

In diesem Abschnitt, der für das weitere Verständnis nicht notwendig ist, wird der im Titel erwähnte Begriff erklärt, und es wird erläutert, warum in der Formel für die statistische (oder empirische) Varianz

(A) $$s^2 = \frac{1}{n-1}\sum_{i=1}^{n}(x_i - \bar{x})^2$$

im Nenner $n - 1$ und nicht n steht. (Es gibt allerdings auch Bücher, wo der Nenner n gewählt wird.)

Die Formel (1) von (43.5),

$$E(\overline{X}) = \mu\,,$$

liefert ein mathematisches Argument für die Wahl von $\bar{x}$ als Schätzung für μ. Die Formel besagt ja einfach, dass der Erwartungswert der Schätzung gleich dem gesuchten Parameter ist. Führt man also sehr viele derartige Schätzungen aus, so wird man im Mittel gerade μ erhalten. Eine Schätzung mit dieser Eigenschaft heisst *erwartungstreu*. Also: $\bar{x}$ ist eine erwartungstreue Schätzung für μ.

Wie steht es nun mit der Schätzung s^2 für die Varianz σ^2? Der Zufallsgrösse $\overline{X}$, die soeben besprochen wurde, entspricht hier nun eine neue Zufallsgrösse S^2, die gegeben ist durch die Formel

(B) $$S^2 = \frac{1}{n-1}\sum_{i=1}^{n}(X_i - \overline{X})^2\,.$$

Die durch (A) gegebene Varianz s^2 ist eine Realisierung von S^2. (Beachten Sie, dass sich die beiden Formeln völlig entsprechen: In (A) stehen Zahlen, in (B) die zugehörigen Zufallsgrössen.)

Man kann nun zeigen, dass die Schätzung von σ^2 durch s^2 ebenfalls erwartungstreu ist. Es gilt nämlich

$$E(S^2) = \sigma^2\,,$$

wie ohne Beweis erwähnt sei.

Zum Schluss dieses Abschnitts wollen wir wie angekündigt noch begründen, warum in der Definition von s^2 im Nenner die Zahl $n-1$ steht (vgl. (31.7)). Nimmt man nämlich statt dessen n und setzt

$$\mathsf{s}^2 = \frac{1}{n} \sum_{i=1}^{n} (x_i - \bar{x})^2 = \frac{n-1}{n} s^2$$

(die neue Schriftart für "s" [s für die Realisierung bzw. S für die Zufallsgrösse] wird für die Formeln mit dem Nenner n verwendet), so erhält man (unter Verwendung von (37.9), Bemerkung 5)) für den Erwartungswert dieser "neuen Varianz"

$$E(\mathsf{S}^2) = \frac{n-1}{n} E(S^2) = \frac{n-1}{n} \sigma^2 \neq \sigma^2 .$$

Die mit n statt $n-1$ definierte Varianz ist also *nicht* erwartungstreu. Dies rechtfertigt die Wahl des Nenners $n-1$. Allerdings ist der Unterschied bei grösseren Werten von n nurmehr gering.

Um keine falschen Vorstellungen aufkommen zu lassen, sei noch ohne Beweis erwähnt, dass die Schätzung der Standardabweichung σ durch s weder mit dem Nenner $n-1$ noch mit dem Nenner n erwartungstreu ist.

$\boxed{(43.7) \text{ Die } t\text{-Verteilung}}$

Das wichtigste Beispiel einer stetigen Verteilung, welches wir bisher kennen gelernt haben, ist die Normalverteilung (41.2). Nun besprechen wir eine weitere Verteilung, deren praktische Bedeutung sich in den nächsten Abschnitten und Kapiteln erweisen wird. Es handelt sich dabei um die so genannte *t-Verteilung*, welche auch manchmal *Student-Verteilung* genannt wird, denn ihr Entdecker, der Engländer W.S. GOSSET (1876–1937), veröffentlichte seine Arbeit unter dem Pseudonym "Student".

Um die *t*-Verteilung zu erhalten, gehen wir von einer Zufallsgrösse X aus, welche der Normalverteilung $\mathrm{N}(\mu\,;\sigma)$ folgt. Die Bezug zur Praxis wird dadurch hergestellt, dass dort in vielen Fällen angenommen werden darf, die Grundgesamtheit sei (zumindest annähernd, vgl. dazu (41.9)) normal verteilt. Dieser Grundgesamtheit entnehmen wir eine Stichprobe vom Umfang n:

$$x_1, x_2, \ldots, x_n .$$

Ihr Durchschnitt $\bar{x}$ ist eine Realisierung der Zufallsgrösse $\overline{X}$ (vgl. (43.5).

Wir haben gegen das Ende von (43.5) ohne Beweis erwähnt, dass mit X auch die Zufallsgrösse $\overline{X}$ normal verteilt ist. Diese Normalverteilung hat als Parameter den Erwartungswert $E(\overline{X}) = \mu$ und die Standardabweichung $\sigma_{\bar{x}} = \sigma/\sqrt{n}$, wie wir in (43.5) (Formeln (1) und (3)) gesehen haben.

Wie in (41.3) standardisieren wir die normal verteilte Zufallsgrösse $\overline{X}$, indem wir

$$Y = \frac{\overline{X} - \mu}{\sigma_{\bar{x}}}$$

setzen. Die Zufallsgrösse Y ist wieder normal verteilt, was ohne Beweis erwähnt sei. Beachten Sie, dass im Nenner dieses Ausdrucks eine *Zahl*, nämlich $\sigma_{\bar{x}}$ steht. Allerdings ist die Grösse $\sigma_{\bar{x}}$ sehr oft nicht genau bekannt, sondern muss durch

$$s_{\bar{x}} = \frac{s}{\sqrt{n}} = \sqrt{\frac{\sum\limits_{i=1}^{n}(x_i - \bar{x})^2}{n(n-1)}}$$

geschätzt werden. Dabei ist $s_{\bar{x}}$ die Realisierung der neuen Zufallsgrösse

$$S_{\bar{x}} = \frac{S}{\sqrt{n}} = \sqrt{\frac{\sum\limits_{i=1}^{n}(X_i - \bar{X})^2}{n(n-1)}} \; .$$

Diese ordnet jeder Stichprobe vom Umfang n ihren Standardfehler zu, der natürlich genauso wie der Durchschnitt von der Stichprobe abhängt und deshalb eben eine Zufallsgrösse ist. Ersetzt man nun in der Formel für Y die *Zahl* $\sigma_{\bar{x}}$ durch die *Zufallsgrösse* $S_{\bar{x}}$, so erhält man die neue Zufallsvariable

$$T = \frac{\bar{X} - \mu}{S_{\bar{x}}} \; .$$

Ihre Werte (d.h., die Realisierungen) erhält man durch Einsetzen der aus der Stichprobe

$$x_1, \, x_2, \, \ldots, x_n$$

berechneten Grössen $\bar{x}$ und $s_{\bar{x}}$ mit der Formel

$$t = \frac{\bar{x} - \mu}{s_{\bar{x}}} \; .$$

Dabei wird die *Zahl* μ in diesem Zusammenhang jeweils als gegeben angenommen, was in den Anwendungen noch klarer zum Ausdruck kommen wird. (Im Gegensatz zu $\sigma_{\bar{x}}$ wird also μ nicht durch eine Zufallsgrösse ersetzt.)

Beachten Sie auch, dass (via $S_{\bar{x}}$) der Umfang n der Stichprobe in der Formel für T steckt. Trotzdem schreibt man nicht T_n oder so etwas, sondern gibt die Zahl n falls nötig separat an.

Diese Zufallsgrösse T ist nun nicht mehr normal verteilt. Dies kommt daher, dass, wie bereits erwähnt, im Gegensatz zu Y im Nenner nicht mehr eine Zahl, sondern eine Zufallsgrösse steht.

Es stellt sich daher die Aufgabe, die Verteilung von T zu bestimmen. Dies kann man z.B. dadurch erledigen, dass man versucht, die Dichtefunktion zu finden. Gemäss (40.3) ist also eine Funktion f mit den dort angegebenen Eigenschaften 1), 2) und 3) gesucht, so dass für alle $t \in \mathbb{R}$

$$P(T \le t) = \int_{-\infty}^{t} f(x)\,dx \ ,$$

gilt, wobei — wie eingangs erwähnt wurde — die dem Ganzen zugrunde liegende Zufallsgrösse X normal verteilt sein muss. Diese Aufgabe ist alles andere als einfach; wir wollen uns daher darauf beschränken, das Ergebnis anzuführen, das wie folgt lautet:

Die oben definierte Zufallsgrösse T hat die Dichtefunktion

$(*)$ $$f(x) = c_n \left(1 + \frac{x^2}{n-1}\right)^{-\frac{n}{2}} .$$

In dieser Formel kommt die Zahl n vor, die bei unserer Herleitung dem Umfang der Stichprobe entsprach. In der Praxis bezieht man sich aber nicht auf diese Zahl, sondern auf die Zahl $\nu = n - 1$ ($\nu \ge 1$), die man *Freiheitsgrad* nennt.

Damit können wir die allgemeine Definition der t-Verteilung geben :

Die Zufallsgrösse T folgt der t-Verteilung mit dem Freiheitsgrad $\nu = n - 1$, wenn T die in der Formel $(*)$ angegebene Dichtefunktion hat.

Bemerkungen

1. Der genaue Wert der Konstanten c_n soll hier nicht angegeben werden. Er wird so festgelegt, dass

$$\int_{-\infty}^{\infty} f(x)\,dx = 1$$

ist (Bedingung 3) von (40.3)).

2. Der Graph der Dichtefunktion f ähnelt jenem der Standard-Normalverteilung. Er ist symmetrisch zur y-Achse, aber etwas niedriger und breiter als jener der Normalverteilung. Je grösser der Freiheitsgrad ν ist, desto mehr nähert sich die t-Verteilung der Standard-Normalverteilung. Die oberste Kurve gehört zur Standard-Normalverteilung, die mittlere zur t-Verteilung mit dem Freiheitsgrad $\nu = 5$ und die unterste zur t-Verteilung mit $\nu = 1$.

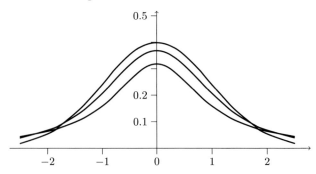

Zur Tabellierung der t-Verteilung

Genau wie für die Standard-Normalverteilung könnte man auch die Werte der Verteilungsfunktion der t-Verteilung tabellieren, wobei aber für jeden Freiheitsgrad ν eine eigene Tabelle erforderlich wäre. Nun ist es aber so, dass man sich in den statistischen Anwendungen nicht so sehr für die Werte der Verteilungsfunktion als für die *kritischen Werte* $t_{\alpha,\nu}$ interessiert*. Wir haben diesen Begriff bereits in (41.5) für die Normalverteilung kennen gelernt. Die Situation ist hier ganz analog, soll aber trotzdem nochmals erläutert werden.

Gegeben ist also eine Zufallsgrösse T, welche eine t-Verteilung mit dem Freiheitsgrad ν hat. Weiter sei eine Zahl α mit $0 < \alpha < 1$ gegeben. Unter dem zugehörigen *kritischen Wert* $t_{\alpha,\nu}$ versteht man die Zahl, für welche

$$P(|T| \geq t_{\alpha,\nu}) = \alpha$$

gilt. Oft schreibt man auch bloss t_α, da für eine gegebene Aufgabe der Freiheitsgrad ν im vornherein feststeht.

Geometrisch sieht die Sache so aus (vgl. auch (41.5)): Die Werte, welche dem Betrage nach grösser als oder gleich $t_{\alpha,\nu}$ sind, entsprechen dem dick ausgezogenen Teil der horizontalen Achse:

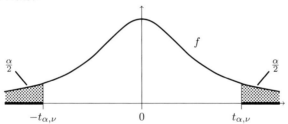

Der markierte Bereich entspricht der gegebenen Wahrscheinlichkeit α; aus Symmetriegründen hat dann jedes der beiden Flächenstücke den Inhalt $\alpha/2$. In Formeln ausgedrückt:

$$\int_{-\infty}^{-t_{\alpha,\nu}} f(x)\,dx = \frac{\alpha}{2}, \qquad \int_{t_{\alpha,\nu}}^{\infty} f(x)\,dx = \frac{\alpha}{2}\;.$$

Diese kritischen Werte $t_{\alpha,\nu}$ findet man nun in Tabellen aufgeführt und zwar in Abhängigkeit von ν und α, vgl. Tabelle (51.4).

Ein Zahlenbeispiel

Es liege eine t-Verteilung mit Freiheitsgrad 7 vor. Ferner sei $\alpha = 0.1$ gewählt. Der Tabelle (51.4) entnimmt man für $\nu = 7$ und $\alpha = 0.1$, dass

$$t_{\alpha,\nu} = 1.895$$

---

* Ähnlich wie bei den kritischen Werten der Normalverteilung sind auch hier noch andere Bezeichnungen wie etwa $t_{1-\frac{\alpha}{2}}$ oder $t_{1-\frac{\alpha}{2}}(\nu)$ gebräuchlich.

ist. Dies bedeutet, dass $P(|T| \geq 1.895) = 0.1$ ist. "Einseitig" gesehen ist entsprechend
$P(T \leq -1.895) = 0.05$ und $P(T \geq 1.895) = 0.05$.   ⊠

Im nächsten Abschnitt kommen wir nun zu einer ersten Anwendung der t-Vertei-
lung. Diese Verteilung wird auch in den Kapiteln 45 und 46 von Bedeutung sein.

> (43.8) Das Konfidenzintervall für den Erwartungswert

In (43.3) haben wir gesehen, dass der Erwartungswert μ der Grundgesamtheit durch
den Durchschnitt $\bar{x}$ der Stichprobe geschätzt wird. Es ist nützlich, an dieser Stelle
nochmals den Unterschied zwischen μ und $\bar{x}$ zu erläutern. Im Fall der Küken entspricht μ dem naturgemäss unbekannten, aber im Sinne einer Idealisierung denkbaren
Durchschnittsgewicht aller zweiwöchigen Küken. Die Zahl $\bar{x}$ dagegen ist aufgrund einer
Stichprobe konkret ermittelt worden. Da die Stichprobe nicht alle Küken umfasst, ist
die Schätzung von μ durch $\bar{x}$ nicht exakt, sondern eben nur ein approximativer Wert.
Zudem wird $\bar{x}$ mit jeder Stichprobe etwas anders ausfallen.

Trotzdem möchte man natürlich gerne wissen, wie zuverlässig diese Schätzung ist.
Dies kann man dadurch erreichen, dass man eine Art "Bandbreite" angibt, in welcher
der unbekannte Wert μ mit einer gewissen vorher festgelegten Wahrscheinlichkeit liegt*.
Diese Wahrscheinlichkeit nennt man *Vertrauenswahrscheinlichkeit* oder auch *Konfidenz-
wahrscheinlichkeit* und bezeichnet sie meist mit Q. Eine mögliche (und übliche) Wahl
ist $Q = 0.95$ (oder 95%).

Die oben erwähnte "Bandbreite" wird mathematisch durch ein abgeschlossenes Intervall $[\mu_1, \mu_2]$ gegeben. Da wir ja nicht wissen, ob unser Stichprobendurchschnitt $\bar{x}$
grösser oder kleiner als μ ist, ist es sinnvoll, das Intervall so festzulegen, dass $\bar{x}$ sein
Mittelpunkt ist. Damit können wir unser Problem zusammenfassen:

Gegeben ist $\bar{x}$ sowie die Vertrauenswahrscheinlichkeit Q. Gesucht ist ein Intervall
$I = [\mu_1, \mu_2]$ mit Mittelpunkt $\bar{x}$, so dass gilt: Die Wahrscheinlichkeit dafür, dass μ in I
liegt*, ist gleich Q.

$$\mu_1 \qquad\qquad\qquad \bar{x} \qquad\qquad\qquad \mu_2$$

Es ist von vornherein schon ohne Rechnung klar, dass bei einer gegebenen Stichprobe
das Intervall umso grösser sein wird, je grösser Q gewählt wird.

Wir wollen nun eine Formel für das Intervall $I = [\mu_1, \mu_2]$ herleiten. Dazu setzen
wir voraus, dass die zur Grundgesamtheit gehörende Zufallsgrösse X normal verteilt
ist. Kleine Abweichungen von der Normalität, wie sie in der Praxis immer wieder
vorkommen, bewirken aber keinen wesentlichen Fehler.

---

* Die genaue Bedeutung dieser Formulierung wird weiter unten diskutiert.

Ausgehend von der Stichprobe $x_1, \ldots, x_n$ schätzen wir die unbekannten Parameter μ bzw. $\sigma_{\bar{x}}$ wie gewohnt (vgl. (43.3), (43.5)) durch $\bar{x}$ und $s_{\bar{x}}$. Nun haben wir in (43.7) gelernt, dass die Zahl

$$t = \frac{\bar{x} - \mu}{s_{\bar{x}}}$$

eine Realisierung der Zufallsgrösse

$$T = \frac{\overline{X} - \mu}{S_{\bar{x}}}$$

ist, welche einer t-Verteilung mit Freiheitsgrad $\nu = n - 1$ folgt, wobei n der Umfang der Stichprobe ist. Gegeben ist ferner die Vertrauenswahrscheinlichkeit Q; zur Vereinfachung setzen wir noch $\alpha = 1 - Q$.

Zu diesen Werten von α und ν können wir in der Tabelle den kritischen Wert $t_{\alpha,\nu}$ nachschlagen, den wir hier kurz mit t_α bezeichnen wollen. Nach Definition des kritischen Werts ist

$$P(|T| \geq t_\alpha) = \alpha \ .$$

Das Gegenereignis zu $|T| \geq \alpha$ ist $|T| < \alpha$ oder auch $-t_\alpha < T < t_\alpha$. Deshalb ist

$$P(-t_\alpha < T < t_\alpha) = 1 - \alpha = Q \ ,$$

aber auch (vgl. (40.4.c))

$$P(-t_\alpha \leq T \leq t_\alpha) = 1 - \alpha = Q \ .$$

Nun formen wir etwas um. Die Ungleichung $-t_\alpha \leq T \leq t_\alpha$ ist natürlich gleichbedeutend mit $-t_\alpha \leq -T \leq t_\alpha$. Setzen wir für $-T$ die oben stehende Definition ein, so folgt der Reihe nach

$$-t_\alpha \leq \frac{\mu - \overline{X}}{S_{\bar{x}}} \leq t_\alpha$$

$$-t_\alpha S_{\bar{x}} \leq \mu - \overline{X} \leq t_\alpha S_{\bar{x}} \qquad \text{(Multiplikation mit } S_{\bar{x}})$$

$$\overline{X} - t_\alpha S_{\bar{x}} \leq \mu \leq \overline{X} + t_\alpha S_{\bar{x}} \qquad \text{(Addition von } \overline{X}) \ .$$

Da die obigen Schritte auch in umgekehrter Reihenfolge durchlaufen werden können, ist das Ereignis

$$\overline{X} - t_\alpha S_{\bar{x}} \leq \mu \leq \overline{X} + t_\alpha S_{\bar{x}}$$

gleich dem Ereignis

$$-t_\alpha \leq T \leq t_\alpha$$

und hat somit ebenfalls die Wahrscheinlichkeit Q. Mit andern Worten: Es ist

$(*)$ $\qquad\qquad\qquad P(\overline{X} - t_\alpha S_{\bar{x}} \leq \mu \leq \overline{X} + t_\alpha S_{\bar{x}}) = Q \ .$

Damit haben wir ein Intervall gefunden, nämlich

$$[\overline{X} - t_\alpha S_{\bar{x}}, \ \overline{X} + t_\alpha S_{\bar{x}}] \ ,$$

in welchem μ mit der Wahrscheinlichkeit Q liegt. Die Grenzen dieses Intervalls, in denen $\overline{X}$ und $S_{\bar{x}}$ vorkommt, sind selbst wieder Zufallsgrössen.

Für jede effektiv gegebene Stichprobe

$$x_1, x_2, \ldots, x_n$$

können wir aber die Werte

$$\bar{x} = \frac{1}{n} \sum_{i=1}^{n} x_i \quad \text{und} \quad s_{\bar{x}} = \sqrt{\frac{\sum_{i=1}^{n} (x_i - \bar{x})^2}{n(n-1)}}$$

als Realisierungen der Zufallsgrössen $\bar{X}$ und $S_{\bar{x}}$ berechnen und erhalten so das Intervall

$$[\bar{x} - t_\alpha s_{\bar{x}}, \; \bar{x} + t_\alpha s_{\bar{x}}] \, .$$

Es heisst *Vertrauensintervall* oder *Konfidenzintervall*.

Man ist nun aufgrund der Herleitung versucht zu sagen, der unbekannte Wert von μ liege mit der Wahrscheinlichkeit Q im Vertrauensintervall. Diese Aussage geht zwar in die richtige Richtung, ist aber, wörtlich genommen, falsch.

Dies lässt sich so begründen: Die Grenzen des aufgrund einer Stichprobe bestimmten Intervalls $[\bar{x} - t_\alpha s_{\bar{x}}, \; \bar{x} + t_\alpha s_{\bar{x}}]$ sind Zahlen, im Beispiel 43.8.A, a) etwa erhalten wir das Intervall $I = [101.15, 104.77]$. Nun gibt es aber für das zahlenmässig festgelegte Intervall I nur zwei Möglichkeiten. Entweder liegt der unbekannte Wert von μ in I oder aber dies ist nicht der Fall; wir wissen allerdings nicht, was zutrifft. Im ersten Fall ist die Wahrscheinlichkeit dafür, dass μ in I liegt gleich 1, im zweiten ist sie gleich 0; jedenfalls ist sie nicht gleich Q. Insofern ist die Aussage "μ liegt mit der Wahrscheinlichkeit Q in I" falsch.

Die folgenden Überlegungen sollen aufzeigen, was das Konfidenzintervall wirklich bedeutet. Wenn wir viele Stichproben vom Umfang n bilden, dann werden die Grössen $\bar{x}$ und $s_{\bar{x}}$ jedes Mal etwas anders herauskommen und damit aber auch die Grenzen $\bar{x} - t_\alpha s_{\bar{x}}$ und $\bar{x} + t_\alpha s_{\bar{x}}$ des Konfidenzintervalls I (es handelt sich ja um Realisierungen von Zufallsgrössen). Auch die Länge des Intervalls (sie beträgt $2t_\alpha s_{\bar{x}}$) hängt von der Stichprobe ab. Je nach Lage und Grösse des Intervalls wird nun der Erwartungswert μ in I liegen oder nicht. Wegen der in $(*)$ oben angegebenen Wahrscheinlichkeit wird man aber in einer langen Stichprobenreihe erwarten, dass der Anteil der Fälle, wo μ in I liegt, näherungsweise gleich der Vertrauenswahrscheinlichkeit Q ist.

Wenn also beispielsweise 10 Stichproben vorliegen, und wenn wir die Vertrauenswahrscheinlichkeit $Q = 90\%$ gewählt haben, dann werden wir 10 verschiedene Vertrauensintervalle erhalten, und wir rechnen damit, dass der unbekannte Erwartungswert μ in 9 von diesen Intervallen liegen wird. Die unten stehende schematische Darstellung zeigt dies, wobei wir hier so tun, als ob μ bekannt sei (sonst könnten wir diese Grösse ja gar nicht eintragen).

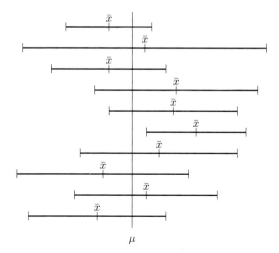

Wir stellen abschliessend fest, dass zur Bestimmung des Vertrauensintervalls I ein Verfahren verwendet wurde, für das in (beispielsweise) 90% aller Fälle die Behauptung, dass μ in I liegt, richtig ist. Wir haben demnach in Form der Wahrscheinlichkeit $Q = 90\%$ sozusagen ein Mass für die Sicherheit dieser Behauptung oder, noch anders formuliert, wir vertrauen zu 90% darauf, dass μ in I liegt. Die kurze Aussage "μ liegt mit einer Wahrscheinlichkeit von 90% in I" ist also in diesem Sinn zu verstehen.

Das folgende anschauliche Beispiel soll den Sachverhalt noch etwas näher erläutern. Ein Produzent verwendet ein Prüfverfahren, das bewirkt, dass 99% der auf den Markt gelangenden Artikel in Ordnung sind. Wenn ich nun ein solches Produkt gekauft habe, dann bin ich versucht zu sagen: "Dieser Artikel ist mit einer Wahrscheinlichkeit von 99% intakt." Nun ist aber der Artikel entweder defekt oder in Ordnung; allerdings weiss ich (a priori) nicht, welche der beiden Möglichkeiten zutrifft. Meine Aussage ist also, wörtlich genommen, falsch. Die Wahrscheinlichkeit 99% betrifft nämlich nicht den Artikel als solchen, sondern mein Urteil (bzw. das Prüfverfahren), sie ist ein Mass für mein Vertrauen: Ich rechne damit, dass ich bei 100 Käufen (die ich in der Praxis natürlich nicht durchführe) 99 gute Artikel erhalten würde.

Beispiel 43.8.A

Wir belästigen einmal mehr unsere Küken (30.3). Hier ist $n = 50$, $\bar{x} = 102.96$ und $s_{\bar{x}} = 0.9003$, vgl. (43.3) und (43.5). Man darf annehmen, dass die Grundgesamtheit ungefähr normal verteilt ist; die Voraussetzung für die obigen Überlegungen sind also erfüllt. Der Freiheitsgrad beträgt $\nu = n - 1 = 49$. Dieser Wert ist in unserer Tabelle (51.4) nicht enthalten. In a) und b) ermitteln wir ihn deshalb durch Interpolation, welche in c) nicht mehr sinnvoll ist. (Der Unterschied der so gefundenen Werte für $\nu = 49$ zu jenen für $\nu = 50$ ist allerdings nur gering.)

a) Wir wählen $Q = 95\%$, somit wird $\alpha = 0.05$. Dann ist gemäss Tabelle $t_{\alpha,45} = 2.014$, $t_{\alpha,50} = 2.009$. Es folgt $t_{\alpha,49} = t_\alpha = 2.010$. Man berechnet sofort

$$\bar{x} - t_\alpha s_{\bar{x}} = 101.15, \qquad \bar{x} + t_\alpha s_{\bar{x}} = 104.77 .$$

Das Vetrauensintervall ist also gegeben durch

$$[101.15,\ 104.77] .$$

Die Annahme, dass das Durchschnittsgewicht aller zweiwöchigen Küken in diesem Intervall liegt, wird in 95% aller Fälle richtig sein.

b) Wählen wir $Q = 99\%$, also $\alpha = 0.01$, so wird $t_\alpha = 2.680$ (wie oben interpoliert). Als Vertrauensintervall findet man nun

$$[100.55,\ 105.37] .$$

Es ist also grösser als im Fall a), was einleuchtet, denn grössere Sicherheit muss mit einem grösseren Intervall erkauft werden, was wir übrigens weiter oben schon einmal bemerkt haben. Umgekehrt ist die Situation im folgenden Fall c):

c) Es sei $Q = 80\%$, also $\alpha = 0.20$. Hier ist $t_\alpha = 1.299$. Man erhält das Konfidenzintervall

$$[101.79,\ 104.13] .$$

Zwar ist das Intervall jetzt relativ klein geworden, aber wir können nur noch in 80% aller Fälle erwarten, dass α in dieses Intervall fällt. $\boxtimes$

Zusammenfassung

Gegeben sei eine Stichprobe $x_1, \ldots, x_n$ aus einer (annähernd) normal verteilten Grundgesamtheit mit unbekanntem Erwartungswert μ und unbekannter Standardabweichung σ. Ferner sei eine Vertrauenswahrscheinlichkeit Q gewählt worden.

Dann ist das Vertrauensintervall für μ zur Vertrauenswahrscheinlichkeit Q gegeben durch

$$[\bar{x} - t_\alpha s_{\bar{x}},\ \bar{x} + t_\alpha s_{\bar{x}}] .$$

Dabei ist

$$\bar{x} = \frac{1}{n} \sum_{i=1}^n x_i \qquad \text{und} \qquad s_{\bar{x}} = \sqrt{\frac{\sum\limits_{i=1}^n (x_i - \bar{x})^2}{n(n-1)}} ,$$

und $t_\alpha = t_{\alpha,\nu}$ ist der kritische Wert der t-Verteilung (Tabelle (51.4)) mit Freiheitsgrad $\nu = n - 1$ und "Signifikanzschwelle" $\alpha = 1 - Q$.

Die Behauptung, dass μ im Vertrauensintervall liegt, wird aufgrund eines Verfahrens aufgestellt, das mit der Wahrscheinlichkeit Q richtige Resultate liefert.

Das Vertrauensintervall lässt sich auch als eine Art Schätzung betrachten, wobei aber im Gegensatz zu (43.3), wo eine so genannte Punktschätzung vorliegt, eben ein Intervall betrachtet wird, weshalb man auch von einer Intervallschätzung spricht, vgl. (43.2).

Schliesslich sei noch darauf hingewiesen, dass es nicht nur für den Erwartungswert, sondern auch für andere Masszahlen, wie etwa die Varianz, Vertrauensintervalle gibt. Für die entsprechenden Formeln sei aber auf die Literatur verwiesen.

(43.9) Das Konfidenzintervall für eine unbekannte Wahrscheinlichkeit

---

Vertrauensintervalle treten auch auf, wenn es darum geht, eine unbekannte Wahrscheinlichkeit (oder einen prozentualen Anteil) zu schätzen. Zur Illustration betrachten wir die folgende Situation.

Bei einer Umfrage wurden 500 Personen gefragt, ob sie ein bestimmtes Projekt befürworten. Dabei antworteten 300 mit "ja". Nun interessiert man sich natürlich vor allem für den Anteil der Befürwortenden innerhalb der ganzen Bevölkerung und nicht nur innerhalb der Stichprobe. Wenn wir die Wahrscheinlichkeit dafür, dass eine zufällig ausgewählte Person aus der Gesamtpopulation für das Projekt ist, mit p bezeichnen, dann werden wir aufgrund der Stichprobe p durch den Wert 0.6 schätzen. Wie schon in (43.8) möchte man nun eine Aussage über die Zuverlässigkeit der Schätzung haben; dazu konstruiert man ein Vertrauensintervall für p. Dabei geht man wie folgt vor:

Die Zufallsgrösse X bezeichne die Anzahl der befürwortenden Personen aus der Stichprobe. Da die Antwort auf die Befragung nur "ja" oder etwas anderes ("nein" bzw. "keine Meinung") sein kann und da — so nehmen wir wenigstens an — die Personen unabhängig voneinander antworten, ist X binomial verteilt. Dabei ist der Parameter n gleich dem Umfang der Stichprobe, der Parameter p aber ist unbekannt. (In unserem Fall ist $n = 500$, p ist aber nicht etwa gleich 0.6; vielmehr ist dies bloss eine Schätzung für das unbekannte p.)

Um die Betrachtungen allgemein durchzuführen, gehen wir einfach von einer binomial verteilten Zufallsgrösse X aus, ohne ihr eine konkrete Bedeutung zu geben.

Wie wir aus (38.4) wissen, ist $E(X) = np$ und $V(X) = np(1 - p)$. In (41.8) haben wir gesehen, dass die Zufallsgrösse

$$\frac{X - np}{\sqrt{np(1 - p)}}$$

für grosse n annähernd der Standard-Normalverteilung folgt. Wenn jetzt eine Vertrauenswahrscheinlichkeit Q gegeben ist, dann setzen wir wie in (43.8) $\alpha = 1 - Q$. Ist nun z_α der zugehörige kritische Wert der Standard-Normalverteilung, so gilt (nach Definition des kritischen Werts, (41.5))

$$P\left(\left|\frac{X - np}{\sqrt{np(1 - p)}}\right| \leq z_\alpha\right) = 1 - \alpha = Q \,.$$

Wir betrachten das Ereignis

(1)
$$\left| \frac{X - np}{\sqrt{np(1-p)}} \right| \leq z_\alpha \, .$$

Mit einer längeren Rechnung, auf die hier verzichtet sei (man quadriert, bildet eine "quadratische Ungleichung" für p und löst diese), stellt man fest, dass das Ereignis (1) gleichwertig zum folgenden Ereignis ist:

(2) $\dfrac{1}{n + z_\alpha^2} \left(X + \dfrac{z_\alpha^2}{2} - z_\alpha \sqrt{\dfrac{X(n-X)}{n} + \dfrac{z_\alpha^2}{4}} \right) \leq p \leq \dfrac{1}{n + z_\alpha^2} \left(X + \dfrac{z_\alpha^2}{2} + z_\alpha \sqrt{\dfrac{X(n-X)}{n} + \dfrac{z_\alpha^2}{4}} \right) \, .$

Dieses hat somit die Wahrscheinlichkeit Q.

Damit haben wir nun ein — allerdings ziemlich kompliziert aussehendes — Konfidenzintervall für p gefunden, dessen Grenzen durch die Ausdrücke in (2) gegeben sind.

Wenn man das zu X gehörende Experiment durchführt, dann erhält man eine Realisierung k der Zufallsgrösse X. (In unserm Beispiel ist $k = 300$.) Damit erhält man als Realisierung des durch (2) beschriebenen "Zufallsintervalls" das Intervall mit den Grenzen

(3)
$$\frac{1}{n + z_\alpha^2} \left(k + \frac{z_\alpha^2}{2} - z_\alpha \sqrt{\frac{k(n-k)}{n} + \frac{z_\alpha^2}{4}} \right) \quad \text{und} \quad \frac{1}{n + z_\alpha^2} \left(k + \frac{z_\alpha^2}{2} + z_\alpha \sqrt{\frac{k(n-k)}{n} + \frac{z_\alpha^2}{4}} \right) \, .$$

Mit den Angaben aus unserm Beispiel können wir nun das Intervall berechnen. Wir wählen dazu $Q = 0.95$, also $\alpha = 0.05$. Gemäss (41.5) ist dann $z_\alpha = 1.96$. Einsetzen von $n = 500$ und $k = 300$ ergibt nach einiger Rechnung das Vertrauensintervall

$$[0.556, 0.642] \, .$$

Wir können also sagen, dass der Anteil der Befürwortenden zwischen 55.6% und 64.2% liegt und dass diese Behauptung mit einem Verfahren zustande gekommen ist, das in 95% aller Fälle eine richtige Antwort liefert.

Die obige Formel (3) ist etwas kompliziert. Sind n, k und $n - k$ gross, so kann die Zahl z_α^2 als Summand gegenüber n, k und $k(n-k)$ vernachlässigt werden. Das Vertrauensintervall hat dann die Grenzen

(4)
$$\frac{k}{n} - \frac{z_\alpha}{n} \sqrt{\frac{k(n-k)}{n}} \quad \text{und} \quad \frac{k}{n} + \frac{z_\alpha}{n} \sqrt{\frac{k(n-k)}{n}} \, .$$

In unserem Beispiel liefert die Formel (4) praktisch dasselbe Intervall, nämlich

$$[0.557, 0.643] \, .$$

Wir führen unser Beispiel noch etwas weiter. Die "Bandbreite" (Länge des Vertrauensintervalls) von 0.086 (bzw. 8.6%) lässt sich — was unmittelbar einleuchtet — verkleinern, wenn wir den Umfang der Stichprobe erhöhen. Wenn wir uns nun bei einer fest gewählten Vertrauenswahrscheinlichkeit Q die Bandbreite b vorgeben, dann stellt sich die Frage, wie gross denn der Umfang der Stichprobe sein muss, damit das Vertrauensintervall die Breite b hat.

Zur Beantwortung dieser Frage arbeiten wir einfachheitshalber mit der Näherungsformel (4).

Wir müssen n so bestimmen, dass

$$2\frac{z_\alpha}{n}\sqrt{\frac{k(n-k)}{n}} \le b$$

ist (links steht die Breite des Konfidenzintervalls gemäss (4)). Quadrieren liefert

$$4\frac{z_\alpha^2}{n^2}\frac{k(n-k)}{n} \le b^2 \ .$$

Eine einfache Umformung ergibt

$$4z_\alpha^2\frac{k}{n}\left(1-\frac{k}{n}\right) \le b^2 n \quad \text{oder} \quad n \ge \frac{4z_\alpha^2}{b^2}h(1-h) \ ,$$

wobei noch die Abkürzung $h = k/n$ (relative Häufigkeit) verwendet wurde. Nun ist aber $h(1-h)$ stets $\le 1/4$, denn die Funktion $f(h) = h(1-h)$ nimmt ihr absolutes Maximum an der Stelle $h = 1/2$ an.

Es genügt also,

$$n \ge \frac{4z_\alpha^2}{b^2}\cdot\frac{1}{4} = \frac{z_\alpha^2}{b^2}$$

zu wählen. Arbeiten wir mit der Vertrauenswahrscheinlichkeit $Q = 0.95$, so ist $z_\alpha = 1.96$. Soll die "Bandbreite" z.B. 4% betragen, so ist $b = 0.04$ zu setzen, und wir erhalten $n \ge (1.96/0.04)^2 = 2401$. Es sind also rund 2400 Personen zu befragen, damit die gewünschte Sicherheit zustande kommt.

(43.∞) Aufgaben

43–1 Aus einer grossen Zahl gleichartiger Samenkörner wurden 10 Körner zufällig herausgegriffen und gewogen. Die Gewichte (in mg) betrugen

245, 233, 249, 255, 238, 251, 245, 250, 236, 238.

a) Schätzen Sie Erwartungswert und Standardabweichung für die Grundgesamtheit sowie den Standardfehler. b) Wir nehmen an, die Grundgesamtheit sei normal verteilt. Wieviel Prozent der Samenkörner wiegen dann über 250 mg?

43–2 Für die Körpergrösse von 12 zehnjährigen Knaben erhielt man folgende Werte (in cm):

141, 142, 140, 145, 135, 138, 144, 143, 150, 148, 134, 144.

a) Schätzen Sie den Erwartungswert und die Standardabweichung für die Grundgesamtheit sowie den Standardfehler. b) Wir nehmen an, die Grundgesamtheit sei normal verteilt. Wieviel Prozent aller zehnjährigen Knaben sind dann grösser als 145 cm?

43−3 Eine Untersuchung über das Gewicht einer Singvogelart ergab folgende Daten:

Gewicht in g	22	23	24	25	26
abs. Häufigkeit	10	14	20	12	4

Schätzen Sie Erwartungswert und Varianz der zugehörigen Grundgesamtheit.

43−4 Bei 100 Blättern eines Apfelbaumes wurde die Blattfläche bestimmt. Man erhielt als Mittelwert 18 cm^2 mit einem Standardfehler von 0.3 cm^2. Wieviel Blätter dieses Baumes müsste man ausmessen, um den Standardfehler auf 0.1 cm^2 zu verkleinern?

43−5 Der Intelligenzquotient (IQ) ist so normiert, dass er N(100 ; 15)-verteilt ist (vgl. Beispiel 41.5.A). Es werden nun Gruppen von 25 bzw. 400 Personen gebildet; in jeder Gruppe wird der durchschnittliche IQ berechnet. a) Wie gross sind Erwartungswert und Standardabweichung dieses Durchschnitts? b) Mit welcher Wahrscheinlichkeit liegt der IQ einer einzelnen Person zwischen 97 und 103? c) Mit welcher Wahrscheinlichkeit liegt der durchschnittliche IQ einer Gruppe von 25 Personen zwischen 97 und 103?

43−6 Die Zufallsgrösse T folge der t-Verteilung mit Freiheitsgrad 20. Bestimmen Sie unter Verwendung der Tabelle (51.4) die Zahl t so, dass gilt
    a) $P(T \geq t) = 0.01$,
    b) $P(t \leq T \leq 0) = 0.45$.
Illustrieren Sie beides mit einer Skizze.

43−7 Für $n = 2$ (d.h., für den Freiheitsgrad $\nu = 1$) hat die Dichtefunktion der t-Verteilung die einfache Form $f(x) = c_2(1 + x^2)^{-1}$ (vgl. Formel (∗) aus (43.7)).
    a) Bestimmen Sie den Wert der Konstanten c_2, vgl. Beispiel 40.8.B.
    b) Im Allgemeinen ist die Berechnung der kritischen Werte nicht einfach. In diesem Fall ist eine direkte Rechnung aber möglich. Bestimmen Sie den kritischen Wert $t_{\alpha,1}$ für $\alpha = 0.05$ und 0.01. Vergleichen Sie Ihr Resultat mit der Tabelle (51.4).

43−8 Aus einer normal verteilten Grundgesamtheit mit unbekanntem Erwartungswert μ und unbekannter Standardabweichung σ wird folgende Stichprobe entnommen:

$$24, 34, 32, 36, 38, 32, 28.$$

    a) Schätzen Sie μ und σ.
    b) Bestimmen Sie das Konfidenzintervall für μ mit dem Koeffizienten $Q = 95\%$.
    c) Dasselbe für $Q = 90\%$.

43−9 Aus der laufenden Produktion von Nägeln wurden acht Stück herausgegriffen und gemessen. Es ergaben sich folgende Längen (in mm):

$$50.12, 49.96, 50.35, 50.02, 49.80, 51.00, 50.12, 49.75.$$

Geben Sie das Konfidenzintervall für die mittlere Länge der gesamten Produktion an. a) $Q = 90\%$, b) $Q = 99.9\%$.

43−10 Eine Untersuchung von 100 Eiern von Stockenten lieferte das Durchschnittsgewicht 51.2 g mit einer Varianz von 16 g^2. Berechnen Sie das Konfidenzintervall mit $Q = 99\%$ für das mittlere Ei-Gewicht der Stockente schlechthin.

43−11 Die Untersuchung der Körperlänge von zehnjährigen Knaben ergab die Werte $\bar{x} = 141$ cm, $s = 6$ cm. Berechnen Sie das 95%-Vertrauensintervall für die mittlere Körperlänge, wenn der Umfang der Stichprobe a) = 30, b) = 300 war.

43−12 Eine Kontrolle von 100 Zuckersäcken ergab das folgende Konfidenzintervall (mit $Q = 95\%$) für das mittlere Gewicht (in Gramm): [1996, 2008].

Welche der folgenden Aussagen sind richtig?

A: 95% aller produzierten Zuckersäcke haben ein Gewicht zwischen 1996 g und 2008 g.

B: Wir vertrauen zu 95% darauf, dass das mittlere Gewicht der gesamten Produktion zwischen 1996 g und 2008 g liegt.

C: Das mittlere Gewicht der gesamten Produktion beträgt mit 95% Wahrscheinlichkeit 2002 g.

D: Das mittlere Gewicht der 100 kontrollierten Säcke beträgt 2002 g.

43−13 Eine Stichprobe (betreffend eine Längenmessung) vom Umfang $n = 10$ ergibt für $Q = 95\%$ ein Konfidenzintervall der Länge 10 cm. Wie gross muss der Umfang n mindestens gewählt werden, damit das Konfidenzintervall nur noch die Länge 5 cm hat? Dabei wird angenommen, dass die Standardabweichung s bei beiden Stichproben dieselbe ist. Bestimmen Sie n so gut, wie es anhand der Tabelle (51.4) möglich ist.

43−14 Im Jahr 1983 wurden in der Stadt Zürich 2994 Kinder geboren. Davon waren 1562 Knaben. Geben Sie das Konfidenzintervall für die Wahrscheinlichkeit einer Knabengeburt an a) für $Q = 95\%$, b) für $Q = 99\%$.

43−15 Von 1000 Werkstücken aus einer Sendung erwiesen sich 30 als defekt. Bestimmen Sie das Vertrauensintervall für den Anteil der defekten Stücke in der Gesamtproduktion. Arbeiten Sie mit $Q = 90\%$.

44. DAS TESTEN VON HYPOTHESEN

(44.1) Überblick

Ein *statistischer Test* dient dazu, zu entscheiden, ob man aufgrund einer Stichprobe eine bestimmte Annahme über die Grundgesamtheit widerlegen oder bestätigen kann. Diese Annahme nennt man auch die *Nullhypothese* (abgekürzt H_0), ihr Gegenteil ist die *Alternativhypothese* H_1. *(44.4)* Ein solcher Test hat zwei mögliche Ergebnisse: *(44.6)*

1. Man lehnt H_0 ab und akzeptiert H_1. Bei diesem Entscheid kann man sich aber irren (*Fehler 1. Art*). Immerhin ist die Wahrscheinlichkeit *(44.9)* dafür, eine richtige Hypothese fälschlicherweise abzulehnen, bekannt; sie ist höchstens gleich der so genannten *Irrtumswahrscheinlichkeit* (oder *Signifikanzniveau*) α. *(44.5)*

2. Es besteht aufgrund der Daten kein Anlass, H_0 zu verwerfen. Dies ist aber noch kein Beweis für die Richtigkeit von H_0.

Eine Ablehnung von H_0 erfolgt dann, wenn sich aufgrund der Daten ein Resultat ergibt, das bei richtiger Nullhypothese sehr unwahrscheinlich ist. Konkret kommt dies so zustande, dass eine aus den Daten bestimmte Zahl, die *Testgrösse*, im so genannten *Verwerfungsbereich* liegt, der in Abhängigkeit von der Irrtumswahrscheinlichkeit α bestimmt wird, wobei oft $\alpha = 5\%$ gesetzt wird; die Werte $\alpha = 1\%$ oder 0.1% kommen ebenfalls vor. *(44.5)*

Je nach Fragestellung kann man einen Test *ein-* oder *zweiseitig* durchführen. *(44.8)*

(44.2) Einleitung

Neben dem in Kapitel 43 besprochenen *Schätzen von Parametern* besteht eine zweite Grundaufgabe der beurteilenden Statistik im *Testen von Hypothesen*. Es geht dabei allgemein gesagt (Einzelheiten folgen sogleich) darum, unter Verwendung einer Stichprobe eine gewisse Annahme über die Grundgesamtheit zu widerlegen oder zu bestätigen.

Die hierbei angewandten Methoden nennt man *statistische Tests*. Nun ist es so, dass es sehr viele derartige Testverfahren gibt, von denen man in der Praxis je nach der konkreten Fragestellung und der bereits vorhandenen Information über die Grundgesamtheit ein geeignetes auswählt. Es kann hier aber nicht darum gehen, möglichst viele statistische Tests zu besprechen. Vielmehr soll in den folgenden Kapiteln das Arbeiten mit solchen Tests anhand von zwei wichtigen Beispielen, dem t-Test und dem χ^2-Test (die jeweils in mehreren Variationen auftreten), erläutert werden. Danach sollten Sie in der Lage sein, allgemeine Begriffe wie "Nullhypothese" oder "Signifikanzniveau" problemlos zu gebrauchen und auch weitere Testverfahren, wie man sie in der Literatur findet, anzuwenden.

Es ist nun so, dass der Grundgedanke, der hinter diesen statistischen Tests steckt, eigentlich recht einfach ist. In den später zu besprechenden Verfahren wird er aber durch komplizierte Formeln und umfangreiche Tabellen etwas verschleiert. Wir wollen deshalb diese Grundidee in diesem Kapitel an sehr einfachen und überblickbaren Beispielen erläutern und erst in den folgenden Kapiteln die für die Praxis wichtigen Verfahren besprechen. Wir beginnen mit einigen allgemeinen Betrachtungen.

(44.3) Allgemeines über statistische Tests

Wie bereits erwähnt, dienen statistische Tests zur Untersuchung von *Hypothesen*. Solche Hypothesen sind nichts anderes als Vermutungen, über deren Richtigkeit (oder Falschheit) man Bescheid wissen möchte. Sie können in vielerlei Gestalten auftreten, wie die folgenden, beliebig vermehrbaren Beispiele aufzeigen.

1. Morgen wird es regnen.

2. Glühbirnen der Marke MEGAHELL brennen länger als jene der Marke TURBO-GRELL.

3. Dieser Würfel ist "ausgewogen", d.h., alle sechs Augenzahlen treten mit derselben Wahrscheinlichkeit auf.

4. Das Präparat XY senkt den Blutdruck.

Typisch an diesen Hypothesen ist, dass man sie nie mit Sicherheit bejahen oder verneinen kann. Im Fall der Hypothese Nr. 1 (Wetter) kann man zwar nachträglich feststellen, ob es geregnet hat oder nicht, aber im Voraus lässt sich die Frage nicht mit absoluter Sicherheit beantworten. Um im Fall der Hypothese Nr. 2 (Glühlampen) eine verbindliche Antwort zu erhalten, müsste man die gesamte Produktion untersuchen, was aus praktischen Gründen nicht möglich ist. Man ist also auf Stichproben angewiesen, und im Schluss von der Stichprobe auf die Grundgesamtheit liegt ein Unsicherheitsfaktor.

Man hätte nun gerne irgendwelche *Kriterien*, die es ermöglichen, zu entscheiden, ob man eine bestimmte Hypothese annehmen oder ablehnen soll. In manchen Fällen wird man dies einfach dadurch tun, dass man sagt, aufgrund des "gesunden Menschenverstandes" sei die Antwort offensichtlich. In andern Situationen, vor allem dann, wenn zahlenmässige Daten vorliegen, muss man rechnerische Methoden anwenden, nämlich die hier zur Diskussion stehenden statistischen Tests.

Es ist nun wichtig, zu realisieren, dass man sich bei einem solchen Entscheid immer auch *irren* kann, und zwar nicht nur, wenn man gefühlsmässig entschieden hat, sondern auch bei Anwendung von statistischen Tests, also von rechnerischen Verfahren (auch wenn sie auf einem Computer laufen). Man kann eine Hypothese ablehnen, obwohl sie richtig war; ebenso ist der umgekehrte Fall möglich. Man sollte sich also hüten zu sagen, diese oder jene Behauptung sei statistisch *bewiesen*.

Das folgende recht schlichte Beispiel versucht zu zeigen, mit welchen Überlegungen eine Hypothese angenommen oder abgelehnt wird und wieso Fehler vorkommen können. Es wird sich später zeigen, dass das verwendete Denkschema auch bei den eigentlichen statistischen Tests dasselbe ist.

Beispiel 44.3.A

Ich fahre mit meinem Freund in seinem Auto. Er sagt zu mir: "Schalte bitte Radio DRS 3 ein; Taste 1, glaube ich." (Mein Freund stellt also die *Hypothese* auf, Taste 1 auf dem Autoradio sei mit DRS 3 belegt.) Ich drücke die besagte Taste — und es erklingt ein Ländler. Natürlich sage ich jetzt: "Du, das ist wohl nicht DRS 3!" (Mit andern Worten, ich lehne die Hypothese ab.) Mein Argument ist natürlich, dass DRS 3 wohl kaum Ländler bringt*. Immerhin ist meine Behauptung nicht absolut sicher; durch das Zusammentreffen irgendwelcher mysteriöser Umstände könnte ja auch DRS 3 einmal Ländler spielen. Im Hinblick auf später kann man sagen, dass ich zwar die Hypothese ablehne, dass ich mich dabei aber irren kann.

Hätte mein Kollege aber die Hypothese "Taste 1 = DRS 1" aufgestellt, so hätte der Ländlerklang sicher keinen Anlass dafür gegeben, diese zweite Hypothese abzulehnen, aber — und auch dies ist wichtig — er wäre auch kein Beweis dafür gewesen, dass sie richtig ist, denn es gibt wohl auch andere Sender, die Ländler spielen.   ⊠

Da man sich also beim Entscheid für oder gegen eine bestimmte Hypothese irren kann, stellt sich die Frage, wie wahrscheinlich denn ein Irrtum sei. Hier zeigt sich nun ein wesentlicher Vorteil der rechnerischen "statistischen Tests" gegenüber einem "gefühlsmässigen Entscheid". Ein solcher Test erlaubt es nämlich, die Wahrscheinlichkeit eines Fehlentscheids anzugeben. Man kann dann etwa sagen: "Ich lehne die Hypothese ab, und die Wahrscheinlichkeit dafür, dass ich mich irre (d.h., die Hypothese fälschlicherweise ablehne) ist höchstens 5%".

Wir werden diesen letzten Punkt in (44.4.h) an einer Fortsetzung des obigen Beispiels illustrieren. Zunächst wollen wir aber die Überlegungen, die hinter den rechnerischen statistischen Tests stehen, an Beispielen erläutern.

---

* Der Autor entschuldigt sich sowohl bei den DRS 3- als auch bei den Ländler-Fans.

(44.4) Ein erstes Beispiel

Beispiel 44.4.A

a) Fragestellung und Hypothesen

Ich nehme eine Münze aus meinem Portemonnaie und behaupte, sie sei "ausge-wogen", d.h., beim Werfen hätten "Kopf" und "Zahl" dieselbe Chance. Aufgrund der Symmetrie der Münze leuchtet dies auch ein. Immerhin wäre es aber denkbar, dass sie eine versteckte Unregelmässigkeit aufweisen könnte, die den Ausgang verfälschen würde.

Es stehen sich also zwei Hypothesen gegenüber, die wir mit H_0 und H_1 abkürzen wollen:

H_0: Die Münze ist ausgewogen.

H_1: Die Münze ist nicht ausgewogen.

b) Prüfung der Hypothesen und Entscheidungsregel

Diese Hypothesen prüfen wir mit einem einfachen "Experiment": Wir werfen die Münze einige Mal, z.B. — wie wir hier annehmen wollen — 16-mal. Auch bei einer ausgewogenen Münze (also wenn H_0 wahr ist), erwarten wir aber kaum, dass genau achtmal "Kopf" und achtmal "Zahl" herauskommen wird. Ein Ergebnis von siebenmal "Kopf" und neunmal "Zahl" wird uns daher wohl schwerlich an der Richtigkeit von H_0 zweifeln lassen. Sind aber unter den 16 Würfen nur drei "Köpfe", so haben wir das Gefühl, mit dieser Münze stimme etwas nicht; wir werden die Hypothese H_0 ablehnen. Denselben Schluss würde man selbstverständlich ziehen, wenn die Anzahl der "Köpfe" noch kleiner wäre. Dies führt auf folgendes Kriterium:

Wenn die Anzahl der "Köpfe" ≤ 3 ist, dann lehnen wir H_0 ab und akzeptieren H_1.

Aus Symmetriegründen sind wir aber gezwungen, dieselbe Schlussfolgerung auch dann zu ziehen, wenn die Anzahl der "Zahlen" ≤ 3, d.h die Anzahl der "Köpfe" ≥ 13 ist. Zusammenfassend erhalten wir die folgende *Entscheidungsregel*:

Wenn die Anzahl der "Köpfe" ≤ 3 oder ≥ 13 ist, dann lehnen wir die Hypothese H_0 ab und akzeptieren die Hypothese H_1.
Unser *Entscheid* lautet dann: Die Münze ist nicht ausgewogen.

Wir stellen das Ganze noch graphisch dar:

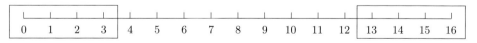

H$_0$ ablehnen   H$_0$ nicht ablehnen   H$_0$ ablehnen

Der eingerahmte Bereich heisst *Verwerfungsbereich*, *kritischer Bereich* oder *Ablehnungs-bereich*.

c) Wahrscheinlichkeitstheoretische Überlegungen

In der Wahl des Verwerfungsbereichs steckt zunächst noch reine Willkür. Es ist zwar vernünftig, dass er symmetrisch auf beide Enden der Skala verteilt ist, aber es besteht kein einleuchtender Grund dafür, warum die Grenzen bei 3 und 13 und nicht z.B. bei 4 und 12 liegen sollen. Mit Hilfe der Wahrscheinlichkeitsrechnung kann man nun aber die Wahl der Grenzen näher untersuchen.

Dazu formulieren wir unsere beiden Hypothesen H_0 und H_1 etwas um. Es sei p die Wahrscheinlichkeit dafür, dass bei einem Wurf "Kopf" erscheint. Dann lauten unsere Hypothesen einfach so:

$$H_0 : p = \tfrac{1}{2} \,,$$
$$H_1 : p \neq \tfrac{1}{2} \,.$$

Von jetzt an nennen wir H_0 auch die *Nullhypothese*, H_1 die *Alternativhypothese*.

Wir führen jetzt unser "Experiment" durch und werfen die Münze 16-mal. Die Anzahl der auftretenden "Köpfe" ist eine Zufallsgrösse, die wir mit X bezeichnen und welche die Werte 0, 1, 2, ..., 15, 16 annehmen kann. Da die einzelnen Würfe unabhängig voneinander erfolgen, gehorcht X einer Binomialverteilung (38.2) mit dem Parameter $n = 16$. Für die weiteren Untersuchungen nehmen wir an, die Nullhypothese H_0 sei richtig. Somit gilt für die anderen Parameter p, q der Binomialverteilung, dass $p = q = \tfrac{1}{2}$ ist. Die übliche Formel für die Wahrscheinlichkeiten (vgl. (38.2)) liefert

$$P(X = k) = \binom{16}{k}\left(\frac{1}{2}\right)^k\left(\frac{1}{2}\right)^{16-k} = \binom{16}{k}\left(\frac{1}{2}\right)^{16}, \quad k = 0, 1, 2, \ldots, 16 \,.$$

Mit dieser Formel berechnet man ohne Mühe die folgenden Wahrscheinlichkeiten, wobei natürlich die Symmetrie der Verteilung (vgl. (30.2)) ausgenützt wird:

$$
\begin{aligned}
P(X = 0) &= P(X = 16) = 0.000015 \\
P(X = 1) &= P(X = 15) = 0.000244 \\
P(X = 2) &= P(X = 14) = 0.001831 \\
P(X = 3) &= P(X = 13) = 0.008545 \\
P(X = 4) &= P(X = 12) = 0.027771 \\
P(X = 5) &= P(X = 11) = 0.066650 \\
P(X = 6) &= P(X = 10) = 0.122192 \\
P(X = 7) &= P(X = 9) = 0.174561 \\
P(X = 8) &=   0.196381.
\end{aligned}
$$

Durch Addition der Wahrscheinlichkeiten können wir nun sofort die Wahrscheinlichkeit dafür ermitteln, dass X im Verwerfungsbereich liegt. Wir bezeichnen dieses Ereignis kurz mit E. Dann gilt

$$P(E) = P(X \in \{0, 1, 2, 3, 13, 14, 15, 16\}) = 0.02127 \,.$$

d) <u>Statistische Entscheidungen und Irrtumswahrscheinlichkeit</u>

Wir fassen unsere bisherigen Überlegungen zusammen:

Wenn die Nullhypothese $H_0 : p = \frac{1}{2}$ richtig ist, *dann* ist die Wahrscheinlichkeit dafür, dass X im Verwerfungsbereich liegt, sehr klein, nämlich etwa 2.13%. Das Ereignis E ist also nicht etwa unmöglich, sondern nur sehr wenig wahrscheinlich.

Wir können nun unsere willkürlich getroffene Entscheidungsregel etwas näher unter die Lupe nehmen. Wenn nämlich bei der Durchführung des Versuchs die Anzahl der "Köpfe" im Verwerfungsbereich liegt, dann gibt es nur zwei Möglichkeiten:

1. Die Nullhypothese H_0 ist falsch.
2. Die Nullhypothese H_0 ist richtig, aber es ist ein Ereignis eingetreten, das bei richtiger Nullhypothese sehr wenig wahrscheinlich ist. (In unserem Beispiel ein Ereignis mit der Wahrscheinlichkeit 0.02127.)

> In der beurteilenden Statistik entscheidet man sich nun in einer solchen Situation stets für die erste Möglichkeit. Man lehnt also die Nullhypothese ab und akzeptiert damit die Alternativhypothese.

Noch etwas anders formuliert: Liegt X im Verwerfungsbereich, so schliesst man, dass H_0 falsch ist. Man sagt auch "ich lehne H_0 ab" oder "ich verwerfe H_0" und akzeptiert damit die Alternativhypothese H_1.

Allerdings muss man sich dabei klar bewusst sein, dass man sich bei diesem Schluss irren kann. Wie wir eben gesehen haben, ist es auch möglich, dass H_0 richtig ist $(p = \frac{1}{2})$ und dass trotzdem die Anzahl "Köpfe" im Verwerfungsbereich liegt. In einem solchen Fall werden wir H_0 zu Unrecht verwerfen und somit einen Fehler machen, den wir bewusst in Kauf nehmen, weil die Wahrscheinlichkeit dafür sehr klein ist, nämlich rund 2.13%. Diese Wahrscheinlichkeit heisst *Irrtumswahrscheinlichkeit* oder *Signifikanzniveau* und wird gewöhnlich mit α bezeichnet.

Man kann sich also, wie eben erwähnt, auch bei einem statistischen Test irren. Aussagen wie "Es ist statistisch bewiesen, dass ..." sind somit nicht für bare Münze zu nehmen. Insofern besteht kein Unterschied, ob eine Entscheidung aufgrund eines statistischen Verfahrens oder auf andere Art getroffen wird. Der grosse Vorteil der rechnerischen Tests ist aber, dass man die Wahrscheinlichkeit eines falschen Entscheids zahlenmässig angeben kann, nämlich durch die Irrtumswahrscheinlichkeit α.

e) <u>Irrtumswahrscheinlichkeit und Verwerfungsbereich</u>

Die oben berechnete Irrtumswahrscheinlichkeit $\alpha = 0.02127$ hängt natürlich unmittelbar von der Wahl des Verwerfungsbereichs ab. Ändern wir diesen, ändert sich auch die Grösse α. Dazu zwei Beispiele:

1) Der Verwerfungsbereich sei wie folgt festgelegt:

Hier beträgt die Wahrscheinlichkeit dafür, dass die Anzahl X der "Köpfe" im Verwerfungsbereich liegt (immer unter der Annahme, dass $p = \frac{1}{2}$ ist):

$$P(X \in \{0, 1, 2, 14, 15, 16\}) = 0.00418 \quad \text{(oder } 0.42\%\text{)} .$$

2) Für den Verwerfungsbereich

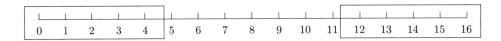

gilt analog

$$P(X \in \{0, 1, 2, 3, 4, 12, 13, 14, 15, 16\}) = 0.076812 \quad \text{(oder } 7.68\%\text{)} .$$

f) Zur Festlegung des Verwerfungsbereichs

In den bisherigen Beispielen haben wir immer zuerst den Verwerfungsbereich angegeben und anschliessend die Irrtumswahrscheinlichkeit bestimmt. In der Praxis ist es aber gewöhnlich umgekehrt: Man gibt sich die (maximale) Irrtumswahrscheinlichkeit vor und bestimmt anschliessend den dazu passenden Verwerfungsbereich. In der Wahl dieser Irrtumswahrscheinlichkeit ist man an sich vollkommen frei. Die Person, die den Test durchführt, muss sich von vornherein entscheiden, mit welchem Wert von α sie arbeiten will. Natürlich wird man dieses α, das ja die Wahrscheinlichkeit für eine irrtümliche Ablehnung der Nullhypothese angibt, umso kleiner wählen, je schwerwiegender die Entscheidung ist, die man aufgrund der Beobachtungen fällen muss.

Übliche Irrtumswahrscheinlichkeiten (Signifikanzniveaus) sind

$(\star)$ $\alpha = 0.05$ oder 5% ,

$(\star\star)$ $\alpha = 0.01$ oder 1% .

$(\star\star\star)$ $\alpha = 0.001$ oder 0.1% .

Die Sternchensymbole werden gelegentlich als "Qualitätsangabe" verwendet. In der Biologie ist ein Signifikanzniveau von 5% üblich und sinnvoll; 0.1% sind hier unrealistisch.

Hat man die Wahl von α getroffen, so bestimmt man, wie bereits erwähnt, den zugehörigen Verwerfungsbereich. In unserem Beispiel, oder allgemein immer dann, wenn die Grundgesamtheit durch eine diskrete Zufallsgrösse bestimmt ist, wird es normalerweise nicht möglich sein, den Verwerfungsbereich so zu wählen, dass α genau $= 5\%$ (bzw. 1%, 0.1%) wird (bei stetigen Verteilungen geht dies ohne weiteres, wie wir in (45.3) noch sehen werden). Man behilft sich hier so, dass man den Verwerfungsbereich möglichst gross wählt, aber so, dass die zugehörige Irrtumswahrscheinlichkeit gerade noch kleiner als das gegebene α ist.

Dazu ein kleines Zahlenbeispiel: Wir haben weiter oben drei Verwerfungsbereiche mit den zugehörigen Wahrscheinlichkeiten angegeben:

$$V_1 = \{0, 1, 2, 14, 15, 16\}, \quad \alpha = 0.42\% \,,$$
$$V_2 = \{0, 1, 2, 3, 13, 14, 15, 16\}, \quad \alpha = 2.13\% \,,$$
$$V_3 = \{0, 1, 2, 3, 4, 12, 13, 14, 15, 16\}, \quad \alpha = 7.68\% \,.$$

Mit $\alpha = 5\%$ ist V_2 noch zulässig, nicht aber V_3, da die Irrtumswahrscheinlichkeit bei V_3 schon 7.68% ist. Wir wählen also V_2 als Verwerfungsbereich. Für $\alpha = 1\%$ würden wir entsprechend V_1 wählen.

g) Anzahl der "Köpfe" nicht im Verwerfungsbereich

Mit einem Signifikanzniveau $\alpha = 5\%$ ist der Verwerfungsbereich gleich

$$V_2 = \{0, 1, 2, 3, 13, 14, 15, 16\} \,,$$

wie wir eben gesehen haben. Fallen also in unserem Experiment in 16 Würfen z.B. 2 oder 13 "Köpfe", so wird man H_0 ablehnen, die Münze also als nicht ausgewogen deklarieren, wobei aber immer noch ein (wenn auch wenig wahrscheinlicher) Irrtum passieren kann. Was kann man aber sagen, wenn die Anzahl der "Köpfe" nicht im Verwerfungsbereich liegt, also beispielsweise 7 oder 12 beträgt? Es wäre falsch, zu glauben, in diesem Fall sei H_0 bewiesen. Vielmehr ist es einfach so, dass wir aufgrund des Testergebnisses H_0 nicht ablehnen können. Dies bedeutet aber nicht automatisch, dass H_0 richtig ist. Auch bei einer nicht ausgewogenen Münze ($p \neq \frac{1}{2}$) können schliesslich einmal 7 oder 12 "Köpfe" fallen. Die Berechnung der Wahrscheinlichkeit für ein solches Ereignis muss dann aber für jedes $p \neq \frac{1}{2}$ separat erfolgen; wir gehen nicht näher darauf ein.

h) Ein Vergleich

Wir vergleichen das jetzt sehr ausführlich behandelte Beispiel "Münzenwurf" mit dem in (44.3) kurz erwähnten Beispiel "Radio DRS 3". Wir wollen hier noch zusätzlich annehmen, die Wahrscheinlichkeit dafür, dass DRS 3 in irgendeinem Zeitpunkt Ländlermusik spielt, sei bekannt und $= 1\%$. Die Behauptung, Taste 1 des Autoradios sei mit DRS 3 belegt, fassen wir jetzt als Nullhypothese auf. Wenn nun beim Drücken der Taste 1 ein Ländler erklingt, dann gibt es nur zwei Möglichkeiten (wie in d) oben):

1. Die Nullhypothese ist falsch (d.h., der Sender ist nicht DRS 3).

2. Die Nullhypothese ist richtig, aber es ist ein Ereignis eingetreten, das bei richtiger Nullhypothese sehr wenig wahrscheinlich ist (nämlich eines mit einer Wahrscheinlichkeit von 1%).

Genau wie in d) oben entscheiden wir uns in diesem Fall für die Möglichkeit 1 und stellen fest, der Sender sei nicht DRS 3. Mit einer Wahrscheinlichkeit von 1% können wir uns dabei aber irren.

Auch die in g) gemachte Überlegung können wir nachvollziehen: Wenn keine Ländlerklänge ertönen, dann ist es noch lange nicht sicher, dass es sich um DRS 3 handelt; die Tatsache spricht aber auch nicht dagegen.

(44.5) Zusammenfassung und Kommentar

Es ist nun an der Zeit, die in bisher angestellten Betrachtungen in allgemeiner Form zusammenzufassen. Wir werden später sehen, dass auch die andern Tests nach demselben Schema aufgebaut sind. Es empfiehlt sich deshalb, diese Zusammenstellung erneut durchzusehen, wenn man in den Kapiteln 45 bis 47 weitere Testverfahren kennen gelernt hat. Nun besprechen wir die einzelnen Schritte.

---

1. Man stellt die *Nullhypothese* H_0 auf. Das bestmögliche Ergebnis des Tests ist die *Widerlegung* dieser Hypothese. Weiter stellt man die *Alternativhypothese* H_1 auf, die man akzeptiert, wenn H_0 abgelehnt wird.

2. Man wählt ein Testverfahren.

Kommentar: Im obigen Beispiel besteht der Test im 16-maligen Werfen der Münze.

---

3. Aufgrund des gewählten Tests bestimmt man mittels der Stichprobe die so genannte *Testgrösse*.

Kommentar: Im allgemeinen Fall ist dies der Wert einer recht komplizierten Zufallsgrösse, den man anhand der Stichprobe mit einer Formel ausrechnet. Wir werden später die Testgrössen t (siehe (45.1), (46.1)) und χ^2 (siehe (47.1)) kennen lernen. Im Beispiel 44.4.A ist die Testgrösse einfach der Wert der Zufallsgrösse $X =$ Anzahl "Köpfe".

---

4. Man wählt ein *Signifikanzniveau* α — meist $\alpha = 5\%$, üblich sind auch noch 1% und 0.1% — und bestimmt aufgrund dessen den *Verwerfungsbereich* (auch *kritischer Bereich* genannt). Dieser wird so festgelegt, dass bei Zutreffen von H_0 die Testgrösse nur mit einer sehr kleinen Wahrscheinlichkeit (nämlich α) im Verwerfungsbereich liegt.

Kommentar: Um diesen Verwerfungsbereich zu bestimmen, muss man die Verteilung der zum Problem gehörenden Zufallsgrösse kennen; dabei ist auch die in der

Nullhypothese getroffene Annahme von Bedeutung. Im Beispiel 44.4.A konnten wir diesen Verwerfungsbereich direkt ausrechnen, denn die Testgrösse X folgte einer einfach zu handhabenden Binomialverteilung. Dabei war der eine Parameter n durch den Versuchsaufbau (n Münzenwürfe) und der andere Parameter p durch die Nullhypothese ($p = \frac{1}{2}$) gegeben. Bei komplizierteren Verteilungen ist man für die Bestimmung des Verwerfungsbereichs auf Tabellen angewiesen, wie wir später noch sehen werden.

---

5. *Entscheidungsregel*: Liegt der gemäss 3. berechnete Wert der Testgrösse im Verwerfungsbereich (gemäss 4.), so lehnen wir H_0 ab (wir verwerfen die Nullhypothese). Dabei ist es möglich, dass wir H_0 fälschlicherweise ablehnen, die Wahrscheinlichkeit für dieses Ereignis, die so genannte *Irrtumswahrscheinlichkeit*, ist dabei $\leq \alpha$.

Man sagt in diesem Fall auch, das Ergebnis des Tests sei *signifikant* auf dem 5%-Niveau (oder 1%-Niveau etc.).

Liegt der berechnete Wert der Testgrösse aber *nicht* im Verwerfungsbereich, so können wir H_0 nicht ablehnen. Dies ist jedoch *kein Beweis* für die Richtigkeit von H_0. Vielmehr gibt uns das Testergebnis einfach keinen Anlass, H_0 zu verwerfen. Eine nicht abgelehnte Nullhypothese darf also nicht unbesehen als richtig akzeptiert werden, sondern kann allenfalls mit der nötigen Vorsicht — z.B. als Arbeitshypothese — weiter verwendet werden.

Es ist wichtig, dass Sie die Grundidee, aufgrund welcher die Entscheidung getroffen wird, stets präsent haben. Kurz zusammengefasst:

Die Nullhypothese wird verworfen, wenn sich aufgrund der Stichprobe ein Resultat ergibt, das bei Gültigkeit dieser Nullhypothese sehr unwahrscheinlich ist.

(44.6) Was leistet ein Test und was leistet er nicht?

Wenn Sie die Ausführungen in (44.4) und (44.5) durchsehen, werden Sie erkennen, dass ein Test (zumindest der oben behandelte, aber die hier zu treffenden Feststellungen gelten für alle Tests) keine Wunder vollbringen kann.

Ein Test kann zwei mögliche Ergebnisse haben:

1. Die Testgrösse liegt im Verwerfungsbereich:
   H_0 kann verworfen werden.

2. Die Testgrösse liegt nicht im Verwerfungsbereich:
   Es liegt kein Anlass vor, H_0 zu verwerfen.

Die Aussage 2 ist eigentlich recht schwach, sie darf — wie bereits erwähnt — jedenfalls nicht als Beweis für die Richtigkeit von H_0 aufgefasst werden.

Die Aussage 1 ist stärker; sie sagt positiv aus, dass man die Nullhypothese ablehnen und damit die Alternativhypothese annehmen kann. Aber auch hier ist die Freude nicht ungetrübt: Es darf nicht vergessen werden, dass die Verwerfung von H_0 möglicherweise zu Unrecht geschieht. Allerdings hat man die Wahrscheinlichkeit für einen derartigen Irrtum im Griff; sie ist begrenzt durch die gewählte Irrtumswahrscheinlichkeit α.

Aus dem Gesagten ergibt sich ferner, dass man eine Vermutung durch einen Test nicht direkt bestätigen kann. Vielmehr kann man sie bestenfalls indirekt verifizieren, und zwar dann, wenn es möglich ist, ihr Gegenteil als Nullhypothese H_0 zu formulieren (die ursprüngliche Vermutung ist dann H_1) und diese mit einem Test abzulehnen.

Es ist aber nicht so, dass man unbesehen jede Behauptung zur Nullhypothese machen kann. Im Beispiel 44.4.A des Münzenwurfs etwa ist $H_0 : p \neq \frac{1}{2}$ nicht zu gebrauchen, denn dann ist der Parameter p der zugrundeliegenden Binomialverteilung gar nicht festgelegt, und wir können die Verteilung von X und damit den Verwerfungsbereich nicht bestimmen.

Schliesslich sei noch auf einige mögliche *Missverständnisse* hingewiesen. Einfachheitshalber arbeiten wir mit $\alpha = 5\%$.

1. Wir nehmen an, die Testgrösse liege im Verwerfungsbereich, wir können also H_0 ablehnen. Dann ist es unkorrekt, zu sagen:

   "H_0 ist mit 95% Wahrscheinlichkeit falsch" bzw.

   "H_1 ist mit 95% Wahrscheinlichkeit richtig".

   Die Hypothese H_0 (und entsprechend H_1) ist objektiv gesehen entweder richtig oder falsch (es gibt nichts dazwischen); die Wahrscheinlichkeit bezieht sich nicht auf die Richtigkeit von H_0, sondern auf unsern Entscheid, H_0 abzulehnen: Hier können wir uns mit 5% Wahrscheinlichkeit irren.

   Eine Illustration: Ein nicht geständiger Angeklagter ist entweder schuldig oder unschuldig, nur weiss der Richter nicht, was zutrifft. Die Aussage: "Er ist mit 95% Wahrscheinlichkeit schuldig" bezieht sich also nicht auf den Angeklagten, sondern auf die Meinung des Richters, der zugibt, dass er sich mit 5% Wahrscheinlichkeit irren kann*.

2. Der in 1. angesprochene Sachverhalt zeigt sich noch deutlicher, wenn man beachtet, dass es ohne weiteres vorkommen kann, dass bei einer gegebenen Stichprobe H_0 bei einer Irrtumswahrscheinlichkeit von 5% verworfen werden kann, nicht aber bei einer solchen von 1%. Die Nullhypothese kann ja nicht das eine Mal falsch und das andere Mal richtig sein. Wieder bezieht sich die Wahrscheinlichkeit auf einen möglichen Fehler bei unserem Entscheid. Eine Behauptung, die wir mit einer (an sich schon recht geringen) Irrtumswahrscheinlichkeit von 5% zurückweisen können, kann eben möglicherweise bei einer Verkleinerung dieser Wahrscheinlichkeit auf 1% nicht mehr abgelehnt werden.

---

* Eine verwandte Überlegung finden Sie vor Beispiel 43.8.A.

3. Wenn die Testgrösse nicht im Verwerfungsbereich liegt, dann wird man H_0 beibehalten, da die Daten nicht gegen diese Hypothese sprechen. Hier ist es aber
   sinnlos, irgendwelche Wahrscheinlichkeiten ins Spiel bringen zu wollen. Insbesondere darf man nicht sagen, H_0 sei mit 95% Wahrscheinlichkeit richtig. Über die
   (bedingte) Wahrscheinlichkeit dafür, dass H_0 richtig ist, falls die Testgrösse nicht
   im Verwerfungsbereich liegt, hat man keine Information.

(44.7) Ein zweites Beispiel

Beispiel 44.7.A

Wir besprechen nun einen so genannten *einseitigen* Test, im Gegensatz zum *zweiseitigen* Test. Näheres zum Unterschied finden Sie in (44.8).

Wir betrachten dazu wieder unsere Münze, ändern aber die Problemstellung gegenüber Beispiel 44.4.A ab. Ich habe nämlich die Vermutung, dass beim Münzenwurf
häufiger "Zahl" als "Kopf" erscheint, mit andern Worten, dass $p < \frac{1}{2}$ ist. (Dabei ist p
nach wie vor die Wahrscheinlichkeit für "Kopf".)

Eine erste Frage, die zu klären ist, ist die nach der Nullhypothese. Wir haben in
(44.5) erkannt, dass man von einem Test als stärkste Aussage erwarten kann, dass H_0
abgelehnt und H_1 akzeptiert wird. Wir werden deshalb das Gegenteil der Vermutung
zur Nullhypothese machen. Diese vielleicht etwas gegen das Gefühl gehende Überlegung
ist vor allem bei einseitigen Tests wichtig. Wir setzen also fest:

$$H_0 : p \geq \tfrac{1}{2} \, ,$$
$$H_1 : p < \tfrac{1}{2} \, .$$

Genau wie in (44.3) werfen wir die Münze 16-mal. Damals lautete die Nullhypothese $H_0 : p = \frac{1}{2}$, und wir lehnten sie ab, wenn die Anzahl X der Köpfe genügend klein
bzw. gross war. Bei unserer neuen Fragestellung ist die Sachlage aber anders:

Grosse Werte von X sprechen hier keineswegs gegen die Nullhypothese, die ja behauptet, dass die Wahrscheinlichkeit p für "Kopf" $\geq \frac{1}{2}$ sei. Ein beispielsweise 12-maliges
Auftreten von "Kopf" bestätigt ja ganz gewiss die Annahme $p \geq \frac{1}{2}$.

Für den Verwerfungsbereich kommen also hier sicher nur kleine Werte von X in
Frage. Um diesen zu bestimmen, übernehmen wir einige der in (44.4.c) aufgelisteten
Wahrscheinlichkeiten:

$$P(X = 0) = 0.000015$$
$$P(X = 1) = 0.000244$$
$$P(X = 2) = 0.001831$$
$$P(X = 3) = 0.008545$$
$$P(X = 4) = 0.027771$$
$$P(X = 5) = 0.066650.$$

Diese Zahlen basieren allerdings auf der Annahme, dass $p = \frac{1}{2}$ ist, während die neue
Nullhypothese lautet: $p \geq \frac{1}{2}$. Nun ist es aber so: Wenn so wenige "Köpfe" auftreten,

dass wir die Hypothese $p = \frac{1}{2}$ zurückweisen können, dann können wir erst recht die Hypothese $p > \frac{1}{2}$ zurückweisen, denn mit $p > \frac{1}{2}$ müssten ja mehr "Köpfe" vorkommen als mit $p = \frac{1}{2}$, und eine kleine Anzahl Köpfe wird daher noch unwahrscheinlicher.

Durch Addition der obigen Wahrscheinlichkeiten erhalten wir (wieder mit $p = \frac{1}{2}$) die folgende Tabelle:

$$P(X = 0) = 0.000015$$
$$P(0 \leq X \leq 1) = 0.000259$$
$$P(0 \leq X \leq 2) = 0.002090$$
$$P(0 \leq X \leq 3) = 0.010635 \quad \text{oder} \quad 1.06\%$$
$$P(0 \leq X \leq 4) = 0.038406 \quad \text{oder} \quad 3.84\%$$
$$P(0 \leq X \leq 5) = 0.105056 \quad \text{oder} \quad 10.51\%.$$

Bei einem Signifikanzniveau von 5% muss man also den Verwerfungsbereich wie folgt wählen:

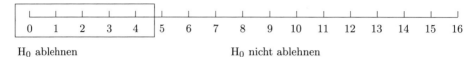

H$_0$ ablehnen   H$_0$ nicht ablehnen

Entsprechend würde man die Verwerfungsbereiche für andere Irrtumswahrscheinlichkeiten bestimmen.

Wir wollen noch zahlenmässig belegen, dass die oben durchgeführte Beschränkung auf den Fall $p = 1/2$ auch den Fall $p > 1/2$ miteinschliesst. Nehmen wir einmal an, es sei $p = 0.55$. Dann rechnet man aus, dass $P(0 \leq X \leq 4) = 1.44\%$ ist. Die Wahrscheinlichkeit dafür, dass X im für $p = 0.5$ bestimmten Verwerfungsbereich $\{0, 1, 2, 3, 4\}$ liegt, ist also wie erwartet kleiner geworden. Dasselbe gilt, wenn wir 0.55 durch eine beliebige Wahrscheinlichkeit p_0 mit $0.5 < p_0 \leq 1$ ersetzen. Wir sehen, dass man in der Tat nicht nur die Hypothese $p = 1/2$, sondern auch die Hypothese $p \geq 1/2$ ablehnen darf, wenn X im angegebenen Verwerfungsbereich liegt.

(44.8) Einseitige und zweiseitige Tests

Wir vergleichen jetzt die Beispiele 44.4.A und 44.7.A und geben dazu noch einmal die Hypothesen sowie die Verwerfungsbereiche für $\alpha = 5\%$ an:

44.4.A: H$_0$: $p = \frac{1}{2}$,   H$_1$: $p \neq \frac{1}{2}$

| 0 | 1 | 2 | 3 | 4 | 5 | 6 | 7 | 8 | 9 | 10 | 11 | 12 | 13 | 14 | 15 | 16 |

44.7.A: H$_0$: $p \geq \frac{1}{2}$,   H$_1$: $p < \frac{1}{2}$

| 0 | 1 | 2 | 3 | 4 | 5 | 6 | 7 | 8 | 9 | 10 | 11 | 12 | 13 | 14 | 15 | 16 |

Im ersten Fall handelt es sich um eine "zweiseitige Fragestellung", denn wie man aus der Gestalt des Verwerfungsbereichs erkennt, führen sowohl grosse als auch kleine Werte der Testgrösse zur Ablehnung von H_0. Man spricht hier von einem *zweiseitigen Test*.

Der zweite Fall aber ist ein Beispiel einer "einseitigen Fragestellung", denn man interessiert sich nur für Abweichungen nach einer Seite; in diesem Beispiel für Abweichungen nach unten: Es führen nur kleine Werte von X zur Verwerfung von H_0. Der zugehörige Test wird natürlich *einseitiger Test* genannt. Es ist klar, dass man in manchen Fällen einen einseitigen Test in der umgekehrten Richtung durchführen wird, wobei dann grosse Werte von X zur Ablehnung von H_0 führen.

Wir werden später sehen, dass man auch andere Testverfahren einseitig oder zweiseitig anwenden kann. Die einzelnen Varianten unterscheiden sich dann nur durch die Wahl des Verwerfungsbereichs. Die hier gemachten Angaben übertragen sich sinngemäss.

Der Entscheid, ob ein- oder zweiseitig zu testen sei, ist nicht Sache der Mathematik, sondern die Person, die den Test durchführt, richtet sich nach der Problemstellung. Interessiert sie sich gleichermassen für Abweichungen nach beiden Richtungen, so wird sie zweiseitig, andernfalls einseitig testen. Eine Illustration dazu: Als Kunde bin ich daran interessiert, dass ein Sack Hörnli, den ich kaufe, *mindestens* das angeschriebene Gewicht enthält. Ich würde also einseitig testen. Der Produzent dagegen hat ein Interesse an einem möglichst genauen Gewicht (zuviel bringt ihm Verlust, zuwenig schafft ihm Ärger mit den Konsumentenorganisationen).

Warum verwendet man überhaupt sowohl ein- als auch zweiseitige Tests? Um dies zu erklären, betrachten wir noch einmal die beiden Verwerfungsbereiche, die oben graphisch dargestellt sind. Wir wollen annehmen, unser Versuch habe bei 16 Würfen gerade vier "Köpfe" ergeben. In diesem Fall könnten wir (immer mit einem Signifikanzniveau von 5%) mit dem zweiseitigen Test die Nullhypothese nicht ablehnen, denn 4 liegt nicht im Verwerfungsbereich. Mit dem einseitigen Test aber können wir H_0 (gerade noch) verwerfen.

Man kann den Unterschied anschaulich so sehen: Beim einseitigen Test konzentriert sich die Irrtumswahrscheinlichkeit von 5% ganz auf das linke Ende der Skala (bzw. in andern Fällen ganz auf das rechte), während beim zweiseitigen Test beide Enden gleichmässig zu berücksichtigen sind, so dass der linke Teil naturgemäss etwas kleiner wird.

Wie unser Beispiel zeigt, ist der einseitige Test *mächtiger* als der zweiseitige, in dem Sinne, dass man mit ihm bei gegebenen Stichproben die Nullhypothese häufiger zurückweisen kann. Darin liegt ein Vorteil der einseitigen Tests; diese dürfen aber nur dann angewandt werden, wenn das einseitige Vorgehen von der Sache her gerechtfertigt ist.

Zum Schluss erwähnen wir noch, dass in manchen Büchern auch bei einseitigen Tests die Nullhypothese in der Form $H_0 : p = 1/2$ (statt $p \geq 1/2$) und analog für andere Tests formuliert wird. Dies wird dadurch gerechtfertigt, dass die Bestimmung des Verwerfungsbereichs tatsächlich unter der Annahme $p = 1/2$ erfolgt (vgl. (44.7)). In diesem Fall wird der Unterschied zwischen ein- und zweiseitigem Test allein durch die Formulierung der Alternativhypothese ersichtlich.

(44.9) Fehler 1. und 2. Art

Jedem Test liegt eine Nullhypothese H_0 zugrunde; ihr gegenüber steht die Alternativhypothese H_1. Lehnt man H_0 ab, so akzeptiert man H_1. Wie bereits in (44.4.d) diskutiert wurde, ist es möglich, dass man aufgrund des Tests H_0 fälschlicherweise ablehnt. Die Wahrscheinlichkeit dafür ist aber kontrollierbar, sie ist höchstens gleich dem Signifikanzniveau α. Umgekehrt kann es auch vorkommen, dass die Nullhypothese H_0 beibehalten wird, obwohl sie falsch ist. Man spricht in diesem Zusammenhang von

Fehler 1. Art: Nullhypothese unberechtigterweise abgelehnt,

Fehler 2. Art: Nullhypothese unberechtigterweise beibehalten.

Darstellung in Tabellenform

Wirklichkeit — Ergebnis des Tests	H_0 wahr	H_0 falsch
H_0 ablehnen	Fehler 1. Art	Entscheid richtig
H_0 beibehalten	Entscheid richtig	Fehler 2. Art

Illustrationen dazu

a) In einem Strafprozess hat der Richter zu entscheiden:

H_0 : XY ist nicht der Täter.

H_1 : XY ist der Täter.

Ein Fehler 1. Art (H_0 wahr, aber abgelehnt) bedeutet, dass ein Unschuldiger verurteilt wird.

Ein Fehler 2. Art (H_0 falsch, aber angenommen) bedeutet, dass ein Schuldiger freigesprochen wird.

Zur Vermeidung eines Justizirrtums ist hier also die Wahrscheinlichkeit für einen Fehler 1. Art möglichst klein zu halten.

b) Wir betrachten folgende Hypothesen:

H_0 : Ein neues Medikament hat keine Nebenwirkungen.

H_1 : Es hat Nebenwirkungen.

Hier muss man versuchen, den Fehler 2. Art sehr klein zu halten, denn ein solcher bedeutet, dass das Medikament trotz möglichen Nebenwirkungen freigegeben würde. Ein Fehler 1. Art dagegen hat nur zur Folge, dass das Medikament nicht in den Handel gelangt.

Wir wissen auch von früher her, dass aufgrund des Prinzips der statistischen Tests die Wahrscheinlichkeit für einen Fehler 1. Art $\leq \alpha$ ist.

Die entsprechende Schranke für den Fehler 2. Art wird mit β bezeichnet. Sie kann aber in der Regel nur unter zusätzlichen Annahmen berechnet werden. Wir betrachten zur Illustration das Beispiel 44.4.A mit $\alpha = 5\%$. Wie wir in (44.4.f) gesehen haben, ist in diesem Fall der Verwerfungsbereich gleich $\{0, 1, 2, 3, 13, 14, 15, 16\}$. Ein Fehler 2. Art wird begangen, wenn H_0 falsch (also $p \neq 0.5$) ist, aber X nicht im Verwerfungsbereich liegt, d.h., wenn $4 \leq X \leq 12$ ist. Nun hängt die Wahrscheinlichkeit für das letztgenannte Ereignis offensichtlich von p ab: Liegt p nahe bei 0.5, so wird sie gross, liegt aber p in der Nähe von 0 oder 1, so wird sie klein sein. Wir werden hier die Wahrscheinlichkeit β nicht näher untersuchen. Immerhin sei bemerkt, dass es bei festem Stichprobenumfang n nicht möglich ist, α und β gleichzeitig so klein zu halten, wie man will. Um α und β beide klein zu machen, muss der Umfang n erhöht werden.

(44.10) Ausblick auf die folgenden Kapitel

In den nächsten Kapiteln werden einige wichtige Testverfahren besprochen. Die grundlegenden Ideen wurden bereits in diesem Kapitel behandelt und werden uns immer wieder begegnen. Allerdings werden die "technischen" Probleme grösser. Beruhten die Beispiele in diesem Kapitel einfach auf der Binomialverteilung, so basieren andere Tests auf komplizierteren Verteilungen, wie etwa auf der (stetigen) t-Verteilung.

Die folgenden Kapitel sind alle nach demselben Schema aufgebaut. Der erste Abschnitt enthält die Beschreibung des Tests, die wie folgt gegliedert ist:

A. Fragestellung.

B. Nullhypothese/Alternativhypothese.

C. Voraussetzungen.

D. Vorgehen (Testgrösse, Entscheidungsregel).

E. Bemerkungen.

Es folgen dann jeweils Beispiele, anhand derer auch erläutert wird, wie und warum der Test funktioniert. Für die praktische Durchführung genügt jeweils die Beschreibung, die gewissermassen ein "Kochrezept" ist; zu ihrem tieferen Verständnis ist aber das Studium der Beispiele unerlässlich.

(44.∞) Aufgaben

44−1 Anlässlich einer Lotterie mit fortlaufend (1,2,...) nummerierten Losen kaufe ich 5 der gut gemischten Lose. Sie tragen die Nummern 777, 1291, 1600, 1492 und 800. Die Losverkäuferin behauptet, es seien mindestens 3000 Lose in Verkauf. Es irritiert mich deshalb etwas, dass ich lauter Nummern ≤ 1600 erwischt habe.

Testen Sie die Nullhypothese
$$H_0 : \text{Anzahl der Lose} \geq 3000$$
gegen die Alternativhypothese
$$H_1 : \text{Anzahl der Lose} < 3000.$$

44−2 Neun Kolleg(inn)en sind mit ihrem Kleinbus ins Ausland gefahren und haben eingekauft. Fünf sind ehrlich, vier schmuggeln. Wie es das Schicksal so will, kommt es zu einer Kontrolle. Der Zollbeamte wählt drei Personen aus: Alle drei haben geschmuggelt.

     a) Testen Sie die Nullhypothese H_0: "Die Auswahl erfolgte zufällig" gegen die Alternativhypothese H_1: "Der Beamte hat Talent (und verdient deshalb, befördert zu werden)".

     b) Geben Sie die konkrete Bedeutung von "Fehler 1. Art" und "Fehler 2. Art" an.

44−3 Beim fünfmaligen Werfen einer Münze ist jedes Mal dieselbe Seite erschienen. Gefühlsmässig würde man vielleicht vermuten, mit der Münze sei etwas nicht in Ordnung. Zeigen Sie aber, dass man die Nullhypothese "die Münze ist ausgewogen" gegenüber der Alternativhypothese "sie ist nicht ausgewogen" auf dem 5%-Niveau *nicht* verwerfen darf. (Es braucht also recht viel, bis H_0 verworfen werden kann!)

44−4 Bei einem ehrlichen Würfel ist die Wahrscheinlichkeit für eine Sechs $= \frac{1}{6}$. Ich habe den Verdacht, dass beim Würfel meines Partners die Sechs mit einer grösseren Wahrscheinlichkeit erscheint. Ein Versuch ergibt bei 6 Würfen 3 Sechsen. Kann ich die Hypothese $H_0 : p \le \frac{1}{6}$ zurückweisen

     a) auf dem 5%-Niveau,

     b) auf dem 10%-Niveau?

Geben Sie ferner die konkrete Bedeutung von "Fehler 1. Art" und "Fehler 2. Art" an.

44−5 Mein Kollege behauptet, hellsehen zu können. Ich will diese Behauptung testen und lege ihm 12 französische Spielkarten verdeckt hin. Bei jeder Karte muss er sagen, ob sie rot oder schwarz ist. Die Nullhypothese H_0 lautet: Mein Kollege kann *nicht* hellsehen. Wieviele richtige Antworten muss er mindestens geben, damit ich H_0 ablehne (und damit an seine Fähigkeit glaube), wenn ich mich mit höchstens a) 5%, b) 10% Wahrscheinlichkeit irren will?

Geben Sie ferner die konkrete Bedeutung von "Fehler 1. Art" und "Fehler 2. Art" an.

44−6 Eine Maschine produziert Nägel, deren Länge als stetige, normal verteilte Zufallsgrösse X aufgefasst werden kann. Der Erwartungswert μ hängt von der Einstellung der Maschine ab, die Standardabweichung $\sigma = 0.5$ (mm) sei eine feste Grösse. Der Sollwert der Nägel beträgt 50 mm. Zur Kontrolle, ob die Maschine richtig eingestellt ist, werden 100 Nägel zufällig ausgewählt und gemessen. Der Durchschnitt dieser Werte ist die Realisierung der Zufallsgrösse $\bar{X}$.

Zu testen ist also $H_0 : \mu = 50$ gegen $H_1 : \mu \ne 50$. Für welche Werte von $\bar{X}$ muss man H_0 bei einem Signifikanzniveau von 5% verwerfen?

44−7 Ein Hersteller liefert an Kioske Schachteln mit je 100 Wundertüten. Es gibt zwei Sortimente. In Sortiment A enthält eine Tüte mit 10% Wahrscheinlichkeit einen Gutschein für den Bezug einer weiteren Tüte; im Sortiment B dagegen nur mit 2% Wahrscheinlichkeit. Nun sind die Schachteln versehentlich nicht angeschrieben worden. Die Kioskinhaberin öffnet daraufhin 10 Tüten. Findet sie keinen Gutschein, nimmt sie an, es handle sich ums Sortiment B. Etwas gelehrter formuliert: Sie lehnt H_0: "die Schachtel ist Sortiment A" ab und akzeptiert H_1: "die Schachtel ist Sortiment B". Berechnen Sie die Wahrscheinlichkeit für den Fehler 1. und den Fehler 2. Art.

44−8 Willy Würfel besass, wie aus Aufgabe 35−1 bekannt, einen Würfel, bei dem die Wahrscheinlichkeit für eine Sechs 30% betrug. Er hatte aber noch einen andern, bei dem die Sechs eine Wahrscheinlichkeit von nur 10% hatte. Seine Erben konnten die beiden Würfel nicht unterscheiden. Sie beschlossen deshalb, einen der Würfel 15-mal zu werfen. Sollten dabei zwei oder weniger Sechsen fallen, so würden sie davon ausgehen, es handle sich um den 10%-Würfel. Formulieren Sie zu diesem Experiment die Null- und die Alternativhypothese. Berechnen Sie die Wahrscheinlichkeit eines Fehlers 1. bzw. 2. Art.

45. DER t-TEST FÜR EINE STICHPROBE

(45.1) Beschreibung des Tests

A. Fragestellung

Ist der Erwartungswert μ einer Grundgesamtheit gleich oder verschieden von einer gegebenen Zahl μ_0?

B. Nullhypothese/Alternativhypothese beim zweiseitigen Test

$H_0 : \mu = \mu_0$,
$H_1 : \mu \neq \mu_0$.

C. Voraussetzungen

1. Die Grundgesamtheit besteht aus Messwerten (im Gegensatz zu Zählwerten), welche — wenigstens im Prinzip — stetig verteilt sind.

2. Die Grundgesamtheit ist normal verteilt. Kleinere Abweichungen von der Normalität werden in der Praxis in Kauf genommen.

3. Der Grundgesamtheit hat man eine Stichprobe vom Umfang n entnommen:
$$x_1, x_2, \ldots, x_n .$$
Daraus sind die Grössen $\bar{x}$ und $s_{\bar{x}}$ berechnet worden:

$$\bar{x} = \frac{1}{n} \sum_{i=1}^{n} x_i, \qquad s_{\bar{x}} = \sqrt{\frac{\sum\limits_{i=1}^{n} (x_i - \bar{x})^2}{n(n-1)}} \; .$$

D. Vorgehen beim zweiseitigen Test

1. Man wählt ein Signifikanzniveau α, z.B. $\alpha = 0.05$, und bestimmt aus der Tabelle (51.4) (t-Verteilung) den zu α und zum Freiheitsgrad $\nu = n-1$ gehörenden kritischen Wert $t_{\alpha,\nu}$, kurz mit t_α bezeichnet. (Der Freiheitsgrad ist also um 1 kleiner als der Umfang der Stichprobe.)

2. Testgrösse
Anhand der Stichprobe berechnet man die Zahl
$$t = \frac{\bar{x} - \mu_0}{s_{\bar{x}}} \; .$$

3. Entscheidungsregel
   - Falls $|t| \geq t_\alpha$ ist, so wird H_0 verworfen: Die Stichprobe lässt den Schluss zu, dass der Erwartungswert μ signifikant verschieden von μ_0 ist.
   - Falls $|t| < t_\alpha$ ist, so besteht aufgrund der Stichprobe kein Anlass, H_0 zu verwerfen.

E. Bemerkungen

1. Gepaarte Stichproben: Dieser t-Test kann auch bei so genannten "gepaarten" Stichproben (u_i, v_i), $i = 1, \ldots, n$ angewandt werden. Gepaarte Stichproben liegen dann vor, wenn je zwei Messungen am selben Objekt vorgenommen werden. Hier wendet man den t-Test auf die Differenzen $u_i - v_i$ an.

2. Einseitiger Test: Der t-Test kann auch einseitig angewandt werden. Es geht dann um die Frage, ob μ grösser bzw. kleiner als eine gegebene Zahl μ_0 sei. Die Testgrösse t wird genau gleich berechnet. Es ändern sich aber der kritische Wert und die Entscheidungsregel. Das Signifikanzniveau sei wiederum α. Man schliesst wie folgt:

▶ Mit den Hypothesen

$$H_0 : \mu \leq \mu_0, \quad H_1 : \mu > \mu_0$$

wird H_0 verworfen, wenn $t \geq t_{2\alpha}$ ist.

◀ Mit den Hypothesen

$$H_0 : \mu \geq \mu_0, \quad H_1 : \mu < \mu_0$$

wird H_0 verworfen, wenn $t \leq -t_{2\alpha}$ ist.

(45.2) Ein erstes Beispiel zur Anwendung des t-Tests

Beispiel 45.2.A

In diesem Abschnitt geht es darum, anhand eines konkreten Beispiels vorzuführen, wie man das in (45.1) beschriebene Verfahren anwendet. In (45.3) wird dann am selben Beispiel erklärt, welche Überlegungen eigentlich hinter dem Testverfahren stecken.

Ein Bäcker behauptet: Meine Brötchen wiegen im Durchschnitt genau 70 g. Eine Nachkontrolle von 10 Brötchen ergab folgende Gewichte (in Gramm):

$$69, 70, 71, 68, 67, 70, 70, 70, 67, 69 .$$

Der Durchschnitt $\bar{x}$ dieser 10 Gewichte beträgt 69.1 g. Dies widerspricht an sich noch nicht der Behauptung des Bäckers, die sich ja nicht auf die Stichprobe, sondern auf seine gesamte Produktion bezieht. Das von ihm genannte Durchschnittsgewicht von 70 g entspricht vielmehr dem Erwartungswert μ der Grundgesamtheit.

Wir machen die Behauptung des Bäckers zur Nullhypothese:

$$H_0 : \mu = 70 .$$

Die Zahl μ_0 aus der Beschreibung des Tests ist also hier $= 70$, während μ wie eh und je den (unbekannten) Erwartungswert bezeichnet. Ganz generell ist μ_0 in den Anwendungen eine durch die Fragestellung konkret gegebene Zahl.

Die Alternativhypothese ist natürlich

$$H_1 : \mu \neq 70 \,.$$

Die beiden Hypothesen führen auf einen zweiseitigen Test. Dies ergibt sich auch direkt aus der Problemstellung, da sowohl Gewichtsabweichungen nach unten wie nach oben die Behauptung des Bäckers Lügen strafen.

Zur Berechnung der Testgrösse t benötigen wir noch den Standardfehler $s_{\bar{x}}$. Die in (45.1) angegebene Formel liefert sofort $s_{\bar{x}} = 0.4333$. Die Verwendung eines Taschenrechners vereinfacht natürlich die Berechnungen; beachten Sie aber, dass dieser meist die Standardabweichung s liefert (vgl. dazu auch die Bemerkungen zum Thema "Rechner" in (43.3) und (43.4)). Für den Standardfehler ist s noch durch $\sqrt{n}$ zu dividieren.

Wir fahren nun gemäss Punkt D. (Vorgehen) von (45.1) weiter:

1. Wir wählen α wie üblich $= 5\%$. Der Freiheitsgrad $\nu = n - 1$ ist hier $= 10 - 1 = 9$. Der zur t-Verteilung gehörenden Tabelle (51.4) entnehmen wir den kritischen Wert

$$t_{\alpha,\nu} = t_{0.05,9} = 2.262 \,,$$

auch kurz t_α genannt.

2. Mit den erhaltenen Werten für $\bar{x}$ und $s_{\bar{x}}$ berechnen wir die Testgrösse

$$t = \frac{\bar{x} - \mu_0}{s_{\bar{x}}} = \frac{\bar{x} - 70}{s_{\bar{x}}} = \frac{69.1 - 70}{0.4333} = -2.077 \,.$$

3. Entscheid: Es ist $|t| = 2.077 < 2.262 = t_\alpha$. Die Testgrösse t liegt nicht im Verwerfungsbereich. Wir können H_0 *nicht* zurückweisen:

   Die vorliegende Stichprobe spricht *nicht* gegen die Behauptung des Bäckers, das Durchschnittsgewicht seiner Brötchen betrage 70 Gramm.

   Damit ist der Test durchgeführt. Die hier beschriebenen Überlegungen und Rechnungen sind etwa die, die man sich beim praktischen Gebrauch macht. Im nächsten Abschnitt (45.3) gehen wir dann etwas mehr in die Tiefe.

Zuvor führen wir aber das Beispiel noch etwas weiter. Wählen wir nämlich ein Signifikanzniveau $\alpha = 10\%$, so erhalten wir laut Tabelle den kritischen Wert $t_\alpha = t_{0.1,9} = 1.833$. Nun entscheiden wir anders, denn weil jetzt $|t| = 2.077 > 1.833 = t_\alpha$ ist, müssen wir H_0 verwerfen. Wir lehnen also die Behauptung des Bäckers als falsch ab.

Die Tatsache, dass wir hier je nach Irrtumswahrscheinlichkeit verschiedene Entscheide fällten, beruht darauf, dass die Irrtumswahrscheinlichkeit sich auf einen möglichen Fehler bei unserm Entscheid bezieht, vgl. hierzu auch (44.6). Wenn wir H_0 zurückweisen, beschuldigen wir den Bäcker der Unlauterkeit; natürlich wollen wir bei einer solchen Aussage eine möglichst grosse Sicherheit haben. Das Zahlenmaterial zeigt nun, dass wir uns die rufschädigende Aussage nicht leisten dürfen, wenn wir 95% Sicherheit (genauer: eine Irrtumswahrscheinlichkeit von 5%) haben wollen. Sind wir jedoch mit 90% Sicherheit zufrieden, so können wir es riskieren, die besagte Aussage zu machen.

$\boxtimes$

Da der nächste Abschnitt etwas theoretischer wird (unter anderem kommt die t-Verteilung explizit vor), sei zum Schluss noch die anschauliche Bedeutung der Testgrösse $t = (\bar{x} - \mu_0)/s_{\bar{x}}$ beschrieben. Es ist klar, dass uns eine betragsmässig grosse Abweichung des berechneten Durchschnitts $\bar{x}$ vom behaupteten Erwartungswert μ_0 an der Nullhypothese zweifeln lässt. Nun ist aber der Betrag der Abweichung allein noch nicht der richtige Massstab. Wenn nämlich die Grundgesamtheit und damit auch der Durchschnitt stark streut (d.h. eine grosse Standardabweichung hat), dann ist eine bestimmte Differenz $\bar{x} - \mu_0$ weniger verdächtig, als wenn diese Streuung nur gering ist. Aus diesem Grund wird diese Differenz $\bar{x} - \mu_0$ noch durch $s_{\bar{x}}$, die geschätzte Standardabweichung des Durchschnitts (vgl. (43.5)), dividiert. So erhält man die Testgrösse t. Wenn diese dem Betrag nach "zu gross" ist (und dies heisst gerade $|t| \geq t_\alpha$), wird H_0 abgelehnt.

$\boxed{\text{(45.3) Etwas zum theoretischen Hintergrund}}$

In diesem Abschnitt nehmen wir nochmals das Beispiel 45.2.A auf. Wir wollen sozusagen einen Blick hinter die Kulissen werfen und herausfinden, wie der Test im Einzelnen funktioniert. Eine abgekürzte Version ist soeben am Ende von (45.2) gegeben worden.

Wir stellen die Daten aus (45.2) erneut zusammen. Wir kennen die Stichprobe (Gewichte von Brötchen)

$$69,\ 70,\ 71,\ 68,\ 67,\ 70,\ 70,\ 70,\ 67,\ 69\ .$$

Behauptet wird, dass diese Brötchen im Durchschnitt genau 70 g wiegen.

Wir analysieren nun diese Fragestellung etwas genauer. Die *Population* im Sinne von (42.3) ist die Menge aller je vom Bäcker hergestellten und herzustellenden Brötchen der zur Diskussion stehenden Sorte; die Anzahl dieser Brötchen ist sehr gross in Bezug auf die ausgewählte Stichprobe. Im Sinne einer Idealisierung denkt man sich diese Menge gewöhnlich sogar unendlich gross. Die *Grundgesamtheit* wird durch die Gewichte der Brötchen beschrieben; diese sind Realisierungen der Zufallsgrösse $X =$ Gewicht eines Brötchens. Der Durchschnitt all dieser Gewichte entspricht dem Erwartungswert μ der Grundgesamtheit (etwas präziser ist $\mu = E(X)$, der Erwartungswert der Zufallsgrösse X). Die Behauptung des Bäckers lautet übersetzt, es sei $\mu = 70$. In der Fragestellung (45.1.A) ist also, wie schon in (45.2), $\mu_0 = 70$ zu setzen, und die Frage lautet: Ist $\mu = \mu_0 = 70$?

Dies führt wie oben auf die Hypothesen

$$H_0 : \mu = 70, \quad H_1 : \mu \neq 70\ .$$

Von (44.6) wissen wir übrigens, dass als stärkstes Ergebnis allenfalls die Ablehnung von H_0 resultieren kann.

Wir prüfen noch rasch die in (45.1.C) formulierten Voraussetzungen nach: Die erste ist erfüllt, denn das Gewicht ist (im Prinzip) ein stetiges Merkmal, wenn es auch hier durch Runden auf ganze Gramm diskretisiert worden ist. Zur zweiten Voraussetzung ist Folgendes zu sagen: Der Bäcker behauptet ja nicht, dass jedes Brötchen 70 g wiege (dies wäre offensichtlich falsch), sondern nur, dass der Durchschnitt aller Gewichte so gross sei. Da bei der Herstellung der Brötchen viele zufällige Faktoren ins Spiel kommen, darf angenommen werden, dass die Gewichte wenigstens annähernd normal verteilt sind (vgl. (41.9)). Die dritte Voraussetzung bezieht sich auf die Stichprobe; die fraglichen Masszahlen haben wir bereits bestimmt:

$$\bar{x} = 69.1, \quad s_{\bar{x}} = 0.4333 \ .$$

Das Durchschnittsgewicht der Stichprobe ist also etwas kleiner als die vom Bäcker behauptete Zahl von 70 g. Dies könnte aber Zufall sein: Möglicherweise haben wir aus all den Brötchen von unterschiedlichem Gewicht einfach etwas zuviele leichte erwischt. Genau wie in (44.4) besteht nun die Grundidee darin, die Wahrscheinlichkeit dafür zu bestimmen, dass der Durchschnitt der Stichprobe um 0.9 g oder mehr von den behaupteten 70 g abweicht*. Ist diese Wahrscheinlichkeit sehr klein, so wird man die Nullhypothese H_0 ablehnen, wobei man wie üblich in Kauf nimmt, dass die Ablehnung unberechtigerweise erfolgt.

Nun geht es darum, diesen Ansatz durchzuführen. Wir nehmen dazu an, die Nullhypothese H_0 sei richtig (genau so haben wir es in (44.4) gemacht). Für den Erwartungswert der Grundgesamtheit, also für $\mu = E(X)$ gilt dann

$$\mu = \mu_0 = 70 \ .$$

Dieser wird also als bekannt *angenommen*. Nach (43.5) ist $\mu = 70$ auch der Mittelwert der Zufallsgrösse $\overline{X}$. Die Standardabweichung von $\overline{X}$ dagegen ist weiterhin unbekannt; wir müssen sie durch $s_{\bar{x}}$ schätzen (43.5). Wie in (43.7) erläutert wurde, geht dadurch die für X und damit für $\overline{X}$ (nach Voraussetzung 45.1.C.2) geltende Normalverteilung in eine t-Verteilung über. Dies bedeutet, dass die Testgrösse

$$t = \frac{\bar{x} - \mu_0}{s_{\bar{x}}} = \frac{\bar{x} - 70}{s_{\bar{x}}}$$

eine Realisierung einer t-Verteilung mit Freiheitsgrad $\nu = n - 1 = 9$ ist.

---

* Eigentlich bestimmen wir diese Wahrscheinlichkeit gar nicht, sondern modifizieren die Fragestellung etwas. Vgl. die Bemerkung am Ende des Abschnitts (45.3).

Wir skizzieren den Graphen dieser Verteilung:

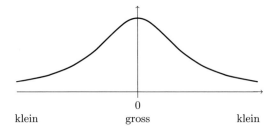

Wahrscheinlichkeitsdichte: klein   gross   klein

Wie man der Figur entnimmt, ist für extreme Werte von t die Wahrscheinlichkeitsdichte klein. Ergibt sich für die Testgrösse ein solcher Wert, so besteht der begründete
Verdacht, die Nullhypothese $\mu = 70$ sei falsch. Liegt aber t nahe beim Nullpunkt, wo
die Wahrscheinlichkeitsdichte gross ist, so haben wir keinen Anlass, H_0 zu verwerfen.
(Wir dürfen H_0 allerdings auch nicht unbesehen annehmen, vgl. (44.5).)

Um die beiden Fälle zu trennen, führt man wie in (44.4) den *Verwerfungsbereich*
ein. Dazu wählt man zuerst ein Signifikanzniveau α und entnimmt der Tabelle (51.4)
den zu α und zum Freiheitsgrad $\nu = n - 1 = 9$ gehörenden kritischen Wert $t_{\alpha,\nu} = t_\alpha$.
Wir rufen die in (43.7) erläuterte Bedeutung von $t_{\alpha,\nu}$ in Erinnerung. Diese Zahl ist
dadurch charakterisiert, dass

$$P(|T| \geq t_{\alpha,\nu}) = \alpha$$

ist. Die Wahrscheinlichkeit dafür, dass der Wert der Zufallsgrösse T im dick markierten
Teil der unten stehenden Figur liegt, ist also $= \alpha$, d.h., sehr klein.

$$-t_{\alpha,\nu} \qquad\qquad 0 \qquad\qquad t_{\alpha,\nu}$$

Es ist daher sehr unwahrscheinlich, dass der Wert t der Zufallsgrösse T bei richtiger
Nullhypothese H_0 in diesem Bereich liegt. Trifft dies dennoch zu, so werden wir H_0
verwerfen, und die Wahrscheinlichkeit dafür, dass wir H_0 fälschlicherweise ablehnen, ist
höchstens gleich α. Der dick markierte Bereich ist also der *Verwerfungsbereich*, wie wir
ihn schon in (44.4) und (44.5) kennen gelernt haben. Die Begründung für die Verwerfung
von H_0 ist genau dieselbe wie in (44.4).

Damit haben wir auch die Entscheidungsregel in (45.1.D) erklärt: Die Testgrösse t
liegt genau dann im Verwerfungsbereich, wenn $|t| \geq t_{\alpha,\nu}$ ist, also gilt

$$|t| \geq t_{\alpha,\nu} \Longrightarrow H_0 \text{ ablehnen}.$$

Ist aber $|t| < t_{\alpha,\nu}$, besteht kein Anlass, H_0 zu verwerfen.

In (45.2) haben wir mit konkreten Werten für α gearbeitet und gefunden, dass für
den Freiheitsgrad 9

$$t_{0.05} = 2.262 \quad \text{und} \quad t_{0.1} = 1.833$$

ist. Für die Testgrösse t erhielten wir -2.077. Wir stellen fest, dass $t = -2.077$ für $\alpha = 10\%$ im Verwerfungsbereich liegt (Ablehnung von H_0), nicht aber für $\alpha = 5\%$, und kommen so selbstverständlich zu denselben Schlüssen wie in (45.2).

Zusammenfassend lässt sich sagen: Bei Gültigkeit der Nullhypothese folgt die Testgrösse einer t-Verteilung, und unter Verwendung der Tabelle für diese Verteilung können wir sagen, welche Werte von t unwahrscheinlich sind, d.h., den Verwerfungsbereich bilden.

Es sei nochmals betont, dass diese Überlegungen den theoretischen Hintergrund etwas beleuchten sollen. In der Praxis pflegt man — wie in (45.2) vorgeführt — einfach nach dem "Kochrezept" (45.1) vorzugehen. Ein gewisses Verständnis für den dahintersteckenden Vorgang sollten Sie aber trotz alledem haben.

Der guten Ordnung halber sei schliesslich noch eine kleine Korrektur angebracht: Weiter oben wurde gesagt, die Grundidee des Tests sei es, die Wahrscheinlichkeit dafür zu ermitteln, dass der Durchschnitt der Stichprobe um 0.9 g oder mehr vom durch H_0 gegebenen Wert 70 g abweiche, dies in Analogie zum Beispiel 44.4.A mit der Münze, wo wir direkt gewisse Wahrscheinlichkeiten bestimmt hatten. De facto haben wir hier aber diese Wahrscheinlichkeit nicht bestimmt; vielmehr wird das Problem etwas modifiziert: Man setzt diese Differenz von 0.9 g in die Testgrösse $t = -2.077$ um und prüft nach, ob t im Verwerfungsbereich liegt.

(45.4) Ein Beispiel eines einseitigen Tests

Beispiel 45.4.A

Wir befassen uns weiterhin mit den Brötchen aus dem Abschnitt (45.2). Dort hatten wir gesehen, dass die Nullhypothese "die Brötchen wiegen im Mittel 70 g" auf dem 5%-Niveau nicht zurückgewiesen werden konnte. Etwas anders sieht die Sache aus, wenn wir nachweisen möchten, dass die Brötchen im Durchschnitt zu leicht sind, was man ja aufgrund des Zahlenmaterials vermuten könnte. Formelmässig ausgedrückt möchten wir also zeigen, dass $\mu < 70$ ist. Dies führt auf einen einseitigen Test. Wichtig ist dabei die richtige Wahl von H_0 und H_1 (vgl. (44.5)). Da die stärkste Folgerung aus einem Test die Verwerfung von H_0 ist, wird man die Vermutung $\mu < 70$ als *Alternativ*hypothese wählen:

$$H_0 : \mu \geq 70, \quad H_1 : \mu < 70 \, .$$

Wir betrachten genau dieselbe Testgrösse t wie vorhin:

$$t = \frac{\bar{x} - \mu_0}{s_{\bar{x}}} = -2.077 \, .$$

Gemäss (45.1.E.2) hat sich nun die Entscheidungsregel geändert: Wir vergleichen t mit $t_{2\alpha, \nu}$, kurz auch mit $t_{2\alpha}$ bezeichnet. Der Freiheitsgrad ν ist immer noch $= 9$. Wenn wir mit $\alpha = 5\%$ arbeiten, dann ist $2\alpha = 10\%$. Wir sehen daher in der Tabelle (51.4) in der oben mit 0.10 beschrifteten Kolonne nach und finden $t_{0.1} = 1.833$ (diese Kolonne ist übrigens in der untersten Zeile der Tabelle mit 0.05 angeschrieben).

Von den beiden in (45.1.E.2) aufgeführten Entscheidungsregeln ist aufgrund der aufgestellten Hypothesen die mit ◄ bezeichnete zu verwenden. Da $t \leq -t_{2\alpha}$ ist, werden wir H_0 verwerfen und damit H_1 akzeptieren: Wir glauben, dass die Brötchen im Mittel tatsächlich leichter als 70 g sind (bei einer Irrtumswahrscheinlichkeit von 5%).

Der einseitige Test erlaubt es uns also, auf dem 5%-Niveau die Nullhypothese zu verwerfen, was auf demselben Niveau beim zweiseitigen Test nicht der Fall war. Dies belegt die in (44.8) gemachte Feststellung, dass der einseitige Test stärker als der zweiseitige sei.   ⊠

Der für die Praxis relevante rechnerische Teil des t-Tests ist damit beschrieben. Wir überlegen uns nun noch, wie die Entscheidungsregel eigentlich zustande kommt.

Die Nullhypothese lautet $H_0 : \mu \geq 70$. Ein positiver Wert der Testgrösse

$$t = \frac{\bar{x} - 70}{s_{\bar{x}}}$$

bedeutet, dass $\bar{x} > 70$ ist, und dieses Ereignis spricht überhaupt nicht gegen H_0, ist also unverdächtig. Wir verwerfen H_0 nur noch dann, wenn t stark negativ wird. Der Verwerfungsbereich wird somit wie folgt aussehen:

kritischer Wert

Wie ist nun der kritische Wert festzusetzen? Wie üblich arbeiten wir mit $\alpha = 5\%$. Der kritische Wert t_α aus der Tabelle ist dadurch definiert, dass

$$P(|T| \geq t_\alpha) = \alpha$$

ist, wie wir bereits mehrfach benützt haben. Aus Symmetriegründen ist dann

$$P(T \leq -t_\alpha) = \frac{\alpha}{2} = 0.025 \,,$$
$$P(T \geq t_\alpha) = \frac{\alpha}{2} = 0.025 \,.$$

Die Wahrscheinlichkeit dafür, dass der Wert der Testgrösse in den linken, uns allein noch interessierenden Teil fällt, als also bloss noch 2.5%. Wir möchten aber, dass diese Wahrscheinlichkeit = 5% wird und sind daher gezwungen, als kritischen Wert den Tabellenwert $t_{0.1}$, also das t_α für $\alpha = 10\%$ zu verwenden.

Allgemein ist beim einseitigen Test mit einem Signifikanzniveau α der Tabellenwert $t_{2\alpha}$ zu benützen. Die folgenden Zeichnungen erläutern den Sachverhalt noch etwas genauer, vgl. auch (41.5).

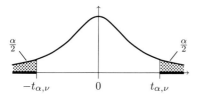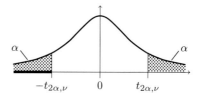

Auch die Entscheidungsregel ist jetzt klar: Positive Werte von t sprechen überhaupt nicht gegen $H_0 : \mu > 70$. Dagegen führen "stark negative" Werte zur Ablehnung von H_0, was die in (45.1.E.2) angeführte Regel ◀ ergibt.

Selbstverständlich gibt es auch Situationen, wo man einen einseitigen Test in der andern Richtung anwenden wird. Dies geht ganz analog; der Verwerfungsbereich liegt dann rechts des Nullpunkts, und man erhält in (45.1.E.2) die Regel ▶.

Bemerkungen

1. Beim einseitigen Test haben wir eine Wahl, und zwar zwischen den Hypothesen

   ▶ $\quad H_0 : \mu \leq \mu_0, \quad H_1 : \mu > \mu_0 \qquad$ und $\qquad$ ◀ $\quad H_0 : \mu \geq \mu_0, \quad H_1 : \mu < \mu_0$.

   Es ist aber unbedingt zu beachten, dass wir beim zweiseitigen Test (45.2) diese Wahl nicht haben, die Hypothesen lautet dort zwingend

   $$H_0 : \mu = \mu_0, \quad H_1 : \mu \neq \mu_0 .$$

   Es ist also nicht möglich, als Nullhypothese die Bedingung $\mu \neq \mu_0$ zu wählen und diese allenfalls abzulehnen. Ein ähnlicher Fall wurde in (44.6) kurz besprochen. Der Grund liegt darin, dass die Testgrösse t unter der Annahme $\mu = \mu_0$ berechnet werden muss, auch im Fall eines einseitigen Tests.

2. Man kann sich fragen, was geschehen wäre, wenn man in unserm Beispiel H_0 und H_1 vertauscht hätte, d.h., wenn man mit

   $$H_0 : \mu \leq 70 \quad \text{und} \quad H_1 : \mu > 70$$

   gearbeitet hätte, also mit der Nullhypothese, die Brötchen seien im Mittel zu leicht. An der Testgrösse hätte sich nichts geändert ($t = -2.077$), dagegen hätte mit der Entscheidungsregel ▶ gearbeitet werden müssen. Man hätte dann einfach herausgefunden, dass H_0 aufgrund der Stichprobe nicht verworfen werden kann; dies ist aber von allem Anfang an klar, da ja schon $\bar{x} < 70$ ist. Diese Variante des einseitigen Tests bringt also nichts.

3. Obwohl beim einseitigen Test die Nullhypothese besagte, dass $\mu \geq 70$ sei, haben wir die Testgrösse t unter der Voraussetzung $\mu = \mu_0 = 70$ berechnet. Wählen wir aber ein grösseres μ_0, so verkleinern wir die Testgrösse $t = (\bar{x} - \mu_0)/s_{\bar{x}}$, d.h., diese wird noch stärker negativ. Liegt sie also schon für $\mu_0 = 70$ im Verwerfungsbereich (d.h., weit links), so wird sie dies erst recht für ein grösseres μ_0 tun. Liegt t also im Verwerfungsbereich, so können wir nicht nur die Hypothese $\mu = 70$, sondern sogar die Hypothese $H_0 : \mu \geq 70$ zurückweisen. Ein ähnlicher Fall wurde übrigens in (44.7), Ende des Abschnitts, diskutiert.

$\boxed{\text{(45.5) Vergleich zweier gepaarter Stichproben}}$

Gepaarte (oder *verbundene*) Stichproben treten dann auf, wenn *am selben Objekt* zwei Messungen derselben Art durchgeführt werden:
- Gewicht vor und nach einer Diät,
- Reaktionszeit vor und nach Alkoholgenuss,
- Blutdruck vor und nach Einnahme eines Medikaments,
- Kraft in der linken und rechten Hand,

usw. Dabei interessiert man sich für die Unterschiede der beiden zusammengehörigen Messungen (Gewichtsabnahme, Verlängerung der Reaktionszeit usw.).

Es seien dazu

$$u_1, u_2, \ldots, u_n$$
$$v_1, v_2, \ldots, v_n$$

die beiden Stichproben, wobei u_i und v_i am selben Objekt gemessen wurden. Zu untersuchen sind die Unterschiede

$$x_i = u_i - v_i, \quad i = 1, \ldots, n\,.$$

Dies geschieht dadurch, dass man auf die Grössen $x_1, \ldots, x_n$ den t-Test anwendet.

Beim zweiseitigen Test lauten die Hypothesen*

$$H_0 : \mu = 0, \quad H_1 : \mu \neq 0\,.$$

Dabei ist μ der Erwartungswert der Zufallsgrösse $X = $ Differenz der beiden Messwerte. Die Nullhypothese besagt also einfach, es sei keine Veränderung eingetreten; die Alternativhypothese besagt, es sei ein Unterschied (Änderung nach oben *oder* nach unten) festzustellen.

Beim einseitigen Test haben wir die Varianten

$$\blacktriangleright \quad H_0 : \mu \leq 0, \quad H_1 : \mu > 0$$
$$\blacktriangleleft \quad H_0 : \mu \geq 0, \quad H_1 : \mu < 0\,.$$

Eine Ablehnung von H_0 im ersten Fall ($\blacktriangleright$) besagt, dass die Differenzen $u-v$ im Gesamten gesehen positiv sind, d.h., dass beim Übergang von den u-Werten zu den v-Werten eine Abnahme stattgefunden hat. Analog für den zweiten Fall ($\blacktriangleleft$).

Beispiel 45.5.A

Wirkung eines fiebersenkenden Medikaments. In der folgenden Tabelle ist die Körpertemperatur von 10 Patientinnen im Zeitpunkt der Einnahme und drei Stunden nachher angegeben.

---

* Hier findet die Bezeichnung "Nullhypothese" eine gewisse Begründung.

Nummer des Patientin	Temperatur bei Einnahme	Temperatur nach 3 Std.	Temperatur- abnahme
i	u_i	v_i	$x_i = u_i - v_i$
1	39.1	38.7	0.4
2	38.3	38.1	0.2
3	37.6	37.9	−0.3
4	38.0	37.5	0.5
5	40.1	39.2	0.9
6	39.5	39.1	0.4
7	38.7	38.7	0.0
8	37.9	37.5	0.4
9	39.2	38.2	1.0
10	38.0	37.4	0.6

Die Temperatur bei der Einnahme entspricht also den u-Werten, jene nach drei Stunden den v-Werten. Eine *Abnahme* der Temperatur in diesem Zeitraum ergibt daher *positive* x-Werte. Der bei Nr. 3 auftretende negative Wert beschreibt eine Temperatur-erhöhung.

Wenn wir nachweisen möchten, dass die Temperatur bei Anwendung des Medika-ments *gesenkt* wird, müssen wir *einseitig* testen und zeigen, dass die x-Werte im Mittel positiv sind. Mit derselben Überlegung wie in (45.4) wählen wir als Nullhypothese die gegenteilige Aussage (die wir dann im optimalen Fall ablehnen können). Also ist

$$\mathrm{H_0} : \mu \le 0, \quad \mathrm{H_1} : \mu > 0 .$$

Aus den x_i $(i = 1, \ldots, 10)$ berechnet man sofort

$$\bar{x} = 0.41, \quad s = 0.3872, \quad s_{\bar{x}} = 0.1224, \quad t = \frac{\bar{x} - 0}{s_{\bar{x}}} = \frac{0.41}{0.1224} = 3.350 .$$

(Die Null in der Formel für t kommt von der Nullhypothese her.)

Wir wählen $\alpha = 5\%$ und müssen, da wir einseitig testen, den zu 10% (und dem Freiheitsgrad $\nu = 10 - 1 = 9$) gehörenden kritischen Wert nachschlagen. Er beträgt 1.833. Da $t = 3.350 > 1.833 = t_{2\alpha}$ ist, können wir nach (45.1.E.2) (Variante ▶) die Nullhypothese ablehnen und die Alternativhypothese ($\mathrm{H_1} : \mu > 0$) akzeptieren. Das Mittel hat (bei einer Irrtumswahrscheinlichkeit von 5%) eine fiebersenkende Wirkung.

Wir hätten sogar auf dem 1%-Niveau mit $t_{2\alpha} = t_{0.02} = 2.821 < 3.350 = t$ immer noch Signifikanz erhalten.   ⊠

(45.6) Zusammenhang mit dem Konfidenzintervall

Schon die Tatsache, dass sowohl beim t-Test als auch bei der Berechnung des Konfidenzintervalls die t-Verteilung vorkommt, legt den Gedanken nahe, dass ein Zusammenhang zwischen den beiden Themen bestehen wird. Dies ist in der Tat der Fall.

Wir stellen uns dazu die Frage, wann beim zweiseitigen t-Test die Testgrösse t in den Annahmebereich fällt. Dieser ist durch die Beziehung

$$|t| < t_{\alpha,\nu} \quad \text{oder gleichwertig} \quad -t_{\alpha,\nu} < t < t_{\alpha,\nu}$$

gegeben. Setzen wir für t die Formel ein, erhalten wir

$$-t_{\alpha,\nu} < \frac{\bar{x} - \mu_0}{s_{\bar{x}}} < t_{\alpha,\nu} .$$

Äquivalent dazu (Vorzeichenwechsel!) ist

$$-t_{\alpha,\nu} < \frac{\mu_0 - \bar{x}}{s_{\bar{x}}} < t_{\alpha,\nu} .$$

Multiplikation mit $s_{\bar{x}}$ und anschliessende Addition von $\bar{x}$ führt auf

$$\bar{x} - t_{\alpha,\nu}s_{\bar{x}} < \mu_0 < \bar{x} + t_{\alpha,\nu}s_{\bar{x}} .$$

Bis auf etwas andere Bezeichnungen ist dies aber genau die Formel für das Konfidenzintervall (43.8). Mit andern Worten: Wir akzeptieren H_0 genau dann, wenn der in dieser Hypothese vorkommende Wert μ_0 im Konfidenzintervall liegt, das via $\bar{x}$ und $s_{\bar{x}}$ durch die Stichprobe bestimmt wird, wobei für die Vertrauenswahrscheinlichkeit Q gilt: $Q = 1 - \alpha$.

Wir illustrieren den Sachverhalt am in (45.2) durchgeführten Test. Mit

$$\bar{x} = 69.1, \quad s_{\bar{x}} = 0.4333, \quad t_{0.05} = 2.262$$

erhalten wir für das Konfidenzintervall ($\alpha = 5\%$, $Q = 95\%$)

$$[\bar{x} - t_{0.05}s_{\bar{x}}, \ \bar{x} + t_{0.05}s_{\bar{x}}] = [68.12, 70.08] .$$

Der Wert $\mu_0 = 70$ liegt noch in diesem Intervall; wir müssen also $H_0 : \mu = 70$ akzeptieren (kein Anlass zur Verwerfung), dies in Übereinstimmung mit (45.2).

Mit einer Vertrauenswahrscheinlichkeit von 90% (d.h. $\alpha = 10\%$) dagegen verkleinert sich das Intervall wegen $t_{0.1} = 1.833$ auf

$$[68.31, \ 69.89] .$$

Jetzt liegt $\mu_0 = 70$ nicht mehr in diesem Intervall; in der Tat konnten wir in (45.2) die Nullhypothese auf dem Niveau 10% ablehnen.

Diese Übereinstimmung soll aber nicht darüber hinwegtäuschen, dass Vertrauensintervall und t-Test verschiedene Funktionen haben:

- Vertrauensintervall: Angabe einer "Bandbreite" für den *unbekannten* Parameter μ.
- t-Test: Prüfung, ob ein angenommener Erwartungswert μ_0 mit der Stichprobe verträglich ist.

(45.∞) Aufgaben

45−1 Der Inhalt von 6 Säcken Puderzucker wurde nachgewogen. Man erhielt folgende Gewichte (in Gramm): 495, 502, 505, 498, 490, 500. Ist die Behauptung, dass die Säcke im Durchschnitt 500 g enthielten, haltbar? Testen Sie mit $\alpha = 5\%$.

45−2 Auf einer Geburtstagstorte hat es acht Kerzen. Das (offensichtlich frühreife) Geburtstagskind schreibt sich auf, wie lange jede Kerze gebrannt hat und erhält folgende Zeiten (in Minuten):

$$13, 16, 11, 15, 13, 11, 10, 15.$$

a) Auf der Kerzenpackung stand zu lesen: Die mittlere Brenndauer dieser Kerzen beträgt mindestens 15 Minuten. Versuchen Sie, diese Behauptung mit einem statistischen Test zu widerlegen. Arbeiten Sie mit $\alpha = 0.05$.

b) Angenommen, Sie hätten aufgrund des Tests die Behauptung aus a) widerlegt. Äussern Sie sich zur Frage, ob Sie dies mit absoluter Sicherheit tun dürfen.

45−3 Eine Maschine produziert Schrauben, welche im Mittel eine Länge von 50 mm haben sollten. Es besteht der Verdacht, dass sie nicht mehr korrekt eingestellt ist. Eine Stichprobe von 12 Schrauben lieferte folgende Werte (in mm)

$$49.5, 51.5, 50.0, 50.1, 51.0, 51.2, 49.8, 49.2, 51.7, 50.1, 50.6, 51.3.$$

Testen Sie die Hypothese, dass die Maschine richtig eingestellt ist, mit einem Signifikanzniveau von a) 5%, b) 10%. Wie erklären Sie allfällig verschiedene Ergebnisse?

45−4 Ein Geschäft verkauft Marzipanrollen mit Gewichtsangabe 80 g. Eine Überprüfung von 25 Packungen ergab ein mittleres Gewicht von 79 g mit einer Standardabweichung von 2.6 g.

a) Testen Sie die Hypothese, dass das mittlere Gewicht dieser Rollen 80 g betrage.

b) Testen Sie die Frage, ob allenfalls zuwenig Marzipan abgepackt wurde.

c) Wie würden die Antworten ausfallen, wenn dieselben Masszahlen mit einer Stichprobe vom Umfang 100 ermittelt worden wären?

45−5 Neun Versuchspersonen hatten vormittags und nachmittags je einen Test auszuführen. Es ergaben sich die folgenden Resultate:

Person Nr.	1	2	3	4	5	6	7	8	9
Punktzahl vormittags	100	88	99	95	91	101	91	102	96
Punktzahl nachmittags	104	91	102	95	95	100	93	105	96

Prüfen Sie (unter der Annahme, dass die Differenzen der Punktzahlen stetig und normal verteilt sind) nach, ob die Tageszeit einen Einfluss auf die Testresultate hat. Wählen Sie a) $\alpha = 5\%$, b) $\alpha = 1\%$.

45−6 Sieben Versuchspersonen führten mit folgendem Ergebnis eine Diät durch:

Person Nr.	1	2	3	4	5	6	7
Gewicht vorher	70.2	55	90.4	66	81.4	62.3	75
Gewicht nachher	68.2	54	86	66	79.9	63.3	74.5

Man möchte mit einem statistischen Test nachprüfen, ob die Diät tatsächlich einen Gewichtsverlust bewirkt. Wählen Sie $\alpha = 5\%$.

45−7 Eine Abfüllmaschine für Mehl war so eingestellt, dass das mittlere Abfüllgewicht pro Packung 1000 Gramm betrug. Nach einer Revision wurde eine Stichprobe von 50 Säcken kontrolliert. Man erhielt einen Durchschnitt von 990 Gramm mit einer Standardabweichung von 30 Gramm. Untersuchen Sie mit einem statistischen Test, ob sich das mittlere Abfüllgewicht verändert hat. Erklären Sie, warum Sie ein- bzw. zweiseitig testen. Arbeiten Sie mit einem Signifikanzniveau von 5%.

45−8 Wir gehen von der Annahme aus, das Geburtsgewicht von Neugeborenen sei normal verteilt. Aus einer Stichprobe von 40 Neugeborenen wurde ein Mittelwert von 3300 Gramm mit einer Standardabweichung von 500 Gramm bestimmt.

Kann man aufgrund dieser Daten schliessen, dass das mittlere Geburtsgewicht aller Neugeborenen

a) mehr als 3200 g beträgt,

b) mehr als 3150 g beträgt?

Arbeiten Sie mit $\alpha = 5\%$.

c) Wir bleiben bei den oben angegebenen Masszahlen und bei $\alpha = 5\%$. Wie gross müsste der Umfang der Stichprobe mindestens sein, damit die Hypothese "das mittlere Geburtsgewicht aller Neugeborenen ist kleiner als 3200 Gramm" verworfen werden kann?

46. DER t-TEST FÜR ZWEI UNABHÄNGIGE STICHPROBEN

(46.1) Beschreibung des Tests

A. Fragestellung

Sind die Erwartungswerte μ_1, μ_2 zweier Grundgesamtheiten gleich oder verschieden?

B. Nullhypothese/Alternativhypothese beim zweiseitigen Test

$H_0 : \mu_1 = \mu_2$,
$H_1 : \mu_1 \neq \mu_2$.

C. Voraussetzungen

1. Die Grundgesamtheit besteht aus Messwerten (im Gegensatz zu Zählwerten), welche — wenigstens im Prinzip — stetig verteilt sind.

2. Die beiden Grundgesamtheiten sind normal verteilt und haben dieselbe (wenn auch unbekannte) Varianz. Kleinere Abweichungen sowohl der Varianzen als auch von der Normalität werden in der Praxis in Kauf genommen.

3. Der ersten Grundgesamtheit (mit Erwartungswert μ_1) ist eine Stichprobe
$$x_1, x_2, \ldots, x_m$$
vom Umfang m, der zweiten (mit Erwartungswert μ_2) eine Stichprobe
$$y_1, y_2, \ldots, y_n$$
vom Umfang n entnommen worden.

D. Vorgehen beim zweiseitigen Test

1. Man wählt ein Signifikanzniveau α, z.B. $\alpha = 0.05$, und bestimmt aus der Tabelle (51.4) (t-Verteilung) den zu α und zum Freiheitsgrad $\nu = m + n - 2$ gehörenden kritischen Wert $t_{\alpha,\nu}$, kurz mit t_α bezeichnet.

2. Testgrösse

Anhand der Stichprobe berechnet man die Zahl

$$t = \frac{\bar{x} - \bar{y}}{\sqrt{\left(\dfrac{1}{m} + \dfrac{1}{n}\right)\dfrac{S_{xx} + S_{yy}}{m + n - 2}}}$$

mit $\quad \bar{x} = \dfrac{1}{m}\displaystyle\sum_{i=1}^{m} x_i,\ \bar{y} = \dfrac{1}{n}\displaystyle\sum_{i=1}^{n} y_i,\ S_{xx} = \displaystyle\sum_{i=1}^{m}(x_i - \bar{x})^2,\ S_{yy} = \displaystyle\sum_{i=1}^{n}(y_i - \bar{y})^2 .$

(Vgl. (31.7.a) für die Bezeichnungen S_{xx}, S_{yy}.)

3. Entscheidungsregel

- Falls $|t| \geq t_\alpha$ ist, so wird H$_0$ verworfen: Die Stichprobe lässt den Schluss zu, dass μ_1 signifikant verschieden von μ_2 ist.
- Falls $|t| < t_\alpha$ ist, so besteht aufgrund der Stichprobe kein Anlass, H$_0$ zu verwerfen.

E. Bemerkungen

Einseitiger Test: Dieser Test kann auch einseitig angewandt werden. Es geht dann um die Frage, ob der eine Erwartungswert grösser als der andere sei. Die Testgrösse t wird genau gleich berechnet. Es ändern sich aber der kritische Wert und die Entscheidungsregel. Das Signifikanzniveau sei wiederum α. Man schliesst wie folgt:

▶ Mit den Hypothesen

$$H_0 : \mu_1 \leq \mu_2, \quad H_1 : \mu_1 > \mu_2$$

wird H$_0$ verworfen, wenn $t \geq t_{2\alpha}$ ist.

◀ Mit den Hypothesen

$$H_0 : \mu_1 \geq \mu_2, \quad H_1 : \mu_1 < \mu_2$$

wird H$_0$ verworfen, wenn $t \leq -t_{2\alpha}$ ist.

(46.2) Ein erstes Beispiel

Beispiel 46.2.A

Wir übernehmen Beispiel 42.2.B.

Bei der Züchtung einer neuen Kartoffelsorte fand man in 7 bzw. 6 Versuchsäckern die folgenden Erträge (in kg pro Are):

Alte Sorte ("Alt")	410	420	430	440	450	450	480
Neue Sorte ("Neu")	440	450	455	480	490	505	

Der Züchter möchte natürlich gerne nachweisen, dass die neue Sorte tatsächlich bessere Erträge liefert.

Hier liegen (vgl. auch (42.3)) zwei Populationen vor, nämlich alle Ackerstücke, die mit der Sorte "Alt" bzw. der Sorte "Neu" bepflanzt worden sind. Dazu gehören zwei Grundgesamtheiten, nämlich die jeweiligen Erträge pro Hektare.

Mit μ_1 (bzw. μ_2) bezeichnen wir den Erwartungswert der Grundgesamtheit "Alt" (bzw. "Neu"), d.h., die mittleren Erträge pro Hektare der alten bzw. der neuen Sorte, bezogen auf die gesamten Populationen. Wir möchten zur Freude des Züchters belegen, dass $\mu_1 < \mu_2$ ist. Wir testen deshalb sicher einseitig. Wie üblich beachten wir, dass wir als stärkstes Resultat eines Tests die Nullhypothese ablehnen und die Alternativhypothese akzeptieren können. Wir setzen daher

$$\mathrm{H}_0 : \mu_1 \geq \mu_2, \quad \mathrm{H}_1 : \mu_1 < \mu_2 \,.$$

(Variante ◄ von (46.1.E).)

Die Stichproben stehen in den beiden Zeilen der Tabelle; in der oberen die Werte $x_1, x_2, \ldots, x_m$, in der unteren die Werte $y_1, y_2, \ldots, y_n$. Hier ist also $m = 7$, $n = 6$. Die beiden Stichproben haben nichts miteinander zu tun, es handelt sich daher um *unabhängige* Stichproben, im Gegensatz zu den in (45.5) besprochenen *gepaarten* Stichproben.

Durch Einsetzen in die Formeln berechnet man ohne grosse Mühe

$$\bar{x} = 440, \ \bar{y} = 470, \ S_{xx} = 3200, \ S_{yy} = 3250 \,.$$

Ein kleiner Tipp zur Benützung eines Rechners: Dieser wird meist keine Taste für S_{xx} haben, wohl aber eine für die Standardabweichung s (bezogen auf die x-Werte). Nach Definition von s ist aber $S_{xx} = (m-1)s^2$; analog natürlich für die y-Werte.

Nun bestimmen wir die Testgrösse

$$t = \frac{\bar{x} - \bar{y}}{\sqrt{\left(\dfrac{1}{m} + \dfrac{1}{n}\right)\dfrac{S_{xx} + S_{yy}}{m + n - 2}}} = \frac{440 - 470}{\sqrt{\left(\dfrac{1}{7} + \dfrac{1}{6}\right)\dfrac{3200 + 3250}{7 + 6 - 2}}} = \ldots = -2.2268 \,.$$

Der Freiheitsgrad ν ist gleich $7 + 6 - 2 = 11$. Wenn wir das Signifikanzniveau $\alpha = 5\%$ wählen, dann müssen wir, da wir einseitig testen, in der Tabelle (51.4) den Wert $t_{2\alpha} = t_{0.1,11}$ nachschlagen. Er ist gleich 1.796, und daher ist $t \leq -t_{2\alpha}$. Die Entscheidungsregel in (46.1.E), Variante ◄, erlaubt die Verwerfung von H_0. Wir akzeptieren daher die Alternativhypothese $\mathrm{H}_1 : \mu_1 < \mu_2$, die konkret besagt, dass der Ertrag der neuen Sorte tatsächlich grösser als jener der alten Sorte ist.

Beim Signifikanzniveau $\alpha = 1\%$ aber ist der kritische Wert $t_{0.02,11} = 2.718$. Nun ist $t > -2.718$, und wir können H_0 nicht ablehnen. Die verschiedenen Konklusionen widersprechen sich selbstverständlich nicht. Im ersten Fall ($\alpha = 5\%$) lehnen wir H_0 ab. Dabei können wir uns aber mit einer Wahrscheinlichkeit von 5% irren. Wenn wir sicherer sein und die Irrtumswahrscheinlichkeit auf 1% senken wollen, dann dürfen wir H_0 nicht ablehnen; wir haben dann keinen Grund zur Annahme, die neue Sorte liefere höhere Erträge.

Der theoretische Hintergrund, den wir ohne Beweis anführen, ist der, dass die obige, recht komplizierte, Testgrösse t die Realisierung einer Zufallsgrösse ist, welche einer t-Verteilung mit Freiheitsgrad $\nu = m + n - 2$ gehorcht, was die Verwendung der Tabelle für die t-Verteilung erklärt.

An diesem Beispiel kann man nochmals die Wahl der Hypothesen beim einseitigen Test illustrieren. Wählen wir die Variante

▶ $H_0 : \mu_1 \leq \mu_2,\ H_1 : \mu_1 > \mu_2\ ,$

so können wir H_0 sicher nicht zurückweisen (die negative Zahl $t = -2.2268$ ist gewiss nicht $\geq t_{2\alpha} = 1.796$). Dieses Resultat spricht einfach *nicht gegen* $H_0 : \mu_1 \leq \mu_2$, ist aber auch kein Beweis für die Richtigkeit der Nullhypothese. Mit der Variante ◀ haben wir aber gezeigt, dass die Annahme des Gegenteils ($\mu_1 \geq \mu_2$) auf einen Widerspruch (genauer: auf ein sehr unwahrscheinliches Ereignis) führt; als positive Folgerung durften wir weiter oben die dortige H_1 ($\mu_1 < \mu_2$) annehmen.

(46.3) Ein zweites Beispiel

Beispiel 46.3.A

Eine Untersuchung befasste sich mit der Brenndauer von Batterien. Wir geben hier nicht die einzelnen Daten, sondern gleich die relevanten Masszahlen an:

- Eine Stichprobe von 60 Batterien der Marke $\mathcal{X}$ ergab einen Durchschnitt von $\bar{x} = 20$ Stunden, ferner war $S_{xx} = 55$.

- Eine entsprechende Stichprobe bestehend aus 40 Batterien der Marke $\mathcal{Y}$ lieferte die Werte $\bar{y} = 19.7$, $S_{yy} = 35$.

Wir fragen uns, ob ein *Unterschied* zwischen den beiden Marken bestehe. Diese Fragestellung ist zweiseitig, deshalb lauten die Hypothesen

$$H_0 : \mu_1 = \mu_2, \quad H_1 : \mu_1 \neq \mu_2\ .$$

Mit den gegebenen Daten können wir die Testgrösse berechnen:

$$t = \frac{\bar{x} - \bar{y}}{\sqrt{\left(\dfrac{1}{m} + \dfrac{1}{n}\right)\dfrac{S_{xx} + S_{yy}}{m + n - 2}}} = \frac{20 - 19.7}{\sqrt{\left(\dfrac{1}{60} + \dfrac{1}{40}\right)\dfrac{55 + 35}{60 + 40 - 2}}} = \ldots = 1.534\ .$$

Mit dem Signifikanzniveau 5% ist der kritische Wert $t_{\alpha,\nu}$ für $\alpha = 0.5$ und für $\nu = 98$ zu ermitteln. Da unsere Tabelle den Wert für $\nu = 98$ nicht enthält, ersetzen wir ihn bedenkenlos durch jenen für $\nu = 100$ (die Werte für 90 und 100 sind ja fast gleich) und finden daher $t_\alpha = 1.984$. Mit dem berechneten Wert von $t = 1.534$ können wir H_0 nicht zurückweisen; der Test liefert jedenfalls kein Argument gegen die Behauptung, die Brenndauer der beiden Marken $\mathcal{X}$ und $\mathcal{Y}$ sei gleich.

(46.∞) Aufgaben

46−1 Aus zwei normal verteilten Grundgesamtheiten mit derselben (wenn auch unbekannten) Varianz wurden die folgenden Stichproben entnommen:
   Grundgesamtheit 1: 25, 27, 28, 28, 30, 30.
   Grundgesamtheit 2: 23, 24, 24, 25, 25, 25, 26, 28.
   Prüfen Sie mit statistischen Tests die beiden folgenden Behauptungen nach:

a) Die Erwartungswerte der beiden Grundgesamtheiten sind gleich.

b) Der Erwartungswert der 1. Grundgesamtheit ist gleich 27.

Formulieren Sie jeweils die Nullhypothese, und arbeiten Sie mit einem Signifikanzniveau von 5%.

46−2 Zwei Diäten wurden an je 6 Versuchspersonen ausprobiert. Diät A ergab Gewichtsabnahmen von 2.5, 1.8, 3.6, 0.5, 2.2 und 1.4 kg, während Diät B Abnahmen von 2.0, 0.8, 0.0, 2.2, 0.1 und 0.3 kg lieferte.

Sie sympathisieren mit der Diät A und möchten statistisch belegen, dass diese Diät grössere Gewichtsabnahmen bringt.

a) Testen Sie hier ein- oder zweiseitig?

b) Wählen Sie ein passendes Testverfahren, und führen Sie den Test mit dem Signifikanzniveau $\alpha = 5\%$ durch. Geben Sie die Null- und die Alternativhypothese klar an.

c) Angenommen, das Testergebnis erlaube die Verwerfung der Nullhypothese. Welches Ereignis hat dann eine Wahrscheinlichkeit $\leq \alpha$?

46−3 Aus der Feuerwerksproduktion der Hersteller "Aaah!" bzw. "Oooh!" wurden Vulkane auf ihre Brenndauer geprüft. Eine Stichprobe von 8 Stück der Marke "Aaah!" ergab folgende Zeiten (in Sekunden): 50, 57, 57, 60, 60, 62, 64, 70. Von der Marke "Oooh!" wurden 12 Stück getestet. Der Mittelwert der Stichprobe war um 5 Sekunden grösser als jener der Marke "Aaah!", die Standardabweichung war bei beiden Stichproben dieselbe. Besteht ein Unterschied zwischen den beiden Produkten in Bezug auf die mittlere Brenndauer der gesamten Produktion? Wir nehmen an, die beiden Grundgesamtheiten seien normal verteilt, mit derselben Varianz.

a) Testen Sie hier einseitig oder zweiseitig?

b) Formulieren Sie Ihre Null- und Ihre Alternativhypothese.

c) Führen Sie einen statistischen Test zur Beantwortung der eingangs gestellten Frage durch. Wählen Sie ein Signifikanzniveau von $\alpha = 5\%$.

46−4 In einem landwirtschaftlichen Versuchsbetrieb wurde der Einfluss eines neuen Düngemittels auf die Getreideproduktion ermittelt. Dazu wurden 24 gleich grosse Parzellen gebildet; 13 davon wurden mit dem neuen Mittel gedüngt und ergaben eine mittlere Ernte von 540 kg pro Parzelle mit einer Standardabweichung $s = 35$ kg. In den 11 konventionell gedüngten Äckern lag der Durchschnitt bei 505 kg mit einer Standardabweichung von 40 kg. Können wir daraus schliessen, dass die Düngung mit dem neuen Mittel eine signifikante Vermehrung des Ertrags bewirkt? a) $\alpha = 1\%$, b) $\alpha = 5\%$.

46−5 In der Gemeinde A wurde bei 18 Milchproben ein mittlerer Fettgehalt (pro Liter) von 36 g mit einer Varianz von 16 g^2 festgestellt. In der Gemeinde B dagegen ergaben 10 Proben einen mittleren Fettgehalt von 39 g mit einer Varianz von 9 g^2. Kann man sagen, die Milch aus A habe generell einen geringeren Fettgehalt? Arbeiten Sie mit $\alpha = 5\%$.

47. DER χ^2-TEST

(47.1) Beschreibung des Tests

A. Fragestellung

Sind beobachtete Häufigkeiten x_i mit theoretisch erwarteten Häufigkeiten t_i verträglich oder nicht verträglich?

B. Nullhypothese/Alternativhypothese

H_0: Die Stichprobe stammt aus einer Grundgesamtheit mit einer bestimmten gegebenen Wahrscheinlichkeitsverteilung.

H_1: Sie stammt nicht daraus.

C. Voraussetzungen

1. Die beobachteten Grössen sind absolute Häufigkeiten. Es handelt sich um Anzahlen (Zählwerte).

2. Es liegen n Beobachtungen vor (Stichprobe vom Umfang n). Diese werden in k Klassen eingeteilt, und x_i $(i = 1, \ldots, k)$ sei die Anzahl Werte, welche in die i-te Klasse fallen (beobachtete Häufigkeiten). Ferner sei t_i die Anzahl der Werte, welche gemäss der theoretisch vorgegebenen Verteilung zu dieser i-ten Klasse gehören müssten (erwartete oder theoretische Häufigkeiten).

3. Die erwarteten Häufigkeiten t_i sind alle ≥ 5.

D. Vorgehen

1. Man wählt ein Signifikanzniveau α und bestimmt aus der Tabelle (51.5) den zu α und dem Freiheitsgrad ν gehörenden kritischen Wert $\chi^2_{\alpha,\nu} = \chi^2_\alpha$.
Der Freiheitsgrad ν ist gegeben durch die Anzahl der Klassen, abzüglich der Anzahl der linearen Beziehungen, welche zwischen den x_i bestehen und abzüglich der Anzahl der aus der Stichprobe geschätzten Parameter.

2. Testgrösse
Anhand der Stichprobe und der erwarteten Häufigkeiten berechnet man die Zahl
$$\chi^2 = \sum_{i=1}^{k} \frac{(x_i - t_i)^2}{t_i} = \sum_{i=1}^{k} \frac{(\text{beob} - \text{erw})^2}{\text{erw}} \, .$$

3. Entscheidungsregel
   - Falls $\chi^2 \geq \chi^2_{\alpha,\nu}$ ist, so wird H_0 verworfen: Die Stichprobe stammt nicht aus einer Grundgesamtheit mit der vorgegebenen Verteilung.
   - Falls $\chi^2 < \chi^2_{\alpha,\nu}$ ist, so besteht aufgrund der Stichprobe kein Anlass, H_0 zu verwerfen.

E. Bemerkungen

1. Die theoretischen Häufigkeiten t_i werden mit Hilfe von Wahrscheinlichkeiten berechnet, welche sich ihrerseits aus der gemäss H$_0$ erwarteten Verteilung ergeben. Deshalb sind die t_i in der Regel keine ganzen Zahlen. Sie sind aber *nicht* zu runden.

2. Falls die theoretischen Häufigkeiten zu klein sind (vgl. (47.1.C.3)), legt man benachbarte Klassen zusammen (d.h., man addiert deren Häufigkeiten), bis alle entstandenen Häufigkeiten ≥ 5 sind. (Es handelt sich hier um eine Faustregel, die in der Literatur auch in etwas abgewandelter Form auftritt.)

3. Der χ^2-Test hat viele Erscheinungsformen. Deshalb ist diese Beschreibung notwendigerweise recht allgemein gehalten, insbesondere, was die Erläuterung des Freiheitsgrades angeht. Es ist deshalb sinnvoll, sich die verschiedenen Varianten anhand der Beispiele zu merken.

4. Das Symbol χ^2 wird "Chi-Quadrat" ausgesprochen.

(47.2) Die χ^2-Verteilung

Der χ^2-Test beruht auf folgenden theoretischen Grundlagen:
Die gemäss (47.1.D.2) berechnete Testgrösse

$$\chi^2 = \sum_{i=1}^{k} \frac{(x_i - t_i)^2}{t_i} = \sum_{i=1}^{k} \frac{(\text{beob} - \text{erw})^2}{\text{erw}}$$

folgt unter der Annahme, dass H$_0$ richtig ist, einer Verteilung, die mit wachsendem Stichprobenumfang n gegen die so genannte χ^2-*Verteilung* strebt. Die Anwendung dieser Verteilung hat demnach approximativen Charakter, was sich speziell für kleine n auswirkt. Deshalb dürfen die erwarteten Häufigkeiten nicht zu klein sein (47.1.C.3).

Wir besprechen nun kurz, was hinter den χ^2-Verteilungen steckt (wir verwenden den Plural, da es für jeden Freiheitsgrad $\nu = 1, 2, 3, \ldots$ eine solche Verteilung gibt). Es handelt sich dabei um stetige Verteilungen.

Man geht von der Voraussetzung aus, dass ν Zufallsgrössen $X_1, X_2, \ldots, X_\nu$ gegeben sind, welche alle der Standard-Normalverteilung N$(0\,;1)$ folgen. Wir bilden jetzt die neue Zufallsgrösse*

$$\boldsymbol{\chi}^2 = X_1^2 + \ldots + X_\nu^2 \,,$$

deren Verteilung, welche nun eben die χ^2-Verteilung mit Freiheitsgrad ν genannt wird, bestimmt werden muss. (Ein ähnliches Problem stellte sich im Zusammenhang mit der t-Verteilung in (43.7).) Die zugehörigen Rechnungen können hier nicht durchgeführt werden, immerhin soll das Ergebnis erwähnt sein:

---

* Das fette $\boldsymbol{\chi}^2$ bezeichnet hier die Zufallsgrösse, das normale χ^2 die Realisierung. Für diese Unterscheidung haben wir sonst Gross- und Kleinbuchstaben verwendet.

Die Dichtefunktion $f(x)$ der χ^2-Verteilung mit ν Freiheitsgraden ist gegeben durch

$$f(x) = \begin{cases} C_\nu e^{-\frac{x}{2}} x^{\frac{\nu}{2}-1} & x > 0 \\ 0 & x \le 0 \end{cases} .$$

Dabei ist C_ν eine Konstante, die hier nicht explizit genannt zu werden braucht. Sie bewirkt, dass

$$\int_{-\infty}^{\infty} f(x)\,dx = 1$$

ist, wie es bei einer Dichtefunktion sein muss (siehe (40.3)).

Infolgedessen ist

$$P(\chi^2 \le x) = \int_{-\infty}^{x} f(t)\,dt .$$

Hier sehen Sie die Graphen der Dichtefunktionen mit $\nu = 1$ bis 4:

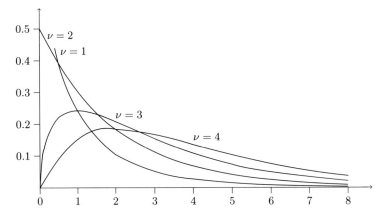

Wie schon bei der t-Verteilung interessieren uns nicht so sehr die Werte der Dichtefunktion $f(x)$ oder der Verteilungsfunktion $F(x) = P(\chi^2 \le x)$, sondern hauptsächlich die *kritischen Werte*. Da die Dichtefunktion für $x \le 0$ den Wert 0 annimmt, wird der Verwerfungsbereich nur aus einem einzigen Teilstück der x-Achse bestehen. Für die χ^2-Verteilung mit Freiheitsgrad ν ist der kritische Wert $\chi^2_{\alpha,\nu} = \chi^2_\alpha$ definiert durch die Forderung, dass

$$P(\chi^2 \ge \chi^2_{\alpha,\nu}) = \alpha$$

ist. Der Inhalt des hervorgehobenen Flächenstücks ist also $= \alpha$.

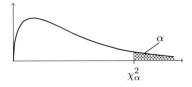

Diese kritischen Werte sind in der Tabelle (51.5) aufgeführt. In den nächsten Abschnitten werden verschiedene Anwendungen des χ^2-Tests gegeben.

Die in den Abschnitten (47.3) und (47.4) vorgestellten Tests heissen auch χ^2-*Anpassungstests*, da es um die Frage geht, wie gut sich gegebene Daten an eine theoretische Verteilung anpassen. In (47.5) folgt dann noch ein Beispiel eines χ^2-*Unabhängigkeitstests*, wo die Unabhängigkeit von Merkmalen untersucht wird.

(47.3) Prüfung von Anzahlen auf eine gegebene Verteilung

Beispiel 47.3.A

Zur Prüfung eines Würfels werden 60 Würfe ausgeführt. Die beobachteten absoluten Häufigkeiten sind

Augenzahl	1	2	3	4	5	6
Häufigkeit	8	14	8	4	10	16

Theoretisch erwartet man natürlich, dass jede Augenzahl mit der Häufigkeit 10 auftritt. Man spricht hier von einer diskreten Gleichverteilung (vgl. (37.12)). Wir stellen deshalb die folgende Nullhypothese auf:

H_0 : Die untersuchten Häufigkeiten folgen einer diskreten Gleichverteilung.

Etwas anschaulicher (aber gleichwertig) wäre die Nullhypothese "der Würfel ist unverfälscht".

Wie in (47.1.C) angegeben, bezeichnen wir die beobachteten Häufigkeiten mit $x_1, \ldots, x_6$, die theoretischen dagegen mit $t_1, \ldots, t_6$. Die Anzahl der Klassen ist also $k = 6$, während der Umfang der Stichprobe $n = 60$ beträgt. Die beobachteten Häufigkeiten sind gegeben. Für die Berechnung der theoretischen Häufigkeiten gehen wir davon aus, dass H_0 (Gleichverteilung) zutrifft; es folgt dann sofort, dass alle t_i gleich sind, nämlich $= 10$.

Zur Berechnung der Testgrösse stellen wir — weil es sich um das erste Beispiel handelt — der Übersichtlichkeit halber folgende Tabelle auf:

i	x_i	t_i	$(x_i - t_i)^2$	$\dfrac{(x_i - t_i)^2}{t_i}$
1	8	10	4	0.4
2	14	10	16	1.6
3	8	10	4	0.4
4	4	10	36	3.6
5	10	10	0	0.0
6	16	10	36	3.6

Durch Addition der Zahlen in der letzten Kolonne finden wir den Wert der Testgrösse

$$\chi^2 = \sum_{i=1}^{6} \frac{(x_i - t_i)^2}{t_i} = \sum_{i=1}^{6} \frac{(\text{beob} - \text{erw})^2}{\text{erw}} = 9.6 \ .$$

Nun ist noch der kritische Wert zu bestimmen. Dazu benötigt man den Freiheitsgrad ν. Wenn es wie hier um die Anpassung an eine Verteilung* geht, dann bestimmt er sich nach der Regel

> Freiheitsgrad = Anzahl Klassen − 1
>
> $\nu = k - 1$

Begründung im Hinblick auf 47.1.D.1: Da total 60 Würfe und 6 Klassen vorliegen, sind nur 5 der Häufigkeiten frei wählbar. Die sechste ist dann festgelegt, da die Summe der Häufigkeiten = 60 sein muss: $x_1 + x_2 + \ldots + x_6 = 60$. Dies ist eine "lineare Beziehung", da alle Grössen nur in der 1. Potenz vorkommen.

In unserem Fall ist also $\nu = 5$. Mit $\alpha = 5\%$ entnimmt man der Tabelle (51.5) den kritischen Wert $\chi_\alpha^2 = 11.070$. Wegen $\chi^2 = 9.6 < 11.07 = \chi_\alpha^2$ liegt keine Signifikanz vor. Wir dürfen die Nullhypothese, die besagt, dass eine Gleichverteilung (bzw. ein unverfälschter Würfel) vorliegt, nicht zurückweisen. Mit andern Worten: Auch bei einem korrekten Würfel ist in solches Ergebnis in mehr als 5% aller Fälle zu erwarten.

Etwas anders sieht die Sache mit $\alpha = 10\%$ aus. Hier ist $\chi_\alpha^2 = 9.236$, und somit gilt $\chi^2 > \chi_\alpha^2$. Auf diesem Niveau dürfen wir die Nullhypothese ablehnen und behaupten, der Würfel sei verfälscht, wobei aber die Irrtumswahrscheinlichkeit für diese Behauptung 10% beträgt.   ⊠

Bemerkungen

1) Wir können nun auch den anschaulichen Sinn hinter der Testgrösse χ^2 erkennen. Es leuchtet ein, dass die Abweichungen $x_i - t_i$ zwischen den beobachteten und den erwarteten Häufigkeiten zu untersuchen sind. Sicher muss das Vorzeichen weggeschafft werden, und wie wir schon früher — etwa in (31.7.a) — gesehen haben, pflegt man dies durch Quadrieren zu tun. Schliesslich darf aber die Abweichung nicht absolut betrachtet, sondern muss in Beziehung zu den untersuchten Häufigkeiten, also relativ, gesehen werden. Deshalb dividiert man durch t_i und erhält so die Summanden $(x_i - t_i)^2/t_i$.

2) Es ist aufgrund der Definition klar, dass χ^2 umso grösser wird, je mehr die beobachteten Häufigkeiten von den erwarteten abweichen. Deshalb sind grosse Werte

---

* *Ohne* geschätzte Parameter, vgl. hierzu (47.4).

von χ^2 verdächtig, und wie üblich gibt der kritische Wert χ^2_α gerade die Grenze zwischen "verdächtig" und "unverdächtig" an.

3) Schliesslich sei noch dringend darauf hingewiesen, dass die Nullhypothese

$$H_0 : \text{Die Häufigkeiten sind nicht gleich verteilt}$$

nicht verwendet werden kann. Unter dieser Annahme lassen sich nämlich die für die Testgrösse benötigten erwarteten Häufigkeiten gar nicht berechnen, vgl. (44.6) für eine ähnliche Situation. Wie in (47.1.B) vorgeschrieben, sagt die Nullhypothese stets (also auch in allen folgenden Beispielen) aus, dass eine bestimmte Verteilung vorliegt (und eben nicht, dass sie *nicht* vorliegt).

<u>Beispiel 47.3.B</u>

Kreuzt man weiss blühende (Genotyp WW) und rot blühende (Genotyp RR) Erbsen, so erhält man lauter rosa blühende Pflanzen. Kreuzt man dann rosa blühende Pflanzen untereinander, so sollten nach den MENDELschen Regeln rot, rosa und weiss blühende Erbsen im Verhältnis 1:2:1 auftreten. Ein Versuch ergab die Häufigkeiten 52, 107 und 41. Halten sich diese Abweichungen im Zufallsbereich?

Da es sich um einen Vergleich von Häufigkeiten handelt, können wir den χ^2-Test anwenden. Die Nullhypothese lautet hier, dass die Stichprobe aus einer Grundgesamtheit von Pflanzen stammt, in der die Verteilung der drei Merkmale (rot, rosa, weiss) durch das Verhältnis 1:2:1 bestimmt ist. Konkreter liesse sich auch sagen, dass hier die MENDELschen Regeln gelten.

Es liegen total $n = 52 + 107 + 41 = 200$ Beobachtungen vor, aufgeteilt auf drei Klassen ($k = 3$). Gilt die Nullhypothese, so erwartet man 50 rot, 100 rosa und 50 weiss blühende Pflanzen. Man hat also

$$x_1 = 52, \quad x_2 = 107, \quad x_3 = 41$$
$$t_1 = 50, \quad t_2 = 100, \quad t_3 = 50$$

und berechnet daraus

$$\chi^2 = \frac{(52 - 50)^2}{50} + \frac{(107 - 100)^2}{100} + \frac{(41 - 50)^2}{50} = 2.19 \, .$$

Nach der im Beispiel 47.3.A angegebenen Regel ist der Freiheitsgrad $\nu = 3 - 1 = 2$. Für $\alpha = 0.05$ finden wir $\chi^2_\alpha = 5.991$. Wegen $\chi^2 < \chi^2_\alpha$ besteht aufgrund der Stichprobe kein Anlass, H_0 zu verwerfen. Das Versuchsergebnis steht nicht im Widerspruch zu den MENDELschen Regeln, kann aber auch nicht als Beweis dafür aufgefasst werden. $\boxtimes$

<u>Beispiel 47.3.C</u>

Eine statistische Untersuchung von Familien mit 3 Kindern ergab folgende Werte:

Anzahl k der Mädchen	0	1	2	3
Anzahl Familien mit k Mädchen	15	60	95	30

Wir erwarten hier eine Binomialverteilung (siehe (38.2)) mit $p = q = \frac{1}{2}$ und $n = 3$. (In diesem Beispiel bezeichnet n wie bei der Binomialverteilung üblich, aber im Gegensatz zu den Bezeichnungen in (47.1), die Anzahl der Klassen; n ist also nicht etwa $= 200$.) Stimmt das wirklich? Wir formulieren die Nullhypothese

H_0 : Die Stichprobe stammt aus einer Grundgesamtheit, welche binomial verteilt ist, mit den Parametern $n = 3$, $p = q = \frac{1}{2}$.

Mit der bekannten Formel (X bezeichnet die Anzahl der Mädchen)

$$P(X = k) = \binom{n}{k} p^k q^{n-k}, \quad k = 0, 1, 2, 3$$

berechnet man sofort die Wahrscheinlichkeiten

$$P(X = 0) = \frac{1}{8}, \quad P(X = 1) = \frac{3}{8}, \quad P(X = 2) = \frac{3}{8}, \quad P(X = 3) = \frac{1}{8}.$$

Durch Multiplikation dieser Wahrscheinlichkeiten mit dem Umfang 200 der Stichprobe erhalten wir (wiederum unter Verwendung der Nullhypothese!) die erwarteten Häufigkeiten t_i, die wir zusammen mit den beobachteten Werten x_i angeben:

x_i	15	60	95	30
t_i	25	75	75	25

Daraus berechnet sich die Testgrösse

$$\chi^2 = \frac{(15 - 25)^2}{25} + \frac{(60 - 75)^2}{75} + \frac{(95 - 75)^2}{75} + \frac{(30 - 25)^2}{25} = 13.33 .$$

Mit $\nu = 4 - 1 = 3$ und $\alpha = 5\%$ ist $\chi_\alpha^2 = 7.815$. Wegen $\chi^2 > \chi_\alpha^2$ können wir die Nullhypothese ablehnen und (natürlich immer unter Berücksichtigung des Fehlers 1. Art (44.9)) sagen, dass die Grundgesamtheit nicht wie behauptet einer Binomialverteilung mit $p = \frac{1}{2}$ folgt. $\boxtimes$

(47.4) Prüfung auf eine gegebene Verteilung mit geschätzten Parametern

Im letzten Beispiel des vorangegangenen Abschnitts haben wir geprüft, ob eine Binomialverteilung mit einem gegebenen Parameter, nämlich $p = \frac{1}{2}$ vorliegt. Eine andere Frage ist die, ob einfach eine Binomialverteilung vorliege, ohne dass über den Parameter p zum vornherein nähere Angaben gemacht werden. Analoge Fragestellungen können natürlich auch bei andern Verteilungen auftreten; wir werden hier Beispiele zur Poisson- und zur Normalverteilung behandeln. Zuerst aber sehen wir uns die Daten aus Beispiel 47.3.C von einem andern Blickwinkel aus nochmals an.

<u>Beispiel 47.4.A</u> Prüfung auf Binomialverteilung

Wir verwenden dieselben Daten wie in Beispiel 47.3.C:

Anzahl k der Mädchen	0	1	2	3
Anzahl Familien mit k Mädchen	15	60	95	30

Wir formulieren nun aber die Nullhypothese anders als vorher:

H$_0$: Die Stichprobe stammt aus einer Grundgesamtheit, welche binomial verteilt ist.

Wir treffen also keine Annahme über den Parameter p (der andere Parameter $n = 3$ ist natürlich gegeben). Um weiter zu kommen, müssen wir nun den Parameter p schätzen. Da in der Tabelle die Anzahl der Mädchen angegeben ist, ist p die Wahrscheinlichkeit einer Mädchengeburt. Der Tabelle entnimmt man, dass von den total $200 \cdot 3 = 600$ Kindern

$$15 \cdot 0 + 60 \cdot 1 + 95 \cdot 2 + 30 \cdot 3 = 340$$

Mädchen waren. Aufgrund der Stichprobe wird man annehmen, der Mädchenanteil in der gesamten Population sei $340/600$ und man wird die Schätzung

$$p = \frac{340}{600} = 0.5667$$

verwenden.

Wie oben verwenden wir nun die Formel

$$P(X = k) = \binom{n}{k} p^k q^{n-k}, \quad k = 0, 1, 2, 3 ,$$

diesmal mit $p = 0.5667$, $q = 0.4333$ und finden

$$P(X = 0) = 0.0813, \ P(X = 1) = 0.3192, \ P(X = 2) = 0.4175, \ P(X = 3) = 0.1820 .$$

Multiplikation mit $n = 200$ ergibt die theoretischen Häufigkeiten t_i gemäss folgender Tabelle:

x_i	15	60	95	30
t_i	16.26	63.84	83.50	36.40

Die theoretischen Häufigkeiten sind hier keine ganzen Zahlen mehr; man soll sie aber nicht auf- oder abrunden, sondern in dieser Form weiter verwenden, vgl. (47.1.E.1). Die Testgrösse χ^2 berechnet sich zu

$$\chi^2 = \frac{(15 - 16.26)^2}{16.26} + \frac{(60 - 63.84)^2}{63.84} + \frac{(95 - 83.50)^2}{83.50} + \frac{(30 - 36.40)^2}{36.40} = 3.0377 .$$

Nun zur Bestimmung des Freiheitsgrades. Bei einen χ^2-Test mit geschätzten Parametern gilt die Regel (vgl. auch (47.1.D.1))

> Freiheitsgrad = Anzahl Klassen − Anzahl geschätzter Parameter − 1.

In unserm Falle ist $\nu = 4 - 1 - 1 = 2$, da ein Parameter geschätzt wurde. Mit $\alpha = 5\%$ liefert die Tabelle den kritischen Wert $\chi^2_\alpha = 5.991$. Wegen $\chi^2 < \chi^2_\alpha$ können wir die Nullhypothese nicht verwerfen. Die Stichprobe spricht nicht dagegen, dass die Grundgesamtheit binomial verteilt ist.   ⊠

Kommentar

Wodurch unterscheiden sich die beiden Beispiele? Die Nullhypothese von 47.3.C ("es liegt eine Binomialverteilung mit $p = \frac{1}{2}$ vor") besagt mehr als jene von 47.4.A ("es liegt eine Binomialverteilung vor") und ist deshalb leichter zurückzuweisen. In der Tat konnten wir im ersten Fall die Nullhypothese ablehnen, im zweiten nicht.

Beispiel 47.4.B Prüfung auf Poisson-Verteilung

Wir benützen die Daten aus Beispiel 42.2.D, das hier wiederholt sei:

Im Jahre 1910 zählten RUTHERFORD und GEIGER während 326 Minuten die Zerfälle bei einem radioaktiven Poloniumpräparat, und zwar wurde diese Zeitspanne in Intervalle von 7.5 Sekunden Länge aufgeteilt. In der folgenden Tabelle ist die Anzahl der Intervalle angegeben, in denen 0, 1, 2, ... Zerfälle erfolgten:

Anzahl Zerfälle	0	1	2	3	4	5	6	7	8	9	10	11	12	13	14	≥ 15
Anzahl Intervalle	57	203	383	525	532	408	273	139	45	27	10	4	0	1	1	0

Kann man aufgrund dieser Daten annehmen, dass die Zahl der Zerfälle einer Poisson-Verteilung folgt?

Zur Klärung dieser Frage werden wir die Hypothese

$$H_0 : \text{Die Grundgesamtheit folgt einer Poisson-Verteilung}$$

mit einem χ^2-Test untersuchen.

Da wir den Parameter μ der Poisson-Verteilung nicht kennen, müssen wir ihn schätzen. Nun wissen wir aber aus (39.4), dass μ gerade der Erwartungswert der Verteilung ist, und diesen schätzt man gemäss (43.3) mit dem Durchschnitt $\bar{x}$ der Stichprobe. Die 326 Minuten Beobachtungsdauer ergeben total 2608 Zeitintervalle von 7.5 Sekunden Länge. Die Gesamtanzahl der Zerfälle berechnet man (Details seien Ihnen überlassen) zu

$$57 \cdot 0 + 203 \cdot 1 + 383 \cdot 2 + 525 \cdot 3 + \ldots + 13 \cdot 1 + 14 \cdot 1 = 10097 \,.$$

Somit beträgt die durchschnittliche Anzahl der Zerfälle pro Zeitintervall (vgl. auch (43.3))

$$\bar{x} = \frac{10097}{2608} = 3.872 \,,$$

und daher arbeiten wir mit dem geschätzten Wert $\mu = 3.872$. Mit Hilfe der üblichen Formel für die Wahrscheinlichkeiten einer Poisson-verteilten Zufallsgrösse

$$P(X = k) = \frac{\mu^k}{k!}e^{-\mu}$$

berechnet man nun mit etwas Fleiss die Wahrscheinlichkeiten $P(X = k)$ für $k = 0, 1, \ldots, 14$. Multipliziert man diese noch mit 2608, der Anzahl der Intervalle, so kommt man auf die theoretischen Häufigkeiten t_i, gemäss folgender Tabelle:

i	0	1	2	3	4	5	6	7	$\ldots$
x_i	57	203	383	525	532	408	273	139	$\ldots$
t_i	54.29	210.21	406.97	525.26	508.45	393.74	254.10	140.55	$\ldots$

	8	9	10	11	12	13	14	≥ 15
$\ldots$	45	27	10	4	0	1	1	0
$\ldots$	68.03	29.27	11.33	3.99	1.29	0.38	0.10	0.04

Hier sind zwei Dinge zu beachten:

1. Die theoretische Häufigkeit für ≥ 15 Zerfälle ist nicht $= 0$, sondern 0.04. Diese Zahl ergibt sich wenn man die Summe der theoretischen Häufigkeiten $t_1, \ldots, t_{14}$, nämlich 2607.96, auf 2608 ergänzt.

2. In (47.1.C.3/E.2) ist die Frage der zu kleinen Werte von t_i erwähnt worden. Wenn gewisse $t_i < 5$ sind, werden benachbarte Klassen zusammengelegt, bis die Häufigkeit gross genug ist. Mit unsern Zahlen bedeutet dies, dass wir die Klassen ab $i = 11$ zusammenziehen müssen*. Wir erhalten dann eine Klasse mit beobachteter Häufigkeit $4 + 0 + 0 + 1 + 1 + 0 = 6$ und erwarteter Häufigkeit $3.99 + 1.29 + 0.38 + 0.10 + 0.04 = 5.80$. Es bleiben dann noch 12 Klassen übrig:

x_i	57	203	383	525	532	408	273	139	45	27	10	6
t_i	54.29	210.21	406.97	525.26	508.45	393.74	254.10	140.55	68.03	29.27	11.33	5.80

Mit etwas Fleiss berechnet man nun die Testgrösse

$$\chi^2 = 12.96 \; .$$

Da wir einen Parameter, nämlich μ, geschätzt haben, ist der Freiheitsgrad nach der Regel aus Beispiel 47.4.A gleich $12 - 1 - 1 = 10$. Mit $\alpha = 0.05$ finden wir $\chi^2_\alpha = 18.307$. Wir haben also keinen Anlass, H_0 zu verwerfen.   ⊠

---

* Ein anderes Beispiel: Bei fünf Klassen mit den erwarteten Häufigkeiten 3.2, 3.1, 2.4, 2.3 und 2.2 würde man die ersten zwei und die letzten drei zusammenlegen.

<u>Beispiel 47.4.C</u> Prüfung auf Normalverteilung

In (30.3) haben wir die Gewichte von Küken angegeben. Kann man aufgrund dieser Daten schliessen, dass die Grundgesamtheit (Gewichte aller zweiwöchigen Küken) normal verteilt ist? Wir können die Hypothese

$$H_0 : \text{Die Gewichte folgen einer Normalverteilung}$$

mit einem χ^2-Test prüfen. Damit die einzelnen Klassen gross genug sind, benützen wir nicht die Klasseneinteilung von Tabelle (30.3), sondern jene von (30.4):

Gewicht	beob. Häufigkeit
$\leq$ 90.5	2
90.5 – 95.5	3
95.5 – 100.5	10
100.5 – 105.5	18
105.5 – 110.5	12
110.5 – 115.5	4
> 115.5	1

Um zu kontrollieren, ob eine Normalverteilung vorliegt, müssen wir zuerst die Parameter schätzen. Gemäss (43.3) bzw. (43.4) wird μ durch $\bar{x}$ und σ durch s geschätzt. Da wir die oben angegebene Klasseneinteilung verwenden, benützen wir konsequenterweise für $\bar{x}$ bzw. s die Formeln für zu Klassen gruppierte Daten. Nach (31.3.d) ist in diesem Fall $\bar{x} = 103.1$, und nach (31.7.d) ist $s = 6.267$. Wir runden etwas und verwenden hier die geschätzten Parameter

$$\mu = 103,\ \sigma = 6.3\ .$$

Unter Verwendung der Nullhypothese, die besagt, dass eine Normalverteilung vorliegt, können wir nun berechnen, wieviele Werte theoretisch in den einzelnen Klassen liegen müssten. Die Rechnungen sind etwas umständlich; wir begnügen uns deshalb mit dem Beispiel der Klasse 90.5 – 95.5. Die Wahrscheinlichkeit dafür, dass eine gemäss $N(\mu;\sigma)$ verteilte Zufallsgrösse einen Wert im Intervall (90.5, 95.5] annimmt, ist nach (41.4) gegeben durch

$$p = P(90.5 < X \leq 95.5) = \Phi_{\mu,\sigma}(95.5) - \Phi_{\mu,\sigma}(90.5)\ .$$

Mit den angegebenen Werten von μ und σ berechnen sich die Werte der Verteilungsfunktion $\Phi_{\mu,\sigma}$ wie folgt (vgl. (41.3)):

$$\Phi_{\mu,\sigma}(95.5) = \Phi\left(\frac{95.5 - 103}{6.3}\right) = \Phi(-1.19) = 0.1170\ ,$$
$$\Phi_{\mu,\sigma}(90.5) = \Phi\left(\frac{90.5 - 103}{6.3}\right) = \Phi(-1.98) = 0.0239\ .$$

Somit ist $p = 0.1170 - 0.0239 = 0.0931$. (Die Werte von Φ können durch Interpolation aus der Tabelle (51.3) ermittelt werden.) Da total 50 Küken vorhanden sind, müssten theoretisch in dieser Klasse $50 \cdot p = 50 \cdot 0.0931 = 4.65$ Küken sein.

Ganz entsprechend geht man für die andern Klassen vor. Wir ersparen uns, wie schon erwähnt, die Rechnungen und stellen die Resultate direkt in der folgenden Tabelle dar. Immerhin sei noch darauf hingewiesen, dass für die erste Klasse die Wahrscheinlichkeit $p = \Phi_{\mu,\sigma}(90.5)$ ist; für die letzte Klasse ist $p = 1 - \Phi_{\mu,\sigma}(115.5)$. Wir erhalten Folgendes:

Gewicht	beob. Häufigkeit	erw. Häufigkeit
$\leq$ 90.5	2 $\Big\}$ 5	1.20 $\Big\}$ 5.85
90.5 – 95.5	3	4.65
95.5 – 100.5	10	11.38
100.5 – 105.5	18	15.54
105.5 – 110.5	12	11.38
110.5 – 115.5	4 $\Big\}$ 5	4.65 $\Big\}$ 5.85
> 115.5	1	1.20

Die Symmetrie bei den erwarteten Häufigkeiten rührt davon her, dass $\mu = 103$ genau in der Mitte der mittleren Klasse liegt und spielt weiter keine Rolle.

Damit die theoretischen Häufigkeiten ≥ 5 werden, haben wir noch die beiden ersten bzw. die beiden letzten Klassen zusammengefasst, so dass total noch fünf Klassen vorhanden sind.

Mit diesen fünf Klassen berechnen wir die Testgrösse χ^2:

$$\chi^2 = \sum_{i=1}^{5} \frac{(\text{beob} - \text{erw})^2}{\text{erw}} = 0.8376 \, .$$

Da fünf Klassen und zwei geschätzte Parameter da sind, ist der Freiheitsgrad gemäss der Regel aus Beispiel 47.4.A gleich $5 - 1 - 2 = 2$.

Mit $\alpha = 5\%$ bestimmt man $\chi^2_\alpha = 5.991$. Wegen $\chi^2 < \chi^2_\alpha$ können wir die Nullhypothese nicht zurückweisen: Die Daten sprechen nicht gegen die Behauptung, die Grundgesamtheit (d.h., das Gewicht von Küken) sei normal verteilt. $\boxtimes$

(47.5) Prüfung einer Vierfeldertafel

In einer *Vierfeldertafel* werden absolute Häufigkeiten nach zwei Merkmalen klassifiziert, wobei jedes Merkmal zwei Ausprägungen hat. Was das genau heisst, soll an zwei Beispielen illustriert werden:

Beispiel 47.5.A

In einer grossen Firma werden 500 erwachsene Personen willkürlich herausgegriffen und nach ihren Rauchgewohnheiten befragt. Die Ergebnisse (R: Raucher(in), N: Nichtraucher(in)) werden in Abhängigkeit vom Geschlecht (M: männlich, W: weiblich) tabelliert (fiktive Zahlen). Ein ähnliche Tabelle haben wir schon in (36.2) angetroffen.

	M	W	total
R	250	80	330
N	100	70	170
total	350	150	500

Eine solche Tabelle nennt man auch eine Vierfeldertafel.

Beispiel 47.5.B

Es geht darum, eine neue Therapie zu untersuchen. Die Patientengruppe A erhielt die herkömmliche Behandlung, die Gruppe B die neue. Der Erfolg ist in der unten stehenden Vierfeldertabelle vermerkt:

	A	B	total
nicht geheilt	28	22	50
geheilt	155	162	317
total	183	184	367

Diskussion der Beispiele

Im Beispiel 47.5.A liegt eine Stichprobe vom Umfang 500 vor. Von den in dieser Stichprobe erfassten Männern rauchen prozentual wesentlich mehr als bei den Frauen (71.4% bei den Männern, 53.3% bei den Frauen). Aufgrund der Stichprobe wird man also annehmen, dass die Rauchgewohnheiten vom Geschlecht abhängig sind, und zwar nicht nur für die Personen in der Stichprobe (wo diese Behauptung unanfechtbar ist), sondern für die ganze Population, d.h., für alle Beschäftigten der Firma. Diese verallgemeinernde Behauptung (Schluss von der Stichprobe auf die Grundgesamtheit) muss nun aber durch einen statistischen Test nachgeprüft werden. Es wird sich weiter unten herausstellen, dass die Behauptung (im Rahmen der Irrtumswahrscheinlichkeit) zulässig ist.

Ähnlich ist die Situation im Beispiel 47.5.B. Die Tabelle hinterlässt den Eindruck, die neue Behandlung B sei etwas besser. Darf man diese Schlussfolgerung von der Stichprobe auf die Allgemeinheit übertragen? Der statistische Test gibt die Antwort. Wir werden sehen, dass in diesem Beispiel aufgrund der Daten *nicht* geschlossen werden darf, die neue Therapie sei besser.

Allgemein gesehen geht es darum, nachzuprüfen, ob die in den Zeilen der Vierfeldertafel aufgeführten Merkmale *unabhängig* von jenen in den Spalten sind (oder natürlich umgekehrt die Spaltenmerkmale von den Zeilenmerkmalen, was aufs gleiche herauskommt). Der Begriff der Unabhängigkeit hat ja eine klare Bedeutung in der Wahrscheinlichkeitsrechnung (vgl. (36.7)).

Wir gehen deshalb von der folgenden Nullhypothese aus:

H$_0$: Das in den Zeilen beschriebene Merkmal (in den Beispielen das "Rauchverhalten" bzw. der "Heilerfolg") ist unabhängig von dem in den Spalten
beschriebenen ("Geschlecht" bzw. "Heilverfahren").

Unsere weiteren Überlegungen führen wir am Zahlenmaterial des Beispiels 47.5.A
vor. Nach (36.7) drückt sich die Unabhängigkeit der Ereignisse M und R dadurch aus,
dass

$$P(M \cap R) = P(M) \cdot P(R)$$

ist; entsprechend für die drei andern Merkmalskombinationen. Die Wahrscheinlichkeiten $P(M)$ und $P(R)$ sind uns nicht bekannt. Wir können sie aber aufgrund der
"Randhäufigkeiten" der Vierfeldertafel schätzen. Von den 500 befragten Personen der
Stichprobe sind 350 Männer. Die beste Schätzung, die wir für den Männeranteil der
ganzen Belegschaft haben, ist daher 70%. In Formeln

$$P(M) = \frac{350}{500}, \quad P(R) = \frac{330}{500}$$

und entsprechend

$$P(W) = \frac{150}{500}, \quad P(N) = \frac{170}{500} .$$

Setzt man nun die Gültigkeit der Nullhypothese voraus (wie man das bei statistischen Tests immer tut), so sind diese Merkmale unabhängig, und man findet

$$P(M \cap R) = P(M) \cdot P(R) = \frac{350}{500} \cdot \frac{330}{500} .$$

Da die Stichprobe 500 Personen umfasst, ist die *absolute* Häufigkeit (die wir ja beim
χ^2-Test immer verwenden) der rauchenden Männer 500-mal so gross wie diese Wahrscheinlichkeit, also gleich

$$\frac{350 \cdot 330}{500} .$$

Genau gleich verfährt man mit den übrigen drei Fällen. Die Gültigkeit der Nullhypothese (also die Unabhängigkeit der Merkmale) führt auf die folgende Tabelle:

	M	W	total
R	$\dfrac{350 \cdot 330}{500}$	$\dfrac{150 \cdot 330}{500}$	330
N	$\dfrac{350 \cdot 170}{500}$	$\dfrac{150 \cdot 170}{500}$	170
total	350	150	500

Wir rechnen dies noch aus und erhalten so die erwarteten Häufigkeiten:

	M	W	total
R	231	99	330
N	119	51	170
total	350	150	500

Bemerkungen

a) Wie man sieht, erhält man die erwarteten Häufigkeiten dadurch, dass man die jeweiligen "Randhäufigkeiten" multipliziert und durch die Anzahl aller Beobachtungen (den Umfang der Stichprobe) dividiert. Es stört nicht, wenn das Ergebnis keine ganze Zahl ist, vgl. (47.1.E.1).

b) Die Randhäufigkeiten sind für die beobachteten und die erwarteten Häufigkeiten dieselben. Es genügt daher, nur eine der erwarteten Häufigkeiten gemäss a) zu bestimmen. Die andern lassen sich dann durch Ergänzen auf die Randhäufigkeiten berechnen.

c) Die erwarteten Häufigkeiten lassen sich auch durch eine direkte Überlegung, ohne ausdrückliche Erwähnung des Begriffs der Unabhängigkeit, ermitteln: Wenn Rauchverhalten und Geschlecht nichts miteinander zu tun haben, dann müssten sich die total 330 Raucher im Verhältnis 350 (Männer) zu 150 (Frauen) aufteilen, d.h., es müsste

$$\frac{350}{500} \cdot 330$$

rauchende Männer geben; genauso, wie wir es vorhin schon berechnet haben.

Nun vergleichen wir:

Beobachtete Häufigkeiten   Erwartete Häufigkeiten

250	80
100	70

231	99
119	51

Mit diesen Häufigkeiten berechnen wir wie üblich χ^2:

$$\chi^2 = \sum_{i=1}^{4} \frac{(\text{beob} - \text{erw})^2}{\text{erw}} = \frac{(250-231)^2}{231} + \frac{(80-99)^2}{99} + \frac{(100-119)^2}{119} + \frac{(70-51)^2}{51} = 15.32 \ .$$

Für die Bestimmung des *Freiheitsgrads* lautet die Regel:

> Bei einer Vierfeldertafel ist der Freiheitsgrad = 1

Mit dem üblichen Wert $\alpha = 5\%$ ist $\chi^2_\alpha = 3.841$. Da χ^2 viel grösser ist, können wir H_0 zurückweisen: Die Merkmale sind nicht unabhängig.   ☒

Eine allgemeine Formel

Die oben dargelegte Methode hat den Vorteil, dass bei der Durchführung jedes Mal klar wird, dass man als Nullhypothese die Unabhängigkeit der Zeilen- bzw. der Spaltenmerkmale gewählt hat. Wer lieber eine abstrakte Formel verwenden, kann dies aber auch haben. Wir schreiben dazu die Vierfeldertafel wie folgt:

a	b	r
c	d	s
t	u	n

wobei gilt

$$r = a + b, \quad s = c + d, \quad t = a + c, \quad u = b + d,$$
$$n = a + b + c + d = r + s = t + u.$$

Mit diesen Bezeichnungen gilt die folgende Formel:

$$\chi^2 = \frac{(ad - bc)^2 n}{rstu} = \frac{(ad - bc)^2 (a + b + c + d)}{(a + b)(c + d)(a + c)(b + d)}$$

oder in Worten

$$\chi^2 = \frac{\text{Determinante}^2 \cdot \text{Umfang der Stichprobe}}{\text{Produkt der Randhäufigkeiten}} .$$

(Der Begriff der Determinante wurde in (2.4) kurz erwähnt.)

Mit dieser Formel wollen wir das Beispiel 47.5.B (Therapien) durchrechnen. Wir erhalten

$$\chi^2 = \frac{(28 \cdot 162 - 22 \cdot 155)^2 \cdot 367}{50 \cdot 317 \cdot 183 \cdot 184} = 0.872 .$$

Bei einem Freiheitsgrad 1 und mit $\alpha = 5\%$ ist $\chi_\alpha^2 = 3.841 > \chi^2$. Wir dürfen daher die Nullhypothese (Unabhängigkeit des Heilerfolgs vom Behandlungsverfahren) nicht zurückweisen. Aufgrund des vorliegenden Datenmaterials darf man nicht schliessen, die neue Behandlung sei besser, obwohl die Gruppe B etwas mehr geheilte Patienten umfasste. ⊠

Herleitung der Formel

Zum Beweis der obigen Formel gehen wir genau gleich vor, wie im Beispiel 47.5.A. Wir haben die folgende Situation:

Beobachtete Häufigkeiten   Erwartete Häufigkeiten

a	b
c	d

$\frac{rt}{n}$	$\frac{ru}{n}$
$\frac{st}{n}$	$\frac{su}{n}$

Somit ist

$$\chi^2 = \frac{\left(a - \frac{rt}{n}\right)^2}{\frac{rt}{n}} + \frac{\left(b - \frac{ru}{n}\right)^2}{\frac{ru}{n}} + \frac{\left(c - \frac{st}{n}\right)^2}{\frac{st}{n}} + \frac{\left(d - \frac{su}{n}\right)^2}{\frac{su}{n}} .$$

Wir multiplizieren Zähler und Nenner mit n^2 und finden

$$\chi^2 = \frac{(na - rt)^2}{nrt} + \frac{(nb - ru)^2}{nru} + \frac{(nc - st)^2}{nst} + \frac{(nd - su)^2}{nsu} .$$

Im ersten Term setzen wir nun $n = a + b + c + d$, $r = a + b$, $t = a + c$. Rechnet man dies aus, folgt

(1) $$na - rt = (a + b + c + d)a - (a + b)(a + c) = \ldots = ad - bc .$$

Ganz analog findet man

(2) $$nb - ru = bc - ad, \ nc - st = bc - ad, \ nd - su = ad - bc .$$

Daraus folgt

$$(na - rt)^2 = (nb - ru)^2 = (nc - st)^2 = (nd - su)^2 = (ad - bc)^2 .$$

Einsetzen ergibt schliesslich

$$\chi^2 = \frac{(ad - bc)^2}{n}\left(\frac{1}{rt} + \frac{1}{ru} + \frac{1}{st} + \frac{1}{su}\right) = \frac{(ad - bc)^2}{n} \frac{su + st + ru + rt}{rstu}$$
$$= \frac{(ad - bc)^2}{n} \frac{(r + s)(t + u)}{rstu} = \frac{(ad - bc)^2}{n} \frac{n \cdot n}{rstu} = \frac{(ad - bc)^2 \cdot n}{rstu} ,$$

womit die Formel bewiesen ist.

Zum Abschluss stellen wir noch fest, dass man den Formeln (1), (2) entnehmen kann, dass die vier Differenzen "beobachtet minus erwartet" bis auf das Vorzeichen alle gleich sind. Im Beispiel 47.5.A etwa war der Betrag dieser Differenzen stets $= 19$.

(47.∞) Aufgaben

47−1 Der Zürcher Astronom RUDOLF WOLF (1816-1893) führte über die Dauer von vielen Jahren Experimente mit Würfeln durch. Dabei erhielt er bei 20'000 Würfen mit einem Würfel die nachstehenden Daten:

Augenzahl	1	2	3	4	5	6
Anzahl Würfe	3246	3449	2897	2841	3635	3932

War dieser Würfel ausgewogen?

47−2 Jemand behauptet, die Anzahl der Geburten sei, generell gesehen, gleichmässig auf die vier Quartale des Jahres verteilt. In einem Spital wurde nun die Häufigkeit der Geburten pro

Quartal in Prozenten wie folgt registriert:

Quartal	1	2	3	4
Prozentuale Häufigkeit	31%	22%	27%	20%

Prüfen Sie die gegebene Behauptung mit einem statistischen Test nach,

    a) für den Fall, dass sich die obigen Prozentzahlen auf 200 Geburten beziehen,

    b) für den Fall, dass sich die obigen Prozentzahlen auf 300 Geburten beziehen.

Schreiben Sie die Nullhypothese auf, und arbeiten Sie mit einem Signifikanzniveau von 5%.

47−3 In einem genetischen Experiment erhält man 4 Klassen A, B, C, D. Von der Theorie her erwartet man ein Verhältnis von 1:4:4:16. Bei der Durchführung eines Experiments erhielt man die folgenden absoluten Häufigkeiten:

Klasse	A	B	C	D
Häufigkeit	10	25	35	180

Sind diese Daten mit der Theorie verträglich?

    a) Bei einem Signifikanzniveau von 5%.

    b) Bei einem Signifikanzniveau von 1%.

47−4 Eine Firma stellt in Papier verpackte Schokoladeneier her. 20% der Produktion sind aus weisser, der Rest aus brauner Schokolade. Diese Eier werden zufällig in Dreierpackungen abgefüllt. Die Zufallsgrösse X bezeichne die Anzahl der weissen Eier in einer Packung.

    a) Welche Verteilung nehmen Sie für X an?

    b) Eine Kontrolle von 1000 Packungen ergab Folgendes:

Anzahl weisse Eier	0	1	2	3
Anzahl solcher Packungen	500	400	90	10

Prüfen Sie mit einem Test Ihre in a) getroffene Annahme nach. Wählen Sie $\alpha = 5\%$.

47−5 Von 1000 befragten Autofahrern hatten im letzten Jahr 810 keinen Unfall, 170 einen Unfall und 20 zwei oder mehr Unfälle. Man vermutet, dass eine Poisson-Verteilung mit $\mu = 0.2$ vorliegt. Prüfen Sie diese Behauptung mit $\alpha = 0.05$ statistisch nach.

47−6 Eine Untersuchung von 320 Familien mit je vier Kindern ergab die unten stehende Aufteilung in Bezug auf das Geschlecht der Kinder:

Anzahl k der Mädchen	0	1	2	3	4
Anzahl Familien mit k Mädchen	42	110	111	48	9

Testen Sie mit einem geeigneten Verfahren die folgenden Hypothesen:

    (A) Die zugehörige Zufallsgrösse X = Anzahl der Mädchen pro Vierkinderfamilie ist binomial verteilt mit $p = q = 0.5$.

    (B) Die zugehörige Zufallsgrösse X = Anzahl der Mädchen pro Vierkinderfamilie ist binomial verteilt.

Arbeiten Sie mit einem Signifikanzniveau von 5%.

47−7 Im Jahre 1889 (als es noch viele grosse Familien gab!) wurde eine Untersuchung über die Anzahl Knaben in Familien mit 8 Kindern veröffentlicht:

Anzahl Knaben	0	1	2	3	4	5	6	7	8
Häufigkeit	215	1'485	5'331	10'649	14'959	11'929	6'678	2'092	342

Ist die Zufallsgrösse "Anzahl Knaben" binomial verteilt?

47−8 In einer Ortschaft ergab eine Zählung der Verkehrsunfälle während 260 Tagen Folgendes: An 89 Tagen ereignete sich kein Unfall, an 97 Tagen je einer, an 43 Tagen je zwei, an 24 Tagen je drei, an 5 je vier Unfälle, und schliesslich gab es je einen Tag mit fünf bzw. sechs Unfällen. Untersuchen Sie mit einem statistischen Test, ob hier eine Poisson-Verteilung angenommen werden darf ($\alpha = 5\%$).

47−9 In einer Telefonzentrale wurden während drei Stunden die Anrufe pro Minute gezählt. Man erhielt folgende Daten:

Anzahl k der Anrufe pro Minute	0	1	2	3	4	5	6
Anzahl Intervalle mit k Anrufen	29	42	42	40	22	4	1

Prüfen Sie mit einem statistischen Test nach, ob man aufgrund dieser Stichprobe annehmen darf, die Zufallsgrösse X = "Anzahl Anrufe pro Minute" folge einer Poisson-Verteilung.
  a) mit Signifikanzniveau $\alpha = 5\%$,
  b) mit Signifikanzniveau $\alpha = 10\%$.

47−10 Entstammen die nachstehenden Daten einer normal verteilten Grundgesamtheit?

Klasse	$[25, 27]$	$(27, 29]$	$(29, 31]$	$(31, 33]$	$(33, 35]$	$(35, 37]$
abs. Häufigkeit	12	12	27	36	39	24

47−11 200 Student(inn)en mussten sich sowohl in Mathematik als auch in Physik prüfen lassen. Die Resultate waren:

	Mathematik bestanden	Mathematik nicht bestanden
Physik bestanden	108	24
Physik nicht bestanden	45	23

Besteht zwischen den beiden Prüfungen ein Zusammenhang ($\alpha = 5\%$)?

47−12 Eine Umfrage über die bevorzugten Radiostationen ergab folgendes Bild:
  – Von den unter 20-jährigen bevorzugten 80 den Sender A, 180 dagegen den Sender B.
  – Von den über 20-jährigen dagegen hörten 67 lieber den Sender A, 93 den Sender B.
  a) Wie würden die Zahlen lauten, wenn die Lieblingssender von der Altersgruppe unabhängig wären?
  b) Prüfen Sie mit einem statistischen Test nach, ob die Bevorzugung des einen oder andern Senders von der Altersgruppe abhängt, und zwar mit $\alpha = 5\%$ und $\alpha = 1\%$.

47−13 Bei der Vorbereitung auf eine Prüfung lernten 150 Studierende mit dem Lehrbuch A, 100 mit dem Lehrbuch B. Von den Kandidat(inn)en mit Lehrbuch A bestanden 80%, von jenen mit Lehrbuch B 70%.

  a) Hängt der Prüfungserfolg vom Lehrbuch ab? Überprüfen Sie diese Frage mit einem statistischen Test (mit Signifikanzniveau $\alpha = 0.05$).

  b) Wir ändern die Zahlen etwas ab: Nun haben 225 Studierende das Lehrbuch A, 150 das Lehrbuch B benützt (also je die Hälfte mehr). Die Prozentzahlen sind aber dieselben geblieben (80% bzw. 70%). Wie sieht die Sache jetzt aus?

47−14 Eine eher theoretische Aufgabe: In (47.2) ist ohne Beweis die Formel für die Dichtefunktion $f(x)$ der χ^2-Verteilung angegeben worden. Weisen Sie die Gültigkeit dieser Formel für den einfachsten Fall, nämlich für den Freiheitsgrad $\nu = 1$, nach. Tipp: Für die zugehörige Verteilungsfunktion F (und $x \geq 0$) gilt $F(x) = P(X^2 \leq x)$, wobei X der Standard-Normalverteilung folgt. Formen Sie um, und benützen Sie die Beziehung $f = F'$ (Ableitung).

K. ANHANG

48. DAS WICHTIGSTE AUS DER KOMBINATORIK

(48.1) Überblick

In diesem Kapitel werden vier Grundbegriffe aus der Kombinatorik erläutert:

- Permutationen, *(48.4)*
- Variationen ohne Wiederholung, *(48.3)*
- Variationen mit Wiederholung, *(48.6)*
- Kombinationen ohne Wiederholung. *(48.5)*

Wichtiger als das Auswendiglernen von Bezeichnungen oder Formeln ist es hier aber, die zugrunde liegenden Gedanken verstanden zu haben. Deshalb wird in jeder Abschnittszusammenfassung die Fragestellung samt der dazugehörigen Überlegung angegeben.

(48.2) Zur Aufgabe der Kombinatorik

Die Kombinatorik beschäftigt sich mit dem Zählen von endlichen Mengen. Eine erste Illustration: Beim Zahlenlotto werden aus 45 Zahlen sechs verschiedene gezogen. Wieviele Möglichkeiten gibt es, einen "Vierer" (von den angekreuzten Zahlen sind genau vier richtig) zu erzielen? Hätte man genügend Zeit (und Lust), so könnte man alle möglichen Tipps von sechs Zahlen anschreiben und abzählen, wieviele davon bei einer bestimmten Ausspielung einen Vierer ergeben. Wie aber in (35.4) gezeigt wird, gibt es 8'145'060 mögliche Tipps, worunter 11'115 Vierer sind. Das Abzählen im eigentlichen Sinne wäre also sehr mühselig.

Hier greift nun eben die Kombinatorik ein, die es uns erlaubt, die Antwort auf derartige Fragen durch Überlegen und Rechnen statt durch stures Abzählen zu gewinnen. So gesehen ist die Kombinatorik so etwas wie eine fortgeschrittene Form des Zählens.

Kombinatorische Probleme können sehr verwickelt und schwierig sein. In diesem Kapitel geht es keineswegs um solche Dinge, sondern es sollen nur einige Grundbegriffe soweit eingeführt werden, wie sie in diesem Skript gebraucht werden.

Die vier nächsten Abschnitte tragen alle wohlklingende Titel. Wichtiger als das Memorieren dieser Bezeichnungen und der dazu gehörenden Formeln ist es aber, die Problemstellung und die Methode zur Lösung zu verstehen (vgl. die Kasten am Schluss jedes Abschnitts). So vermeidet man nämlich Verwechslungen und kann überdies die benützte Formel jeweils leicht herleiten.

(48.3) Variationen ohne Wiederholung

Wir beginnen mit einem Beispiel: Fünf Läufer, genannt A, B, C, D, E, bestreiten ein Rennen. Auf wieviele Arten können die drei ersten Ränge besetzt werden (Zeitgleichheit ausgeschlossen)?

Man kann versuchen, die Möglichkeiten aufzulisten.

ABC	BAC	CAB	DAB	EAB
ABD	BAD	.	.	.
ABE	.	.	.	.
ACB	.	.	.	.
ACD	.	.	.	.
ACE	.	.	.	.
ADB	.	.	.	.
ADC	.	.	.	.
ADE	.	.	.	.
AEB	.	.	.	.
AEC	.	.	.	.
AED	.	.	.	EDC

Jede solche Anordnung heisst eine *Variation ohne Wiederholung* (von 3 aus 5 Objekten; allgemein: von k aus n Objekten). Wichtig ist hier, dass es auf die Reihenfolge ankommt; so werden etwa die Möglichkeiten ABC und BAC als verschieden betrachtet. Dass dem so ist, muss natürlich der Problemstellung entnommen werden.

Die obige Tabelle könnte mit mittelgrossem Aufwand fertig gestellt werden, man würde dann 60 Möglichkeiten finden. Besser — und mehr im Geist der Kombinatorik — ist aber die folgende Überlegung:

Für den ersten Platz gibt es fünf Möglichkeiten: A, B, C, D, E. Ist der erste Läufer im Ziel eingetroffen, so gibt es für den zweiten Platz offensichtlich nur noch vier Kandidaten. Für jede der fünf Möglichkeiten für den ersten Platz gibt es also vier solche für den zweiten Platz, total also $5 \cdot 4 = 20$ verschiedene Besetzungen der ersten beiden Plätze. Für jede dieser 20 Möglichkeiten stehen sodann für den dritten Platz noch drei Läufer zur Auswahl. Für die ersten drei Plätze gibt es also insgesamt

$$5 \cdot 4 \cdot 3 = 60$$

verschiedene Möglichkeiten. Unsere Frage ist damit beantwortet.

In der allgemeinen Form lautet unser Problem wie folgt: Wir möchten aus n verschiedenen Objekten $A_1, A_2, \ldots, A_n$ deren k ($k \leq n$) herausgreifen und in eine Folge anordnen. (Das Wort "Folge" beinhaltet, dass es auf die Reihenfolge ankommt.)

Dieselbe Überlegung wie im obigen konkreten Beispiel (wo $n = 5$ und $k = 3$ war), zeigt, dass es hier

$$\underbrace{n(n-1)(n-2)\ldots(n-k+1)}_{k\ \text{Faktoren}}$$

Möglichkeiten gibt.

Unter Benützung des Begriffs der *Fakultät* kann man dies noch anders schreiben. Die Zahl $n!$ (gelesen: n Fakultät) ist ja bekanntlich so definiert:

$$n! = 1 \cdot 2 \cdot 3 \ldots (n-2) \cdot (n-1) \cdot n \qquad \text{für } n = 1, 2, 3, \ldots$$

Für $n = 0$ setzt man noch $0! = 1$ (siehe auch (26.4.a)). Dann ist

$$n(n-1)(n-2)\ldots(n-k+1) = \frac{n!}{(n-k)!} \qquad (k \leq n) \,.$$

Zusammenfassung

Aufgabe: Aus n Objekten sind k, $k \leq n$, herauszugreifen und in eine Folge anzuordnen, wobei die Reihenfolge eine Rolle spielt. Wieviele Möglichkeiten gibt es?

Überlegung: Für die 1. Stelle gibt es n Möglichkeiten, für die 2. Stelle noch deren $n-1$, für die 3. Stelle deren $n-2$ usw., und schliesslich für die k-te Stelle noch deren $n - k + 1$. Insgesamt gibt es also

$$\underbrace{n(n-1)(n-2)\ldots(n-k+1)}_{k\ \text{Faktoren}}$$

Möglichkeiten.

(48.4) Permutationen

Hier handelt es sich um einen Spezialfall von (48.3), nämlich den, wo $k = n$ ist. Es werden also alle n Objekte $A_1, A_2, \ldots, A_n$ genommen und angeordnet.

Die Frage lautet also: Wieviele Anordnungen von n Objekten gibt es? Etwas konkreter: Wieviele mögliche Ranglisten gibt es in einem Teilnehmerfeld von (z.B.) $n = 20$ Athleten? Oder: Auf wieviele Arten kann man (z.B.) $n = 7$ Personen in einer Reihe anordnen?

Setzen wir in der Formel von (48.3) $k = n$, so finden wir sofort, dass es

$$n! = n \cdot (n-1) \cdot \ldots \cdot 2 \cdot 1$$

Möglichkeiten hierzu gibt.

<u>Beispiele</u>

$n = 1$	1 Möglichkeit	A_1		
$n = 2$	2 Möglichkeiten	A_1	A_2	
		A_2	A_1	
$n = 3$	6 Möglichkeiten	A_1	A_2	A_3
		A_1	A_3	A_2
		A_2	A_1	A_3
		A_2	A_3	A_1
		A_3	A_1	A_2
		A_3	A_2	A_1

Jede solche Anordnung nennt man eine *Permutation* der Objekte $A_1, A_2, \ldots A_n$.

<u>Zusammenfassung</u>

<u>Aufgabe</u>: Auf wieviele Arten kann man n Objekte in eine Folge anordnen, wobei die Reihenfolge eine Rolle spielt?

<u>Überlegung</u>: Für die 1. Stelle gibt es n Möglichkeiten, für die 2. Stelle deren $n - 1$ usw. Für den zweitletzten Platz bleiben dann noch zwei Möglichkeiten übrig. Ist dieser festgelegt, so gibt es für den letzten Platz nur noch eine Möglichkeit. Insgesamt gibt es total

$$n! = n \cdot (n - 1) \cdot (n - 2) \cdot \ldots \cdot 3 \cdot 2 \cdot 1$$

Möglichkeiten.

(48.5) Kombinationen ohne Wiederholung

Wir verändern nun die Fragestellung des Beispiels von (48.3). Wiederum seien 5 Läufer an einem Rennen beteiligt. Diesmal interessieren wir uns aber nur noch für die drei Medaillengewinner und fragen, wieviele verschiedene solcher Dreiergruppen es gibt. Der Unterschied zu (48.3) besteht also darin, dass die Reihenfolge innerhalb der ersten drei keine Rolle mehr spielt. Etwas genauer:

In (48.3) hatten wir insgesamt $5 \cdot 4 \cdot 3 = 60$ Möglichkeiten für die ersten drei Ränge aus einem Feld von fünf Athleten berechnet. Darunter waren z.B. die Anordnungen

$(*)$ ABC   ACB   BAC   BCA   CAB   CBA .

Im jetzigen Problem, wo es nicht mehr auf die Reihenfolge ankommt, zählen diese sechs Anordnungen nur noch als eine einzige Möglichkeit, nämlich als die Aussage

A, B, C sind auf den Medaillenplätzen.

In der Zeile $(*)$ stehen gerade die $3! = 6$ Permutationen von A, B und C.

Genau dieselbe Überlegung stellt man nun für jede Dreiergruppe von Athleten an
(z.B. A, B, D oder C, D, E) und findet jedes Mal, dass $3! = 6$ Anordnungen zu einer
einzigen Möglichkeit zusammengefasst werden.

Für die Antwort auf unsere Frage müssen wir also die 60 Möglichkeiten des ursprünglichen Problems durch 6 dividieren. Wir finden so, dass es $60 : 6 = 10$ Möglichkeiten gibt, aus fünf Athleten eine Dreiergruppe auszuwählen.

Das Problem kann noch anders interpretiert werden: Gegeben ist eine *Menge*
$\{A, B, C, D, E\}$ von 5 Elementen (Athleten) und wir wollen alle *Teilmengen* mit 3 Elementen (Medaillengewinner) auslesen. Unsere Überlegungen zeigen, dass die Anzahl
solcher Teilmengen gleich 10 ist. Wir können sie auch explizit angeben:

$$\{A, B, C\}, \ \{A, B, D\}, \ \{A, B, E\}, \ \{A, C, D\}, \ \{A, C, E\}$$
$$\{A, D, E\}, \ \{B, C, D\}, \ \{B, C, E\}, \ \{B, D, E\}, \ \{C, D, E\}.$$

Beachten Sie, dass bei dieser Art der Fragestellung die Reihenfolge ganz von selbst
keine Rolle mehr spielt. Es ist ja etwa $\{A, B, C\} = \{A, C, B\} = \{B, A, C\}$ etc., denn
zwei Mengen sind gleich, wenn sie dieselben Elemente enthalten (unabhängig von der
Reihenfolge).

Nun zum allgemeinen Fall, den wir gleich als Zusammenfassung präsentieren:

Zusammenfassung

Aufgabe: Es sei eine Menge von n Elementen gegeben. Wieviele Teilmengen mit k
Elementen ($0 \leq k \leq n$) gibt es? (Oder: Auf wieviele Arten kann man ohne Berücksichtigung der Reihenfolge k Objekte aus einer Menge von n Objekten herausgreifen?)

Überlegung: Gemäss (48.3) gibt es *mit* Berücksichtigung der Reihenfolge

$$\frac{n!}{(n-k)!} = n(n-1)(n-2)\ldots(n-k+1)$$

Möglichkeiten, eine Folge von k Objekten zu wählen. Da es aber innerhalb der k-
elementigen Teilmengen nicht auf die Reihenfolge ankommt, ist diese Zahl durch $k!$
(also die Anzahl der Permutationen von k Objekten) zu dividieren. Es gibt daher

$$\frac{n(n-1)(n-2)\ldots(n-k+1)}{k!} = \frac{n!}{k!(n-k)!} = \binom{n}{k}$$

Möglichkeiten.

Bemerkungen

1) Die in der obigen Formel eingeführte Abkürzung $\binom{n}{k}$ heisst *Binomialkoeffizient*. Der Ausdruck wird gelesen "n tief k".
   Diese Binomialkoeffizienten treten ja auch in der *binomischen Formel* auf (26.4.b):

$$(a+b)^n = \binom{n}{0}a^n + \binom{n}{1}a^{n-1}b + \binom{n}{2}a^{n-2}b^2 + \ldots + \binom{n}{n}b^n = \sum_{k=0}^{n}\binom{n}{k}a^{n-k}b^k \ .$$

2) Setzt man $a = b = 1$, so folgt aus dieser Formel

$$2^n = \sum_{k=0}^{n}\binom{n}{k} \ .$$

   2^n ist also gerade die Anzahl aller Teilmengen einer n-elementigen Menge.
3) Wegen $0! = 1$ ist

$$\binom{n}{0} = 1 \quad \text{und} \quad \binom{n}{n} = 1 \ .$$

   Dies stimmt mit der kombinatorischen Interpretation überein, denn eine n-elementige Menge hat genau eine Teilmenge mit 0 Elementen (die leere Menge) und genau eine mit n Elementen (die Menge selbst).
4) Ebenso ist

$$\binom{0}{0} = 1.$$

   Anschaulich: Eine Menge mit 0 Elementen ist die leere Menge $\varnothing$; diese hat genau eine Teilmenge (sich selbst).
5) Eine weitere wichtige Formel ist

$$\binom{n}{k} = \binom{n}{n-k}, \quad k = 0, 1 \ldots, n \ ,$$

   die sich sofort aus der Definition

$$\binom{n}{k} = \frac{n!}{k!(n-k)!}$$

   ergibt, wenn man k durch $n - k$ ersetzt. Auch diese Beziehung ist direkt erklärbar, denn eine n-elementige Menge hat natürlich gleichviele Teilmengen mit k Elementen wie mit $n - k$ Elementen.
6) Für die praktische Berechnung beachte man, dass im Zähler und im Nenner von $\binom{n}{k}$ jeweils k Faktoren stehen:

$$\binom{5}{3} = \frac{\overbrace{5 \cdot 4 \cdot 3}^{3 \text{ Faktoren}}}{\underbrace{3 \cdot 2 \cdot 1}_{3 \text{ Faktoren}}} = 10 \ ,$$

$$\binom{10}{6} = \frac{\overbrace{10 \cdot 9 \cdot 8 \cdot 7 \cdot 6 \cdot 5}^{6 \text{ Faktoren}}}{\underbrace{6 \cdot 5 \cdot 4 \cdot 3 \cdot 2 \cdot 1}_{6 \text{ Faktoren}}} = 210 \,.$$

7) Praktische Beispiele zur Auswahl von k Objekten aus einer Menge von n Objekten (ohne Berücksichtigung der Reihenfolge) sind etwa:

♠ Auswahl von 9 Jasskarten aus einem Spiel von 36 Karten.
Hier gibt es $\binom{36}{9}$ Möglichkeiten.

★ Auswahl von 6 Lotto-Zahlen aus 45 Möglichkeiten.
Hier gibt es $\binom{45}{6}$ Möglichkeiten.

(48.6) Variationen mit Wiederholung

In den bisherigen Beispielen war eine "Wiederholung" nicht gestattet, d.h., ein einmal gewähltes Objekt konnte nicht noch einmal verwendet werden. Nun lassen wir diese Beschränkung fallen.

Ein einfaches Beispiel wird durch das Sport-Toto geliefert. Hier ist 13-mal je eine 1, x oder 2 einzusetzen:

$$1 \text{ x } 1 \text{ x } 2 \text{ 2 x x } 1 \text{ 1 } 1 \text{ x } 2.$$

Wieviele Möglichkeiten gibt es?

Für die erste Stelle haben wir drei Möglichkeiten (1, x oder 2), ebenso aber für alle andern. Dies ergibt total

$$\underbrace{3 \cdot 3 \cdot \ldots \cdot 3}_{13\text{-mal}} = 3^{13} = 1'594'323$$

Möglichkeiten. Die Reihenfolge wird hier natürlich mitberücksichtigt!

Zusammenfassung

Aufgabe: Gegeben sind n Objekte $A_1, A_2 \ldots, A_n$. Wieviele Folgen der Länge r kann man bilden, falls jedes Objekt beliebig oft gewählt werden darf?

Überlegung: Für die erste Stelle gibt es n Möglichkeiten, ebenso für die zweite, dritte usw. bis zur r-ten. Total also

$$\underbrace{n \cdot n \cdot \ldots \cdot n}_{r\text{-mal}} = n^r$$

Möglichkeiten.

(48.∞) Aufgaben

48−1 Wieviele verschiedene (nicht notwendig sinnvolle) vierbuchstabige Wörter kann man mit den 26 Buchstaben unseres Alphabets bilden?

48−2 Zwanzig Personen treffen sich, begrüssen sich durch Händedruck und sagen jeweils "Grüezi". a) Wie oft wird das Wort "Grüezi" ausgesprochen? b) Wieviel Händedrücke finden statt?

48−3 In einer Verhaltensstudie werden vier Tieren je eine von sechs Aufgaben zugeteilt. Auf wieviele Arten kann das geschehen, wenn die gleiche Aufgabe a) wiederholt, b) höchstens einmal vorkommen darf?

48−4 Eine Klasse hat 18 SchülerInnen. a) Zwecks Reklamation beim Rektor soll eine Viererdelegation bestimmt werden. Wieviel Möglichkeiten gibt es? b) In derselben Klasse werden jede Woche vier Ämtli neu bestimmt (Tafelwart, Klassenbuchträgerin etc.). Auf wieviele Arten geht das?

48−5 Die Ziffern auf Taschenrechnern werden dadurch dargestellt, dass einige von den 7 Strichen des nebenstehenden Schemas sichtbar werden. Wieviele verschiedene Symbole können so dargestellt werden?

48−6 a) Auf wieviele Arten können 8 Personen um einen runden Tisch (mit 8 Stühlen) sitzen? b) Dasselbe Problem, aber zwei Personen wollen unbedingt nebeneinander sitzen.

48−7 Drei Schulklassen haben 20, 18 und 15 SchülerInnen. Aus den grösseren beiden Klassen soll eine Dreier- und aus der kleinsten eine Zweierdelegation ausgewählt werden. Auf wieviele Arten geht das?

48−8 Der gemischte Chor eines Dorfs besteht aus 20 Frauen und 10 Männern. Der Vorstand umfasst 6 Mitglieder, wovon statutengemäss 4 Frauen und 2 Männer sein müssen. Auf wieviele Arten könnte man diesen Vorstand auswählen?

48−9 Zwölf (unterscheidbare!) Meerschweinchen sollen auf drei Käfige zu je vier Tieren verteilt werden. Auf wieviele Arten geht das?

48−10 Von den Wirbeltieren zu den Insekten. Eine (damit Sie nicht so viel rechnen müssen!) kleine Bienenkolonie besteht aus einer Königin und 10 Arbeiterbienen. Auf wieviele Arten kann man eine Gruppe von fünf Bienen auslesen a) wenn die Königin dabei ist; b) wenn sie nicht dabei ist?

48−11 Verallgemeinern Sie das obige Problem, wenn n statt 10 Arbeiterbienen da sind und wenn k statt fünf Bienen ausgewählt werden. Schliessen Sie, dass die Beziehung $\binom{n}{k-1} + \binom{n}{k} = \binom{n+1}{k}$ gilt.

49. ERGÄNZUNGEN ZUR WAHRSCHEINLICHKEITSRECHNUNG

(49.1) Überblick

In diesem Kapitel sind einige Rechnungen zusammengefasst, die im eigentlichen Text den Ablauf allzu sehr unterbrochen hätten und die zum Teil auch etwas kompliziert sind.

(49.2) Einige Formeln für Erwartungswert und Varianz

In Bemerkung 5) von (37.9) ist die "Linearität" des Erwartungswerts, d.h., die Formel

$$(1) \qquad\qquad E(aX + b) = aE(X) + b$$

erwähnt worden. Diese Formel leuchtet anschaulich ein, wenn wir X als Gewinn und $E(X)$ als Durchschnittsgewinn bei einem Glücksspiel interpretieren. Legen wir nämlich eine neue Spielregel fest, die besagt, dass der alte Gewinn X jeweils mit a multipliziert und um b vermehrt werden soll (neuer Gewinn $Y = aX + b$), so wird dasselbe mit dem Durchschnittsgewinn passieren. Rechnerisch lässt sich die Formel wie folgt begründen: Wenn X die Verteilung

$$\begin{array}{c|cccc} & x_1 & x_2 & x_3 & \cdots \\ \hline & p_1 & p_2 & p_3 & \cdots \end{array}$$

hat, dann hat $aX + b$ die Verteilung

$$\begin{array}{c|cccc} & ax_1 + b & ax_2 + b & ax_3 + b & \cdots \\ \hline & p_1 & p_2 & p_3 & \cdots \end{array}$$

Somit ist nach Definition des Erwartungswerts

$$E(aX + b) = \sum_i p_i(ax_i + b) = a\sum_i p_i x_i + b\sum_i p_i = aE(X) + b \,,$$

wobei wir noch die Tatsache benützt haben, dass $\sum_i p_i = 1$ ist.

In (37.10) sind einige Formeln für die Varianz aufgeführt worden, die wir nun begründen wollen. Zuerst beachten wir, dass mit X auch

$$Z = (X - \mu)^2$$

eine Zufallsgrösse ist, wobei $\mu = E(X)$ wie üblich der Erwartungswert ist. Wenn X wie oben die Verteilung

$$\begin{array}{c|cccc} & x_1 & x_2 & x_3 & \cdots \\ \hline & p_1 & p_2 & p_3 & \cdots \end{array}$$

hat, dann hat $Z = (X - \mu)^2$ die Verteilung

	$(x_1 - \mu)^2$	$(x_2 - \mu)^2$	$(x_3 - \mu)^2$	$\ldots$
	p_1	p_2	p_3	$\ldots$

Wenn $(x_i - \mu) = -(x_j - \mu)$ ist, dann ist $(x_i - \mu)^2 = (x_j - \mu)^2$. In der Tabelle für die Zufalls-grösse Z sind dann diese beiden Werte zu einem einzigen Eintrag mit der Wahrscheinlichkeit $p_i + p_j$ zusammenzufassen. An den Überlegungen ändert sich weiter nichts.

Für den Erwartungswert von Z erhält man aus der zweiten Tabelle

$$E(Z) = \sum_i p_i (x_i - \mu)^2 \,,$$

und dies ist gerade die Varianz $V(X)$. Damit haben wir die Beziehung

$$V(X) = E\left((X - \mu)^2\right) = E\left(\left(X - E(X)\right)^2\right)$$

bewiesen. Dieser Ausdruck lässt sich noch umformen:

$$
\begin{aligned}
V(X) &= E\left((X - \mu)^2\right) && \text{obige Formel} \\
&= E(X^2 - 2\mu X + \mu^2) && \text{binomische Formel} \\
&= E(X^2) - 2\mu E(X) + \mu^2 && \text{Formel (1)} \\
&= E(X^2) - 2\mu^2 + \mu^2 && \text{denn } \mu = E(X) \\
&= E(X^2) - \mu^2 \,.
\end{aligned}
$$

Ersetzen wir wieder μ durch $E(X)$, erhalten wir die Beziehung

(2) $$V(X) = E(X^2) - E(X)^2 \,.$$

Als letzte Formel beweisen wir

(3) $$V(aX + b) = a^2 V(X) \,.$$

Speziell ist also (für $a = 1$) $V(X + b) = V(X)$. Dies leuchtet ein: Wenn wir von X zu $X + b$ übergehen, so ändern sich alle x_i, aber auch $\mu = E(X)$ um b. Die Differenzen $x_i - \mu$ bleiben daher ungeändert, woraus $V(X + b) = V(X)$ folgt. Dies muss auch sein, wenn $V(X)$ ein vernünftiges Mass für die Streuung sein soll, denn eine blosse Verschiebung um b sollte ja die Streuung nicht ändern. Auch ein zweiter Spezialfall ($b = 0$) ist einleuchtend: $V(aX) = a^2 V(X)$, denn in der Formel für die Varianz kommen ja die Quadrate der Abweichungen von μ vor.

Man könnte einen rein rechnerischen Beweis von (3) durch Einsetzen in die Definition geben. Eleganter ist es, Formel (2) zu gebrauchen. Dazu setzen wir $Y = aX + b$. Wegen der binomischen Formel und der Linearität des Erwartungswerts (Formel (1)) ist dann

$$E(Y^2) = E(a^2 X^2 + 2abX + b^2) = a^2 E(X^2) + 2ab E(X) + b^2 \,.$$

Ferner ist

$$E(Y)^2 = \left(E(aX + b)\right)^2 = \left(a E(X) + b\right)^2 = a^2 E(X)^2 + 2ab E(X) + b^2 \,,$$

wobei wiederum Formel (1) und die binomische Formel verwendet wurden. Zusammenfassend erhalten wir mit Formel (2):

$$V(aX + b) = V(Y) = E(Y^2) - E(Y)^2 = a^2 E(X^2) - a^2 E(X)^2 \quad \text{(Rest hebt sich weg)}$$
$$= a^2 \Big(E(X^2) - E(X)^2 \Big)$$
$$= a^2 V(X) \,,$$

womit auch Formel (3) bewiesen ist.

(49.3) Erwartungswert und Varianz der Binomialverteilung

In (38.4) wurden die folgenden Formeln für Erwartungswert und Varianz der Binomialverteilung mit den Parametern n und p angegeben:

$$E(X) = np, \quad V(X) = npq \,.$$

Diese Formeln sollen nun bewiesen werden. Eine Möglichkeit besteht darin, die Summen direkt auszurechnen, was allerlei Manipulationen mit dem Summenzeichen und mit Binomialkoeffizienten erfordert. Rascher — wenn vielleicht auch auf eine etwas unerwartete Art — geht es unter Verwendung der so genannten *erzeugenden Funktion*.

Die Zufallsgrösse X nehme die Werte $0, 1, \ldots, n$ an. Wir definieren nun die erzeugende Funktion $f(x)$ von X durch

$$(1) \qquad\qquad f(x) = \sum_{k=0}^{n} P(X = k) x^k \,.$$

Durch summandenweises Ableiten folgt

$$(2) \qquad\qquad f'(x) = \sum_{k=1}^{n} k P(X = k) x^{k-1}$$

(der Summand mit $k = 0$ fällt weg). Setzt man $x = 1$, so erhält man, wenn man den Summanden mit $k = 0$, der den Wert 0 hat, wieder einfügt,

$$(3) \qquad\qquad f'(1) = \sum_{k=0}^{n} k P(X = k)$$

und dies ist gerade der Erwartungswert

$$(4) \qquad\qquad E(X) = \sum_{k=0}^{n} k P(X = k) \,,$$

also gilt

$$(5) \qquad\qquad E(X) = f'(1) \,.$$

Im uns interessierenden Fall der Binomialverteilung ist

(6) $$P(X = k) = \binom{n}{k} p^k q^{n-k} \, .$$

Durch Einsetzen, Umformen und Anwendung der binomischen Formel (26.4) erhalten wir

$$f(x) = \sum_{k=0}^{n} \binom{n}{k} p^k q^{n-k} x^k = \sum_{k=0}^{n} \binom{n}{k} (px)^k q^{n-k} \, ,$$

d.h.,

(7) $$f(x) = (px + q)^n \, .$$

Nun ist, wie man direkt ausrechnet,

(8) $$f'(x) = pn(px + q)^{n-1}$$

(p ist die innere Ableitung), also ist unter Verwendung von $p + q = 1$

(9) $$f'(1) = pn(p + q)^{n-1} = pn \, .$$

Es folgt wie behauptet

(10) $$E(X) = np \, .$$

Die Varianz lässt sich ähnlich berechnen. Zunächst ist

(11) $$f''(x) = \sum_{k=2}^{n} k(k - 1) P(X = k) x^{k-2} \, .$$

Wir formen nun $f''(1)$ um:

$$f''(1) = \sum_{k=2}^{n} k(k - 1) P(X = k) = \sum_{k=1}^{n} k(k - 1) P(X = k)$$

$$= \sum_{k=1}^{n} k^2 P(X = k) - \sum_{k=1}^{n} k P(X = k) \, .$$

Die zweite Gleichheit gilt, weil der Summand mit $k = 1$ den Wert 0 hat. Es folgt

(12) $$f''(1) = E(X^2) - E(X) \, .$$

Dabei brauchten wir die Formel für den Erwartungswert der Zufallsgrösse X^2 (welche die Werte k^2 mit den Wahrscheinlichkeiten $P(X = k)$, $k = 0, \dots, n$ annimmt) und jenen der Zufallsgrösse X. Mit der Formel $V(X) = E(X^2) - E(X)^2$ (vgl. (49.2)) folgt

(13) $$V(X) = E(X^2) - E(X) + E(X) - E(X)^2 \, ,$$

und zusammen mit (5) und (12) ergibt sich

(14) $$V(X) = f''(1) + f'(1) - f'(1)^2 \, .$$

Dabei kennen wir $f'(1) = E(X) = np$ schon. Aus (8) folgt

(15) $$f''(x) = p^2 n(n - 1)(px + q)^{n-2} \, ,$$

(16) $$f''(1) = p^2 n(n - 1)(p + q)^{n-2} = p^2 n(n - 1) \, .$$

Somit erhalten wir schliesslich aus (14), (9) und (16)

(17) $$V(X) = p^2 n(n - 1) + np - (np)^2 = n^2 p^2 - np^2 + np - n^2 p^2$$
$$= np - np^2 = np(1 - p) = npq \, ,$$

was zu zeigen war.

(49.4) Varianz der Poisson-Verteilung

Zu zeigen ist $V(X) = \mu$. Die Zufallsgrösse X nimmt hier die Werte 0, 1, 2, ... an, und die erzeugende Funktion ist daher eine (unendliche) Potenzreihe:

$$(1) \qquad f(x) = \sum_{k=0}^{\infty} P(X=k)x^k = \sum_{k=0}^{\infty} \frac{\mu^k}{k!} e^{-\mu} x^k = \sum_{k=0}^{\infty} \frac{(\mu x)^k}{k!} e^{-\mu} = e^{-\mu} e^{\mu x}\,.$$

(Zuletzt wurde die Formel für die Exponentialreihe (19.8.a) verwendet.) Durch Ableiten erhalten wir

$$(2) \qquad\qquad f'(x) = \mu e^{-\mu} e^{\mu x}\,, \quad f'(1) = \mu\,.$$
$$(3) \qquad\qquad f''(x) = \mu^2 e^{-\mu} e^{\mu x}\,, \quad f''(1) = \mu^2\,.$$

Die Formeln (5) und (14) von (49.3) gelten nicht nur, wenn die erzeugende Funktion wie in (49.3) ein Polynom, sondern auch wenn sie wie hier im Fall der Poisson-Verteilung eine Potenzreihe ist. Wir erhalten

$$(4) \qquad\qquad E(X) = f'(1) = \mu \qquad (\text{vgl. } (39.4))\,.$$
$$(5) \qquad\qquad V(X) = f''(1) + f'(1) - f'(1)^2 = \mu^2 + \mu - \mu^2 = \mu\,.$$

(49.5) Die Ungleichung von Tschebyscheff

Wir beweisen hier die so genannte Ungleichung von Tschebyscheff: Wenn X eine Zufallsgrösse ist, deren Varianz existiert, dann gilt

$$(\text{T}) \qquad\qquad P(|X - \mu| \geq a) \leq \frac{V(X)}{a^2}\,, \quad \text{für jedes } a > 0\,.$$

Daraus folgt sofort die in (37.11) angegebene Ungleichung (1). Wenn man nämlich in (T) $a = r\sigma$ setzt, erhält man $P(|X - \mu|) \geq r\sigma) \leq \sigma^2/r^2\sigma^2 = 1/r^2$, und da $|X - \mu| < r\sigma$ das Gegenereignis zu $|X - \mu| \geq r\sigma$ ist, folgt die Beziehung (1) von (37.11).

Wir beweisen nun (T), allerdings nur für den Fall, wo die Zufallsgrösse X diskret ist und endlich viele Werte annimmt. Die Ungleichung gilt aber auch für beliebige diskrete und stetige Zufallsgrössen. Dazu schreiben wir die Formel für die Varianz in der Form

$$V(X) = \sum_i (x_i - \mu)^2 P(X = x_i) = \sum_i |x_i - \mu|^2 P(X = x_i)\,.$$

Der Trick besteht nun darin, dass wir nicht mehr über alle Werte von i summieren, sondern nur noch über jene i, für welche $|x_i - \mu| \geq a$ ist. Dann folgt

$$V(X) \geq \sum_{|x_i - \mu| \geq a} |x_i - \mu|^2 P(X = x_i) \geq a^2 \sum_{|x_i - \mu| \geq a} P(X = x_i) = a^2 P(|X - \mu| \geq a)|\,.$$

Die erste Ungleichung gilt, weil in der Summe für $V(X)$ gewisse Summanden weggelassen werden, und die zweite Ungleichung folgt daraus, dass für alle noch übrig gebliebenen Summanden $|x_i - \mu|^2 \geq a^2$ ist. Die letzte Gleichheit gilt, weil zur Wahrscheinlichkeit $P(|X - \mu| \geq a)$ genau jene Werte x_i von X beitragen, für welche $|x_i - \mu| \geq a$ ist.

Aus der eben hergeleiteten Beziehung folgt nun sofort $P(|X - \mu| \geq a) \leq V(X)/a^2$, also die gesuchte Ungleichung (T).

(49.6) Die Dichtefunktion der Normalverteilung

In (41.2) sind ohne nähere Begründung einige Eigenschaften der Dichtefunktion $\varphi_{\mu,\sigma}$ der Normalverteilung $N(\mu\,;\sigma)$ angegeben worden. Hier tragen wir die fehlenden Einzelheiten nach.

Wir betrachten also die Funktion

$$\varphi(x) = \varphi_{\mu,\sigma}(x) = \frac{1}{\sqrt{2\pi}\sigma}\,\exp\left[-\frac{1}{2}\left(\frac{x-\mu}{\sigma}\right)^2\right],$$

wobei μ eine ganz beliebige, σ eine beliebige positive reelle Zahl ist. Die Schreibweise $\exp(z)$ ist eine typographisch bequeme Form für e^z.

Zuerst führen wir eine Kurvendiskussion gemäss (6.7) durch:

a) Der Definitionsbereich ist $\mathbb{R}$.

b) Wegen $\varphi(\mu - x) = \varphi(\mu + x)$ ist der Graph symmetrisch zur Geraden $x = \mu$.

c) Da die Exponentialfunktion nur positive Werte annimmt, und da $\sigma > 0$ ist, ist $\varphi(x) > 0$ für alle x. Nullstellen sind keine vorhanden.

d) Die 1. Ableitung berechnet sich zu

$$\varphi'(x) = -\frac{1}{\sigma^3}\frac{1}{\sqrt{2\pi}}\,(x-\mu)\exp\left[-\frac{1}{2}\left(\frac{x-\mu}{\sigma}\right)^2\right].$$

Ihre einzige Nullstelle liegt bei $x = \mu$.
Ferner ist $\varphi'(x) > 0$ für $x < \mu : \varphi$ wächst für $x < \mu$,
          $\varphi'(x) < 0$ für $x > \mu : \varphi$ fällt für $x > \mu$.

An der Stelle $x = \mu$ liegt ein Maximum vor.

e) Für die 2. Ableitung erhalten wir mit der Produktregel

$$\varphi''(x) = -\frac{1}{\sigma^3}\frac{1}{\sqrt{2\pi}}\left(-\frac{1}{\sigma^2}\left(\exp\left[-\frac{1}{2}\left(\frac{x-\mu}{\sigma}\right)^2\right]\right)(x-\mu)^2 + \exp\left[-\frac{1}{2}\left(\frac{x-\mu}{\sigma}\right)^2\right]\right)$$

oder, zusammengefasst

$$\varphi''(x) = -\frac{1}{\sigma^3}\frac{1}{\sqrt{2\pi}}\left(1 - \frac{1}{\sigma^2}(x-\mu)^2\right)\exp\left[-\frac{1}{2}\left(\frac{x-\mu}{\sigma}\right)^2\right].$$

Somit gilt

$$\varphi''(x) = 0 \Longleftrightarrow 1 - \frac{1}{\sigma^2}(x-\mu)^2 = 0 \Longleftrightarrow \sigma^2 = (x-\mu)^2$$
$$\Longleftrightarrow x - \mu = \pm\sigma \Longleftrightarrow x = \mu + \sigma \text{ oder } \mu - \sigma\,.$$

Wegen $\varphi''(x) < 0$ für $1 > \frac{1}{\sigma^2}(x-\mu)^2$, also für

$$\left|\frac{x-\mu}{\sigma}\right| < 1\,,$$

ist $\varphi''(x) < 0$ im Intervall $(\mu - \sigma, \mu + \sigma)$ und > 0 ausserhalb dieses Intervalls.
Von $\mu - \sigma$ bis $\mu + \sigma$ haben wir eine Rechtskurve, von $-\infty$ bis $\mu - \sigma$ und von $\mu + \sigma$ bis $+\infty$ Linkskurven. An den Stellen $\mu - \sigma$ und $\mu + \sigma$ liegen also Wendepunkte vor.

f) Der Exponent $-\frac{1}{2}\left(\frac{x-\mu}{\sigma}\right)^2$ strebt für $x \to \pm\infty$ gegen $-\infty$, somit strebt $\varphi(x) \to 0$ für $x \to \pm\infty$.

g) Spezielle Funktionswerte:

$$\varphi(\mu) = \frac{1}{\sqrt{2\pi}\sigma}$$

$$\varphi(\mu - \sigma) = \varphi(\mu + \sigma) = \frac{1}{\sqrt{2\pi e}\sigma} = \frac{1}{\sqrt{e}}\varphi(\mu) \ .$$

Skizzen des Graphen finden Sie in (41.2).

Nun möchten wir noch zeigen, dass

$$\int_{-\infty}^{\infty} \varphi(x)\, dx = 1$$

ist. Dies wird dann auch den Sinn der etwas mysteriösen Konstante $1/\sqrt{2\pi}\sigma$ in der Definition von $\varphi(x)$ erklären, der einfach darin besteht, dass das obige Integral den Wert 1 erhält.

Hier tritt ein Problem auf: Wie wir sehen werden, kann das Integral mit einer Substitution auf die Form

$$\int_{-\infty}^{\infty} e^{-u^2}\, du$$

gebracht werden. Da nun aber die Funktion e^{-u^2} gemäss (12.3.e) keine elementare Stammfunktion hat, können wir das obige Integral nicht auf die in (20.2) angegebene Weise bestimmen. Wie wir aber am Schluss des Abschnitts sehen werden, gilt

(∗) $$\int_{0}^{\infty} e^{-u^2}\, du = \frac{\sqrt{\pi}}{2} \ .$$

Mit dieser Formel können wir nun das gewünschte Integral berechnen. Da der Graph von $\varphi(x)$ symmetrisch in Bezug auf $x = \mu$ ist, betrachten wir zuerst

$$\int_{\mu}^{t} \varphi(x)\, dx \ .$$

Wir substituieren

$$u(x) = \frac{1}{\sqrt{2}}\frac{x - \mu}{\sigma}, \quad du = \frac{1}{\sqrt{2}\sigma}\, dx \ .$$

Für die untere Grenze ($x = \mu$) wird $u = 0$, für die obere ($x = t$) wird $u = t^* = \frac{1}{\sqrt{2}}\frac{t - \mu}{\sigma}$. Wichtig ist nur, dass mit $t \to \infty$ auch $t^* \to \infty$ geht. Die Substitutionsregel liefert

$$\int_{\mu}^{t} \varphi(x)\, dx = \frac{1}{\sqrt{\pi}}\int_{\mu}^{t} \exp\left(-\frac{1}{2}\left(\frac{x - \mu}{\sigma}\right)^2\right)\frac{1}{\sqrt{2}\sigma}\, dx = \frac{1}{\sqrt{\pi}}\int_{0}^{t^*} e^{-u^2}\, du \ .$$

Mit $t \to \infty$ strebt auch $t^* \to \infty$, und es folgt

$$\int_{\mu}^{\infty} \varphi(x)\, dx = \lim_{t\to\infty}\int_{\mu}^{t} \varphi(x)\, dx = \lim_{t^*\to\infty}\frac{1}{\sqrt{\pi}}\int_{0}^{t^*} e^{-u^2}\, du = \frac{1}{\sqrt{\pi}}\int_{0}^{\infty} e^{-u^2}\, du$$

$$= \frac{1}{\sqrt{\pi}}\frac{\sqrt{\pi}}{2} = \frac{1}{2} \ .$$

Am Schluss wurde Formel (∗) verwendet.

Da der Graph von φ in Bezug auf die Gerade $x = \mu$ symmetrisch ist, gilt auch

$$\int_{-\infty}^{\mu} \varphi(x)\,dx = \frac{1}{2} \ .$$

Schliesslich erhalten wir wie behauptet

$$\int_{-\infty}^{\infty} \varphi(x)\,dx = 1 \ .$$

Nun geht es noch darum, zu zeigen, dass, wie in $(*)$ (mit u statt x) behauptet,

$$I = \int_{0}^{\infty} e^{-x^2}\,dx = \frac{\sqrt{\pi}}{2}$$

ist. Dazu braucht man einen Trick, der darin besteht, Doppelintegrale (Kap. 25) zu verwenden. Wir betrachten zu diesem Zweck die Funktion

$$f : D \to \mathbb{R}, \ f(x, y) = e^{-(x^2 + y^2)}$$

mit dem Definitionsbereich

$$D = \{(x, y) \mid x \geq 0, \ y \geq 0\} \ .$$

Dann gilt

$$\iint_D e^{-(x^2+y^2)}\,dx\,dy = \iint_D e^{-x^2}e^{-y^2}\,dx\,dy = \int_0^\infty \left(\int_0^\infty e^{-x^2}e^{-y^2}\,dy \right) dx$$

$$\overset{(*)}{=} \int_0^\infty \left(e^{-x^2} \int_0^\infty e^{-y^2}\,dy \right) dx \overset{(**)}{=} \int_0^\infty e^{-x^2} I\,dx = I \int_0^\infty e^{-x^2}\,dx = I^2 \ .$$

Erläuterungen

– Für die Gleichheit $(*)$ benützen wir, dass im inneren Integral nur nach y integriert wird. Der Ausdruck e^{-x^2} ist als konstant zu betrachten und kann vor das Integral genommen werden.

– Zur Gleichheit $(**)$: Da es auf die Bezeichnung der Integrationsvariablen nicht ankommt, gilt

$$I = \int_0^\infty e^{-x^2}\,dx = \int_0^\infty e^{-y^2}\,dy \ .$$

– Die Tatsache, dass über ein unendlich ausgedehntes Gebiet D integriert wird, würde eigentlich noch zusätzliche Überlegungen erfordern (Grenzübergänge), auf die wir aber verzichten.

Das Gebietsintegral

$$V = \iint_D e^{-(x^2+y^2)}\,dx\,dy$$

ist, wie wir gesehen haben, gleich I^2, hat aber auch eine geometrische Bedeutung: Es stellt das Volumen unter dem Graphen von $e^{-(x^2+y^2)}$ über D (dem 1. Quadranten) dar. Dieses Volumen können wir noch anders berechnen, indem wir es aus dünnen "Viertel-Hohlzylindern" zusammensetzen. Ein solcher hat

Radius $\quad r = \sqrt{x^2 + y^2}$

Wandstärke Δr (sehr klein)

Höhe $\qquad e^{-(x^2+y^2)} = e^{-r^2}$

und somit näherungsweise das Volumen

$$\Delta V = \frac{1}{4} 2\pi r \cdot \Delta r \cdot e^{-r^2} \ .$$

Durch Integration erhalten wir für das Gesamtvolumen

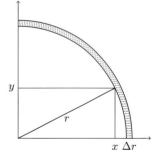

$$V = \frac{\pi}{2} \int_0^\infty r e^{-r^2} \, dr = \frac{\pi}{2} \lim_{t \to \infty} \int_0^t r e^{-r^2} \, dr \ .$$

Die Substitution $u = r^2$, $du = 2r\,dr$ ergibt

$$\int r e^{-r^2} \, dr = \frac{1}{2} \int e^{-u} \, du = -\frac{1}{2} e^{-u} = -\frac{1}{2} e^{-r^2} \ .$$

Es folgt

$$V = \frac{\pi}{2} \lim_{t \to \infty} \left(-\frac{1}{2} e^{-r^2} \bigg|_0^t \right) = \frac{\pi}{2} \cdot \frac{1}{2} = \frac{\pi}{4} \ .$$

Wir haben aber oben gesehen, dass $V = I^2$ ist. Deshalb ist, wie eingangs behauptet,

$$I = \int_0^\infty e^{-x^2} \, dx = \frac{\sqrt{\pi}}{2} \ .$$

50. LÖSUNGEN DER AUFGABEN

(50.29) Lösungen zu Kapitel 29

29−1 a) Quantitativ und stetig, b) quantitativ und diskret, c) qualitativ, d) quantitativ und diskret, e) quantitativ und stetig, f) qualitativ.

29−2 a) Nominalskala. b) Ordinalskala. c) Verhältnisskala. d) Verhältnisskala. e) Intervallskala (die Höhenangabe bezieht sich auf einen willkürlich gewählten Nullpunkt). f) Verhältnisskala.

29−3 Die Skalen werden mit N, O, I und V abgekürzt. 7:N, 3141:N, 27:I, 14:N, 1:O, 708:N, 703:I, 4:V, 5:V, 75:I, 13:O, 129:V.

Mögliche Diskussionspunkte:

Die Hausnummer 7 ist gemäss der üblichen Interpretation bloss eine Bezeichnung des Hauses, das auch etwa "zum goldenen Ochsen" heissen könnte. Anderseits sind die Hausnummern in einer Strasse normalerweise systematisch angebracht: Je höher die Nummer, desto weiter ist das Haus vom Anfang der Strasse entfernt. Ist man also der Auffassung, dass die Hausnummern nicht in erster Linie der Identifikation, sondern der Angabe der Reihenfolge entlang der Strasse dienen, so muss man von einer Ordinalskala sprechen. Ähnlich lässt sich über die Gleisnummer streiten. Zwar sind die Geleise üblicherweise der Reihe nach nummeriert, aber hier scheint doch die "nominale Funktion" im Vordergrund zu stehen. Diese Beispiele zeigen, dass die Art der Skala auch von der gewählten Betrachtungsweise abhängig sein kann.

Da vom 1. Juli bis zum 5. Juli gleichviel Zeit vergeht wie vom 13. Juli bis zum 17. Juli, liegt eine Intervallskala vor. Es ist aber nicht sinnvoll, vom "Doppelten des 1. Juli" oder dergleichen zu sprechen, es handelt sich also nicht um eine Verhältnisskala.

Die Zugsnummer ist eine Nominalskala. Ein Blick ins Kursbuch zeigt, dass die Zugsnummern keine erkennbare "ordinale Funktion" haben.

Die Abfahrtszeit ist keine Verhältnisskala. Die Aussage "mein Zug fährt 10% früher ab als deiner" ist nicht sinnvoll.

(50.30) Lösungen zu Kapitel 30

30−1

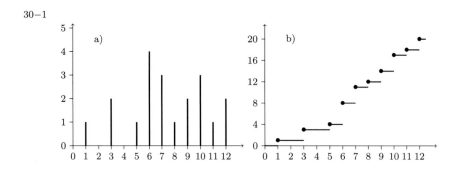

30−2

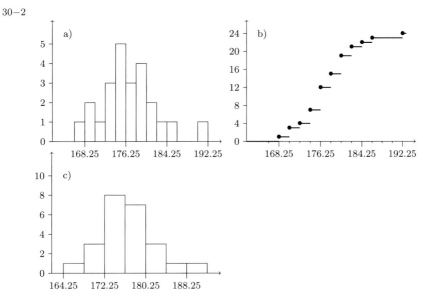

Es wird auf 0.5 cm genau gemessen. Die Angabe "182.0" beispielsweise bedeutet also, dass die effektive Körperlänge im Intervall $(181.75, 182.25]$ liegt (182.0 ist dann die Klassenmitte). Die Intervalle der Breite 2 cm (in a)) bzw. 4 cm (in c)) beginnen entsprechend mit $(166.25, 168.25]$ bzw. $(164.25, 168.25]$. Wie in (30.7) angegeben, springt die Treppenkurve in b) jeweils am Ende des Intervalls. Der erste Sprung erfolgt also bei 168.25.

(50.31) Lösungen zu Kapitel 31

31−1 $\bar{x} = 2.4$, $\tilde{x} = \frac{1}{2}(2.3 + 2.5) = 2.4$.

31−2 a) $\bar{x} = 7.4$. b) $\tilde{x} = 7$. c) Modus $= 6$. d) Interdezilbereich $= 11 - 3 = 8$. e) $s^2 = 9.2$.
  f) $s = 3.033$.

31−3 Wir ordnen die Zahlen der Grösse nach: 20, 22, 23, 25, 25, 30. Für $U \geq 25$ ist der mittlere Wert, also der Median $\tilde{x} = 25$, für $U = 24$ ist $\tilde{x} = 24$ und für $U \leq 23$ ist $\tilde{x} = 23$. Andere Werte kommen nicht in Frage.

31−4 a)

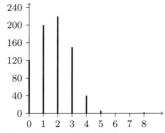

b) $\bar{x} = 1.7476$, $\tilde{x} = 2$. Zur Berechnung der Varianz kann man die Formel von (31.7.d) verwenden. Man findet $n = 737$, $\sum H_i x_i = 1288$, $\sum H_i x_i^2 = 3284$. Es folgt $s^2 = \frac{1}{736}\left(3284 - \frac{1}{737}1288^2\right) = 1.4036$.

31−5 a)

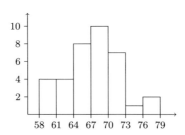

b) $\bar{x} = \frac{1}{36}(4 \cdot 59.5 + 4 \cdot 62.5 + 8 \cdot 65.5 + 10 \cdot 68.5 + 7 \cdot 71.5 + 1 \cdot 74.5 + 2 \cdot 77.5) = 67.4167$. Der Median wird mit der Methode von (31.4.c) bestimmt. Er liegt in der Klasse (67,70], die 10 Eier enthält. Davon sind 2 "nach links" und 8 "nach rechts" zu verteilen. Es folgt $\tilde{x} = 67 + \frac{2}{10}3 = 67.6$. Schliesslich ist $s^2 = 21.679$.

31−6 Die Funktion $F(x) = x - \frac{1}{4}x^2$ wächst im Intervall $[0,2]$ und es ist $F(0) = 0$, $F(2) = 1$. Ihr Graph kann deshalb als idealisierte Summenhäufigkeitverteilung aufgefasst werden. Gemäss der Figur am Ende von (31.4) ist $\tilde{x}$ durch die Bedingung $F(\tilde{x}) = 0.5$ bestimmt. Es ist also die Gleichung $x - \frac{1}{4}x^2 = 0.5$ zu lösen. Man findet $\tilde{x} = 2 - \sqrt{2} = 0.5858$.

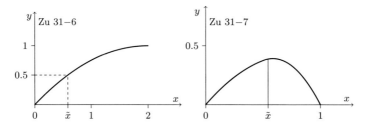

31−7 Der Flächeninhalt unter der Kurve ist gegeben durch

$$\int_0^1 (x - x^3)\, dx = \left(\frac{x^2}{2} - \frac{x^4}{4}\right) \Big|_0^1 = \frac{1}{4}\,.$$

Der Median $\tilde{x}$ ist durch die Bedingung

$$\int_0^{\tilde{x}} (x - x^3)\, dx = \frac{1}{8}$$

(1/8 ist die Hälfte von 1/4) gegeben. Man erhält die Gleichung

$$\left(\frac{x^2}{2} - \frac{x^4}{4}\right) \Big|_0^{\tilde{x}} = \frac{\tilde{x}^2}{2} - \frac{\tilde{x}^4}{4} = \frac{1}{8}\,,$$

also eine quadratische Gleichung für $\tilde{x}^2$ und findet $\tilde{x}^2 = 1 - \sqrt{\frac{1}{2}}$ und $\tilde{x} = 0.5412$.

31−8 Wir leiten die Funktion $f(x) = (x_1 - x)^2 + (x_2 - x)^2 + \ldots + (x_n - x)^2$ nach x ab und finden $f'(x) = -2[(x_1 - x) + (x_2 - x) + \ldots + (x_n - x)]$. Nullsetzen liefert $nx = x_1 + x_2 + \ldots + x_n = \sum_{i=1}^n x_i$, also $x = \frac{1}{n}\sum_{i=1}^n x_i = \bar{x}$. Unter Verwendung der zweiten Ableitung erkennt man sofort, dass es sich um ein Minimum handelt. Der Ausdruck $\sum_{i=1}^n (x_i - x)^2$ wird also gerade dann minimal, wenn x gleich dem Durchschnitt $\bar{x}$ ist.

31−9 a) Das Minimum wird an der Stelle $x = 2$ angenommen. Dies ist der mittlere Wert, also der Median von 1, 2, 4.

b) Hier ist die Anzahl der gegebenen Werte (1, 2, 4, 6) gerade und es gibt keinen einzelnen mittleren Wert, wohl aber zwei mittlere Werte, nämlich 2 und 4. Wie der Graph zeigt, liefert jedes x mit $2 \leq x \leq 4$ ein Minimum von $g(x)$. In diesem Sinne könnte jeder solche Wert x als Median interpretiert werden, doch besagt die übliche Konvention, dass man $\tilde{x} = \frac{1}{2}(2 + 4) = 3$ wählt.

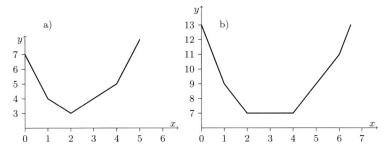

Man kann sich überlegen, dass dieser Sachverhalt auch allgemein gilt: Bei einer ungeraden Anzahl von Werten wird das Minimum von $g(x) = \sum_{i=1}^{n} |x_i - x|$ für den Median angenommen. Bei einer geraden Anzahl von Werten verläuft der Graph zwischen den beiden mittleren Werten horizontal.

Beachten Sie die Analogie zu Aufgabe 31−8, wo der Durchschnitt $\bar{x}$ das Minimum der Funktion $f(x) = \sum_{i=1}^{n} (x_i - x)^2$ lieferte.

(50.32) Lösungen zu Kapitel 32

32−1 Zunächst ist $\alpha = 50\%$, woraus $\beta + \gamma + \delta = 50\%$ folgt. Ferner ist $\beta = 7\delta$, $\gamma = 2\delta$. Es folgt $10\delta = 50\%$ und somit $\beta = 35\%$, $\gamma = 10\%$, $\delta = 5\%$. Da diese Werte experimentell gefunden wurde, liegt hier eine *idealisierte relative Häufigkeit* vor.

32−2 Wir bezeichnen die Wahrscheinlichkeiten für die vier Blutgruppen mit p_0, p_A, p_B, p_{AB}. Da jeder Mensch zu einer dieser Blutgruppen gehört, ist $p_0 + p_A + p_B + p_{AB} = 1$. Ferner ist angegeben, dass $p_B = 2p_{AB}$ ist. Setzt man dies zusammen mit $p_0 = 0.40$, $p_A = 0.42$ ein, so folgt $3p_B = 1 - 0.40 - 0.42 = 0.18$. Daraus ergibt sich a) $p_B = 0.12$, $p_{AB} = 0.06$, b) $p_A + p_{AB} = 0.48$. Die verwendeten Wahrscheinlichkeiten sind *idealisierte relative Häufigkeiten*.

32−3 a) $11/20 = 0.55$, b) $8/20 = 0.4$. Da jede Maus dieselbe Chance hat, ausgewählt zu werden, gibt es 20 mögliche Fälle. Beim verwendeten Wahrscheinlichkeitsbegriff handelt es sich um die *klassische Wahrscheinlichkeit*.

32−4 Wir zählen die Erbsen, die kantig oder grün (oder beides zusammen) sind: 700 (grüne) + 400 (kantige). Dabei sind aber die 200 Erbsen, die sowohl grün als auch kantig sind, doppelt gezählt worden. Somit sind 900 Erbsen kantig oder grün, und die Wahrscheinlichkeit, eine solche herauszupicken ist $900/1000 = 0.9$. Diese Zahl errechnet sich aus 1000 möglichen und 900 günstigen Fällen, es liegt der *klassische Wahrscheinlichkeitsbegriff* vor.

Eine einfache Rechnung zeigt übrigens, dass folgende Verteilung vorliegt: Von den 1000 Erbsen sind 200 grün und kantig, 500 grün und rund, 200 gelb und kantig, 100 gelb und rund.

32−5 a) Das beschriebene Ereignis trifft in 16 Fällen zu:

(1,2), (1,3), (1,4), (1,5), (1,6), (2,1), (2,4), (2,6), (3,1), (3,6), (4,1), (4,2), (5,1), (6,1), (6,2), (6,3).

Die Wahrscheinlichkeit beträgt $16/36 = 4/9 = 0.4444$.

b) Hier sind 8 Fälle günstig, nämlich

$$(1,3),\ (2,4),\ (3,1),\ (3,5),\ (4,2),\ (4,6),\ (5,3),\ (6,4).$$

Die Wahrscheinlichkeit beträgt $8/36 = 2/9 = 0.2222$.

c) Hier sind 20 Fälle günstig, nämlich

$$(1,3),\ (1,4),\ (1,5),\ (1,6),\ (2,4),\ (2,5),\ (2,6),\ (3,5),\ (3,6),\ (4,6),$$

sowie die "gespiegelten", nämlich $(3,1),\ (4,1),\ \ldots,\ (6,4)$. Die Wahrscheinlichkeit beträgt $20/36 = 5/9 = 0.5556$.

d) Hier gibt es 6 günstige Fälle, nämlich

$$(1,2),\ (2,1),\ (2,4),\ (3,6),\ (4,2),\ (6,3).$$

Die Wahrscheinlichkeit beträgt $6/36 = 0.1667$.

Zur Lösung dieser Aufgabe wurde der *klassische Wahrscheinlichkeitsbegriff* benützt.

32–6 Wir verwenden den *klassischen Wahrscheinlichkeitsbegriff*. Es gibt dreissig mögliche Fälle. Davon sind günstig:

a) 4, 8, 12, 16, 20, 24, 28, also 7 Zahlen.

b) 1, 4, 9, 16, 25, also 5 Zahlen.

c) 2, 3, 5, 7, 11, 13, 17, 19, 23, 29, also 10 Zahlen (beachten Sie, dass 1 keine Primzahl ist).

d) 6, 28, also 2 Zahlen.

Für die Wahrscheinlichkeiten gilt somit: a) $7/30 = 0.2333$, b) $5/30 = 0.1667$, c) $10/30 = 0.3333$, d) $2/30 = 0.0667$.

32–7 Hier liegt die *klassische Wahrscheinlichkeit* vor; es gibt 2500 mögliche Fälle.

a) Günstig sind hier: Startnummer 1, die 10 Nummern von 10 bis 19, die 100 Nummern von 100 bis 199 und die 1000 Nummern von 1000 bis 1999. Die gesuchte Wahrscheinlichkeit beträgt $1111/2500 = 0.4444$.

b) Jede zehnte Nummer endet mit 1, die Wahrscheinlichkeit beträgt 0.1.

32–8 Gemäss (31.3.a) bzw. (31.4.a) ist $\bar{x} = 57.5$, $\tilde{x} = 59$. Wir verwenden die klassische Wahrscheinlichkeit. Im Fall a) sind zwei von sechs Fällen günstig, die gesuchte Wahrscheinlichkeit beträgt $1/3$; im Fall b) sind es drei von sechs Fällen, hier ist die Wahrscheinlichkeit gleich $1/2$. (Das zweite Resultat ist auch ohne jede Rechnung klar, denn bei einer geraden Zahl von Messwerten ist genau die Hälfte aller Werte kleiner als der Median, weil dieser gerade durch diese Bedingung definiert ist.)

32–9 Hier wird mit der *geometrischen Wahrscheinlichkeit* gearbeitet. Das Quadrat hat den Inhalt $900\ \text{cm}^2$, der grosse Kreis den Inhalt $225\pi\ \text{cm}^2$ und der kleine den Inhalt $25\pi\ \text{cm}^2$. Es folgt für die gesuchten Wahrscheinlichkeiten: a) $25\pi/900 = 0.0873$, b) $\frac{1}{4}\frac{900-225\pi}{900} = 0.0537$.

32–10 Ein Fünfliber hat einen Durchmesser von 3.1 cm. Wir betrachten das Karo, in welchem der Mittelpunkt der Münze liegt. Diese liegt genau dann ganz innerhalb des Karos, wenn der Mittelpunkt im schraffierten Quadrat liegt. Dessen Seite misst $6-3.1 = 2.9$ cm. Unter Verwendung der *geometrischen Wahrscheinlichkeit* folgt, dass die gesuchte Wahrscheinlichkeit gleich $2.9^2/6^2 = 0.2336$ ist.

32–11 Dieses Problem lässt sich geometrisch lösen. Mit x bezeichnen wir den Abstand des markierten Punktes vom linken Ende.

a) Die Bedingung lautet $|x - (1 - x)| \le 0.1$, also $|2x - 1| \le 0.1$ oder $-0.1 \le 2x - 1 \le 0.1$. Es folgt $0.9 \le 2x \le 1.1$ oder $0.45 \le x \le 0.55$. Das für das gesuchte Ereignis günstige Intervall hat die Länge 10 cm; da der Stab 1 m lang ist, ist die gesuchte Wahrscheinlichkeit gleich 0.1.

b) Hier unterscheiden wir die Fälle $x < 0.5$ und $x \geq 0.5$. Im ersten Fall hat das längere Stück die Länge $1 - x$ und muss mehr als doppelt so lang sein als das kürzere Stück. Es muss gelten $1 - x > 2x$, woraus $x < \frac{1}{3}$ folgt (was mit $x < 0.5$ verträglich ist).

Im zweiten Fall hat das längere Stück die Länge x, und es muss $x > 2(1 - x)$ sein. Es folgt $x > \frac{2}{3}$ (verträglich mit $x \geq 0.5$).

Gesamthaft gesehen sind alle Fälle günstig, wo der markierte Punkt im Intervall $[0, \frac{1}{3})$ oder im Intervall $(\frac{2}{3}, 1]$ liegt. Diese haben zusammen die Länge $\frac{2}{3}$, und dies ist die gesuchte Wahrscheinlichkeit.

32–12 Die Lösung verwendet wie in Beispiel 32.3.F eine *geometrische Interpretation* der Wahrscheinlichkeit. In a) wird dieselbe Überlegung wie im Beispiel angestellt, nur wird die Zahl 20 durch die unbekannte Grösse T ersetzt. Man findet, da die Wahrscheinlichkeit eines Treffens gleich 0.5 sein soll,

$$\frac{3600 - (60 - T)^2}{3600} = 0.5 \,,$$

was auf die quadratische Gleichung $T^2 - 120T + 1800 = 0$ führt. Davon ist für unsere Aufgabe nur die Lösung $60 - \sqrt{1800} = 17.57$ Minuten brauchbar.

b) Wenn Xaver vor Yvonne eintrifft, d.h., wenn $x < y$ ist, dann treffen sich die beiden, falls $y - x \leq 10$ ist, denn Xaver ist maximal 10 Minuten im Café. Der für das Treffen günstige Streifen wird also begrenzt durch die Geraden $y = x$ und $y = 10 + x$. Ist aber Yvonne vor Xaver da, dann ist $x > y$, und zudem muss $x - y \leq 5$ sein. Die Grenzen für das günstige Gebiet sind die Geraden $y = x$ und $y = x - 5$ (siehe die unten stehende Figur). Die Wahrscheinlichkeit eines Treffens ist also gegeben durch

$$\frac{3600 - \frac{1}{2}55^2 - \frac{1}{2}50^2}{3600} = 0.2326 \,.$$

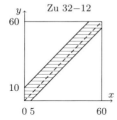

Zu 32−12

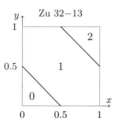

Zu 32−13

32–13 Die zufällige Auswahl von zwei reellen Zahlen x, y mit $0 \leq x, y \leq 1$ wird durch die zufällige Auswahl eines Punktes im Quadrat mit den Ecken $(0,0)$, $(0,1)$, $(1,0)$ und $(1,1)$ dargestellt. Die üblichen Rundungsregeln ergeben den Wert 0 für $0 \leq x + y < 0.5$, den Wert 1 für $0.5 \leq x + y < 1.5$ und den Wert 2 für $1.5 \leq x + y \leq 2$. Diese drei Teilbereiche des Quadrats sind durch die Geraden $y = 0.5 - x$ und $y = 1.5 - x$ begrenzt (siehe die oben stehende Figur). Die gesuchten Wahrscheinlichkeiten werden geometrisch ermittelt. Da die Dreiecke den Inhalt 1/8 haben, erhält man die gerundeten Werte 0, 1 bzw. 2 mit den Wahrscheinlichkeiten 1/8, 3/4 bzw. 1/8.

32–14 Die Nadel hat die Länge 1, der Abstand der parallelen Geraden beträgt 2. Somit trifft die Nadel höchstens eine Gerade. Mit M bezeichnen wir den Mittelpunkt der Nadel, mit g jene Gerade, die am nächsten bei M liegt. (Sollte M genau in die Mitte zwischen zwei Geraden zu liegen kommen, so kommt es nicht darauf an, welche wir wählen.) Der Abstand y von M zu g ist gleich der Länge der Strecke MB. Die Nadel trifft die Gerade genau dann, wenn dieses y kleiner als die oder gleich der Länge der Strecke MA ist. Der Figur links ist zu entnehmen, dass MA die Länge $\frac{1}{2} \sin \alpha$ hat (die Nadel hat ja die Länge 1). Dies gilt — wie Sie sich überlegen können — auch wenn der Winkel α stumpf ist. Nun interpretieren wir die Situation mit einem geometrischen Modell.

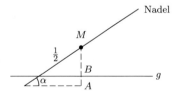 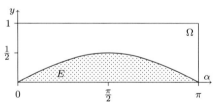

Die möglichen Lagen der Nadel werden durch die Paare (α, y) gegeben, wobei $0 \leq \alpha < \pi$ und $0 \leq y \leq 1$ ist. Die Menge dieser Punkte bildet im α-y-Koordinatensystem ein Rechteck Ω mit Inhalt $1 \cdot \pi = \pi$. Die Nadel trifft die Gerade genau dann, wenn $y \leq \frac{1}{2} \sin \alpha$ ist. Die Menge aller Paare (α, y), welche dieser Bedingung genügen, wird durch die α-Achse und die Kurve $y = \frac{1}{2} \sin \alpha$ begrenzt. Das entsprechende Flächenstück E hat den Inhalt

$$\frac{1}{2} \int_0^\pi \sin \alpha \, d\alpha = 1 \ .$$

Die gesuchte Wahrscheinlichkeit ist nun der Quotient der Inhalte von E und Ω, also wie behauptet gleich $\frac{1}{\pi}$.

(50.33) Lösungen zu Kapitel 33

33–1 Jeder der vier Artikel ist brauchbar (1) bzw. unbrauchbar (0). Der Ergebnisraum Ω besteht deshalb aus den $2^4 = 16$ Quadrupeln

$$(0\ 0\ 0\ 0), (0\ 0\ 0\ 1), (0\ 0\ 1\ 0), \ldots, (1\ 1\ 1\ 0), (1\ 1\ 1\ 1) \ .$$

a) A besteht aus den 8 Quadrupeln die mit 0 beginnen, nämlich

$$(0\ 0\ 0\ 0), (0\ 0\ 0\ 1), (0\ 0\ 1\ 0), (0\ 0\ 1\ 1), (0\ 1\ 0\ 0), (0\ 1\ 0\ 1), (0\ 1\ 1\ 0), (\ 0\ 1\ 1\ 1) \ .$$

b) $B = \{(0\ 1\ 1\ 1)\}$. Dieses Ereignis besteht nur aus einem Element, es handelt sich also um ein Elementarereignis.

c) C besteht aus allen Quadrupeln mit mindestens zwei Einsen, also

$$(0\ 0\ 1\ 1), (0\ 1\ 0\ 1), (0\ 1\ 1\ 0), (0\ 1\ 1\ 1), (1\ 0\ 0\ 1),$$
$$(1\ 0\ 1\ 0), (1\ 0\ 1\ 1), (1\ 1\ 0\ 0), (1\ 1\ 0\ 1), (1\ 1\ 1\ 0), (1\ 1\ 1\ 1).$$

d) $A \cap C - \{(0\ 0\ 1\ 1), (0\ 1\ 0\ 1), (0\ 1\ 1\ 0), (0\ 1\ 1\ 1)\}$. In Worten: "Der erste Artikel ist unbrauchbar, aber mindestens zwei sind brauchbar." Dies kann auch anders formuliert werden, z.B.: "Der erste Artikel und höchstens noch ein weiterer sind unbrauchbar."

33–2 a) $\Omega = \{$AA, ABA, ABB, BAA, BAB, BB$\}$.
b) $B = \{$ABB, BAB, BB$\}$.
c) $C = \{$ABA, ABB, BAA, BAB$\}$.
Dabei steht z.B. ABB für "Spielerin A gewinnt Satz 1, Spielerin B gewinnt Sätze 2 und 3".

33–3 $\Omega = \{\bigcirc\bigcirc, \bigcirc\times, \bigcirc\square, \times\bigcirc, \times\times, \times\square, \square\bigcirc, \square\times, \square\square\}$.
a) Kind 1 gewinnt: $\{\bigcirc\times, \times\square, \square\bigcirc\}$.
b) Kind 2 gewinnt: $\{\times\bigcirc, \square\times, \bigcirc\square\}$.
c) Unentschieden: $\{\bigcirc\bigcirc, \times\times, \square\square\}$.

33–4 $\Omega = \{x \mid x > 0\}$. Es könnte auch eine willkürliche (genügend grosse) obere Grenze für x gewählt werden, vgl. Beispiel 33.3.D.
a) $A = (0, 60)$, b) $B = [61, 65]$, c) $C = (64, \infty)$. d) $A \cap B = \varnothing$, $A \cap C = \varnothing$.

33−5 a) $\Omega = \{$KKK, KKM, KMK, KMM, MKK, MKM, MMK, MMM$\}$.

b) $E = \{$KKM, KMK, MKK$\}$, $F = \{$MKK, MKM, MMK, MMM$\}$. c) $E \cap F = \{$MKK$\}$: Das älteste Kind ist ein Mädchen, die beiden jüngeren sind Knaben. $\bar{E}$: In der Familie hat es nicht genau ein Mädchen. $\bar{E} \cap F = \{$MKM, MMK, MMM$\}$: Das älteste Kind ist ein Mädchen und hat noch mindestens eine Schwester.

33−6 a) 26 (es gibt 26 Kantone bzw. Halbkantone). b) $G = \{$GL, ZG, SG, GR, AG, TG, GE$\}$. c) $B = \{$ZH, LU, ZG, GR, AG, TI$\}$. d) $G \cap B = \{$ZG, GR, AG$\}$ ist die Menge aller Kennzeichen, auf denen sowohl der Buchstabe G als auch die Farbe blau vorkommt.

33−7 Der Ergebnisraum Ω besteht aus den 36 Paaren (m, n), wobei m und n die Zahlen von 1 bis 6 durchlaufen, vgl. Beispiel 32.3.B. a) $A = \{(1,1), (2,2), (3,3), (4,4), (5,5), (6,6)\}$. b) $B = \{(1,5), (2,4), (3,3), (4,2), (5,1)\}$. c) $C = \{(1,4), (4,1), (1,5), (5,1), (1,6), (6,1), (2,5), (5,2), (2,6), (6,2), (3,6), (6,3)\}$. d) $A \cap B = \{(3,3)\}$, $A \cap C = \varnothing$ (die Ereignisse A, C sind also unvereinbar), $B \cap C = \{(1,5), (5,1)\}$.

33−8 a) $\Omega = \{21, 22, 23, \ldots, 38, 39, 40\}$.

$A = \{21, 23, 25, 27, 29, 31, 33, 35, 37, 39\}$.

$B = \{23, 29, 31, 37\}$.

$C = \{21, 24, 27, 30, 33, 36, 39\}$.

$D = \{31, 32, 33, 34, 35, 36, 37, 38, 39, 40\}$.

b) $A \cap C \cap D = \{33, 39\}$. In Worten: Es wird eine durch 3 teilbare ungerade Zahl > 30 (und ≤ 40) gezogen.

c) $B \cap C = \varnothing$, denn eine Primzahl > 3 ist nicht durch drei teilbar.

d) Jede Primzahl > 2 ist ungerade.

33−9 Die Überlegung anhand von Venn-Diagrammen sei Ihnen überlassen. (Diese Formeln nennt man übrigens die "de Morgan-Regeln" [nach A. DE MORGAN, 1806-1871].) Für die Interpretation mit Ereignissen erfinden wir eine ganz konkrete Situation (was natürlich auf beliebig viele Arten geht): Ω sei die Menge aller Studierenden an der Universität Zürich. Das Zufallsexperiment sei die Auswahl einer Person. Mit A bezeichnen wir das Ereignis "der Vorname dieser Person beginnt mit A", B sei das Ereignis "der Nachname beginnt mit B". $A \cap B$ ist dann das Ereignis "der Vorname beginnt mit A *und* der Nachname beginnt mit B". $\overline{A \cap B}$ ist das Gegenereignis. Dieses tritt offensichtlich genau dann ein, wenn entweder der Vorname *nicht* mit A ($\bar{A}$) *oder* der Nachname *nicht* mit B ($\bar{B}$) beginnt (oder beides), wenn also $\bar{A} \cup \bar{B}$ eintritt. Damit ist die erste Formel ($\overline{A \cap B} = \bar{A} \cup \bar{B}$) bewiesen. Die zweite geht analog.

33−10 Pro memoria: Das Zeichen \ bezeichnet die "mengentheoretische Differenz" (siehe (26.2.d)): $X \setminus Y$ besteht aus allen Elementen von X, welche nicht in Y liegen.

a) $A \cup B$ besteht aus dem gesamten schraffierten Bereich, $A \cap B$ aus dem mit waag- und senkrechten Linien markierten Teil. $(A \cup B) \setminus (A \cap B)$ ist somit der aus den nur waagrecht bzw. nur senkrecht schraffierten "hakenförmigen" Teilen bestehende Bereich. Nun besteht aber der nur senkrecht schraffierte Haken

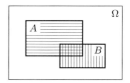

gerade aus jenen Punkten des Rechtecks Ω, welche zwar in B, nicht aber in A liegen, ist also gleich $\bar{A} \cap B$. Analog ist der andere Haken $= A \cap \bar{B}$. Daraus folgt die gesuchte Formel.

b) $(A \cup B) \setminus (A \cap B)$ ist die Menge aller Studierenden, welche entweder eine altsprachliche Matur haben oder aber Biologie studieren, aber nicht beides. Dies ist dasselbe wie die Menge all jener, welche keine solche Matur haben und Biologie studieren ($\bar{A} \cap B$)) vereinigt mit der Menge aller, welche eine altsprachliche Matur haben und nicht Biologie studieren ($A \cap \bar{B}$). So ergibt sich die Formel nochmals.

33−11 a) Ω wird durch das Quadrat mit den Eckpunkten (0,0), (0,1), (1,0) und (1,1) dargestellt.

b), c), d):

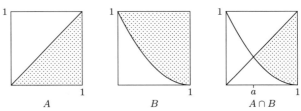

e) Der Flächeninhalt von B ist gegeben durch $1 - \int_0^1 (x-1)^2\, dx = 2/3$. Da Ω den Inhalt 1 hat, ist dies auch die gesuchte (geometrische) Wahrscheinlichkeit. f) Der Schnittpunkt ist gegeben durch die zwischen 0 und 1 liegende Lösung a der Gleichung $x = (x-1)^2$, d.h., der Gleichung $x^2 - 3x + 1 = 0$, also $a = \frac{1}{2}(3 - \sqrt{5}) = 0.3820$. Der Inhalt von $A \cap B$ und damit die Wahrscheinlichkeit von $A \cap B$ ist gleich

$$\int_a^1 \left(x - (x-1)^2 \right) dx = \frac{1}{2} - \frac{a^2}{2} + \frac{(a-1)^3}{3} = 0.3484\,.$$

(50.34) Lösungen zu Kapitel 34

34−1 Mit A (bzw. B) bezeichnen wir das Ereignis "Die Prüfung in Alphalogie (bzw. Betametrie) wird bestanden". Bekannt sind die Wahrscheinlichkeiten $P(A) = 0.8$, $P(B) = 0.7$ sowie $P(A \cap B) = 0.6$. Gesucht ist $P(\bar{A} \cap \bar{B})$. Nun ist aber $\bar{A} \cap \bar{B} = \overline{A \cup B}$. (Dies lässt sich einem Venn-Diagramm entnehmen oder aber der folgenden direkten Überlegung: Die Personen, welche in Alphalogie *und* in Betametrie durchfallen, sind genau dieselben wie jene, welche nicht in wenigstens einem der beiden Gebiete bestehen, vgl. auch Aufgabe 33−9.)

Nach Regel 7 ist nun

$$P(A \cup B) = P(A) + P(B) - P(A \cap B) = 0.8 + 0.7 - 0.6 = 0.9\,,$$

und es folgt (mit Regel 6)

$$P(\bar{A} \cap \bar{B}) = P(\overline{A \cup B}) = 1 - P(A \cup B) = 1 - 0.9 = 0.1\,.$$

Die gesuchte Wahrscheinlichkeit beträgt somit 0.1 (oder 10%).

34−2 Zunächst ist (Regel 6) $P(E) = 1 - P(\bar{E}) = 1 - 0.6 = 0.4$. Nach Regel 7 ist $P(E \cup F) = P(E) + P(F) - P(E \cap F)$. Es folgt $P(F) = P(E \cup F) + P(E \cap F) - P(E) = 0.7 + 0.2 - 0.4 = 0.5$.

34−3 A ist eine Teilmenge von B. Wir "ergänzen" A zu B wie folgt: Die Menge $B \cap \bar{A}$ ist die Menge aller Elemente von B, welche nicht in A liegen. Somit ist $B = A \cup (B \cap \bar{A})$. Ferner sind A und $B \cap \bar{A}$ unvereinbar (es ist ja $A \cap \bar{A} = \varnothing$). Aus Regel 4 folgt nun $P(B) = P(A) + P(B \cap \bar{A})$. Nach Axiom 1 ist $P(B \cap \bar{A}) \geq 0$, somit muss $P(A) \leq P(B)$ sein.

34−4 a) $A \cap B$ bedeutet, dass sowohl A als auch B eintrifft. $A \cap \bar{B}$ besagt, dass A eintrifft, dass aber B nicht eintrifft.

b)

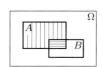

Waagrecht schraffiert: $A \cap B$.

Senkrecht schraffiert: $A \cap \bar{B}$.

c) Wie man dem obigen Diagramm entnehmen kann, ist $(A \cap B) \cup (A \cap \bar{B}) = A$. (Anstelle der Betrachtung des Diagramms kann man sich auch überlegen, dass jedes Element von A entweder in B oder in $\bar{B}$ liegen muss, was auf dieselbe Beziehung führt.) Ferner ist $(A \cap B) \cap (A \cap \bar{B}) = \varnothing$. (Dies entnimmt man wieder dem Diagramm oder aber auch der Tatsache, dass schon $B \cap \bar{B} = \varnothing$ ist.)

Nach Axiom 3 ist dann

$$P(A \cap B) + P(A \cap \bar{B}) = P((A \cap B) \cup (A \cap \bar{B})) = P(A) \, .$$

 Beachten Sie, dass hier rein abstrakt argumentiert wurde, ohne Bezugnahme auf eine konkrete Art von Wahrscheinlichkeit (klassische oder geometrische Wahrscheinlichkeit etc.).

d) Wegen c) ist $P(A \cap B) + P(A \cap \bar{B}) = P(A)$ aber auch $P(\bar{A} \cap B) + P(\bar{A} \cap \bar{B}) = P(\bar{A})$. Somit ist die gesuchte Summe $= 1$.

34−5 Die gesuchte Formel lautet

(1) $P(A \cup B \cup C) = P(A) + P(B) + P(C) - P(A \cap B) - P(A \cap C) - P(B \cap C) + P(A \cap B \cap C) \, .$

Wir interpretieren dazu Wahrscheinlichkeiten als Flächeninhalte (mit $P(\Omega) = 1$). Wir müssen den Inhalt von $A \cup B \cup C$ bestimmen. Wenn wir $P(A) + P(B) + P(C)$ bilden, dann werden die "Kreisbogendreiecke" X, Y und Z doppelt, das "Kreisbogendreieck" M sogar dreifach gezählt. Bilden wir nun $P(A) + P(B) + P(C) - P(A \cap B) - P(A \cap C) - P(B \cap C)$, so haben wir die doppelte Zählung von X, Y und Z kompensiert, denn es ist ja $A \cap B = X \cup M$ usw. Allerdings ist dabei das in $P(A) + P(B) + P(C)$ dreifach gerechnete Stück $M = A \cap B \cap C$ auch dreifach subtrahiert worden. Da es aber einmal mit berücksichtigt werden muss, addieren wir $P(A \cap B \cap C)$ wieder und finden schliesslich die gesuchte Formel (1).

Eine rechnerische Behandlung ergibt sich, indem wir zunächst $A \cup B \cup C$ in der Form $(A \cup B) \cup C)$ schreiben und die Regel 7 anwenden:

(2) $P(A \cup B \cup C) = P((A \cup B) \cup C) = \underline{P(A \cup B)} + P(C) - \underline{P((A \cup B) \cap C)} \, .$

Wir wenden nun Regel 7 nochmals an, indem wir

(3) $P(A \cup B) = P(A) + P(B) - P(A \cap B)$

schreiben. Wie leicht einzusehen ist, ist $(A \cup B) \cap C = (A \cap C) \cup (B \cap C)$. Nochmalige Anwendung von Regel 7 liefert

(4) $P((A \cup B) \cap C) = P((A \cap C) \cup (B \cap C)) = P(A \cap C) + P(B \cap C) - P(A \cap B \cap C) \, .$

Ersetzt man nun in (2) die unterstrichenen Terme durch (3) bzw. (4) und ordnet etwas um, so kommt gerade die Formel (1) heraus.

34−6 Da Axiom 1* für alle Ereignisse gilt, folgt, dass auch $0 \leq P(\bar{E})$ ist. Nun ist aber $E \cap \bar{E} = \varnothing$, $E \cup \bar{E} = \Omega$, und die Axiome 2 und 3 liefern dann $1 = P(\Omega) = P(E) + P(\bar{E})$. Wegen $0 \leq P(\bar{E})$ muss $P(E) \leq 1$ sein.

(50.35) Lösungen zu Kapitel 35

35–1 a) Die Vorgaben bedeuten: $P(6) = 3P(1)$, $P(2) = P(3) = P(4) = P(5) = \frac{1}{2}P(6)$. Die Summe dieser Wahrscheinlichkeiten ist 1 und man erhält $3P(1) + 4 \cdot \frac{1}{2} \cdot 3P(1) + P(1) = 1$, woraus sich $10P(1) = 1$, also $P(1) = 0.1$ ergibt. Diese Wahrscheinlichkeiten lassen sich in der folgenden Tabelle zusammenfassen:

Augenzahl	1	2	3	4	5	6
Wahrscheinlichkeit	0.1	0.15	0.15	0.15	0.15	0.3

(Streng genommen müsste man $P(\{1\})$ usw. schreiben [vgl. den Anfang von (35.2)], wir bevorzugen die einfachere Form $P(1)$ etc.)

b) $P(\text{ungerade Zahl}) = P(1) + P(3) + P(5) = 0.4$.

c) Wir müssen alle Teilmengen von $\Omega = \{1, 2, 3, 4, 5, 6\}$ bestimmen, bei denen die Summe der Wahrscheinlichkeiten der zugehörigen Ergebnisse (genauer: Elementarereignisse) gleich 0.3 ist. Ausprobieren ergibt die folgenden sieben Ereignisse:

$$\{6\}, \{2, 3\}, \{2, 4\}, \{2, 5\}, \{3, 4\}, \{3, 5\}, \{4, 5\}.$$

35–2 a) Mit α_i bezeichnen wir den Winkel des Sektors Nummer i ($i = 1, 2, 3, 4$). Hier liegt eine geometrische Interpretation der Wahrscheinlichkeit vor; die Wahrscheinlichkeiten sind proportional zu den Winkeln (statt den Winkeln könnte man ebenso gut auch die Flächeninhalte betrachten). Die Vorgaben besagen: $\alpha_2 = 3\alpha_1$, $\alpha_3 = 3\alpha_2 = 9\alpha_1$, $\alpha_4 = 3\alpha_3 = 27\alpha_1$. Die Summe der Winkel muss 360° betragen: $\alpha_1 + \alpha_2 + \alpha_3 + \alpha_4 = 40\alpha_1 = 360°$. Daraus erhalten wir $\alpha_1 = 9°$, $\alpha_2 = 27°$, $\alpha_3 = 81°$, $\alpha_1 = 243°$. (Natürlich können diese Winkel auch im Bogenmass angegeben werden: $\frac{1}{20}\pi$, $\frac{3}{20}\pi$, $\frac{9}{20}\pi$, $\frac{27}{20}\pi$.)

b) Die Wahrscheinlichkeiten betragen

Sektor	1	2	3	4
Wahrscheinlichkeit	$\frac{1}{40}$	$\frac{3}{40}$	$\frac{9}{40}$	$\frac{27}{40}$

Es folgt $P(\text{gerade Zahl}) = P(2) + P(4) = 0.75$.

c) Analog: $P(\text{keine } 4) = 1 - P(4) = \frac{13}{40} = 0.325$.

35–3 a) Mit den Abkürzungen $r = $ rot, $b = $ blau, $g = $ grün sowie dem Symbol $\vee$ für "oder" schreibt sich die Angaben wie folgt:

(1) $$P(r \vee b) = P(r) + P(b) = P(g),$$

(2) $$P(b \vee g) = P(b) + P(g) = 2P(r).$$

Durch Subtraktion ((1) − (2)) findet man $[P(r) + P(b)] - [P(b) + P(g)] = P(g) - 2P(r)$, woraus $3P(r) = 2P(g)$, also

(3) $$P(r) = \frac{2}{3}P(g)$$

folgt. (1) liefert weiter $\frac{2}{3}P(g) + P(b) = P(g)$ oder

(4) $$P(b) = \frac{1}{3}P(g).$$

Wegen $P(r) + P(b) + P(g) = 1$ erhält man aus (3) und (4) schliesslich $P(r) = \frac{1}{3}$, $P(b) = \frac{1}{6}$, $P(g) = \frac{1}{2}$. Die zugehörigen Winkel betragen dann 120°, 60° und 180°.

b) $P(r \vee g) = P(r) + P(g) = \frac{5}{6}$.

35−4 Es gibt total $6^3 = 216$ mögliche Fälle. Wir bestimmen nun die Anzahl der günstigen Fälle.

a) Ungünstig sind die sechs Fälle $11x$ ($x = 1, \ldots, 6$), sowie 121 und 122. Somit ist die gesuchte Wahrscheinlichkeit $p = 208/216 = 0.9630$.

b) Hier geht es schneller, wenn wir die günstigen Fälle zählen. Es sind dies die 72 Fälle xyz mit $x = 5, 6$ sowie $y = 1, \ldots, 6$ und $z = 1, \ldots, 6$, die sechs Fälle $46z$ und der Fall 456. Somit ist $p = 79/216 = 0.3657$.

c) Hier gibt es nur 36 günstige Fälle, nämlich $6xy$ mit $x, y = 1, \ldots, 6$. Es ist $p = 36/216 = 1/6$.

35−5 Total gibt es $6^6 = 46656$ Möglichkeiten. Wir bestimmen die Anzahl der günstigen Fälle. Der 1. Würfel kann auf alle 6 Arten liegen, der 2. Würfel nur noch auf 5 Arten (alle Augenzahlen bis auf jene des 1. Würfels), der 3. Würfel auf 4 Arten (alle Augenzahlen bis auf jene des 1. und des 2. Würfels), etc. Dies führt auf $6 \cdot 5 \cdot 4 \cdot 3 \cdot 2 \cdot 1 = 720$ günstige Fälle. Die gesuchte Wahrscheinlichkeit ist somit $= 720/46656 = 5/324 = 0.0154$.

35−6 Zwischen 1000 und 9999 gibt es 9000 natürliche Zahlen (1000 und 9999 eingeschlossen), also gibt es 9000 mögliche Fälle. Wieviele Fälle sind günstig? Die erste Ziffer kann die Werte von 1 bis 9 annehmen: 9 Möglichkeiten. Die zweite Ziffer kann die Werte von 0 bis 9 annehmen, jedoch nicht den Wert der 1. Ziffer, dies ergibt 9 Möglichkeiten. Die 3. Ziffer kann wieder die Werte von 0 bis 9 annehmen, mit Ausnahme der Werte der 1. und der 2. Ziffer: 8 Möglichkeiten. Analog erhalten wir 7 Möglichkeiten für die letzte Ziffer. Insgesamt gibt es $9 \cdot 9 \cdot 8 \cdot 7$ günstige Fälle. Die gesuchte Wahrscheinlichkeit beträgt daher

$$\frac{9 \cdot 9 \cdot 8 \cdot 7}{9000} = 0.504 \, .$$

35−7 Zwischen A und B gibt es 9 mögliche Ausgänge, die alle gleich wahrscheinlich sind:

A:	1	1	1	6	6	6	8	8	8
B:	3	5	7	3	5	7	3	5	7

A gewinnt in 5 Fällen, also ist $P(A$ schlägt $B) = 5/9$.

Für B und C bzw. C und A sehen die Tabellen wie folgt aus:

B:	3	3	3	5	5	5	7	7	7
C:	2	4	9	2	4	9	2	4	9

C:	2	2	2	4	4	4	9	9	9
A:	1	6	8	1	6	8	1	6	8

Man erhält die Wahrscheinlichkeiten $P(B$ schlägt $C) = 5/9$, $P(C$ schlägt $A) = 5/9$.

Bemerkenswert ist, dass es keinen "besten" Würfel gibt. Auf lange Sicht ist zwar A besser als B, B ist besser als C, aber C ist besser als A.

35−8 Die Felder, von denen aus die Dame dem König K Schach bietet, sind mit Punkten markiert.

a) 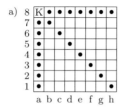   b)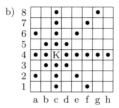

Von den 63 Möglichkeiten sind im Fall a) 21, im Fall b) 25 günstig. Die gesuchten Wahrscheinlichkeiten betragen also a) 1/3, b) $25/63 = 0.3968$.

35−9   Gemäss Beispiel 35.4.A gibt es $\binom{45}{6} = 8145060$ mögliche Fälle. Nun gibt es 6 Gewinnzahlen
und eine Zusatzzahl. Günstig für einen Fünfer mit Zusatzzahl sind die Fälle, wo aus den
6 Gewinnzahlen 5 ausgewählt werden sowie die eine Zusatzzahl angekreuzt wird. Dies ergibt
$\binom{6}{5} \cdot \binom{1}{1} = 6$ günstige Fälle. Die gesuchte Wahrscheinlichkeit beträgt $6/8145060 = 0.0000007366$.

35−10 Da sechs Zahlen gezogen werden, ist das grösstmögliche $k = 40$. Somit ist $P(E_k) = 0$ für
$41 \leq k \leq 45$.

Wir nehmen nun an, es sei $1 \leq k \leq 40$. Das Ereignis E_k tritt dann ein, wenn k gezogen wurde
und wenn die übrigen fünf Zahlen aus dem Bereich $k+1, \ldots, 45$ stammen. Dieser enthält $45 - k$
Zahlen, daher ist $|E_k| = \binom{45-k}{5}$.

Mit $|\Omega| = \binom{45}{6}$ (vgl. Beispiel 35.4.A) folgt

$$P(E_k) = \frac{\binom{45-k}{5}}{\binom{45}{6}} = \frac{6 \cdot (45-k)(44-k)(43-k)(42-k)(41-k)}{45 \cdot 44 \cdot 43 \cdot 42 \cdot 41 \cdot 40}, \quad (k \leq 40) \, .$$

35−11 Gemäss (48.6) gibt es 3^{13} mögliche Fälle. Wir bestimmen die Anzahl der günstigen Fälle: Es
gibt $\binom{13}{2} = 78$ Möglichkeiten, aus den 13 Spielen die zwei falsch getippten Spiele zu wählen.
Für jede Wahl dieser zwei Spiele gibt es $2 \cdot 2$ Möglichkeiten, die Tipps falsch zu wählen. (Wäre
beispielsweise $(1, 1)$ richtig, so wären $(x, x), (x, 2), (2, x)$ und $(2, 2)$ die Möglichkeiten für falsche
Tipps.) Die Anzahl der günstigsten Fälle ist also $78 \cdot 4 = 312$ und die gesuchte Wahrscheinlichkeit beträgt $312/3^{13} = 0.0001957$.

35−12 a) Für jeden Würfel gibt es 3, total also $3^3 = 27$ Möglichkeiten. Die Anzahl der günstigen
Fälle entspricht den möglichen Anordnungen der drei Farben, ist also $= 3! = 6$. Die gesuchte
Wahrscheinlichkeit ist $= \frac{6}{27} = 0.2222$.

b) Bei vier Würfeln gibt es $3^4 = 81$ Möglichkeiten. Hier ist es einfacher, die ungünstigen Fälle
zu zählen. Dazu gibt es zwei Fälle:

Fall A: Es liegt nur eine Farbe oben: Hier gibt es offensichtlich 3 Möglichkeiten ($rrrr$ etc.).

Fall B: Es liegen nur zwei Farben oben. Dann gibt es zwei "Unterfälle":

$\quad$ B_1: Drei Würfel haben die eine, ein Würfel die zweite Farbe: Der einzelne Würfel
$\quad$ kann innerhalb der vier Würfel an vier Stellen stehen, und er kann jede der drei Farben
$\quad$ haben. Für die Farbe der drei andern bleiben dann noch je zwei Möglichkeiten übrig.
$\quad$ Total haben wir $4 \cdot 3 \cdot 2 = 24$ Möglichkeiten.

$\quad$ B_2: Es gibt zwei Würfel mit je zwei Farben. Die eine Farbe kann an $\binom{4}{2} = 6$ Stellen
$\quad$ stehen, die Stellen mit der andern Farbe sind dann gegeben. Da es von beiden Farben
$\quad$ je zwei Würfel hat, gibt es hier nur drei Möglichkeiten für die Farbzusammenstellung,
$\quad$ nämlich rb, rg, bg. Total gibt es $6 \cdot 3 = 18$ Möglichkeiten.

Die Gesamtzahl der ungünstigen Fälle finden wir durch Addition der Werte aus A, B_1 und B_2,
sie beträgt 45. Damit gibt es $81 - 45 = 36$ günstige Fälle: Die gesuchte Wahrscheinlichkeit ist
$\frac{36}{81} = 0.4444$.

35−13 Die Anzahl der Möglichkeiten, 6 Zwiebeln in eine Reihe zu setzen, beträgt $6! = 720$. Wieviele
davon sind günstig? Wenn wir nur auf die Reihenfolge der 3 Farben achten, dann gibt es
zunächst $3! = 6$ Möglichkeiten. Eine davon ist beispielsweise die Reihenfolge $ggvvww$. Da wir
aber die einzelnen Zwiebeln unterscheiden, müssen wir genauer schreiben

$$g_1 g_2 v_1 v_2 w_1 w_2 \, .$$

Man sieht nun, dass man die beiden Zwiebeln derselben Farbe noch vertauschen kann (Beispiel:
$g_2 g_1 v_1 v_2 w_1 w_2$). Somit gibt es für jede der 6 Farbreihenfolgen $2 \cdot 2 \cdot 2 = 8$ Möglichkeiten, total
also $6 \cdot 8 = 48$ günstige Fälle. Es folgt für die gesuchte Wahrscheinlichkeit p : $p = \frac{6 \cdot 8}{6!} = \frac{1}{15} = 0.0667$.

35−14 Die Überlegungen sind dieselben wie beim Zahlenlotto (Beispiel 35.4.A). Zunächst gibt es $\binom{12}{3} = 220$ Möglichkeiten, 3 Farbstifte aus 12 auszuwählen.

a) Um genau einen roten zu erhalten, hat man $8 = \binom{8}{1}$ Möglichkeiten für die Wahl des roten und $\binom{4}{2}$ für die Wahl der beiden blauen. Dies führt auf die gesuchte Wahrscheinlichkeit von

$$\frac{\binom{8}{1}\binom{4}{2}}{\binom{12}{3}} = \frac{8 \cdot 6}{220} = \frac{12}{55} = 0.2182 .$$

b) Hier ist es am besten, mit dem Gegenereignis zu arbeiten. "Kein blauer Stift" bedeutet, dass alle drei ausgewählten Stifte rot sind. Dazu müssen aus den acht roten drei ausgewählt werden, was auf $\binom{8}{3} = 56$ Arten geht. Für mindestens einen blauen gibt es also $220 - 56 = 164$ Möglichkeiten. Die gesuchte Wahrscheinlichkeit ist gleich $\frac{164}{220} = 0.7455$.

35−15 Es gibt $\binom{15}{6}$ Möglichkeiten, die 6 Schweizerinnen auf die 15 Startplätze zu verteilen. Günstig für das betrachtete Ereignis sind genau die Fälle, wo für diese die Startnummern 1 bis 4 sowie zwei weitere zwischen 5 und 15 ausgelost wurden. Dafür gibt es $\binom{11}{2}$ Möglichkeiten und wir finden für unsere Wahrscheinlichkeit

$$\frac{\binom{11}{2}}{\binom{15}{6}} = \frac{\frac{11 \cdot 10}{2 \cdot 1}}{\frac{15 \cdot 14 \cdot 13 \cdot 12 \cdot 11 \cdot 10}{6 \cdot 5 \cdot 4 \cdot 3 \cdot 2 \cdot 1}} = \frac{1}{91} = 0.0110 .$$

35−16 Mögliche Fälle: Es gibt 8! Anordnungen von 8 Äpfeln. Günstige Fälle: Die faulen Äpfel können auf den Plätzen 1 bis 3, 2 bis 4, ..., 6 bis 8 stehen (6 Möglichkeiten). Innerhalb jeder dieser Möglichkeiten können die drei faulen beliebig angeordnet werden (3! Möglichkeiten), ebenso die fünf guten (5! Möglichkeiten). Die Anzahl der günstigen Fälle ist also $= 6 \cdot 3! \cdot 5!$ und die gesuchte Wahrscheinlichkeit beträgt

$$\frac{6 \cdot 3! \cdot 5!}{8!} = \frac{6 \cdot 6}{8 \cdot 7 \cdot 6} = \frac{3}{28} = 0.1071 .$$

35−17 Damit drei Strecken ein Dreieck bilden können, muss die Summe der Längen der beiden kürzesten Seiten grösser sein als die Länge der längsten Seite. Zunächst gibt es $\binom{5}{3} = 10$ Möglichkeiten der Auswahl, die man einfach anschreiben und kontrollieren könnte. Die Lösung geht noch etwas rascher, wenn man beachtet, dass die Seite der Länge 1 sicher nie zu einem Dreieck gehört. Es bleiben also die Zahlen 3, 5, 7, 9 übrig und somit $\binom{4}{3} = 4$ Möglichkeiten, nämlich (3,5,7), (3,5,9), (3,7,9) und (5,7,9). Bis auf die zweite liefern alle ein Dreieck, so dass die gesuchte Wahrscheinlichkeit $= \frac{3}{10} = 0.3$ ist.

35−18 Betrachten wir zunächst den Fall $n = 2$. Das Gegenereignis zu E "beide sind am selben Wochentag geboren" ist $\overline{E}$ "beide sind an verschiedenen Wochentagen geboren worden". Für die beiden Personen gibt es total 7^2 mögliche Wochentagskombinationen. Davon sind für $\overline{E}$ $7 \cdot 6 = 42$ günstig, denn für die erste Person stehen alle sieben Wochentage zur Verfügung, für die zweite aber nur noch sechs (da die Wochentage verschieden sein sollen). Für $n = 2$ folgt also $P(\overline{E}) = 42/49 = 6/7$, woraus sich $P(E) = 1/7 = 0.1429$ ergibt. Analog geht es für $n = 3$: Es gibt 7^3 mögliche Fälle, davon sind $7 \cdot 6 \cdot 5$ für das Gegenereignis $\overline{E}$ günstig. Man erhält so $P(E) = 1 - 7 \cdot 6 \cdot 5/7^3 = 0.3878$. Nun sollte es klar sein, dass für die Wahrscheinlichkeit p_k des Ereignisses "k Personen sind an verschiedenen Wochentagen geboren worden" gilt:

$$p_k = 1 - \frac{\overbrace{7 \cdot 6 \cdot 5 \cdot \cdots}^{k \text{ Faktoren}}}{7^k} = 1 - \frac{7!}{(7-k)! \cdot 7^k}$$

Die zahlenmässige Ausrechnung liefert

Anzahl Personen	2	3	4	5	6	7
Wahrscheinlichkeit	0.1429	0.3878	0.6501	0.8501	0.9572	0.9939

(Für $n \geq 8$ ist es natürlich sicher, dass mindestens zwei Personen am selben Wochentag Geburtstag haben.)

Eine kleine Ergänzung: Dieselbe Rechnung lässt sich auch statt für die Wochentage für die 365 Tage des Jahres (Schaltjahre einmal ausgenommen) durchführen. Die Frage lautet dann: Wie gross ist die Wahrscheinlichkeit dafür, dass mindestens zwei Personen an unserm Fest am gleichen Tag Geburtstag haben? Die Überlegung geht genau gleich (mit 365 statt 7); nur die Rechenarbeit wird grösser. Unter anderem ergibt sich dann: Für 22 Personen ist die Wahrscheinlichkeit dafür, dass mindestens zwei denselben Geburtstag haben = 0.476, für 23 Personen aber schon = 0.507, also grösser als 50%. Bei 47 Personen ist sie = 0.954 und von 57 Personen an ist sie grösser als 99%. Und als letztes Beispiel: Für 100 Personen beträgt sie 0.99999969.

35−19 a) Wir tabellieren die möglichen Fälle und markieren die günstigen (alle haben den falschen Mantel) mit einem ∗.

$n = 2$:	Mantel Nr.	1	2		$n = 3$:	Mantel Nr.	1	2	3		
	Person Nr.	1	2			Person Nr.	1	2	3		
$p_2 = 1/2$.		2	1	∗			1	3	2		
							2	1	3		
							2	3	1	∗	
							3	1	2	∗	
					$p_3 = 1/3$.		3	2	1		

$n = 4$: Hier gibt es $4! = 24$ mögliche Fälle. Wir brauchen nicht alle aufzuschreiben. Jene, die mit "1" beginnen, können wir sicher weglassen. Es bleiben:

2 1 3 4	3 1 2 4	4 1 2 3 ∗
2 1 4 3 ∗	3 1 4 2 ∗	4 1 3 2
2 3 1 4	3 2 1 4	4 2 1 3
2 3 4 1 ∗	3 2 4 1	4 2 3 1
2 4 1 3 ∗	3 4 1 2 ∗	4 3 1 2 ∗
2 4 3 1	3 4 2 1 ∗	4 3 2 1 ∗

Da 9 günstige Fälle verbleiben, ist $p_4 = 9/24 = 3/8$.

Natürlich gibt es systematischere Überlegungen, die über das blosse Auflisten hinausgehen. Als allgemeines Resultat, das ohne Beweis angegeben sei, findet man

$$p_n = 1 - \frac{1}{1!} + \frac{1}{2!} - \frac{1}{3!} + \ldots + \frac{(-1)^n}{n!}.$$

Die rechte Seite ist der Anfang der Reihe für e^{-1}, vgl. (19.8.a). Für grosse n ist daher $a_n \approx e^{-1} = 0.3679$.

b) Die erste Person hat 12 Mäntel zur Wahl, die zweite 11 usw. Dies ergibt total $12 \cdot 11 \cdot 10 \cdot 9$ mögliche Fälle. Davon ist nur ein einziger günstig. Die gesuchte Wahrscheinlichkeit ist gleich 0.00008418.

35−20 Die vorläufig unbekannte Zahl der Würfe sei n. Bei n Würfen ist die Zahl der möglichen Ausgänge 2^n. Das Ereignis E "es erscheint nie Kopf" hat dann die Wahrscheinlichkeit $1/2^n$.
a) Gesucht ist das grösste n so, dass $1/2^n \geq 0.1$, d.h. $2^n \leq 10$ ist. Hier sieht man direkt, das dies für $n = 3$ der Fall ist ($2^3 = 8$, $2^4 = 16$). Man darf also höchstens dreimal werfen.

b) Dies geht wie a), nur ist 0.1 durch 10^{-10} zu ersetzen, es muss also $2^n \leq 10^{10}$ sein. Hier ist Ausprobieren wenig empfehlenswert, besser ist es, den Logarithmus, etwa den Zehner-Logarithmus Log, zu verwenden:

$$2^n \leq 10^{10} \Longrightarrow \mathrm{Log}\, 2^n \leq \mathrm{Log}\, 10^{10} \Longrightarrow n\, \mathrm{Log}\, 2 \leq 10\, \mathrm{Log}\, 10 = 10 \,.$$

Wegen $\mathrm{Log}\, 2 = 0.30103$ finden wir $n \leq 10/\mathrm{Log}\, 2 = 33.2193$. Man darf also höchstens 33-mal werfen.

35−21 Die Teilintervalle bilden eine geometrische Folge mit Anfangsglied 1 und Quotient $q = \frac{2}{3}$. Die Summe der zugehörigen geometrischen Reihe ist gemäss (19.4.a) gleich $1/(1-q) = 3$. Dies ist gerade die angegebene Stablänge. Da sich unsere Mücke zufällig auf der Leiste niederlässt, ist die Wahrscheinlichkeit dafür, dass sie dies im ersten schwarzen Stück (mit Länge 1 m) tut, gleich $\frac{1}{3}$. Das zweite schwarze Stück hat die Länge $\frac{4}{9}$, die entsprechende Wahrscheinlichkeit ist gleich $\frac{1}{3} \cdot \frac{4}{9}$. So weiterfahrend sieht man, dass die Gesamtwahrscheinlichkeit gleich

$$\frac{1}{3} \cdot \left(1 + \left(\frac{4}{9}\right) + \left(\frac{4}{9}\right)^2 + \left(\frac{4}{9}\right)^3 + \ldots\right) = \frac{1}{3} \cdot \frac{1}{1 - \frac{4}{9}} = \frac{1}{3} \cdot \frac{9}{5} = \frac{3}{5}$$

ist. Dabei wurde erneut die Summenformel für die geometrische Reihe (diesmal mit $q = \frac{4}{9}$) benützt.

35−22 a) $p_k = \frac{1}{k(k+1)}$. b) Durch einen kleinen Trick (vgl. Aufgabe 19−4, a)) lässt sich die Teilsumme s_n der Reihe $\sum_{k=1}^{\infty} p_k$ leicht berechnen:

$$s_n = \sum_{k=1}^{n} \frac{1}{k(k+1)} = \left(\frac{1}{1} - \frac{1}{2}\right) + \left(\frac{1}{2} - \frac{1}{3}\right) + \left(\frac{1}{3} - \frac{1}{4}\right) + \ldots + \left(\frac{1}{n} - \frac{1}{n+1}\right) = 1 - \frac{1}{n+1} \,.$$

Es folgt $\lim_{n \to \infty} s_n = 1$. Damit konvergiert die Reihe und hat die Summe 1.

c) Die Wahrscheinlichkeit für einen Gewinn von $\leq n$ Franken ist gleich

$$\sum_{k=1}^{n} p_k = \sum_{k=1}^{n} \frac{1}{k(k+1)} = s_n = 1 - \frac{1}{n+1}$$

(vgl. b)).

(50.36) Lösungen zu Kapitel 36

36−1 Der Übersichtlichkeit halber stellen wir die Daten in Tabellenform dar: Die Zahlen in fetter Schrift sind von der Aufgabenstellung her gegeben, jene in kursiver Schrift findet man dann durch eine einfache Rechnung.

$I \cap G$	$N \cap G$	G
$I \cap K$	$N \cap K$	K
I	N	Ω

250	*100*	*350*
50	**100**	*150*
300	*200*	**500**

Nun liest man sofort ab: a) $P(I) = \frac{300}{500} = 0.6$, b) $P(G) = \frac{350}{500} = 0.7$, c) $P(K) = \frac{150}{500} = 0.3$, d) $P(I \cap G) = \frac{250}{500} = 0.5$, e) $P(G|I) = \frac{P(G \cap I)}{P(I)} = \frac{250}{300} = 0.8333$, f) $P(I|G) = \frac{P(I \cap G)}{P(G)} = \frac{250}{350} = 0.7143$.

36−2 In 30 der 36 möglichen Fälle sind die beiden Augenzahlen verschieden. Das Ereignis A "die beiden Augenzahlen sind verschieden" hat also die Wahrscheinlichkeit 5/6.

a) Es sei B das Ereignis "mindestens eine Sechs". $A \cap B$ bedeutet dann "genau eine Sechs" und besteht aus 10 Ergebnissen. Es folgt $P(B|A) = \frac{P(A \cap B)}{P(A)} = \frac{10/36}{5/6} = \frac{1}{3} = 0.3333$.

b) Es sei C das Ereignis "beide Würfel zeigen eine 5". Dann ist $A \cap C = \varnothing$, und es ist $P(C|A) = \frac{P(A \cap C)}{P(A)} = 0$.

c) Es sei D das Ereignis "der erste Würfel zeigt eine 4". $A \cap D$ besteht dann aus 5 Ergebnissen. Wir finden $P(D|A) = \frac{P(A \cap D)}{P(A)} = \frac{5/36}{5/6} = \frac{1}{6} = 0.1667$.

d) Es sei E das Ereignis "die Summe der Augenzahlen ist 6". Dann ist $A \cap E = \{(1,5), (2,4), (4,2), (5,1)\}$. Es folgt $P(E|A) = \frac{P(A \cap E)}{P(A)} = \frac{4/36}{5/6} = \frac{2}{15} = 0.1333$.

36−3 Das Ereignis E "die beiden treffen sich" wird wie im Beispiel 32.3.F durch die schraffierte Fläche dargestellt und hat die Wahrscheinlichkeit $2000/3600 = 5/9$. Das Ereignis F "beide kommen nach 12 Uhr 30" wird durch die Punkte im Innern des dick umrandeten Quadrats beschrieben und hat offensichtlich die Wahrscheinlichkeit 1/4. Das Ereignis $E \cap F$ schliesslich ist der Teil der schraffierten Fläche, der zugleich im Quadrat liegt. Dieser besteht aus der Fläche des Quadrats (mit Inhalt 900) abzüglich der beiden kleinen Dreiecke mit Kathetenlänge 10, die zusammen den Inhalt 100 haben.

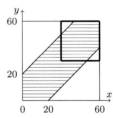

Es folgt $P(E \cap F) = \frac{900-100}{3600} = \frac{2}{9}$, und die gesuchte bedingte Wahrscheinlichkeit ist gleich

$$P(E|F) = \frac{P(E \cap F)}{P(F)} = \frac{2/9}{1/4} = \frac{8}{9} = 0.8889 \,.$$

36−4 Die möglichen Zustände des Strassennetzes lassen sich in der Form OXXX etc. darstellen; OXXX beispielsweise steht für "Baustelle 1 passierbar, die übrigen Baustellen geschlossen". Es gibt im ganzen $2^4 = 16$ Kombinationsmöglichkeiten, d.h. $|\Omega| = 16$. Das Ereignis E tritt in den 8 Fällen ein, wo an der ersten Stelle O steht. Betrachten des Plans ergibt schliesslich, dass man von Aadorf nach Zettstadt kommt, falls eine der 11 Möglichkeiten

OOOO, OOOX, OOXO, OXOO, OOXX, OXOX, OXXO, XOOO, XOOX, XOXO, XOXX.

eintritt. Diese Ergebnisse bilden das Ereignis F. Es folgt

$$P(E) = 8/16 = \frac{1}{2}, \; P(F) = \frac{11}{16} = 0.6875, \; P(F|E) = \frac{P(F \cap E)}{P(E)} = \frac{7/16}{8/16} = \frac{7}{8} = 0.875 \,.$$

36−5 Wenn ich im dick markierten Teil des Zeitplans eintreffe, besteige ich das Tram B, sonst das Tram A.

| 0 | 3 | | 10 | 13 | | 20 | 23 |
| A | B | | A | B | | A | B |

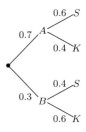

Wenn A (bzw. B) das Ereignis "ich erwische Tram A (bzw. Tram B)" bezeichnet, dann ist also $P(A) = 0.7$, $P(B) = 0.3$. Ist ferner S das Ereignis "ich finde einen Sitzplatz", so sind die *bedingten* Wahrscheinlichkeiten $P(S|A) = 0.6$, $P(S|B) = 0.4$ bekannt. Aus dem Baumdiagramm (K bedeutet "kein Sitzplatz") liest man nun ab: a) $P(S) = 0.7 \cdot 0.6 + 0.3 \cdot 0.4 = 0.54$.
b) $P(A|S) = \frac{P(A \cap S)}{P(S)} = \frac{0.7 \cdot 0.6}{0.54} = \frac{7}{9} = 0.7778$.

36−6 Wir kürzen die Farben mit r, g, b ab. Am Anfang sind 25 der 50 Gummibärchen rot. Wenn mein Kollege ein rotes zieht, so ist die Wahrscheinlichkeit dafür, im zweiten Zug auch ein solches zu erwischen, natürlich noch $= 24/49$ (die Bärchen werden ja nicht zurückgelegt). So erklärt sich die Beschriftung der beiden obersten "Äste". Die andern gehen analog.

a) $P(\{rr, bb, gg\}) = \dfrac{25}{50} \cdot \dfrac{24}{49} + \dfrac{15}{50} \cdot \dfrac{14}{49} + \dfrac{10}{50} \cdot \dfrac{9}{49} = 0.3673$.

b) $P(\{rg, bg, gr, gb\}) = \dfrac{25}{50} \cdot \dfrac{10}{49} + \dfrac{15}{50} \cdot \dfrac{10}{49} + \dfrac{10}{50} \cdot \dfrac{25}{49} + \dfrac{10}{50} \cdot \dfrac{15}{49} = 0.3265$.

c) $P(\{rr, rb, rg, br, gr\}) = \dfrac{25}{50} + \dfrac{15}{50} \cdot \dfrac{25}{49} + \dfrac{10}{50} \cdot \dfrac{25}{49} = 0.7551$.

36−7 Mit den offensichtlichen Bezeichnungen für die Farben erhalten wir das folgende Baumdiagramm (die einzelnen Wahrscheinlichkeiten $4/20 = 0.2$, $6/20 = 0.3$ und $10/20 = 0.5$ sind klar):

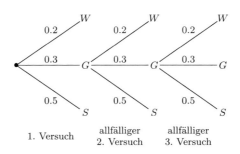

Die Wahrscheinlichkeit, nach den Spielregeln eine weisse Kugel zu ziehen, beträgt $p = 0.2 + 0.3 \cdot 0.2 + 0.3 \cdot 0.3 \cdot 0.2 = 0.278$.

36−8 Mit den Abkürzungen E = Einheimischer, F = Fremder, S = Sennenkäppliträger, K = kein Sennenkäppli und den gegebenen Wahrscheinlichkeiten erhalten wir das nebenstehende Baumdiagramm. Man entnimmt ihm die gesuchte bedingte Wahrscheinlichkeit:

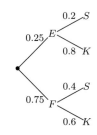

$$P(E|S) = \frac{P(E \cap S)}{P(S)} = \frac{0.25 \cdot 0.2}{0.25 \cdot 0.2 + 0.75 \cdot 0.4} = \frac{1}{7} = 0.1429 \,.$$

36−9 Mit den Abkürzungen b = "brauchbar" und d = "defekt" erhalten wir das nebenstehende Baumdiagramm:
Es folgt a) $P(b) = 0.5 \cdot 0.9 + 0.3 \cdot 0.95 + 0.2 \cdot 0.98 = 0.931$ und

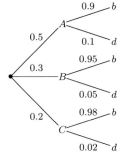

b) $P(A|d) = \dfrac{0.5 \cdot 0.1}{0.5 \cdot 0.1 + 0.3 \cdot 0.05 + 0.2 \cdot 0.02} = 0.7246.$

36−10 Mit Z bezeichnen wir das Ereignis "Augensumme 10", mit G das Gegenereignis. Von den 36 möglichen Fällen sind 3 (nämlich (6,4), (5,5) und (4,6)) günstig für Z. Somit ist $P(Z) = 1/12$, $P(G) = 11/12$. Das unendliche Baumdiagramm sieht so aus:

$$\begin{array}{ccccccccc}
& \frac{11}{12} & & \frac{11}{12} & & \frac{11}{12} & & \frac{11}{12} & \frac{11}{12} \\
\bullet\!\!-\!\!\!\!\!& G &\!\!\!\!\!-\!\!\!\!\!& G &\!\!\!\!\!-\!\!\!\!\!& G &\!\!\!\!\!-\!\!\!\!\!& G & -\ -\ -\ - \\
\frac{1}{12}\Big| & & \frac{1}{12}\Big| & & \frac{1}{12}\Big| & & \frac{1}{12}\Big| & & \frac{1}{12}\Big| \\
Z & & Z & & Z & & Z & & Z
\end{array}$$

Nun liest man ab: $p_1 = \frac{1}{12}$, $p_2 = \frac{11}{12} \cdot \frac{1}{12}$, $p_3 = \left(\frac{11}{12}\right)^2 \cdot \frac{1}{12}$ usw. Allgemein ist

$$p_k = \left(\frac{11}{12}\right)^{k-1} \cdot \frac{1}{12} \,.$$

Zum Spass können wir noch die Summe all dieser Wahrscheinlichkeiten berechnen. Es handelt sich um eine unendliche Reihe, nämlich um die geometrische Reihe mit Anfangsglied $a = 1/12$ und Quotient $q = 11/12$. Ihre Summe beträgt

$$\frac{a}{1-q} = \frac{1/12}{1 - 11/12} = 1 \,,$$

wie es sein muss.

36−11 Das Problem führt auf ein unendliches Baumdiagramm. In der Figur bedeutet $\otimes$, dass Max getroffen hat, $\oplus$, dass Moritz getroffen hat und $\odot$ heisst "kein Treffer".

$$\begin{array}{ccccccccc}
& 1-p & & 1-q & & 1-p & & 1-q & 1-p \\
\bullet\!\!-\!\!\!\!\!& \odot &\!\!\!\!\!-\!\!\!\!\!& \odot &\!\!\!\!\!-\!\!\!\!\!& \odot &\!\!\!\!\!-\!\!\!\!\!& \odot & -\ -\ - \\
p\Big| & & q\Big| & & p\Big| & & q\Big| & & p\Big| \\
\otimes & & \oplus & & \otimes & & \oplus & & \otimes
\end{array}$$

a) Die Wahrscheinlichkeit $p_\otimes$ dafür, dass Max zuerst trifft, errechnet sich nach dem Diagramm zu

$$p + (1-p)(1-q) \cdot p + (1-p)^2(1-q)^2 \cdot p + \ldots = p\Big(1 + [(1-p)(1-q)] + [(1-p)(1-q)]^2 + \ldots\Big)$$

In der Klammer steht aber eine geometrische Reihe mit dem Quotienten $(1-p)(1-q)$. Ihre Summe berechnet sich nach der bekannten Formel (19.4.a) zu

$$p_\otimes = p \cdot \frac{1}{1 - (1-p)(1-q)} = \frac{p}{p + q - pq} \; .$$

b) Mit $p = 1/3$ ist

$$p_\otimes = \frac{\frac{1}{3}}{\frac{1}{3} - q - \frac{1}{3}q} = \frac{1}{1 + 2q} \; .$$

Wenn beide dieselbe Chance haben sollen, dann muss $1/(1 + 2q) = 1/2$ sein, und es folgt $q = 1/2$.

36−12 In der Hälfte aller Fälle zeigt der rote Würfel eine ganze Zahl, somit ist $P(E) = 1/2$. Für F gibt es sechs günstige Fälle, also ist $P(F) = 1/6$. (Die Gesamtzahl der Möglichkeiten ist natürlich 36.) Ferner ist $E \cap F = \{(2,2), (4,4), (6,6)\}$. Es folgt $P(E \cap F) = 1/12 = P(E) \cdot P(F)$. Die beiden Ereignisse sind unabhängig. Auch anschaulich ist wohl klar, dass das Eintreffen eines "Paschs" (gleiche Augenzahlen) nichts damit zu tun hat, ob der eine Würfel eine gerade oder eine ungerade Augenzahl zeigt.

36−13 a) Hier ist $E = \{0, 2, 4, 6, 8\}$, $P(E) = 0.5$ sowie $F = \{0, 3, 6, 9\}$, $P(F) = 0.4$ und $E \cap F = \{0, 6\}$, $P(E \cap F) = 0.2$. Somit ist $P(E \cap F) = P(E) \cdot P(F)$ d.h., E und F sind unabhängig.
b) Hier ist $E = \{2, 4, 6, 8\}$, $P(E) = 4/9$ sowie $F = \{3, 6, 9\}$, $P(F) = 3/9$ und $E \cap F = \{6\}$, $P(E \cap F) = 1/9$. Somit ist $1/9 = P(E \cap F) \neq P(E) \cdot P(F) = 12/81$, d.h., E und F sind nicht unabhängig.

36−14 Gesucht ist die bedingte Wahrscheinlichkeit $P(A|K) = P(A \cap K)/P(K)$. Total sind 45 Schüler (innen) vorhanden, $15 + n$ davon sind Knaben, somit ist $P(K) = (15 + n)/45$. Da es in der Klasse A 15 Knaben hat, ist $P(A \cap K) = 15/45$. Es folgt

$$P(A|K) = \frac{P(A \cap K)}{P(K)} = \frac{15/45}{(15 + n)/45} = \frac{15}{15 + n} \; .$$

b) Man soll beim Wort "Maximum" nicht immer gleich ans Ableiten denken. Der obige Ausdruck wird offenbar umso grösser, je kleiner n ist und erreicht für $n = 0$ den maximalen Wert 1. Dies ist klar: Wenn es in der Klasse B überhaupt keine Knaben hat, ist es sicher, dass ein als Knabe identifizierter Schüler in der Klasse A ist. Das Minimum wird für $n = 20$ erreicht, wenn also die Klasse B nur aus Knaben besteht; auch dies sollte direkt einleuchten.

c) Es ist $P(A) = 25/45$, $P(K) = (15 + n)/45$ und $P(A \cap K) = 15/45$. Unabhängigkeit von A und K bedeutet, dass $P(A \cap K) = P(A) \cdot P(K)$ sein muss. Es folgt

$$\frac{15}{45} = \frac{25}{45} \cdot \frac{15 + n}{45} \implies 15 + n = 27 \implies n = 12 \; .$$

Konkret bedeutet dies, dass das Verhältnis Knaben zu Mädchen in beiden Klassen dasselbe (nämlich $3 : 2$) ist.

36−15 Wir arbeiten mit der geometrischen Wahrscheinlichkeit. E entspricht dem schraffierten Flächenstück, das gemäss Beispiel 32.3.F den Inhalt 2000 hat (das ganze Quadrat, also Ω, hat den Inhalt 3600). Das Ereignis F ist in der Figur links dick umrandet, G in der mittleren Figur. Man sieht sofort, dass F und G beide den Inhalt 1800 haben. Aus Symmetriegründen ist ferner klar, dass $E \cap F$ die Hälfte von E ist, also den Inhalt 1000 hat, dasselbe gilt für $E \cap G$. Schliesslich ist $F \cap G$ ein Dreieck, dessen Inhalt ein Achtel des Quadrats, also $= 450$ ist (Figur rechts). Für die Wahrscheinlichkeiten gilt somit:

$$P(E) = \frac{5}{9}, \ P(F) = \frac{1}{2}, \ P(G) = \frac{1}{2}, \ P(E \cap F) = \frac{5}{18}, \ P(E \cap G) = \frac{5}{18}, \ P(F \cap G) = \frac{1}{8}.$$

Damit ist

$$P(E \cap F) = P(E) \cdot P(F), \ P(E \cap G) = P(E) \cdot P(G), \ P(F \cap G) \neq P(F) \cdot P(G).$$

Die Ereignisse E, F sowie E, G sind also unabhängig, nicht aber F, G.

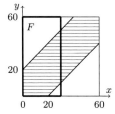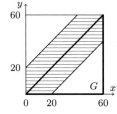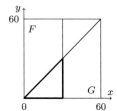

36−16 a) Eine zufällig ausgewählte Person ist mit der Wahrscheinlichkeit $200/500 = 0.4$ ein Mann.
b) Die angesprochene "plausible Annahme" ist die, dass Geschlecht und Staatszugehörigkeit unabhängig sind. In diesem Fall ist die Wahrscheinlichkeit dafür, dass die ausgewählte Person weiblich (W) ist und eine ausländische Staatsbürgerschaft besitzt (A) gleich $P(W \cap A) = P(W) \cdot P(A) = 0.6 \cdot 0.2 = 0.12$.

36−17 Es ist unmittelbar klar, dass $P(A) = P(B) = P(C) = \frac{1}{2}$ ist. Das Ereignis $A \cap B$ bedeutet, dass der erste Würfel eine gerade, der zweite eine ungerade Augenzahl zeigt. Somit ist

$$A \cap B = \{(2,1), (2,3), (2,5), (4,1), (4,3), (4,5), (6,1), (6,3), (6,5)\}$$

und es gilt $P(A \cap B) = \frac{1}{4}$. Weiter ist

$$A \cap C = \{(2,2), (2,4), (2,6), (4,2), (4,4) \, (4,6), (6,2), (6,4) \, (6,6)\},$$

$$B \cap C = \{(1,1), (1,3) \, (1,5), (3,1), (3,3), (3,5), (5,1) \, (5,3), (5,5)\}.$$

Es folgt $P(A \cap C) = P(B \cap C) = \frac{1}{4}$. Damit sind die Paare A, B, A, C und B, C jeweils unabhängig (es ist $P(A \cap B) = P(A) \cdot P(B)$ usw.). Anderseits ist $A \cap B \cap C = \varnothing$, woraus $0 = P(A \cap B \cap C) \neq P(A) \cdot P(B) \cdot P(C) = \frac{1}{8}$ folgt. Die Ereignisse A, B, C sind somit nicht unabhängig im Sinne von (36.9).

(50.37) Lösungen zu Kapitel 37

37−1 a) Das Zufallsexperiment besteht im Auswählen einer Schachtel mit Reissnägeln und im Zählen derselben. Somit ist Ω die Menge aller Reissnägelschachteln. (Was "aller" genau heissen soll, ist nicht ganz präzis festgelegt und hängt von den näheren Umständen ab. Denkbar wären z.B. alle in einer Papeterie zur Zeit an Lager liegenden oder alle von der Reissnagelherstellungsgesellschaft im letzten Jahr produzierten Schachteln usw.) Unter ω (Ergebnis) ist eine zufällig ausgewählte Schachtel zu verstehen, der Wert $X(\omega)$ der Zufallsgrösse X ist dann die Anzahl Reissnägel in dieser Schachtel.

b) Hier ist Ω im Prinzip die Menge "aller" (Diskussion wie oben) Wunderkerzen, ω ist eine zufällig ausgewählte Wunderkerze und $Y(\omega)$ ist deren Brenndauer, z.B. in Sekunden gemessen.

37−2 a) Die Wahrscheinlichkeiten müssen sich zu 1 ergänzen, also ist $a = 1 - (0.2 + 0.1 + 0.1 + 0.15 + 0.25) = 0.2$.

b)

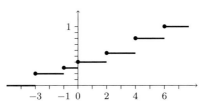

c) $P(0 < X \leq 4) = P(X = 2) + P(X = 4) = 0.15 + 0.25 = 0.4$.   d) $P(\pi \leq X \leq 2\pi) = P(X = 4) + P(X = 6) = 0.25 + 0.2 = 0.45$. (Die Zahl π taucht hier nur auf, um zu zeigen, dass in Ausdrücken wie $P(X \leq x)$ jeder Wert von x sinnvoll ist, auch wenn er nicht in der Tabelle der Verteilung erscheint.) e) Es ist $X^2 < 10$, wenn X die Werte $-3, -1, 0, 2$ annimmt. Es folgt $P(X^2 < 10) = 0.55$.

37−3 a) Wenn X z.B. den Wert -1 annimmt, dann nimmt $Z = X^2 - 1$ den Wert $(-1)^2 - 1 = 0$ an, und dies mit der Wahrscheinlichkeit 0.2. Analog berechnet man die übrigen Werte. Dabei stellt sich heraus, dass Z auch dort den Wert 0 annimmt, wo X den Wert 1 hatte. Da dies mit der Wahrscheinlichkeit 0.1 zutrifft, nimmt Z schliesslich den Wert 0 mit der Wahrscheinlichkeit $0.2 + 0.1 = 0.3$ an. Man erhält die folgende Tabelle:

z_i	-1	0	3	15
p_i	0.3	0.3	0.1	0.3

b) $P(3 \leq Z \leq 8) = P(Z = 3) = 0.1$.

37−4 a)

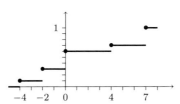

b) $E(X) = 0.1 \cdot (-4) + 0.2 \cdot (-2) + 0.3 \cdot 0 + 0.1 \cdot 4 + 0.3 \cdot 7 = 1.7$.

$V(X) = 0.1 \cdot (-4 - 1.7)^2 + 0.2 \cdot (-2 - 1.7)^2 + 0.3 \cdot (0 - 1.7)^2 + 0.1 \cdot (4 - 1.7)^2 + 0.3 \cdot (7 - 1.7)^2 = 15.81$.

$\sigma = \sqrt{V(X)} = 3.9762$.

c) $P(X \geq 2) = P(X = 4) + P(X = 7) = 0.1 + 0.3 = 0.4$.

$P(|X| \geq 3) = P(X = -4) + P(X = 4) + P(X = 7) = 0.1 + 0.1 + 0.3 = 0.5$.

37−5 a)

y_i	-3	-1	3	7	9
p_i	0.1	0.1	0.2	0.3	0.3

z_i	1	4	9	16
p_i	0.3	0.1	0.3	0.3

Beachten Sie, dass sowohl $X = -1$ als auch $X = 1$ auf den Wert $Z = 1$ führen. Deshalb ist $P(Z = 1) = 0.1 + 0.2 = 0.3$.

b) $E(Y) = -0.3 - 0.1 + 0.6 + 2.1 + 2.7 = 5$.

$E(Z) = 0.3 + 0.4 + 2.7 + 4.8 = 8.2$.

$V(Y) = 0.1 \cdot (-3 - 5)^2 + 0.1 \cdot (-1 - 5)^2 + 0.2 \cdot (3 - 5)^2 + 0.3 \cdot (7 - 5)^2 + 0.3 \cdot (9 - 5)^2 = 16.8$.

$V(Z) = 0.3 \cdot (1 - 8.2)^2 + 0.1 \cdot (4 - 8.2)^2 + 0.3 \cdot (9 - 8.2)^2 + 0.3 \cdot (16 - 8.2)^2 = 35.76$.

c) Es ist $E(X^2) = E(Z) = 8.2$. Weiter ist $E(X) = -0.2 - 0.1 + 0.2 + 0.9 + 1.2 = 2$. Es folgt $E(X^2) = E(X)^2 = 8.2 - 4 = 4.2$.

Anderseits ist $V(X) = 0.1 \cdot (-2-2)^2 + 0.1 \cdot (-1-2)^2 + 0.2 \cdot (1-2)^2 + 0.3 \cdot (3-2)^2 + 0.3 \cdot (4-2)^2 = 4.2$. Diese Übereinstimmung bestätigt die angesprochene Formel.

37–6 a) Aufgrund der Spielregel kann man Fr. 1.– dadurch gewinnen, dass man (1,1) würfelt oder aber dass sich die beiden Augenzahlen um 1 unterscheiden. Hierzu gibt es zehn Fälle, wie man leicht nachzählt, nämlich (6,5), (5,6), (5,4), (4,5) usw. Somit gewinnt man in 11 Fällen Fr. 1.–, die Wahrscheinlichkeit hierfür ist 11/36. Analog behandelt man die übrigen Gewinne. Man erhält die Tabelle

Gewinn x	1	2	3	4	5	6
$P(X = x)$	11/36	9/36	7/36	5/36	3/36	1/36

b)

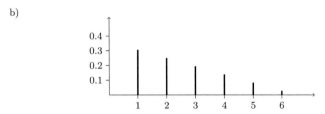

c) $P(X \le 3) = P(X = 1) + P(X = 2) + P(X = 3) = 27/36 = 0.75$.

37–7 a) Der Prozess kann durch einen Baum dargestellt werden. Mit Wahrscheinlichkeit 6/10 erwische ich schon am Anfang ein gutes Ei (g), mit der Wahrscheinlichkeit 4/10 ein faules (f). Da im letzteren Fall nur noch neun Eier da sind, ist die Wahrscheinlichkeit für g noch 6/9, für f noch 3/9, usw. Man erhält den folgenden Baum, wobei noch die Anzahl der behändigten faulen Eier, d.h., der Wert der Zufallsgrösse W eingetragen ist.

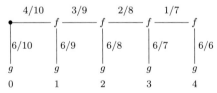

Die einzelnen Wahrscheinlichkeiten werden wie gewohnt durch Multiplikation der (bedingten) Wahrscheinlichkeiten entlang der Äste des Baumes ermittelt, z.B. ist $P(W = 2) = \frac{4}{10} \cdot \frac{3}{9} \cdot \frac{6}{8} = \frac{1}{10}$. Dies führt auf die folgende Tabelle:

Wert x von W	0	1	2	3	4
$P(W = x)$	3/5	4/15	1/10	1/35	1/210

b) $P(W \le 2) = P(W = 0) + P(W = 1) + P(W = 2) = 29/30$.

c)

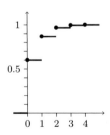

37−8 Wir stellen eine Tabelle analog zu jener am Anfang von (37.5) auf, in der wir die Elemente ω des Ergebnisraums mit ihren Wahrscheinlichkeiten sowie die Werte der Zufallsgrössen X, Y und $X + Y$ eintragen.

ω	KKK	KKZ	KZK	KZZ	ZKK	ZKZ	ZZK	ZZZ
$P(\omega)$	1/8	1/8	1/8	1/8	1/8	1/8	1/8	1/8
$X(\omega)$	2	2	1	1	1	1	0	0
$Y(\omega)$	2	1	1	0	2	1	1	0
$(X + Y)(\omega)$	4	3	2	1	3	2	1	0

Die Zufallsgrösse X nimmt also den Wert 2 in zwei Fällen an, es ist $P(X = 2) = 2/8$, analog $P(X = 1) = 4/8$, $P(X = 0) = 2/8$. Dies führt auf folgende Tabellen:

a)

x	0	1	2
$P(X = x)$	1/4	1/2	1/4

y	0	1	2
$P(Y = y)$	1/4	1/2	1/4

b)

z	0	1	2	3	4
$P(X + Y = z)$	1/8	1/4	1/4	1/4	1/8

c) $P(X \leq 1) = P(X = 0) + P(X = 1) = 0.75$, $P(X + Y \leq 2) = P(X + Y = 0) + P(X + Y = 1) + P(X + Y = 2) = 0.625$.

37−9 a) Gemäss der gegebenen Spielregel ist das Spiel frühestens nach zwei und spätestens nach drei Würfen fertig. Listet man alle Möglichkeiten auf, so findet man $\Omega = \{KK, ZZ, KZZ, KZK, ZKK, ZKZ\}$. Durch einfaches Hinschreiben der Anzahl der Würfe erhält man in b)

ω	KK	ZZ	KZZ	KZK	ZKK	ZKZ
$X(\omega)$	2	2	3	3	3	3

c) Es ist zu beachten, dass die 6 Ergebnisse aus Ω *nicht* gleich wahrscheinlich sind (d.h., Ω ist kein Laplaceraum). Deshalb ist die Antwort $P(X = 2) = 1/3$, $P(X = 3) = 2/3$ falsch. Vielmehr haben KK und ZZ je die Wahrscheinlichkeit 1/4, die andern vier Ergebnisse haben die Wahrscheinlichkeit 1/8 (Sie können dies mit einem einfachen Baumdiagramm bestätigen). Deshalb sieht die Tabelle so aus:

x	2	3
$P(X = x)$	1/2	1/2

d) Hier ist das Spiel frühestens nach drei, spätestens nach fünf Würfen zu Ende (bei fünf Würfen kommt sicher die eine oder die andere Seite dreimal vor). Für drei Würfe gibt es 2 Möglichkeiten (KKK und ZZZ). Vier Würfe: Wenn drei Köpfe geworfen werden, dann ist der letzte Wurf sicher K. Es gibt $\binom{3}{2} = 3$ Möglichkeiten, die restlichen zwei K auf die ersten drei Würfe zu verteilen. Ebenso, wenn dreimal Zahl fällt. Im Ganzen gibt es hier 6 Möglichkeiten. Fünf Würfe: Falls drei Köpfe fallen, so ist der letzte Wurf ein Kopf und analog zum Obigen gibt es $\binom{4}{2} = 6$ Möglichkeiten; ebenso für dreimal Zahl. In diesem Fall gibt es daher 12 Möglichkeiten. Total also $2 + 6 + 12 = 20$ Möglichkeiten. Man kann dies auch durch systematisches Aufschreiben ermitteln.

37−10 a) Die Gewinne 1 bis 5 haben alle die Wahrscheinlichkeit 1/6, die Gewinne 7 bis 12 die Wahrscheinlichkeit 1/36. Die Tabelle für die Zufallsgrösse X = "Gewinn" sieht so aus:

x	1	2	3	4	5	7	8	9	10	11	12
$P(X = x)$	1/6	1/6	1/6	1/6	1/6	1/36	1/36	1/36	1/36	1/36	1/36

Es folgt

$$E(X) = \frac{1}{6}(1 + 2 + 3 + 4 + 5) + \frac{1}{36}(7 + 8 + 9 + 10 + 11 + 12) = 4.0833 .$$

Dies ist der zu erwartende Gewinn.

b) Da die Eins die Wahrscheinlichkeit 2/9, die Sechs die Wahrscheinlichkeit 1/9 hat, verändert sich die obige Tabelle wie folgt (wer will, kann diese Wahrscheinlichkeiten auch mit einem Baumdiagramm bestimmen):

x	1	2	3	4	5	7	8	9	10	11	12
$P(X = x)$	2/9	1/6	1/6	1/6	1/6	2/81	1/54	1/54	1/54	1/54	1/81

Der Erwartungswert berechnet sich zu

$$\frac{2}{9}1 + \frac{1}{6}(2 + 3 + 4 + 5) + \frac{2}{81}7 + \frac{1}{54}(8 + 9 + 10 + 11) + \frac{1}{81}12 = 3.5802 .$$

37–11 a) Die Überlegungen ähneln jenen beim Zahlenlotto (Beispiel 35.4.A). Es gibt total $\binom{20}{4}$ Möglichkeiten, die 4 Fragen aus den 20 Gebieten auszuwählen. Wieviele Möglichkeiten gibt es, dass (beispielsweise) genau drei der Fragen aus den gelernten Gebieten stammen? Es gibt $\binom{10}{3}$ Möglichkeiten, drei Fragen aus den 10 gelernten Gebieten zu wählen und $\binom{10}{1} = 10$ Möglichkeiten für die vierte, aus den nicht gelernten Gebieten stammende Frage. Damit haben wir $P(G = 3)$ bestimmt:

$$P(G = 3) = \frac{\binom{10}{3}\binom{10}{1}}{\binom{20}{4}} = \frac{80}{323} .$$

Analog finden wir

$$P(G = 0) = \frac{\binom{10}{0}\binom{10}{4}}{\binom{20}{4}} = \frac{14}{323}, \quad P(G = 1) = \frac{\binom{10}{1}\binom{10}{3}}{\binom{20}{4}} = \frac{80}{323},$$

$$P(G = 2) = \frac{\binom{10}{2}\binom{10}{2}}{\binom{20}{4}} = \frac{135}{323}, \quad P(G = 4) = \frac{\binom{10}{4}\binom{10}{0}}{\binom{20}{4}} = \frac{14}{323},$$

in Tabellenform dargestellt

x	0	1	2	3	4
$P(G = x)$	14/323	80/323	135/323	80/323	14/323

bzw. mit Dezimalbrüchen

x	0	1	2	3	4
$P(G = x)$	0.0433	0.2477	0.4180	0.2477	0.0433

b) $E(G) = 0 + 80/323 + 270/323 + 240/323 + 56/323 + 56/323 = 2$. Da unsere Person genau die Hälfte der Gebiete gelernt hat, verwundert es kaum, dass sie genau die Hälfte der vier Fragen als vorbereitet erwarten darf.

37–12 Ich spiele maximal viermal. Den Ablauf kann ich mir mit einem Baumdiagramm verdeutlichen:

Dabei bedeutet G "Gewinn" und K "kein Gewinn". Da der Reingewinn X bei einem Spiel Fr. 2.50 beträgt, erhalte ich die folgende Tabelle (Verluste werden als negative Gewinne aufgefasst):

x	2.50	0	-2.50	-5.00	-10.00
$P(X = x)$	$1/4$	$3/16$	$9/64$	$27/256$	$81/256$

Der Erwartungswert berechnet sich zu

$$E(X) = \frac{1}{4}2.5 - \frac{9}{64}2.5 - \frac{27}{256}5 - \frac{81}{256}10 = -3.42 \ .$$

Ich muss also einen Verlust von ca. Fr. 3.40 erwarten (und werde mich hüten, hier mitzuspielen).

37−13 H steht für "halbieren", V für "verdoppeln". Mit p bezeichnen wir die Wahrscheinlichkeit für V. Das Ergebnis HH mit dem Schlusskapital von Fr. 2.– hat die Wahrscheinlichkeit $(1-p)^2$. Die Ergebnisse HV und VH haben beide die Wahrscheinlichkeit $p(1-p)$ und liefern ein Schlusskapital von Fr. 8.–. Schliesslich ergibt VV ein Schlusskapital von Fr. 32.– und hat die Wahrscheinlichkeit p^2. Gefordert ist, dass der Erwartungswert $= 8$ ist. Dies führt auf die quadratische Gleichung $2(1-p)^2 + 16p(1-p) + 32p^2 = 8$. Sie hat die Lösungen $1/3$ und -1, wovon nur die erste in Frage kommt. Der gesuchte Winkel beträgt daher $\frac{1}{3} \cdot 360° = 120°$.

37−14   Es gibt Würfelchen mit 0, 1, 2 und 3 roten Seitenflächen. Wir bestimmen zuerst die jeweilige Anzahl.

Jede der 8 Ecken liefert ein Würfelchen mit *drei* roten Flächen.

Jede der 12 Kanten liefert $n-2$ Würfelchen mit *zwei* roten Flächen, total $12(n-2)$.

Jede der 6 Seitenflächen liefert $(n-2)^2$ Würfelchen mit *einer* roten Fläche, total $6(n-2)^2$.

Im Innern des Würfels gibt es $(n-2)^3$ Würfelchen *ohne* rote Flächen.

Die Summe dieser Anzahlen beträgt n^3, wie es sein muss. Für die Wahrscheinlichkeiten erhalten wir folgende Tabelle:

Anzahl rote Flächen	0	1	2	3
zugehörige Wahrscheinlichkeit	$\frac{(n-2)^3}{n^3}$	$\frac{6(n-2)^2}{n^3}$	$\frac{12(n-2)}{n^3}$	$\frac{8}{n^3}$

Es folgt

$$E(X) = \frac{1}{n^3}\left(6(n-2)^2 + 24(n-2) + 24\right) = \ldots = \frac{6}{n} \ .$$

37−15   Wir müssen die Fälle unterscheiden, wo der Konditor $i = 0, 1, 2, 3, 4$ Torten pro Tag herstellt. Die Zufallsgrösse X_i bezeichne den jeweiligen Gewinn. Wir betrachten als Beispiel X_2 näher, d.h., den Fall, wo 2 Torten produziert wurden. Verkauft er keine, ist sein Gewinn -16 Fr. (d.h. ein Verlust), verkauft er eine, gewinnt Fr. 4.–, verkauft er beide, gewinnt er Fr. 24.–. Die Wahrscheinlichkeit dafür, dass er beide verkauft, ist gleich $0.40 + 0.20 + 0.10 = 0.70$, da die Fälle, wo 3 oder 4 Torten verlangt werden, miteinbezogen werden müssen. Somit ist X_2 wie folgt verteilt:

Wert k von X_2	-16	4	24
$P(X_2 = k)$	0.05	0.25	0.70

Damit ist $E(X_2) = 0.05 \cdot (-16) + 0.25 \cdot 4 + 0.70 \cdot 24 = 17$. Analoge Rechnungen ergeben:
$E(X_0) = 0$,
$E(X_1) = 0.05 \cdot (-8) + 0.95 \cdot 12 = 11$,
$E(X_3) = 0.05 \cdot (-24) + 0.25 \cdot (-4) + 0.40 \cdot 16 + 0.30 \cdot 36 = 15$,
$E(X_4) = 0.05 \cdot (-32) + 0.25 \cdot (-12) + 0.40 \cdot 8 + 0.20 \cdot 28 + 0.10 \cdot 48 = 9$.
Fazit: Mit zwei Torten pro Tag fährt unser Konditor am besten.

37–16 a) Die Zahl c ist so zu wählen, dass die Bedingung $\sum_{k=0}^{\infty} P(X = k) = 1$ erfüllt ist. Nun ist

$$\sum_{k=0}^{\infty} P(X = k) = \sum_{k=0}^{\infty} \frac{c}{3^k} = c \sum_{k=0}^{\infty} \frac{1}{3^k} = c \cdot \frac{1}{1 - \frac{1}{3}} = c \cdot \frac{3}{2}$$

(Summenformel für die geometrische Reihe!), und es folgt $c = 2/3$.

b) Wir benützen die Summenformel für eine abbrechende geometrische Reihe (vgl. (19.4.a)) und finden

$$P(X \le 5) = \sum_{k=0}^{5} P(X = k) = c \cdot \frac{1 - (\frac{1}{3})^{5+1}}{1 - \frac{1}{3}} = \ldots = 1 - \frac{1}{3^6} = \frac{728}{729} = 0.9986 \ .$$

c) Es ist (unter Verwendung der geometrischen Reihe mit $q = 1/9$)

$$P(X \text{ ungerade}) = \frac{2}{3}\left(\frac{1}{3} + (\frac{1}{3})^3 + (\frac{1}{3})^5 + \ldots\right) = \frac{2}{3}\frac{1}{3}\left(1 + (\frac{1}{3})^2 + (\frac{1}{3})^4 + \ldots\right)$$

$$= \frac{2}{9}\frac{1}{1 - \frac{1}{9}} = \ldots = \frac{1}{4} \ .$$

37–17 Die Symbole ✓ bzw. ⊚ bedeuten "Schlüssel passt" bzw. "Schlüssel passt nicht".

a) In diesem Fall gibt es maximal 3 Versuche. Der zugehörige "Baum" sieht so aus:

Man liest ab, dass unsere Person mit der Wahrscheinlichkeit $\frac{1}{3}$ im ersten, mit der Wahrscheinlichkeit $\frac{2}{3} \cdot \frac{1}{2} = \frac{1}{3}$ im zweiten und mit der Wahrscheinlichkeit $\frac{2}{3} \cdot \frac{1}{2} \cdot 1 = \frac{1}{3}$ im dritten Versuch Erfolg hat. Die Zufallsgrösse X wird durch die folgende Tabelle beschrieben:

Anzahl k der Versuche	1	2	3
$P(X = k)$	1/3	1/3	1/3

Somit ist $E(X) = \frac{1}{3} \cdot 1 + \frac{1}{3} \cdot 2 + \frac{1}{3} \cdot 3 = 2$. Im Mittel klappt es beim 2. Versuch.

b) Hier nimmt die Zufallsgrösse X unendlich viele Werte an; die Wahrscheinlichkeiten können mit dem nachstehenden Baumdiagramm gefunden werden.

Wir erhalten die folgende Tabelle

Anzahl k der Versuche	1	2	3	4	$\ldots$	k	$\ldots$
$P(X = k)$	$\frac{1}{3}$	$\frac{1}{3} \cdot \frac{2}{3}$	$\frac{1}{3}(\frac{2}{3})^2$	$\frac{1}{3}(\frac{2}{3})^3$	$\ldots$	$\frac{1}{3}(\frac{2}{3})^{k-1}$	$\ldots$

Die Summe (hier in Form einer unendlichen Reihe) aller dieser Wahrscheinlichkeiten muss $= 1$

sein. Dies bestätigt man in der Tat mit der Summenformel für die geometrische Reihe:

$$\sum_{k=1}^{\infty} = \frac{1}{3}\Big(1 + \frac{2}{3} + (\frac{2}{3})^2 + (\frac{2}{3})^3 + \ldots\Big) = \frac{1}{3}\frac{1}{1-\frac{2}{3}} = 1\;.$$

Daraus folgt, nebenbei bemerkt, dass das nicht unmögliche Ereignis "die Person erwischt nie den richtigen Schlüssel" die Wahrscheinlichkeit 0 hat. (Vgl. Beispiel 35.5.A für eine ähnliche Situation.) Für die Berechnung von $E(X)$ setzen wir $x = \frac{2}{3}$. Wir erhalten aus der Tabelle

$$E(X) = \frac{1}{3}\cdot 1 + \frac{1}{3}\frac{2}{3}\cdot 2 + \frac{1}{3}(\frac{2}{3})^2\cdot 3 + \frac{1}{3}(\frac{2}{3})^3\cdot 4 + \ldots$$

$$= \frac{1}{3}(1 + 2x + 3x^2 + 4x^3 + \ldots) = \frac{1}{3}\frac{1}{(1-x)^2} = \frac{1}{3}\frac{1}{(\frac{1}{3})^2} = 3\;.$$

In der zweiten Zeile tritt die Reihe $1 + 2x + 3x^2 + 4x^3 + \ldots$ auf, die als Reihe (8) in (19.6) vorgekommen ist. Sie konvergiert für $-1 < x < 1$ und hat die Summe $1/(1-x)^2$, was oben benützt wurde.

Wer unsystematisch probiert, benötigt also im Mittel pro Nacht drei Versuche (eigentlich gar nicht so viel mehr als systematische Leute!).

Im Fall b) handelt es sich übrigens um eine geometrische Verteilung mit dem Parameter $p = \frac{1}{3}$ (vgl. 37.12.b)). Der hier direkt berechnete Erwartungswert bestätigt die dort ohne Beweis angegebene Formel.

37−18 Wie in Beispiel 35.5.A ist $P(X = k) = (\frac{1}{2})^k$. Es folgt

$$E(X) = \sum_{k=1}^{\infty} k\cdot P(X = k) = \frac{1}{2} + 2(\frac{1}{2})^2 + 3(\frac{1}{2})^3 + 4(\frac{1}{2})^4 + \ldots$$

Wenn wir übersichtlichkeitshalber x statt $\frac{1}{2}$ schreiben, dann hat die Reihe die Form

$$x + 2x^2 + 3x^3 + 4x^4 + \ldots = \sum_{k=1}^{\infty} kx^k\;.$$

Eine ähnliche, wenn auch nicht dieselbe, Reihe finden Sie als Reihe (8) in (19.6):

$$\frac{1}{(1-x)^2} = 1 + 2x + 3x^2 + 4x^3 + 5x^4 + \ldots \quad \text{für } |x| < 1\;.$$

Durch Multiplikation mit x erhalten wir daraus die Reihe für $E(X)$:

$$E(X) = x + 2x^2 + 3x^3 + 4x^4 + \ldots = x(1 + 2x + 3x^2 + 4x^3 + 5x^4 + \ldots) = \frac{x}{(1-x)^2}\;.$$

Setzen wir nun wieder $x = \frac{1}{2}$, so erhalten wir schliesslich $E(X) = 2$. Im Mittel wird man also beim zweiten Wurf zum ersten Mal Kopf erhalten.

37−19 Aus Aufgabe 35−22 folgt zunächst, dass $\sum_{k=1}^{\infty} P(X = k) = 1$ ist, wie es sich gehört. Nun ist

$$E(X) = \sum_{k=1}^{\infty} \frac{k}{k(k+1)} = \sum_{k=1}^{\infty} \frac{1}{k+1} = \frac{1}{2} + \frac{1}{3} + \frac{1}{4} + \ldots$$

Diese Reihe ist, abgesehen vom Fehlen des ersten Summanden 1, was hier nichts zur Sache tut, gerade die harmonische Reihe (19.4.b), welche divergent ist. Somit existiert der Erwartungswert von X nicht.

(50.38) Lösungen zu Kapitel 38

38−1 Direkte Berechnung ergibt die folgenden Wahrscheinlichkeiten:

k	0	1	2	3	4
$P(X = k)$	0.1975	0.3951	0.2963	0.0988	0.0123

Stabdiagramm und Verteilungsfunktion sehen so aus:

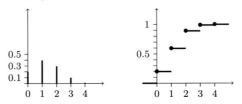

38−2 Dies ist eine einfache Übung im Gebrauch der Tabelle (51.1). Für $p = 0.6$ sind, wie dort angegeben, die Einträge im unteren und im rechten Rand der Tabelle zu benützen.

a) Es ist $P(X \le 3) = P(X = 0) + P(X = 1) + P(X = 2) + P(X = 3) = 0.0007 + 0.0079 + 0.0413 + 0.1239 = 0.1738$.

b) Analog ist $P(X \ge 6) = 0.3154$.

c) Ebenso: $P(2 \le X \le 5) = 0.6761$.

38−3 a) $E(X) = np = 10$, $V(X) = npq = 8, \sigma = \sqrt{8} = 2.8284$.

b) Aus $E(X) = np = 80$ und $\sigma = \sqrt{npq} = 8$, also $npq = 64$ folgt $q = npq/np = 64/80 = 0.8$, damit ist $p = 0.2$ und $n = 400$.

38−4 a) Binomialverteilung mit $n = 10$, $p = 0.1$. $P(X = 0) = 0.9^{10} = 0.3487$.

b) Binomialverteilung mit $n = 20$, $p = 0.1$. $P(X \le 1) = 0.9^{20} + 20 \cdot 0.9^{19} \cdot 0.1 = 0.3917$.

Das zweite Ereignis ist also etwas wahrscheinlicher.

38−5 a) $\binom{12}{2}(\frac{1}{6})^2(\frac{5}{6})^{10} = 0.2961$. b) $\binom{30}{5}(\frac{1}{6})^5(\frac{5}{6})^{25} = 0.1921$.

38−6 Es sei p die Wahrscheinlichkeit dafür, dass ein Triebwerk ausfällt, ferner sei $q = 1-p$. Bei einem viermotorigen Flugzeug ist die Wahrscheinlichkeit dafür, dass 3 oder 4 Motoren ausfallen gleich $P(X = 3) + P(X = 4) = 4p^3q + p^4$. Bei einem dreimotorigen Flugzeug ist die Wahrscheinlichkeit dafür, dass alle drei Motoren ausfallen gleich p^3. Nun ist $4p^3q + p^4 - p^3 = p^3(4q + p - 1) = p^3(4q + (1-q) - 1) = 3p^3q$ und diese Zahl ist > 0 (wenigstens für den einzig interessanten Fall $0 < p < 1$). Dreimotorige Flugzeuge sind also sicherer.

38−7 Es sei X die Anzahl der rot gefüllten Pralinés in einer Zwölferschachtel. Dann ist X binomial verteilt mit $n = 12$, $p = 0.6$.

a) Durch — etwas langweiliges — Probieren erkennt man, dass $P(X = 7) = 0.2270$ die grösste unter allen Wahrscheinlichkeiten $P(X = k)$, $k = 0, 1, \ldots, 12$ ist.

b) Die Wahrscheinlichkeit dafür, dass es in einer Schachtel höchstens drei weiss gefüllte Pralinés hat, ist gleich

$$P(X \ge 9) = P(X = 9) + P(X = 10) + P(X = 11) + P(X = 12) = 0.2253 .$$

Die Wahrscheinlichkeit dafür, dass jede von fünf Schachteln diese Eigenschaft hat, ist gleich $P(X \ge 9)^5 = 0.00058$.

38−8 Wir haben eine Binomialverteilung mit $n = 3$ und unbekanntem p. Wir wissen aber, dass $P(X = 2) = \binom{3}{2}p^2(1-p) = 0.3$ ist. Dies führt auf die Gleichung 3. Grades $3p^3 - 3p^2 + 0.3 = 0$, die man numerisch löst. Um einen vernünftigen Startwert für das Näherungsverfahren (z.B.

jenes von Newton) zu finden, kann man in der Tabelle (51.1) nachsehen. Für $n = 3$ und $p = 0.4$ ist $P(X = 2) = 0.2880$, für $p = 0.45$ ist $P(X = 2) = 0.3341$. Das gesuchte p liegt also zwischen 0.4 und 0.45; ein möglicher Startwert ist somit 0.4. Die Näherungslösung (auf 4 Stellen) berechnet sich dann zu 0.4126.

Der Hinweis auf den Bereich, in welchem die gesuchte Wahrscheinlichkeit liegen soll, ist deshalb nötig, weil die obige Gleichung noch weitere Lösungen hat (wie z.B. eine grobe Skizze des Graphen zeigt). Diese Lösungen sind 0.8670 und -0.2796 (die erste wäre als Wahrscheinlichkeit durchaus noch möglich).

38−9 Wenn die Person keine speziellen Fähigkeiten hat, dann sagt sie bei jedem Wurf mit der Wahrscheinlichkeit $\frac{1}{2}$ das richtige Ergebnis voraus. Die Zufallsgrösse $X =$ "Anzahl richtige Vorhersagen" ist also binomial verteilt mit $n = 10$ und $p = q = \frac{1}{2}$. Gesucht ist

$$P(X \geq 7) = P(X = 7) + P(X = 8) + P(X = 9) + P(X = 10) .$$

Die Formel für die Binomialverteilung vereinfacht sich im Fall $p = q = \frac{1}{2}$, es ist nämlich

$$P(X = k) = \binom{n}{k}\left(\frac{1}{2}\right)^k \left(\frac{1}{2}\right)^{n-k} = \binom{n}{k}\left(\frac{1}{2}\right)^n .$$

Somit ist

$$P(X \geq 7) = \left(\frac{1}{2}\right)^{10}\left(\binom{10}{7} + \binom{10}{8} + \binom{10}{9} + \binom{10}{10}\right) = \left(\frac{1}{2}\right)^{10} \cdot 176 = 0.1719 .$$

Um $\binom{10}{7}$ (usw.) zu berechnen, ist es zweckmässig, die Beziehung $\binom{10}{7} = \binom{10}{3}$ (usw.) zu benützen.

Moral: In fast einem Fünftel aller Fälle wird jede beliebige Person ein gleich gutes oder gar besseres Ergebnis erzielen. Ob Sie unserem Psychokinetiker unter diesen Umständen wirklich besondere Fähigkeiten zutrauen wollen, ist Ihre Sache.

38−10 Wir betrachten zuerst die vier Fragen mit je drei möglichen Antworten. Die Zufallsgrösse $Y =$ "Anzahl der (bei willkürlichem Ankreuzen) richtig beantworteten Fragen unter diesen vier" ist binomial verteilt mit $p = 1/3$, $q = 2/3$ und $n = 4$. Die Wahrscheinlichkeiten sind:

k	0	1	2	3	4
$P(Y = k)$	q^4	$4pq^3$	$6p^2q^2$	$4p^3q$	p^4

Nun kommt noch die letzte Frage hinzu, wo nur zwei Möglichkeiten offenstehen, jede mit der Wahrscheinlichkeit 1/2.

Mit X bezeichnen wir die Anzahl der insgesamt richtig beantworteten Fragen.

Man erhält total drei richtige Antworten auf zwei Arten:

    i) Drei richtige aus den ersten vier Fragen, letzte Frage falsch. Die Wahrscheinlichkeit dafür ist $P(Y = 3) \cdot \frac{1}{2}$.

    ii) Zwei richtige aus den ersten vier Fragen, letzte Frage richtig. Die Wahrscheinlichkeit dafür ist $P(Y = 2) \cdot \frac{1}{2}$.

Es folgt $P(X = 3) = \frac{1}{2}[P(Y = 2) + P(Y = 3)] = \frac{1}{2}(6p^2q^2 + 4p^3q)$.

Analog behandelt man vier richtige Antworten und findet, dass $P(X = 4) = \frac{1}{2}[P(Y = 3) + P(Y = 4)] = \frac{1}{2}(4p^3q + p^4)$ ist.

Fünf richtige gibt es nur, wenn sowohl die ersten vier (Wahrscheinlichkeit p^4) als auch die letzte Frage (Wahrscheinlichkeit $\frac{1}{2}$) richtig sind:
$P(X = 5) = \frac{1}{2}p^4$.

Addiert man alles, findet man

$$P(X \geq 3) = 3p^2q^2 + 4p^3q + p^4 = \frac{7}{27} = 0.2593 \ .$$

38−11 Es liegt eine Binomialverteilung mit $n = 20$, $p = q = \frac{1}{2}$ vor. Gesucht ist $P(X = 9) +$ $P(X = 10) + P(X = 11)$. Mit der in der Lösung von Aufgabe 38−9 erwähnten Vereinfachung für $p = \frac{1}{2}$ ist

$$P(9 \leq X \leq 11) = \left(\frac{1}{2}\right)^{20} \left(\binom{20}{9} + \binom{20}{10} + \binom{20}{11}\right) =$$

$$\left(\frac{1}{2}\right)^{20} (167960 + 184756 + 167960) = 0.4966 \ .$$

(Willy ist also diesmal recht fair mit Ihnen!)

38−12 Es sei p die Wahrscheinlichkeit dafür, dass der Zeiger bei einer Inbetriebsetzung im roten Sektor stehenbleibt. Die Zufallsgrösse $X = $ "Anzahl der Schluss-Stellungen im roten Sektor" ist dann binomial verteilt mit $n = 10$ und dem unbekannten p, das so zu wählen ist, dass $P(X = 1) = 10p(1 - p)^9$ maximal ist. Wir suchen also die Extrema von $f(p) = 10p(1 - p)^9$, mit $0 \leq p \leq 1$. Es ist $f'(p) = 10(1 - p)^9 - 90p(1 - p)^8 = 10(1 - p)^8(1 - 10p)$. Somit ist $f'(p) = 0$ für $p = 1$ oder $p = 0.1$. Dabei liefert $p = 1$ sicher kein Maximum, denn dann ist $P(X = 1) = 0$. Weiter ist $f''(p) = -80(1 - p)^7(1 - 10p) - 100(1 - p)^8$ und es folgt, dass $f''(0.1) = -100 \cdot 0.9^8 < 0$ ist. Für $p = 0.1$ haben wir daher ein relatives Maximum. Die Randpunkte $p = 0$, $p = 1$ liefern $P(X = 0) = P(X = 1) = 0$. Deshalb wird für $p = 0.1$ das absolute Maximum angenommen. Der Öffnungswinkel des roten Sektors ist also $36°$ und die Gewinnwahrscheinlichkeit ist $P(X = 1) = 10 \cdot 0.1 \cdot 0.9^9 = 0.3874$.

38−13 Es sei X die Anzahl der faulen Eier pro Zwölferpackung. Diese Zufallsgrösse ist binomial verteilt mit $n = 12$. Gemäss diesem Ansatz ist p die Wahrscheinlichkeit für "faul", q jene für "gut", d.h., q entspricht der Wahrscheinlichkeit $P\%$. Die Bedingung des Produzenten trifft ein, falls $X \leq 1$ ist.

a) Hier ist $p = 0.1$, $q = 0.9$ und $P(X \leq 1) = P(X = 0) + P(X = 1) = q^{12} + 12pq^{11} = 0.6590$.

b) Hier ist p so zu bestimmen, dass $P(X \leq 1) = q^{12} + 12pq^{11} = 0.95$ ist. Ersetzen wir q^{12} durch $(1 - p)^{12}$ und q^{11} durch $(1 - p)^{11}$, so erhalten wir eine etwas komplizierte Gleichung für p. Es ist besser, $q = 1 - p$ zu berechnen. Die Gleichung lautet dann $q^{12} + 12(1 - q)q^{11} = 0.95$ oder, vereinfacht, $12q^{11} - 11q^{12} = 0.95$ zu lösen. Mit dem Newtonschen Verfahren (21.2) oder einem gut ausgerüsteten Taschenrechner findet man $q = 0.9695$. Die Bedingung trifft also erst dann mit mindestens 95% Wahrscheinlichkeit ein, wenn $P = 96.95\%$ oder grösser ist.

38−14 a) Wir berechnen zuerst die Wahrscheinlichkeit p_0 dafür, dass ein zufällig aus der gesamten Produktion herausgegriffener Artikel defekt ist. Im Baumdiagramm unten links bedeutet d "defekt" und b "brauchbar". Wir finden $p_0 = 0.5 \cdot 0.005 + 0.3 \cdot 0.1 + 0.2 \cdot 0.15 = 0.085$. Diese Artikel werden unabhängig voneinander in Sechserpackungen abgefüllt. Die Anzahl der defekten in einer solchen Packung ist binomial verteilt mit $p = p_0 = 0.085$, $q = 0.915$. Es folgt $P(X = 1) = \binom{6}{1}0.085 \cdot 0.915^5 = 0.3271$.

b) Jeder Hersteller packt seine Artikel separat ab. Die Wahrscheinlichkeit p_A dafür, dass in einer Sechserpackung von A genau ein defekter Artikel ist, beträgt $p_A = \binom{6}{1}0.05 \cdot 0.95^5 = 0.2321$. Analog ist $p_B = 0.3543$, $p_C = 0.3993$. Diese Packungen werden nun gemischt. Die Wahrscheinlichkeit dafür, dass unter allen diesen eine mit genau einem defekten Artikel gewählt wird, beträgt, wie man dem Baumdiagramm unten rechts (e bedeutet "genau ein defektes Stück", a steht für alle andern Fälle) entnimmt, $0.5 \cdot 0.2321 + 0.3 \cdot 0.3543 + 0.2 \cdot 0.3993 = 0.3022$.

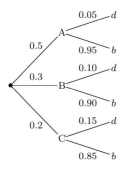
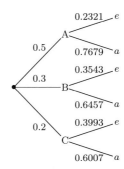

(50.39) Lösungen zu Kapitel 39

39−1 Binomialverteilung (ausgefüllte Balken):

k	0	1	2	3	4	5
$P(X = k)$	0.0778	0.2592	0.3456	0.2304	0.0768	0.0102

Poisson-Verteilung (hohle Balken):

k	0	1	2	3	4	5	6	7	...
$P(X = k)$	0.1353	0.2707	0.2707	0.1805	0.0902	0.0361	0.0120	0.0034	...

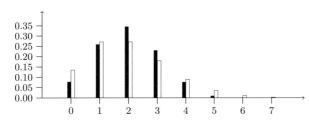

39−2 Die Zufallsgrösse X ist binomial verteilt mit $n = 200$, $p = 0.015$.

a) $E(X) = np = 3$. Es wird somit erwartet, dass 3 Personen Nebenwirkungen erleiden.

b) $P(X \leq 2) = P(X = 0) + P(X = 1) + P(X = 2) = 0.985^{200} + 200 \cdot 0.015 \cdot 0.985^{199} + \binom{200}{2} \cdot 0.015^2 \cdot 0.985^{198} = 0.4215$. (Es ist $\binom{200}{2} = 100 \cdot 199$.)

c) Da n gross und p klein ist, ist die Annäherung durch die Poisson-Verteilung mit $\mu = np = 3$ möglich. Man erhält $P(X \leq 2) \approx e^{-3} + 3e^{-3} + \frac{3^2}{2}e^{-3} = 0.4232$.

d) Es muss $P(X = 0) \geq 0.2$ sein. Die Anzahl n der Personen ist unbekannt.

Mit Binomialverteilung: $P(X = 0) = 0.985^n \geq 0.2$. Logarithmieren führt auf die äquivalente Ungleichung $\ln(0.985^n) \geq \ln 0.2$, und Anwendung einer der Logarithmusregeln ergibt schliesslich $n \ln 0.985 \geq \ln 0.2$, woraus (bei der Division durch die negative Zahl $\ln 0.985$ wird aus dem $\geq$ ein $\leq$)

$$n \leq \frac{\ln 0.2}{\ln 0.985} = 106.49$$

folgt. Somit dürfen höchstens 106 Personen in der Gruppe sein.

Mit Poisson-Verteilung: $P(X = 0) = e^{-np} = e^{-0.015n} \geq 0.2$. Wir wenden wieder den Logarithmus an und erhalten $-0.015n \geq \ln 0.2$ oder

$$n \leq \frac{\ln 0.2}{-0.015} = 107.30 \ .$$

Mit dieser *Näherung* kommt man auf höchstens 107 Personen.

39–3 Wenn X die Anzahl der Ohrwackler ist, dann liegt für X eine Binomialverteilung mit $n = 100$, $p = 0.03$ vor, oder näherungsweise eine Poisson-Verteilung mit $\mu = np = 3$.

a) Binomialverteilung: $P(X = 0) = 0.97^{100} = 0.04755$ oder 4.76%.
Poisson-Verteilung: $P(X = 0) = e^{-3} = 0.04979$ oder 4.98%.

b) Binomialverteilung: $P(X = 2) = \binom{100}{2} \cdot 0.97^{98} \cdot 0.03^2 = 0.22515$ oder 22.52%.
Poisson-Verteilung: $P(X = 2) = \frac{3^2}{2} e^{-3} = 0.22404$ oder 22.40%.

c) Binomialverteilung: $P(X = 4) = \binom{100}{4} \cdot 0.97^{96} \cdot 0.03^4 = 0.17060$ oder 17.06%.
Poisson-Verteilung: $P(X = 4) = \frac{3^4}{4!} e^{-3} = 0.16803$ oder 16.80%.

39–4 Die Anzahl X der auftretenden Nullen ist binomial verteilt mit $n = 50, p = 1/37$. Gesucht ist $P(X \leq 2) = P(X = 0) + P(X = 1) + P(X = 2)$.

Binomialverteilung:

$$P(X \leq 2) = \left(\frac{36}{37}\right)^{50} + 50\left(\frac{36}{37}\right)^{49}\left(\frac{1}{37}\right) + \binom{50}{2}\left(\frac{36}{37}\right)^{48}\left(\frac{1}{37}\right)^2 = 0.8473 \ .$$

Poisson-Verteilung (mit $\mu = np = 50/37$):

$$P(X \leq 2) = e^{-50/37} + \frac{50}{37}e^{-50/37} + \frac{50^2}{37^2 \cdot 2}e^{-50/37} = 0.8451 \ .$$

39–5 Jede der 93 Karteninhaberinnen erscheint mit der Wahrscheinlichkeit 0.03 nicht. Die Anzahl X der nicht erscheinenden Leute ist deshalb binomial verteilt mit $n = 93$, $p = 0.03$. (Dabei müssen wir übrigens — wie immer bei der Binomialverteilung — die Annahme treffen, dass die einzelnen Personen unabhängig voneinander nicht erscheinen. Dies braucht in der Praxis natürlich nicht unbedingt zuzutreffen!) Es bekommen alle einen Sitzplatz, wenn $X \geq 3$ ist. Gesucht ist also $P(X \geq 3)$. Natürlich arbeiten wir hier mit dem Gegenereignis; es ist $P(X \geq 3) = 1 - P(X \leq 2) = 1 - P(X = 0) - P(X = 1) - P(X = 2)$.

Binomialverteilung:

$$P(X \geq 3) = 1 - 0.97^{93} - 93 \cdot 0.97^{92} \cdot 0.3 - \binom{93}{2} \cdot 0.97^{91} \cdot 0.03^2 = 0.5310 \ .$$

Poisson-Verteilung (mit $\mu = np = 2.79$):

$$P(X \geq 3) = 1 - e^{-2.79} - 2.79e^{-2.79} - \frac{2.79^2}{2}e^{-2.79} = 0.5282 \ .$$

39–6 Hier geht es vor allem darum, die gegebenen Zahlen richtig zu interpretieren. Wir nehmen an, die Zufallsgrösse X =“Anzahl Anrufe pro Zeitintervall” folge einer Poisson-Verteilung. Gesucht ist dann $P(X = 0) = e^{-\mu}$. Da pro Stunde durchschnittlich 60 Anrufe eingehen, treffen in 30 Sekunden im Mittel 0.5, in 2 Minuten aber 2 Anrufe ein. Also folgt im Fall a) $\mu = 0.5$, $P(X = 0) = e^{-0.5} = 0.6065$, im Fall b) $\mu = 2$, $P(X = 0) = e^{-2} = 0.1353$.
Warum darf man eigentlich eine Poisson-Verteilung annehmen? Wir denken uns das Zeitintervall (30 Sekunden bzw. 2 Minuten) in n Teilintervalle unterteilt. Dabei sei n sehr gross und das Teilintervall daher entsprechend klein. Wir dürfen dann annehmen, dass in einem solchen

Teilintervall höchstens ein Anruf eintrifft. Rechnen wir dies als "Erfolg", so haben wir ein "Einzelexperiment" mit nur zwei möglichen Ausgängen:
- Ein Anruf trifft ein: Erfolg! Erfolgswahrscheinlichkeit p.
- Kein Anruf: Misserfolg!

Somit liegt eine Binomialverteilung mit grossem n und (offensichtlich) kleinem p vor. Wir dürfen diese durch die Poisson-Verteilung annähern; d.h., wir dürfen nicht nur, sondern wir müssen, denn n und p sind ja gar nicht bekannt, sondern nur der Erwartungswert μ. (Vgl. auch die Bemerkungen zu Beispiel 39.6.B.)

Genau gleich kann man z.B. die Froschaufgabe 39−7 interpretieren.

39−7 Die Zufallsgrösse X = "Anzahl gefangene Fliegen pro Stunde" ist Poisson-verteilt mit $\mu = E(X) = 3$.
a) $P(X = 0) = e^{-3} = 0.0498$.
b) Wir betrachten das Gegenereignis. $P(X > 3) = 1 - P(X = 0) - P(X = 1) - P(X = 2) - P(X = 3) = 1 - e^{-3} - 3e^{-3} - \frac{3^2}{2}e^{-3} - \frac{3^3}{6}e^{-3} = 1 - 13e^{-3} = 0.3528$.

39−8 Die Zufallsgrösse X = "Anzahl Zerfälle pro Zeiteinheit (10 Sekunden)" ist Poisson-verteilt mit $\mu = E(X) = 5$.
a) $P(X > 0) = 1 - P(X = 0) = 1 - e^{-5} = 0.9932$.
b) $P(X = 5) = \frac{5^5}{5!}e^{-5} = 0.1755$.

39−9 Es sei X die Zufallsgrösse "Anzahl Druckfehler pro Seite". Dabei ist $\mu = E(X) = \frac{1200}{500} = 2.4$; dies ist die mittlere Anzahl Druckfehler pro Seite. Wie in Beispiel 39.6.B dürfen wir annehmen, X folge einer Poisson-Verteilung.
a$_1$) $P(X = 0) = e^{-2.4} = 0.0907$. a$_2$) $P(X \geq 2) = 1 - P(X = 0) - P(X = 1) = 1 - e^{-2.4} - 2.4e^{-2.4} = 0.6916$.
b) Gesucht ist μ mit $P(X = 0) = e^{-\mu} = 0.5$. Logarithmieren liefert $-\mu = \ln 0.5 = -0.6931$, also $\mu = 0.6931$. Nun ist $\mu = N/500$, wobei N die totale Anzahl der Druckfehler ist. Es folgt $N = 346.6$, bei 347 Druckfehlern ist $P(X = 0)$ gerade noch unter 50%.

39−10 Mit X bezeichnen wir die Zufallsgrösse "Anzahl Kirschensteine pro Wähenstück". Sie ist Poisson-verteilt mit $\mu = 1$.
a) $P(X \leq 3) = P(X = 0) + P(X = 1) + P(X = 2) + P(X = 3) = 0.981$ (Tabelle (51.2)).
b) Die Wahrscheinlichkeit dafür, dass es auf einem Wähenstück mindestens einen Stein hat, beträgt $P(X \geq 1) = 1 - P(X = 0) = 1 - 0.368 = 0.632$. Die Wahrscheinlichkeit dafür, dass dies für vier unabhängig voneinander gekaufte Stücke zutrifft, ist gleich $0.632^4 = 0.156$.

39−11 Die Zufallsgrösse X = "Anzahl pro Tag verkaufter Sennenkäppli" kann als Poisson-verteilt mit $\mu = 2$ angenommen werden. Gesucht ist $P(X \geq 6)$. Wir rechnen $P(X \leq 5)$ aus (oder benützen die Tabelle). Es ist

$$P(X \leq 5) = e^{-2}\left(1 + 2 + \frac{2^2}{2} + \frac{2^3}{3!} + \frac{2^4}{4!} + \frac{2^5}{5!}\right) = 0.9834\,.$$

Somit ist $P(X \geq 6) = 1 - 0.9834 = 0.0166$, also sehr klein. Man kann vermuten, dass ein besonderer Grund für den grossen Umsatz an Sennenkäppli existieren muss. Ob dies nun an der Fernsehsendung liegt, muss aber dahingestellt bleiben.

39−12 Wir können annehmen, dass die Zufallsgrösse X = "Anzahl Geburten pro Tag" einer Poisson-Verteilung mit $\mu = 2$ folgt. Der Tabelle (51.2) entnimmt man durch Summieren die folgenden Zahlen:

$$P(X \leq 3) = 0.857, \ P(X \leq 4) = 0.947, \ P(X \leq 5) = 0.983\,.$$

Es ist also $P(X > 3) = 0.143$, $P(X > 4) = 0.053$. Wird bloss für drei Geburten budgetiert, so wird der Betrag mit einer Wahrscheinlichkeit von 14.3% *nicht* ausreichen, was nicht toleriert wird. Mit vier Geburten aber beträgt die entsprechende Wahrscheinlichkeit nur 5.3%, was akzeptabel ist. Es sind also 4000 Dukaten vorzusehen. (Würde man aber einer Sicherheitswahrscheinlichkeit von 95% fordern, so wären 4000 Dukaten — wenn auch ganz knapp — nicht genug, aber 5000 Dukaten würden reichen.)

39−13 Diese Aufgabe entspricht dem Beispiel 39.6.C. Die Zufallsgrösse X = "Anzahl Tropfen pro Platte" kann als Poisson-verteilt angenommen werden. Wir wissen, dass $P(X = 0) = e^{-\mu} = 10/500 = 0.02$ ist. Logarithmieren liefert $\mu = -\ln 0.02 = 3.9120$. Wenn N die Anzahl aller Tropfen ist, dann ist der Erwartungswert $\mu = N/500$, und es ist $N = 500\mu$; es folgt $N \approx 1956$.

39−14 Die Aufgabe führt auf die Gleichung $P(X \geq 2) = 1 - e^{-\mu} - \mu e^{-\mu} = 0.98$ oder $e^{-\mu}(1+\mu) = 0.02$. Hierfür gibt es keine Lösungsformel. Ein Taschenrechner mit einem Programm zur Lösung von Gleichungen oder aber das gute alte Newton-Verfahren (21.2) ergeben die Lösung $\mu = 5.83392$. (Dies ist die mittlere Rosinenzahl pro Brötchen.) Da 100 Brötchen herzustellen sind, braucht der Bäcker ca. 584 Rosinen.

(50.40) Lösungen zu Kapitel 40

40−1 a) Die Funktion $f(x)$ ist stückweise stetig (Sprung im Nullpunkt) und es ist $f(x) \geq 0$ für alle x. Die dritte Bedingung, der eine Dichtefunktion gehorchen muss, nämlich $\int_{-\infty}^{\infty} f(x)\,dx = 1$, wird durch geeignete Wahl von c erfüllt. Um das uneigentliche Integral zu berechnen, zerlegen wir es in zwei Teilintegrale, als Trennungspunkt drängt sich $x = 0$ auf: $\int_{-\infty}^{\infty} f(x)\,dx = \int_{-\infty}^{0} f(x)\,dx + \int_{0}^{\infty} f(x)\,dx$. Das erste Integral ist offensichtlich gleich Null; das zweite berechnet sich so:

$$\lim_{s \to \infty} \int_0^s c(1+x)^{-3}\,dx = \lim_{s \to \infty}\left(c\frac{-(1+x)^{-2}}{2}\Big|_0^s \right) = -\frac{c}{2}\lim_{s \to \infty}(1+s)^{-2} + \frac{c}{2} = \frac{c}{2},$$

denn der letzte Grenzwert ist $= 0$. Da $\int_{-\infty}^{\infty} f(x)\,dx = 1$ sein soll, muss $c = 2$ sein.
b)

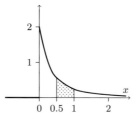

c) $P(0.5 \leq X \leq 1) = \int_{0.5}^{1} 2(1+x)^{-3}\,dx = -(1+x)^{-2}\Big|_{0.5}^{1} = \ldots = 7/36 = 0.1944.$

d) Der Erwartungswert ist durch $\mu = E(X) = \int_{-\infty}^{\infty} x f(x)\,dx$ definiert. Wir unterteilen wie in a) und müssen $\int_{0}^{\infty} x f(x)\,dx = \lim_{s \to \infty} \int_0^s x f(x)\,dx$ berechnen. Das Integral kann mit partieller Integration bestimmt werden:

$$\int 2x(1+x)^{-3}\,dx = -x(1+x)^{-2} - \int -(1+x)^{-2}\,dx = \frac{-x}{(1+x)^2} - \frac{1}{(1+x)} = -\frac{2x+1}{(1+x)^2}.$$

Setzt man die Grenzen 0 und s ein und lässt dann $s \to \infty$ streben, so erhält man 1; damit ist $E(X) = 1$.

40−2 a) Die Funktion f ist stückweise stetig (mit einem Sprung an der Stelle $x = 1$) und es ist $f(x) \geq 0$ für alle $x \in \mathbb{R}$. Somit sind die ersten zwei Bedingungen, die von einer Dichtefunktion verlangt werden, erfüllt. Damit auch die dritte gilt, müssen wir a so wählen, dass $\int_{-\infty}^{\infty} f(x)\,dx = 1$ ist.

Wir zerlegen dieses Integral in zwei Teile

$$\int_{-\infty}^{\infty} f(x)\,dx = \int_{-\infty}^{1} f(x)\,dx + \int_{1}^{\infty} f(x)\,dx \;,$$

wovon der erste offensichtlich $= 0$ ist, denn $f(x) = 0$ für $x < 1$. Für den zweiten erhalten wir

$$\int_{1}^{\infty} ax^{-2}\,dx = \lim_{t\to\infty} \int_{1}^{t} ax^{-2}\,dx = \lim_{t\to\infty}\left(-ax^{-1}\right)\Big|_{1}^{t} = \underbrace{\lim_{t\to\infty}\left(-at^{-1}\right)}_{=\,0} + a = a \;.$$

Es folgt, dass $a = 1$ zu wählen ist; für $x \geq 1$ ist die Dichtefunktion also gegeben durch $f(x) = x^{-2}$.

b)

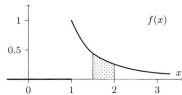

c) $F(x) = \displaystyle\int_{-\infty}^{x} f(t)\,dt = \begin{cases} 0 & x < 1 \\ \int_{1}^{x} t^{-2}\,dt & x \geq 1 \end{cases} = \begin{cases} 0 & x < 1 \\ 1 - \dfrac{1}{x} & x \geq 1 \end{cases} \;.$

d) $p = P(1.5 \leq X \leq 2) = \displaystyle\int_{1.5}^{2} x^{-2}\,dx = \left(-x^{-1}\right)\Big|_{1.5}^{2} = -\dfrac{1}{2} + \dfrac{1}{1.5} = \dfrac{1}{6}.$

Variante: $p = F(2) - F(1.5) = 1/6$ (mit $F(x)$ wie in c)).

e) Nach Definition ist

$$E(X) = \int_{-\infty}^{\infty} x f(x)\,dx = \int_{1}^{\infty} x \cdot x^{-2}\,dx = \lim_{t\to\infty} \int_{1}^{t} \frac{dx}{x} = \lim_{t\to\infty} \ln x \Big|_{1}^{t} = \lim_{t\to\infty} (\ln t - \ln 1)\;.$$

Da aber $\ln t \to \infty$ strebt (für $t \to \infty$), existiert dieser Grenzwert nicht, d.h., diese Zufallsgrösse hat keinen Erwartungswert.

40–3 Es muss jedenfalls

$$\int_{0}^{4} f(x)\,dx = \int_{0}^{4} (1 + cx)\,dx = \left(x + c\frac{x^2}{2}\right)\Big|_{0}^{4} = 4 + 8c = 1$$

sein. Es folgt $c = -3/8$ und $f(x) = 1 - 3x/8$. Diese Funktion nimmt aber im Intervall $[0,4]$ auch negative Werte an, so dass $f(x)$ keine Dichtefunktion sein kann.

40–4 a) $f(x)$ besteht aus drei stetigen Teilen und ist daher stückweise stetig (übrigens ist f im Nullpunkt stetig, nicht aber an der Stelle 2.) Das Integral $\int_{-\infty}^{\infty} f(x)\,dx$ kann ohne Rechnung durch eine geometrische Betrachtung ermittelt werden: Ausser im Intervall $[0,2]$ ist $f(x) = 0$ und in diesem Intervall ist die Fläche unter dem Graphen ein Dreieck mit Grundlinie 2 und Höhe 1, also mit Inhalt 1.

b) Die Verteilungsfunktion $F(x)$ ist gegeben durch

$$F(x) = \begin{cases} 0 & \text{für } x < 0 \\ \dfrac{1}{4}x^2 & \text{für } 0 \leq x \leq 2 \\ 1 & \text{für } x > 2 \end{cases}$$

(Der Flächeninhalt unter der Kurve $f(x)$ ist 1 für $x = 2$ und bleibt ungeändert, wenn x weiter nach rechts wandert. Deshalb steht in der letzten Zeile der obigen Formel die Zahl 1.)

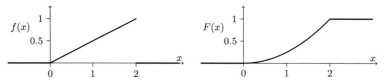

c) Es ist $P(X \geq y) = 1 - P(X \leq y) = 1 - F(y) = 1 - y^2/4$. Diese Zahl muss $= 0.05$ sein, woraus $y = 2\sqrt{0.95} = 1.94936$ folgt.

d) Der Median $\tilde{x}$ ist durch $P(X \leq \tilde{x}) = 0.5$ definiert (vgl. (31.4.c)). Nun folgt aus $P(X \leq \tilde{x}) = \tilde{x}^2/4 = 0.5$, dass $\tilde{x} = 2\sqrt{0.5} = \sqrt{2} = 1.4142$ ist.

40−5 a) Es ist (mit der Substitution $u = \pi x$, $du = \pi dx$)

$$\int \frac{\pi}{2} \sin(\pi x)\, dx = \frac{\pi}{2}\frac{1}{\pi} \int \sin u\, du = -\frac{1}{2}\cos(\pi x)\ .$$

Es folgt

$$\int_{-\infty}^{\infty} f(x)\, dx = \int_0^1 \frac{\pi}{2}\sin(\pi x)\, dx = -\frac{1}{2}\cos u \Big|_0^\pi = -\frac{1}{2}(-1-1) = 1\ .$$

b) Es ist $F(x) = 0$ ausserhalb von $[0,1]$, $F(x) = \int_0^x f(t)\, dt = \frac{1}{2} - \frac{1}{2}\cos(\pi x)$ für $0 \leq x \leq 1$. Somit ist

$$F(x) = \begin{cases} 0 & \text{für } x < 0 \\ \frac{1}{2} - \frac{1}{2}\cos \pi x & \text{für } 0 \leq x \leq 1 \\ 1 & \text{für } x > 1 \end{cases}$$

c) Für z muss gelten $0.2 = P(X < z) = P(X \leq z) = F(z) = \frac{1}{2} - \frac{1}{2}\cos \pi z$. Löst man die Gleichung auf, so folgt $\cos(\pi z) = 0.6$ und $z = 0.2952$.

40−6 a) Da die Funktion $a(2x - x^2)$ für $x = 0$ und $x = 2$ den Wert 0 annimmt, ist $f(x)$ überall stetig (in diesen beiden Punkten ist f allerdings nicht differenzierbar, was hier aber irrelevant ist). Ferner ist $f(x) \geq 0$ für alle $x \in \mathbb{R}$, so dass zwei der drei an eine Dichtefunktion gestellten Bedingungen bereits erfüllt sind. Nun muss noch

$$\int_{-\infty}^{\infty} f(x)\, dx = a\int_0^2 (2x - x^2)\, dx = a\left(x^2 - \frac{x^3}{3}\right)\Big|_0^2 = \frac{4}{3}a = 1$$

sein, woraus $a = 3/4$ folgt.

b)

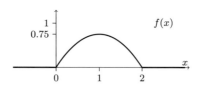

c) Es ist

$$E(X) = \int_{-\infty}^{\infty} x f(x)\, dx = \frac{3}{4}\int_0^2 x(2x - x^2)\, dx = \frac{3}{4}\left(\frac{2}{3}x^3 - \frac{1}{4}x^4\right)\Big|_0^2 = \frac{3}{4}\left(\frac{16}{3} - \frac{16}{4}\right) = 1\ .$$

Dieses Ergebnis leuchtet aufgrund der Symmetrie der Dichtefunktion auch direkt ein.

40−7 Die Funktion f ist stückweise stetig, und für alle x ist $f(x) \geq 0$. Wir zeigen, dass auch die 3. Bedingung für eine Dichtefunktion erfüllt werden kann. Wir benötigen dazu eine Stammfunktion $F(x)$ von $xe^{-x/2}$. Partielle Integration ergibt $F(x) = -2e^{-x/2}(x+2)$. Nun berechnen wir

$$\int_{-\infty}^{\infty} f(x)\,dx = c \int_0^{\infty} xe^{-x/2}\,dx = c \lim_{t\to\infty} \int_0^t xe^{-x/2}\,dx$$

$$= c \lim_{t\to\infty} \left(-2e^{-x/2}(x+2)\right)\Big|_0^t = c \lim_{t\to\infty} \left((-2e^{-t/2}(t+2)) + 4\right) = 4c\,.$$

Dabei wurde benützt, dass mit $t \to \infty$ nicht nur $e^{-t/2}$, sondern auch $te^{-t/2}$ gegen 0 strebt (vgl. den Schluss von Beispiel 40.8.A). Damit $\int_{-\infty}^{\infty} f(x)\,dx = 1$ wird, müssen wir $c = 1/4$ wählen. Weiter ist (vgl. oben)

$$P(X \geq 6) = \frac{1}{4}\int_6^{\infty} xe^{-x/2}\,dx = \frac{1}{4}\lim_{t\to\infty}\left(-2e^{-x/2}(x+2)\right)\Big|_6^t = \frac{1}{4}2e^{-3}(6+2) = 0.1991\,.$$

Hinweis: In diesem Beispiel handelt es sich um die Dichtefunktion der "χ^2-Verteilung mit Freiheitsgrad $\nu = 4$", die Sie in (47.2) kennen lernen werden. Der Tabelle (51.5) können Sie übrigens entnehmen, dass $P(X \geq 5.989) = 0.2$ ist. Nun ist 6 geringfügig grösser als 5.989; entsprechend ist $P(X \geq 6)$ etwas kleiner als 0.2.

40−8 a) Da die Funktion $2x\exp(-x^2)$ für $x = 0$ den Wert 0 annimmt, ist $f(x)$ überall stetig (im Nullpunkt ist f allerdings nicht differenzierbar, was hier aber irrelevant ist). Ferner ist $f(x) \geq 0$ für alle $x \in \mathbb{R}$, so dass zwei der drei an eine Dichtefunktion gestellten Bedingungen bereits erfüllt sind. Nun ist noch $\int_{-\infty}^{\infty} f(x)\,dx$ zu untersuchen. Mit der Substitution $u = -x^2$ berechnet man $\int 2x\exp(-x^2)\,dx = -\exp(-x^2)$ und findet

$$\int_{-\infty}^{\infty} f(x)\,dx = \int_0^{\infty} f(x)\,dx = \lim_{t\to\infty}\left(-\exp(-t^2) - (-\exp(0))\right) = 1\,.$$

Damit ist f in der Tat eine Dichtefunktion.

b) Um das Maximum zu bestimmen, setzen wir die Ableitung $f'(x) = 2\exp(-x^2) - 4x^2\exp(-x^2) = 0$ und finden $x = \sqrt{2}/2$.

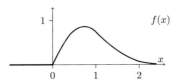

c) Es ist

$$P(X \geq 1) = 1 - P(X \leq 1) = 1 - \int_0^1 f(x)\,dx = 1 - \left(-\exp(-x^2)\Big|_0^1\right) = e^{-1} = 0.3679\,.$$

c) Es muss

$$P(X \leq z) = \int_0^z 2x\exp(-x^2)\,dx = -\exp(-x^2)\Big|_0^z = -\exp(-z^2) + 1 = 0.5$$

sein. Es folgt $z^2 = -\ln 0.5$ also $z = \sqrt{-\ln 0.5} \,(= \sqrt{\ln 2}) = 0.8325$. Diese Zahl z ist der Median der Verteilung.

40−9 a) Geometrische Überlegung: Das Dreieck hat die Grundlinie 8. Damit sein Flächeninhalt 1 beträgt, muss die Höhe $h = \frac{1}{4}$ sein.

b) Die Formel für $f(x)$ erhält man, indem man die Gleichungen der Geraden durch die Punkte $(-4,0)$ und $(0,\frac{1}{4})$ bzw. $(0,\frac{1}{4})$ und $(4,0)$ bestimmt. Die Verteilungsfunktion wird durch Integration dieser "stückweise linearen" Funktion erhalten:

$$f(x) = \begin{cases} 0 & x < -4 \\ \frac{1}{16}x + \frac{1}{4} & -4 \leq x < 0 \\ -\frac{1}{16}x + \frac{1}{4} & 0 \leq 4 < 4 \\ 0 & 4 \leq x \end{cases}, \quad F(x) = \int_{-\infty}^{x} f(t)\,dt = \begin{cases} 0 & x < -4 \\ \frac{1}{32}x^2 + \frac{1}{4}x + \frac{1}{2} & -4 \leq x < 0 \\ -\frac{1}{32}x^2 + \frac{1}{4}x + \frac{1}{2} & 0 \leq x < 4 \\ 1 & 4 \leq x \end{cases}$$

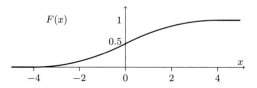

c) Nach der obigen Formel ist $P(X \leq 1) = F(1) = 0.71875$.

(50.41) Lösungen zu Kapitel 41

41−1 Wichtige Funktionswerte sind:

a) $\varphi(\mu) = 1.3298$, $\varphi(\mu \pm \sigma) = 0.8066$. b) $\varphi(\mu) = 0.6649$, $\varphi(\mu \pm \sigma) = 0.4033$.

c) $\varphi(\mu) = 0.6649$, $\varphi(\mu \pm \sigma) = 0.4033$. Die Graphen sehen wie folgt aus:

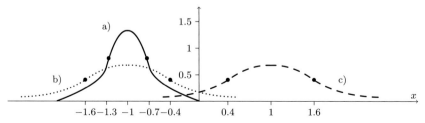

41−2 a) Es ist $\varphi(\mu) = 0.0798$, $\varphi(\mu \pm \sigma) = 0.0484$.

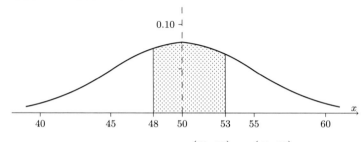

b) $P(48 \leq X \leq 53) = \Phi_{\mu,\sigma}(53) - \Phi_{\mu,\sigma}(48) = \Phi\left(\frac{53-50}{5}\right) - \Phi\left(\frac{48-50}{5}\right) = \Phi(0.6) - \Phi(-0.4) = 0.7257 - 0.3446 = 0.3811$.

41–3 a) $P(X \geq 999) = 1 - P(X \leq 999) = 1 - \Phi_{\mu,\sigma}(999) = 1 - \Phi\left(\frac{999-1000}{10}\right) = 1 - \Phi(-0.1) =$
$1 - 0.4602 = 0.5398$.

b) $P(1.3 \leq X \leq 1.4) = \Phi_{\mu,\sigma}(1.4) - \Phi_{\mu,\sigma}(1.3) = \Phi\left(\frac{1.4-1}{0.4}\right) - \Phi\left(\frac{1.3-1}{0.4}\right) = \Phi(1) - \Phi(0.75) =$
$0.8413 - 0.7734 = 0.0679$. Dabei wurde für $\Phi(0.75)$ interpoliert: Der Wert liegt in der Mitte
zwischen $\Phi(0.74)$ und $\Phi(0.76)$.

c) $P(|X| < 2) = P(-2 \leq X \leq 2) = \Phi_{\mu,\sigma}(2) - \Phi_{\mu,\sigma}(-2) = \Phi\left(\frac{2-0.5}{4}\right) - \Phi\left(\frac{-2-0.5}{4}\right) =$
$\Phi(0.375) - \Phi(-0.625) = 0.6462 - 0.2660 = 0.3802$.
Hier wurde zweimal interpoliert. Der Wert 0.375 liegt "auf Dreiviertel der Strecke" zwischen
0.36 und 0.38. Somit ist $\Phi(0.375) \approx \Phi(0.36) + \frac{3}{4}(\Phi(0.38) - \Phi(0.36)) = 0.6406 + \frac{3}{4}(0.6480 -$
$0.6406) = 0.6462$. Analog ist $\Phi(-0.625) \approx \Phi(-0.4) + \frac{3}{4}(\Phi(-0.62) - \Phi(-0.64)) = 0.2660$.
(Wenn man einfach rundet und $\Phi(0.38) - \Phi(-0.62)$ berechnet, kommt der Wert 0.3804 heraus.)

d) Hier ist $\mu = 50$ und $\sigma = \sqrt{4} = 2$. Es folgt $P(X > 52.5) = 1 - \Phi_{\mu,\sigma}(52.5) = 1 - \Phi\left(\frac{52.5-50}{2}\right) =$
$1 - \Phi(1.25) = 1 - 0.8944 = 0.1057$ (mit einfacher Interpolation).

41–4 a)

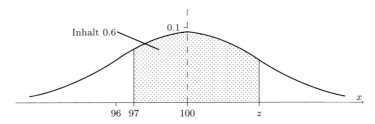

b) Es muss gelten $0.6 = P(97 \leq X \leq z) = \Phi\left(\frac{z-100}{4}\right) - \Phi\left(\frac{97-100}{4}\right) = \Phi\left(\frac{z-100}{4}\right) - \Phi(-0.75) =$
$\Phi\left(\frac{z-100}{4}\right) - 0.2266$, woraus $\Phi\left(\frac{z-100}{4}\right) = 0.6 + 0.2266 = 0.8266$ folgt. Der Tabelle entnimmt
man, dass dann (angenähert) $\frac{z-100}{4} = 0.94$ ist, und man findet $z = 103.76$. (Ein genauerer
Wert wäre 0.9408 anstelle von 0.94.)

41–5 a) $P(X \leq 2.15) = \Phi_{\mu,\sigma}(2.15) = \Phi\left(\frac{2.15-2.1}{0.2}\right) = \Phi(0.25) = 0.5987$ (Interpolation). Somit sind
ca. 60 Eier mit einem Gewicht von ≤ 2.15 g zu erwarten.

b) $P(1.9 \leq X \leq 2.3) = \Phi\left(\frac{2.3-2.1}{0.2}\right) - \Phi\left(\frac{1.9-2.1}{0.2}\right) = \Phi(1) - \Phi(-1) = 0.8413 - 0.1587 = 0.6826$,
d.h., es sind ca. 68 Eier in diesem Gewichtsbereich zu erwarten.

41–6 Gegeben ist die Normalverteilung $N(80 ; 10)$. Gesucht ist z mit $P(X > z) = 0.1$, bzw. $\Phi_{\mu,\sigma}(z) =$
$P(X \leq z) = 0.9$. Standardisieren liefert

$$\Phi_{\mu,\sigma}(z) = \Phi\left(\frac{z - 80}{10}\right) = 0.9, \quad \text{also} \quad \frac{z - 80}{10} = 1.28,$$

woraus $z = 92.8$ folgt. Der Wert 1.28 wurde dabei der Tabelle (51.3) entnommen. Einen etwas
genaueren Wert erhält man, wenn man beachtet, dass dies der kritische Wert für $\alpha = 0.2$ ist.
(Da wir uns für einen "einseitigen" Wert bei 0.1 interessieren, müssen wir bei 0.2 nachschlagen,
vgl. Beispiel 41.5.A.) Der Aufstellung von (41.5) oder von (51.3) entnimmt man dann $z_\alpha = 1.282$
anstelle von 1.28.

41–7 a) Die Zufallsgrösse X bezeichne die Körperlänge. Die bekannte durchschnittliche Körpergrösse
entspricht dem Erwartungswert von X, somit ist $\mu = 170$. Ferner weiss man, dass
$P(160 \leq X \leq 180) = 0.8$ ist. Es gilt also

$$0.8 = \Phi\left(\frac{180 - 170}{\sigma}\right) - \Phi\left(\frac{160 - 170}{\sigma}\right) = \Phi\left(\frac{10}{\sigma}\right) - \Phi\left(-\frac{10}{\sigma}\right) = 2\Phi\left(\frac{10}{\sigma}\right) - 1 ,$$

denn aus Symmetriegründen ist stets $\Phi(x) + \Phi(-x) = 1$. Es folgt $\Phi(10/\sigma) = 0.9$, also $10/\sigma = 1.2816$ (Interpolation). Damit ist $\sigma = 10/1.281 = 7.8$.

b) $P(175 \leq X \leq 185) = \ldots = \Phi(1.923) - \Phi(0.641) = 0.973 - 0.739 = 0.233$.

c) $P(X \leq 180) = \Phi((180 - 170)/\sigma) = \Phi(10/\sigma) = 0.9$ (wegen a)).

41–8 Wir wissen, dass die Zufallsgrösse $X =$ Kugeldurchmesser (in mm) normal verteilt ist; μ und σ sind noch unbekannt. Bekannt ist dagegen $P(X \leq 8) = 0.15$, vom "Rest", also von 85%, bleiben 40% im gröberen Sieb zurück, somit ist $P(X \geq 11) = 0.85 \cdot 0.4 = 0.34$, oder $P(X \leq 11) = 0.66$. Man erhält

$$\Phi\left(\frac{8 - \mu}{\sigma}\right) = 0.15 \quad \Longrightarrow \quad \frac{8 - \mu}{\sigma} \approx -1.0365 \ ,$$

$$\Phi\left(\frac{11 - \mu}{\sigma}\right) = 0.66 \quad \Longrightarrow \quad \frac{11 - \mu}{\sigma} \approx 0.4124 \ .$$

Dabei wurde interpoliert. Die beiden so entstehenden Gleichungen

$$8 - \mu = -1.0365\sigma \quad \text{und} \quad 11 - \mu = 0.4142\sigma$$

lassen sich leicht auflösen; man erhält $\mu = 10.1$ (der Wert von σ interessiert hier nicht).

41–9 a) Bekannt ist $P(X \leq 55) = 0.33$ und $P(X > 70) = 0.05$. Gesucht sind μ und σ.

Die erste Beziehung liefert $\Phi_{\mu,\sigma}(55) = \Phi\left(\frac{55-\mu}{\sigma}\right) = 0.33$, die zweite ergibt $1 - \Phi_{\mu,\sigma}(70) = 1 - \Phi\left(\frac{70-\mu}{\sigma}\right) = 0.05$ oder $\Phi\left(\frac{70-\mu}{\sigma}\right) = 0.95$. Der Tabelle entnimmt man dann die Werte

(∗) $\dfrac{55 - \mu}{\sigma} = -0.44, \quad \dfrac{70 - \mu}{\sigma} = 1.645$.

(Erläuterung zum 2. Wert: Es ist die Zahl u mit $\Phi(u) = 0.95$ gesucht. Die Tabelle liefert einen Wert etwas unterhalb von 1.65, der mit Interpolation noch verbessert werden könnte. Man kann aber auch die Tabelle der kritischen Werte gebrauchen, nach (41.5) bzw. (51.3) ist $P(X \geq u) = 0.05$ für $u = 1.645$.) Aus (∗) ergibt sich das Gleichungssystem

$$55 - \mu = -0.44\sigma$$
$$70 - \mu = 1.645\sigma \ ,$$

dessen Lösung die gesuchten Werte liefert, nämlich $\mu = 58.17$, $\sigma = 7.19$.

b) $P(57 \leq X \leq 64) = \Phi\left(\frac{64-58.17}{7.19}\right) - \Phi\left(\frac{57-58.17}{7.19}\right) = \Phi(0.8108) - \Phi(-0.1627) = 0.7912 - 0.4353 = 0.3559$ (interpoliert).

c) Gesucht ist z mit $P(X > z) = 0.25$. Dies führt auf $1 - \Phi\left(\frac{z-58.17}{7.19}\right) = 0.25$. Wir bestimmen also zunächst die Zahl w mit $\Phi(w) = 0.75$. Gemäss Tabelle ist $\Phi(0.68) = 0.7517$, $\Phi(0.66) = 0.7454$. Wir interpolieren: Die gesamte Differenz beträgt 0.0063, bis zum gesuchten Wert 0.7500 ist die Differenz gleich 0.0017. Da zwischen den Werten 0.68 und 0.66 eine Differenz von 0.02 besteht, ist $w = 0.68 - \frac{17}{63}0.02 = 0.6746$. Es folgt $z = 58.17 + 7.19w = 63.02$.

41–10 Das Grundprinzip ist, dass hier eine Binomialverteilung mit $n = 5$ vorliegt, bei der die Erfolgswahrscheinlichkeit p mit Hilfe der Normalverteilung zu bestimmen ist. Also los: Die Wahrscheinlichkeit p dafür, dass eine Person einen IQ hat, der > 130 ist, beträgt

$$p = 1 - P(X \leq 130) = 1 - \Phi\left(\frac{130 - 100}{15}\right) = 1 - \Phi(2) = 1 - 0.9772 = 0.0228 \ .$$

Dabei ist die Zufallsgrösse X gleich dem IQ einer Person. Wenn nun die Zufallsgrösse Y die Anzahl Personen (unter fünf ausgewählten) mit einem IQ von über 130 bezeichnet, dann ist Y binomial verteilt mit $n = 5$, $p = 0.0228$. Es folgt

a) $P(Y = 2) = \binom{5}{2} \cdot 0.0028^2 \cdot 0.9772^3 = 0.00485$.

b) $P(Y \geq 2) = 1 - P(Y = 0) - P(Y = 1) = 1 - 0.9772^5 - 5 \cdot 0.0228 \cdot 0.9772^4 = 0.00497$.

41−11 Auch hier haben wir eine Binomialverteilung, bei der zuerst die Erfolgswahrscheinlichkeit mit Hilfe einer Normalverteilung zu berechnen ist. Wenn X die Abweichung der Länge eines Nagels vom Sollmass (in mm) bezeichnet, dass ist $\mu = E(X) = 0$, $\sigma = \sqrt{V(X)} = 0.2$. Die Wahrscheinlichkeit dafür, dass ein Nagel mehr als 0.3 mm zu lang ist, beträgt

$$P(X \geq 0.3) = 1 - P(X \leq 0.3) = 1 - \Phi\left(\frac{0.3 - 0}{0.2}\right) = 1 - \Phi(1.5) = 1 - 0.9332 = 0.0668 .$$

Nun ist die Anzahl Y der Nägel (unter den 100 Nägeln in der Schachtel), welche mehr als 0.3 mm zu lang sind, binomial verteilt mit $n = 100$ und $p = 0.0668$. Es folgt

$$P(Y \leq 3) = P(Y = 0) + P(Y = 1) + P(Y = 2) + P(Y = 3) =$$

$$0.9332^{100} + 100 \cdot 0.9332^{99} \cdot 0.0668 + \binom{100}{2} \cdot 0.9332^{98} \cdot 0.0668^2 + \binom{100}{3} \cdot 0.9332^{97} \cdot 0.0668^3 = 0.0923 .$$

Da n gross und p klein (allerdings etwas grösser als 0.05, vgl. (39.5)) ist, könnte man auch mit der Poisson-Verteilung mit $\mu = np = 100 \cdot 0.0668 = 6.68$ arbeiten. Man erhält so

$$P(Y \leq 3) = e^{-6.68}\left(1 + 6.68 + \frac{6.68^2}{2} + \frac{6.68^3}{3!}\right) = 0.1000 .$$

41−12 Die Zufallsgrösse X (bzw. Y) bezeichnet das Gewicht der Brote von A bzw. von B. Dabei ist X gemäss N(250; 15), Y gemäss N(250; 25) verteilt.

a) Wir berechnen

$$P(X > 265) = 1 - P(X \leq 265) = 1 - \Phi\left(\frac{265 - 250}{15}\right) = 1 - \Phi(1) = 1 - 0.8413 = 0.1587 ,$$

$$P(Y > 265) = 1 - P(Y \leq 265) = 1 - \Phi\left(\frac{265 - 250}{25}\right) = 1 - \Phi(0.6) = 1 - 0.7257 = 0.2743 .$$

Wegen der Unabhängigkeit der Einkäufe ist die gesuchte Wahrscheinlichkeit gleich $0.1587 \cdot 0.2743 = 0.0435$.

b) Auf dieselbe Weise berechnen wir weiter $P(X \leq 238) = \Phi(-0.8) = 0.2119$ und $P(Y \leq 238) = \Phi(-0.48) = 0.3156$. Wir tragen diese Wahrscheinlichkeiten in ein Baumdiagramm ein. Dabei bezeichnet L (bzw. S) das Ereignis "Brot leichter (bzw. schwerer) als 238 g". Die Wahrscheinlichkeit $P(L)$ dafür, dass ein zufällig gekauftes Brot leichter als 238 g ist, ist gemäss Diagramm $= 0.4 \cdot 0.2119 + 0.6 \cdot 0.3156 = 0.2741$.

c) Gesucht ist die bedingte Wahrscheinlichkeit $P(A|L)$. Sie ist gleich $P(A \cap L)/P(L) = 0.4 \cdot 0.2119/0.2741 = 0.3092$.

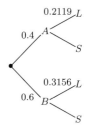

41−13 Die Zufallsgrösse $X = $ "Anzahl der Köpfe" gehorcht der Binomialverteilung mit $n = 500$ und $p = 0.5$, die wir durch die Formel (3) von (41.8) annähern:

$$P(245 \leq X \leq 255) \approx \Phi\left(\frac{255 - 250 + 1/2}{\sqrt{500 \cdot 0.5 \cdot 0.5}}\right) - \Phi\left(\frac{245 - 250 - 1/2}{\sqrt{500 \cdot 0.5 \cdot 0.5}}\right) =$$

$$\Phi(0.49) - \Phi(-0.49) = 0.688 - 0.312 = 0.376 .$$

41−14 Die Anzahl X der Ausschussteile folgt der Binomialverteilung mit $n = 1000$ und $p = 0.1$. Gesucht ist $P(X \leq 100)$. Die Formel (3) von (41.8) liefert die Wahrscheinlichkeit $P(a \leq X \leq b)$. Hier ist aber $P(X \leq b)$ gesucht. Man hilft sich, indem man $a = 0$ setzt:

$$P(X \leq 100) = P(0 \leq X \leq 100) \approx \Phi\left(\frac{100 - 100 + 1/2}{\sqrt{1000 \cdot 0.1 \cdot 0.9}}\right) - \Phi\left(\frac{0 - 100 - 1/2}{\sqrt{1000 \cdot 0.1 \cdot 0.9}}\right) =$$

$$\Phi(0.053) - \Phi(-10.49) = 0.521 - 0 = 0.521 .$$

($\Phi(-10.49)$ ist praktisch $= 0$.) Der Wert $\Phi(0.053)$ wurde mit Interpolation gefunden.

41−15 Ein Vergleich mit der Tabelle (51.3) zeigt: $P(t) = P(X \le t)$, $Q(t) = P(X \ge t)$, $R(t) = P(0 \le X \le t)$. Somit ist $P(0.2) = 0.5793$, $Q(0.2) = 0.4207$, $R(t) = 0.0793$.

Es gibt allerdings aus Symmetriegründen noch eine zweite Interpretation:

$P(t) = P(X \ge -t)$, $Q(t) = P(X \le -t)$, $R(t) = P(-t \le X \le 0)$.

(50.43) Lösungen zu Kapitel 43

43−1 a) Die Zufallsgrösse X bezeichnet das Gewicht eines Samenkorns. Der Erwartungswert $E(X)$ wird durch das arithmetische Mittel $\bar{x}$ geschätzt, die (wahrscheinlichkeitstheoretische) Standardabweichung σ durch die (empirische) Standardabweichung s; und schliesslich der Standardfehler $\sigma_{\bar{x}}$ durch $s_{\bar{x}}$. Die Rechnung ergibt $\bar{x} = 244$, $s = 7.3786$, $s_{\bar{x}} = s/\sqrt{10} = 2.3333$.

b) Mit den oben erhaltenen Schätzwerten ist $P(X > 250)$ für die normal verteilte Zufallsgrösse X mit $\mu = 244$, $\sigma = 7.3786$ gesucht:

$$P(X > 250) = 1 - P(X \le 250) = 1 - \Phi_{\mu,\sigma}(250) = 1 - \Phi\left(\frac{250 - 244}{7.3786}\right)$$

$$= 1 - \Phi(0.8132) = 1 - 0.7919 = 0.2081 .$$

Für den Wert $\Phi(0.8132)$ kann man einen passend ausgerüsteten Taschenrechner benützen oder aber interpolieren: Es ist $\Phi(0.80) = 0.7881$ und $\Phi(0.82) = 0.7939$. Es folgt

$$\Phi(0.813) = 0.7881 + \frac{0.013}{0.02} 0.0058 = 0.7919 .$$

43−2 a) $E(X) = \mu \approx \bar{x} = 142$, $\sigma \approx s = 4.7863$, $\sigma_{\bar{x}} \approx s_{\bar{x}} = 1.3817$.

b) Gesucht ist

$$P(X > 145) = 1 - P(X \le 145) = 1 - \Phi_{\mu,\sigma}(145) = 1 - \Phi\left(\frac{145 - 142}{4.7863}\right)$$

$$= 1 - \Phi(0.6268) = 1 - 0.7346 = 0.2654 .$$

Der Wert kann mit Interpolation oder mit einem geeigneten Taschenrechner ermittelt werden. Somit sind etwa 26.5% aller zehnjährigen Knaben aus der Population grösser als 145 cm.

43−3 Hier handelt es sich um gruppierte Daten. Der Durchschnitt wird mit der Formel von (31.3.d), die Varianz mit jener von (31.7.d) bestimmt. Mit etwas Fleiss erhält man $\bar{x} = 23.7666$ als Schätzung für den Erwartungswert und $s^2 = 1.3345$ als Schätzung für die Varianz.

43−4 Mit 100 Blättern erhält man $s_{\bar{x}} = \frac{s}{\sqrt{100}} = 0.3$, woraus $s = 3$ folgt. Gesucht ist n mit $\frac{s}{\sqrt{n}} = \frac{3}{\sqrt{n}} = 0.1$. Es folgt $\sqrt{n} = 30$, d.h. $n = 900$. Beachten Sie, dass der Mittelwert $\bar{x}$ gar nicht benötigt wurde.

43−5 a) In beiden Fällen ist $E(X) = E(\overline{X}) = \mu = 100$. Die Standardabweichung des Durchschnitts, also der Standardfehler, ist gegeben durch $\sigma/\sqrt{n} = 15/\sqrt{n}$. Im Falle $n = 25$ finden wir $\sigma_{\bar{x}} = 15/5 = 3$, im Falle $n = 400$ ist $\sigma_{\bar{x}} = 15/20 = 0.75$.

b) Gesucht ist $P(97 \le X \le 103)$ für die Normalverteilung mit $\mu = 100$, $\sigma = 15$. Es ist

$$P(97 \le X \le 103) = \Phi\left(\frac{103 - 100}{15}\right) - \Phi\left(\frac{97 - 100}{15}\right) = \Phi(0.2) - \Phi(-0.2)$$

$$= 0.5793 - 0.4207 = 0.1586 .$$

c) Hier ist $\mu = 100$, aber statt $\sigma = 15$ ist nun der Standardfehler $\sigma_{\bar{x}} = 3$ zu verwenden. Es folgt

$$P(97 \leq \overline{X} \leq 103) = \Phi\left(\frac{103 - 100}{3}\right) - \Phi\left(\frac{97 - 100}{3}\right) = \Phi(1) - \Phi(-1)$$

$$= 0.8413 - 0.1587 = 0.6826$$

(einfaches Streuungsintervall).

43–6 Es ist $\nu = 20$.

a) Der kritische Wert $t_{\alpha,\nu}$ ist so festgelegt, dass $P(|T| \geq t_{\alpha,\nu}) = \alpha$ ist. Aus Symmetriegründen ist dann $P(T \geq t_{\alpha,\nu}) = \alpha/2$. Diese Wahrscheinlichkeit soll gleich 0.01 sein, also ist $\alpha = 0.02$ zu wählen. Es folgt $t = t_{0.02,20} = 2.528$.

b) Es ist $P(t \leq T \leq 0) = \frac{1}{2}P(|T| \leq t) = \frac{1}{2}(1 - P(|T| \geq t))$ und dieser Wert soll gleich 0.45 sein. Es folgt $P(|T| \geq t) = 0.1$, d.h. $t = -t_{0.1,20} = -1.725$. Beachten Sie dabei, dass $t = -1.725$ (also negativ) gewählt werden muss, damit $P(t \leq T \leq 0)$ überhaupt Sinn macht.

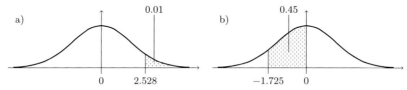

43–7 a) Die Konstante c_2 ist so zu wählen, dass $f(x) = c_2(1+x^2)^{-1}$ eine Dichtefunktion wird. Dazu muss

$$\int_{-\infty}^{\infty} f(x)\,dx = \int_{-\infty}^{\infty} \frac{c_2}{1 + x^2}\,dx = 1$$

sein. Das uneigentliche Integral

$$\int_{-\infty}^{\infty} \frac{1}{1 + x^2}\,dx$$

ist in 40.8.B berechnet worden: Es hat den Wert π. Somit muss $c_2 = 1/\pi$ sein.

b) Die Zahl $t = t_{\alpha,1}$ hat die Eigenschaft, dass $P(|T| \geq t) = \alpha$ ist. Nun ist aber

$$\alpha = P(|T| \geq t) = 2P(T \geq t) = 2\int_t^{\infty} \frac{c_2}{1 + x^2}\,dx \ .$$

Wir berechnen zunächst das uneigentliche Integral:

$$\int_t^{\infty} \frac{1}{1 + x^2}\,dx = \lim_{x \to \infty}(\arctan x - \arctan t) = \frac{\pi}{2} - \arctan t \ .$$

Setzen wir dies ein und beachten noch, dass $c_2 = 1/\pi$ ist, finden wir

$$\alpha = 2\frac{1}{\pi}\left(\frac{\pi}{2} - \arctan t\right) \ .$$

Es folgt weiter

$$\arctan t = \frac{\pi}{2}(1 - \alpha) \text{ und } t = \tan\left(\frac{\pi}{2}(1 - \alpha)\right) \ .$$

Für $\alpha = 0.05$ wird $t = t_{0.05,1} = \tan(\frac{\pi}{2} \cdot 0.95) = 12.706205$ (Tabellenwert 12.706), und für $\alpha = 0.01$ erhalten wir $t = t_{0.01,1} = \tan(\frac{\pi}{2} \cdot 0.99) = 63.656741$ (Tabellenwert 63.657).

43–8 a) $\mu \approx \bar{x} = 32$, $\sigma \approx s = 4.761$.

b) Es ist $s_{\bar{x}} = s/\sqrt{7} = 1.799$ und $\nu = 7 - 1 = 6$.

Mit $Q = 0.95$ ist ferner $\alpha = 1 - Q = 0.05$. Hier wird noch der Tabellenwert $t_\alpha = t_{0.05,6} = 2.447$ gebraucht. Einsetzen in die Formel

$$[\bar{x} - t_\alpha s_{\bar{x}}, \bar{x} + t_\alpha s_{\bar{x}}]$$

liefert als Ergebnis das Intervall $[27.598, 36.402]$.

c) Mit $Q = 0.9$ wird $\alpha = 0.1$ und $t_\alpha = 1.943$. Sonst bleibt alles gleich und man erhält das Intervall $[28.505, 35.495]$. Gegenüber b) ist die Vertrauenswahrscheinlichkeit und damit auch das Intervall kleiner geworden.

43−9 Ausrechnen liefert $\bar{x} = 50.14$ und $s_{\bar{x}} = 0.14$. Ferner ist $\nu = 8 - 1 = 7$.

a) Mit $Q = 0.9$ ist weiter $\alpha = 1 - Q = 0.1$. Schliesslich wird noch der Tabellenwert $t_\alpha = t_{0.1,7} = 1.895$ gebraucht. Einsetzen in die Formel

$$[\bar{x} - t_\alpha s_{\bar{x}}, \bar{x} + t_\alpha s_{\bar{x}}]$$

liefert als Ergebnis das Intervall $[49.87, 50.41]$.

b) Mit $Q = 0.999$ wird $\alpha = 0.001$ und $t_\alpha = 5.408$. Sonst bleibt alles gleich und man erhält das Intervall $[49.38, 50.90]$.

43−10 Hier sind die statistischen Masszahlen bereits gegeben, nämlich $\bar{x} = 51.2$ und $s^2 = 16$. Es ist dann $s_{\bar{x}} = s/\sqrt{n} = 4/\sqrt{100} = 0.4$. Der Tabelle entnimmt man den Wert $t_\alpha = t_{0.01,99} \approx t_{0.01,100} = 2.626$. Das Konfidenzintervall ist somit gleich dem Intervall $[50.15, 52.25]$.

43−11 Bekannt sind $\bar{x} = 141$ und $s = 6$.

a) Hier ist $s_{\bar{x}} = s/\sqrt{30} = 1.0954$ und $t_\alpha = t_{0.05,29} = 2.045$. Damit erhalten wir das Intervall $[138.76, 143.24]$.

b) Hier ist $s_{\bar{x}} = s/\sqrt{300} = 0.3464$ und $t_\alpha = t_{0.05,299} \approx 1.98$ (zwischen den Tabellenwerten für 100 und 1000 grob interpoliert). Damit erhalten wir das Intervall $[140.31, 141.69]$.

43−12 A ist falsch. Die Aussage zum Konfidenzintervall bezieht sich nicht auf das Gewicht der einzelnen Säcke, sondern auf den Erwartungswert des Gewichts, d.h., das "Durchschnittsgewicht aller denkbaren Säcke".

B ist richtig. Diese Aussage beschreibt anschaulich die Bedeutung des Konfidenzintervalls.

C ist falsch.

D ist (trivialerweise) richtig: 2002 ist die Mitte des Intervalls $[1996, 2008]$ und die Mitte des Vertrauensintervalls ist gemäss Formel gerade der Durchschnitt $\bar{x}$ der Stichprobe.

43−13 Die Länge des Konfidenzintervalls beträgt

$$2 s_{\bar{x}} t_{\alpha,\nu} = 2\frac{s}{\sqrt{n}} t_{\alpha,\nu} .$$

Für $\alpha = 0.05$ und $n = 10$, also $\nu = 9$, ist $t_{\alpha,\nu} = 2.262$. Aus $2\frac{s}{\sqrt{10}} t_{\alpha,\nu} = 10$ lässt sich dann s bestimmen: $s = 5\sqrt{10}/2.262 = 6.99000 \approx 7$. Um nun n so zu festzulegen, dass das Intervall die Länge $2\frac{s}{\sqrt{n}} t_{\alpha,n-1} = 5$ hat, muss (wenn man die Abkürzung A_n verwendet)

$$A_n = \frac{\sqrt{n}}{t_{\alpha,n-1}} = \frac{2s}{5} = 2.8$$

sein. Dabei gilt es zu beachten, dass sich mit n auch $t_{\alpha,n-1}$ ändert. Hier muss man sich mit Probieren behelfen. Für $n = 31, \nu = 30$ ist $A_{31} = \sqrt{31}/2.042 = 2.726 < 2.8$, für $n = 36, \nu = 35$ aber ist $A_{36} = \sqrt{36}/2.030 = 2.956 > 2.8$. Das gesuchte n liegt also etwa in der Mitte zwischen 31 und 36.

Wer es noch genauer wissen will, versucht es mit Interpolation. Er oder sie findet dann $t_{0.05,31} = 2.040$, $t_{0.05,32} = 2.037$. Daraus ergibt sich $A_{32} = 2.77 < 2.8$ und $A_{33} = 2.82 > 2.8$. Mit $n = 32$ wird also das Vertrauensintervall etwas länger als 5 (nämlich, wenn man's ausrechnet $2 \cdot 7 \cdot 2.040/\sqrt{32} = 5.05$), mit $n = 33$ wird es etwas kürzer (nämlich $2 \cdot 7 \cdot 2.037/\sqrt{33} = 4.96$).

43−14 Nach Aufgabenstellung ist $n = 2994$, $k = 1562$. a) Mit $Q = 95\%$ ist $\alpha = 0.05$ und $z_\alpha = 1.96$ (siehe (41.5) oder (51.3)). Einsetzen in die Formel (3) von (43.9) ergibt das Intervall $[0.5038, 0.5396]$. Die Näherungsformel (4) liefert übrigens dasselbe Resultat. b) Mit $Q = 99\%$

ist nun $z_\alpha = 2.576$. Sowohl die Formel (3) als auch die Formel (4) liefert das Intervall [0.4982, 0.5452]. Wie zu erwarten war, ist das Intervall im Fall b) etwas grösser, da die geforderte Sicherheit höher ist.

43−15 Nach Aufgabenstellung ist $n = 1000$, $k = 30$. Mit $Q = 90\%$ ist $\alpha = 0.1$ und $z_\alpha = 1.645$ (siehe (41.5) oder (51.3)). Einsetzen in die Formel (3) von (43.9) ergibt das Intervall [0.022, 0.040]. Die Näherungsformel (4) liefert [0.021, 0.039].

(50.44) Lösungen zu Kapitel 44

44−1 Wenn die Nullhypothese zutrifft, d.h., wenn ≥ 3000 Lose vorhanden sind, dann ist die Wahrscheinlichkeit dafür, dass ein zufällig gezogenes Los eine Nummer ≤ 1600 hat, höchstens gleich $1600/3000 = 8/15$.
Die Wahrscheinlichkeit dafür, dass alle 5 Lose so beschaffen sind, ist

$$\leq \left(\frac{8}{15}\right)^5 = 0.043 \, ,$$

also $< 5\%$. Auf dem üblichen 5%-Niveau wird man deshalb H_0 ablehnen, d.h., man wird annehmen, dass weniger als 3000 Lose vorhanden seien.

PS. Eine Präzisierung: Es sei L die totale Zahl der Lose. Wenn das 1. Los eine Nummer ≤ 1600 hat, dann hat das zweite Los eine Wahrscheinlichkeit von

$$\frac{1599}{L - 1}$$

dafür, dass das wieder passiert (und ähnlich für die weiteren Lose). Wegen $L \geq 3000$ ist diese Zahl tatsächlich etwas kleiner als $1600/3000 = 8/15$. Da wir oben mit einer Wahrscheinlichkeit $\leq 8/15$ gearbeitet haben, spielt dies aber keine Rolle. (Die geänderte Wahrscheinlichkeit kommt im Grunde genommen daher, dass wir ein einmal gekauftes Los nicht mehr zurücklegen. Bei so vielen Losen spielt aber der Unterschied zum Fall des Zurücklegens praktisch keine Rolle.)

44−2 a) Wenn wir H_0 voraussetzen, d.h., wenn die Auswahl zufällig erfolgte, dann berechnen sich die relevanten Wahrscheinlichkeiten wie folgt:
Es gibt $\binom{9}{3} = 84$ Möglichkeiten, drei Personen aus 9 auszuwählen. Wenn H_0 zutrifft, dann sind alle diese Fälle gleich wahrscheinlich. In $\binom{4}{3} = 4$ Fällen sind alle drei ausgewählten Personen Schmuggler. In diesem Fall erwischt der Beamte drei Schmuggler aufs Mal nur mit einer Wahrscheinlichkeit von $4/84 = 1/21 = 0.0476 < 0.05$. Dies ist zwar möglich, aber wenig wahrscheinlich, so dass wir H_0 ablehnen (in Übereinstimmung mit dem üblichen Signifikanzniveau von 5%).

b) Unser Mann hat also Talent (oder Erfahrung). Wir können uns aber irren und H_0 fälschlicherweise ablehnen. Dies wäre ein Fehler 1. Art: Wir billigen dem Beamten Talent zu, obwohl er einfach Glück hatte.
Der Fehler 2. Art liegt vor, wenn wir behaupten, alles sei nur Zufall, obwohl der Beamte beförderungswürdig wäre.

44−3 Wenn p die Wahrscheinlichkeit für "Kopf" ist, dann übersetzen sich Null- bzw. Alternativhypothese mit

$$H_0 : p = \tfrac{1}{2}, \quad H_1 : p \neq \tfrac{1}{2} \, .$$

Die Zufallsgrösse $X =$ "Anzahl der Köpfe" ist binomial verteilt mit $n = 5$, $p = \frac{1}{2}$. Das Ereignis, dass jedes Mal dieselbe Seite erscheint (d.h. fünfmal Kopf oder fünfmal Zahl) hat dann die Wahrscheinlichkeit $P(X = 5) + P(X = 0) = (\frac{1}{2})^5 + (\frac{1}{2})^5 = 0.0625$. (Zweiseitiger Test!) Diese Wahrscheinlichkeit ist $> 5\%$, d.h., H_0 darf nicht abgelehnt werden.

44−4 Die Nullhypothese $H_0 : p \leq \frac{1}{6}$ ist vorgegeben. Sie gehört zu einem einseitigen Test. Die Alternativhypothese ist $H_1 : p > \frac{1}{6}$. Wenn X die Anzahl der Sechsen bezeichnet, dann ist diese Zufallsgrösse unter der Voraussetzung H_0 binomial verteilt mit $n = 6$, $p \leq \frac{1}{6}$. Wir bestimmen für den Fall $p = \frac{1}{6}$ die Wahrscheinlichkeit dafür, dass drei oder mehr Sechsen geworfen werden. Es ist

$$P(3 \leq X \leq 6) = \binom{6}{3}\left(\frac{1}{6}\right)^3\left(\frac{5}{6}\right)^3 + \binom{6}{4}\left(\frac{1}{6}\right)^4\left(\frac{5}{6}\right)^2 + \binom{6}{5}\left(\frac{1}{6}\right)^5\left(\frac{5}{6}\right) + \binom{6}{6}\left(\frac{1}{6}\right)^6 = 0.0623 \ .$$

a) Mit $\alpha = 0.05$ ist $P(3 \leq X \leq 6) > \alpha$. Wir können trotz der drei geworfenen Sechsen auf dem 5%-Niveau die Nullhypothese nicht zurückweisen.

b) Mit $\alpha = 0.1$ dagegen ist $P(3 \leq X \leq 6) < \alpha$. Es ist also unwahrscheinlich (vorausgesetzt, wir ziehen die Grenze zwischen wahrscheinlich und unwahrscheinlich bei 10%), dass bei zutreffendem H_0 drei (oder mehr) Sechsen geworfen werden. Wir lehnen H_0 ab und akzeptieren H_1 (verfälschter Würfel), wobei wir uns aber mit einer Wahrscheinlichkeit von 10% irren können. Fehler 1. Art: H_0 wird abgelehnt (d.h., man nimmt an, der Würfel sei zugunsten der Sechs verfälscht), obwohl die Wahrscheinlichkeit für eine Sechs tatsächlich $\leq \frac{1}{6}$ ist. Fehler 2. Art: H_0 wird angenommen, obwohl in Tat und Wahrheit der Würfel zugunsten der Sechs verfälscht ist.

44−5 Wir nehmen an, die Nullhypothese "Mein Kollege kann nicht hellsehen" sei richtig. Dann gibt er seine Antworten völlig zufällig und die Wahrscheinlichkeit dafür, dass er Recht hat, ist dann $= \frac{1}{2}$. Die Zufallsgrösse $X =$ "Anzahl richtiger Antworten" ist somit binomial verteilt mit $n = 12$, $p = \frac{1}{2}$. Eine etwas langweilige Rechnung liefert die folgenden Wahrscheinlichkeiten:

$$P(X = 0) = P(X = 12) = 0.00024$$
$$P(X = 1) = P(X = 11) = 0.00293$$
$$P(X = 2) = P(X = 10) = 0.01611$$
$$P(X = 3) = P(X = 9) = 0.05371$$
$$P(X = 4) = P(X = 8) = 0.12085$$
$$P(X = 5) = P(X = 7) = 0.19336$$
$$P(X = 6) = 0.22559.$$

Addition ergibt $P(X \geq 10) = 0.01928$, $P(X \geq 9) = 0.07299$, $P(X \geq 8) = 0.19384$.

a) $\alpha = 0.05$: Damit $P(X \geq k) < 0.05$ ist, muss $k \geq 10$ sein. Wir verlangen also mindestens 10 richtige Antworten.

b) $\alpha = 0.1$: Damit $P(X \geq k) < 0.1$ ist, muss $k \geq 9$ sein. Wir verlangen also mindestens 9 richtige Antworten.

Dies zeigt, dass die Grenze $\alpha = 5\%$ recht streng ist: Neun richtige Antworten von zwölf reichen noch nicht aus, um den Zweifler auf diesem Niveau von den Fähigkeiten des Kollegen zu überzeugen; wohl entgegen dem Gefühl.

Fehler 1. Art: Ich glaube an seine Fähigkeit, obwohl er sie nicht hat.

Fehler 2. Art: Ich glaube nicht an seine Fähigkeit, obwohl er sie hat.

44−6 Nach (43.5) ist $\overline{X}$ normal verteilt mit $\mu = E(X) = E(\overline{X}) = 50$ und der Standardabweichung $\sigma_{\bar{x}} = \sigma/\sqrt{n} = 0.5/10 = 0.05$ (denn $n = 100$). Weiter ist dann (vgl. (43.5)) die standardisierte Grösse

$$\frac{\overline{X} - \mu}{\sigma_{\bar{x}}}$$

standard-normal verteilt. Der Tabelle der kritischen Werte in (41.5) bzw. in (51.3) entnimmt man, dass

$$P\left(\left|\frac{\overline{X} - 50}{0.05}\right| \geq 1.96\right) = 0.05$$

ist. Wenn nun μ tatsächlich $= 50$ ist, dann ist nur in 5% aller Fälle

$$\left| \frac{\overline{X} - 50}{0.05} \right| \geq 1.96 \; .$$

Trifft dies zu, so werden wir $\mathrm{H}_0 : \mu = 50$ ablehnen. Die obige Ungleichung ist gleichbedeutend mit

$$\frac{\overline{X} - 50}{0.05} \leq -1.96 \quad \text{oder} \quad \frac{\overline{X} - 50}{0.05} \geq 1.96 \; .$$

Umgerechnet

$$\overline{X} \leq 49.9 \quad \text{oder} \quad \overline{X} \geq 50.1 \; .$$

Weicht also der Durchschnitt der Längen der 100 Nägel um 1 mm oder mehr vom Sollmass 50 mm ab, so wird man H_0 verwerfen, d.h. annehmen, die Einstellung der Maschine stimme nicht mehr.

PS. Dieser Test ähnelt dem t-Test, der in Kapitel 46 besprochen wird. Der Unterschied ist der, dass hier die Standardabweichung von X und von $\overline{X}$ bekannt ist. Beim t-Test werden diese Grössen geschätzt, weshalb dort nicht die Normalverteilung, sondern die so genannte t-Verteilung verwendet werden muss.

44−7 Die Zufallsgrösse X bezeichnet die Anzahl der Tüten mit Gutschein unter den 10 kontrollierten. Sie ist binomial verteilt mit $n = 10$ und $p = 0.1$ im Fall A, $p = 0.02$ im Fall B.

Wie angegeben ist

H_0 : Schachtel ist aus dem Sortiment A,
H_1 : Schachtel ist aus dem Sortiment B.

Wenn H_0 richtig ist, dann ist $P(X = 0) = 0.9^{10} = 0.348$.

Der Fehler 1. Art (H_0 richtig, aber abgelehnt), hat die Wahrscheinlichkeit 34.87%. Der Test ist also nicht gut. Die Kioskfrau müsste mehr Tüten testen.

Der Fehler 2. Art passiert, wenn H_0 falsch ist, aber beibehalten wird, also wenn in Tat und Wahrheit die Schachtel aus dem Sortiment B stammt, die Frau aber mindestens einen Gutschein gefunden hat (denn dann nimmt sie ja an, es handle sich um den Fall A). Die Wahrscheinlichkeit dafür, dass dies passiert, ist $P(X \geq 1) = 1 - P(X = 0) = 1 - 0.98^{10} = 0.1829$, denn die Erfolgswahrscheinlichkeit der Binomialverteilung ist bei falschen H_0 (und demzufolge richtigem H_1) $= 0.02$. Der Fehler 2. Art hat eine Wahrscheinlichkeit von 18.29%.

In dieser Aufgabe können wir auch die Wahrscheinlichkeit des Fehlers 2. Art berechnen und zwar deshalb, weil zu H_1 hier eine feste Wahrscheinlichkeit gehört (nämlich 0.02). Bei den Beispielen aus Kapitel 44 war dies nicht der Fall; die Alternativhypothese lautete $p \neq \frac{1}{2}$ oder $p < \frac{1}{2}$, die Wahrscheinlichkeit war also nicht eindeutig festgelegt. Dies trifft auch in allen Aufgaben aus (44.∞), ausgenommen 44−7 und 44−8, zu.

44−8 Es sei p die Wahrscheinlichkeit für eine Sechs. Es gibt hier nur die Möglichkeiten $p = 0.3$ und $p = 0.1$. Der Versuch ist so angelegt, dass bei zwei oder weniger Sechsen die Hypothese "$p = 0.1$" angenommen wird. Da die Nullhypothese die zu verwerfende Aussage ist, setzen wir $\mathrm{H}_0 : p = 0.3$, $\mathrm{H}_1 : p = 0.1$.

Mit X bezeichnen wir die Anzahl der Sechsen beim Wurf. H_0 wird abgelehnt, wenn $X \leq 2$ ist. Ein Fehler erster Art liegt dann vor, wenn wir H_0 fälschlicherweise ablehnen, d.h., wenn es sich tatsächlich um den 30%-Würfel handelt, wir aber behaupten, dies treffe nicht zu, weil nämlich $X \leq 2$ ist. Nun können wir aber die Wahrscheinlichkeit für dieses Ereignis berechnen, denn X ist binomial verteilt mit $n = 15$ und $p = 0.3$ (Letzteres weil H_0 zutrifft). Die Wahrscheinlichkeit eines Fehlers 1. Art ist also

$$P(X \leq 2) = \binom{15}{0}0.3^0 0.7^{15} + \binom{15}{1}0.3^1 0.7^{14} \binom{15}{2}0.3^2 0.7^{13} = 0.1268 \; .$$

Einen Fehler 2. Art machen wir dann, wenn wir H_0 beibehalten, also annehmen, es handle sich um den 30%-Würfel, obwohl dies nicht wahr ist. Diese Situation tritt ein, wenn wir mit dem 10%-Würfel drei oder mehr Sechsen werfen. Die Wahrscheinlichkeit hierfür ist (diesmal liegt eine Binomialverteilung mit $n = 15$, $p = 0.1$ vor)

$$P(X > 2) = 1 - P(X \leq 2) = 1 - \left(\binom{15}{0} 0.1^0 0.9^{15} + \binom{15}{1} 0.1^1 0.9^{14} \binom{15}{2} 0.1^2 0.9^{13} \right)$$

$$= 1 - 0.8159 = 0.1841 .$$

Die Wahrscheinlichkeit für einen Fehler 2. Art konnte hier — wie in 44−7 — berechnet werden, weil sich die Alternativhypothese auf eine genau festgelegte Wahrscheinlichkeit ($p = 0.1$) bezog.

(50.45) Lösungen zu Kapitel 45

Wir nehmen zur Lösung der folgenden Aufgaben jeweils stillschweigend an, die zur Diskussion stehende Zufallsgrösse sei stetig und (wenigstens annähernd) normal verteilt, so dass die in 45.1.C genannten Voraussetzungen erfüllt sind (vgl. hierzu auch die Bemerkungen in (45.3)).

45−1 Die Zufallsgrösse X bezeichnet hier das Gewicht eines Puderzucker-Sackes; der Erwartungswert $\mu = E(X)$ beschreibt das mittlere Gewicht aller produzierten Säcke. Die Behauptung der Aufgabe besagt, dass $\mu = 500$ ist. Es geht hier nur um die Frage der Abweichung von diesem Wert und nicht darum, ob die Säcke zu schwer oder zu leicht sind. Deshalb testen wir zweiseitig. Die Hypothesen lauten somit $H_0 : \mu = 500$ (d.h. die Grösse μ_0 ist hier = 500) und $H_1 : \mu \neq 500$.

Die Stichprobe liefert die folgenden Werte: $n = 6, \bar{x} = 498.333, s_{\bar{x}} = 2.170$. Testgrösse $t = (\bar{x} - \mu_0)/s_{\bar{x}} = -0.767$. Kritischer Wert $t_\alpha = 2.571$. Wegen $|t| < t_\alpha$ kann H_0 nicht verworfen werden.

45−2 a) In diesem Beispiel ist μ der Erwartungswert der Zufallsgrösse $X =$ "Brenndauer einer Kerze", also die mittlere Brenndauer aller solcher Kerzen. Da wir die Behauptung $\mu \geq 15$ widerlegen möchten, testen wir einseitig mit $H_0 : \mu \geq 15, H_1 : \mu < 15$ (Variante ◄). Die Zahl μ_0 aus den allgemeinen Formeln ist hier = 15.

Wir berechnen $\bar{x} = 13$, $s = 2.2039$, $s_{\bar{x}} = 0.7792$, ferner ist $n = 8$, $\nu = 7$. Testgrösse $t = (\bar{x} - \mu_0)/s_{\bar{x}} = -2.567$. Kritischer Wert $t_{0.1,7} = 1.895$ (da einseitig getestet wird, ist mit $2\alpha = 0.1$ zu arbeiten). Wegen $t < -t_{2\alpha,\nu}$ können wir H_0 und damit die Behauptung des Herstellers auf dem 5%-Niveau ablehnen.

b) Diese Ablehnung kann nicht mit absoluter Sicherheit erfolgen. Vielmehr könnten die erhaltenen Zahlen auch auftreten, wenn die mittlere Brenndauer ≥ 15 Minuten wäre, dies aber nur mit einer Wahrscheinlichkeit von maximal 5%.

45−3 Es sei X die Zufallsgrösse "Länge der Schrauben aus dieser Produktion". Die Hypothese "die Maschine ist richtig eingestellt", besagt, dass $\mu = E(X) = 50$ ist. Da eine falsche Justierung sowohl zu lange als auch zu kurze Schrauben liefern könnte, testen wir zweiseitig mit $H_0 : \mu = 50$, $H_1 : \mu \neq 50$, d.h., hier ist $\mu_0 = 50$.

Die Rechnung ergibt $n = 12$, $\bar{x} = 50.5$, $s = 0.8301$, $s_{\bar{x}} = s/\sqrt{12} = 0.2396$. Damit folgt $t = (\bar{x} - \mu_0)/s_{\bar{x}} = 2.087$.

a) $\alpha = 5\%$, $\nu = 11$, $t_{\alpha,\nu} = 2.201$. Wegen $|t| < 2.201$ können wir H_0 nicht ablehnen.

b) $\alpha = 10\%$, $\nu = 11$, $t_{\alpha,\nu} = 1.796$. Wegen $|t| > 1.796$ können wir H_0 ablehnen.

Das gewählte Signifikanzniveau α hat natürlich einen Einfluss auf Verwerfung oder Annahme der Nullhypothese. In b) lehnen wir H_0 ab, können uns dabei aber mit einer Wahrscheinlichkeit von 10% irren. Wenn uns diese Wahrscheinlichkeit zu gross ist und wir mehr Sicherheit haben wollen, etwa mit $\alpha = 5\%$, dann dürfen wir H_0 nicht ablehnen.

45–4 Die Zufallsgrösse X bezeichnet hier das Gewicht der Marzipanrollen, μ ist der Erwartungswert von X.

a) Die angegebene Hypothese ist unsere Nullhypothese. Also: $H_0 : \mu = 80$, $H_1 : \mu \neq 80$. Mit $\mu_0 = 80$, $\bar{x} = 79$ und $s_{\bar{x}} = 2.6/\sqrt{25} = 0.52$ ist die Testgrösse $t = (\bar{x} - \mu_0)/s_{\bar{x}} = -1/0.52 = -1.923$.

Das Signifikanzniveau α ist nicht vorgeschrieben, wir wählen $\alpha = 5\%$. Mit $\nu = 24$ erhalten wir $t_{\alpha,\nu} = 2.064$. Wegen $|t| < t_{\alpha,\nu}$ können wir H_0 auf dem 5%-Niveau nicht ablehnen (auf dem 10%-Niveau könnten wir dies tun).

b) Die Fragestellung führt auf einen einseitigen Test. Von den beiden Möglichkeiten wählen wir $H_0 : \mu \geq 80$, $H_1 : \mu < 80$ (Variante ◄), denn wenn wir H_0 zurückweisen können, haben wir unsere Frage beantwortet. Die Testgrösse t ist dieselbe wie in a), wir müssen sie aber mit $t_{2\alpha,\nu} = t_{0.1,24} = 1.711$ vergleichen. Wegen $t < -1.711$ können wir hier H_0 ablehnen und H_1 akzeptieren. (Bei der Variante ► $H_0 : \mu \leq 80$, $H_1 : \mu > 80$ lässt sich H_0 nicht ablehnen, was wegen $\bar{x} < 80$ von vornherein klar ist. Vgl. Bemerkung 2 in (45.4).)

c) Mit $n = 100$ ändert sich $s_{\bar{x}}$. Wir erhalten $s_{\bar{x}} = 2.6/\sqrt{100} = 0.26$, und somit ist $t = -3.846$. Nun lässt sich auch im Fall a) — und erst recht im Fall b) — die Nullhypothese verwerfen, wie ein Blick auf Tabelle (51.4) zeigt.

45–5 Da von jeder Person zwei Testdaten erhoben wurden, geht es hier um einen Test für zwei verbundene (gepaarte) Stichproben. Wir bilden zunächst die Differenzen $X =$ "Wert vormittags minus Wert nachmittags" und erhalten die Zahlen $-4, -3, -3, 0, -4, 1, -2, -3, 0$.

Wir wenden den t-Test mit den Hypothesen $H_0 : \mu = 0$, $H_1 : \mu \neq 0$ an. Wir testen zweiseitig, denn es wird nach einem Unterschied zwischen vormittäglicher und nachmittäglicher Leistung gefragt, und nicht etwa danach, ob die nachmittägliche Leistung besser sei.
Wir berechnen $\bar{x} = -2$, $s = 1.8708$, $s_{\bar{x}} = s/\sqrt{9} = 0.6236$. Damit wird $t = (\bar{x} - 0)/s_{\bar{x}} = -3.207$.
a) $\alpha = 5\%$, $\nu = 8$, $t_{\alpha,\nu} = 2.306$. Wegen $|t| > t_{\alpha,\nu}$ lehnen wir H_0 auf diesem Niveau ab.
b) $\alpha = 1\%$, $\nu = 8$, $t_{\alpha,\nu} = 3.355$. Wegen $|t| < t_{\alpha,\nu}$ können wir hier H_0 nicht ablehnen.

45–6 Auch hier liegen verbundene Stichproben vor. Zunächst bilden wir die Differenzen "vorher" minus "nachher":

$$2.0, \ 1.0, \ 4.4, \ 0, \ 1.5, \ -1.0, \ 0.5.$$

Die Zufallsgrösse X beschreibt diese Differenzen, $\mu = E(X)$ ist die durchschnittliche Abnahme (positiv gerechnet) aller Personen, die sich dieser Diät unterziehen. Da wir einen Gewichtsverlust nachweisen wollen, testen wir einseitig mit $H_0 : \mu \leq 0$, $H_1 : \mu > 0$ (Variante ►). Mit $n = 7$, $\bar{x} = 1.2$, $s_{\bar{x}} = 0.6506$ erhalten wir $t = \bar{x}/s_{\bar{x}} = 1.844$. Für $\nu = 6$, $\alpha = 0.05$ beträgt der kritische Wert gemäss Tabelle $t_{2\alpha,\nu} = 1.943$. Die Entscheidungsregel erlaubt uns nicht, H_0 zu verwerfen.

45–7 Die zugrunde liegende Zufallsgrösse X beschreibt das Gewicht einer Packung Mehl. Die Stichprobe vom Umfang $n = 50$ ergab die Masszahlen $\bar{x} = 990$, $s = 30$. Da wir uns für eine Veränderung des mittleren Abfüllgewichts interessieren (und nicht etwa dafür, ob es kleiner geworden ist), testen wir zweiseitig mit $H_0 : \mu = 1000$, $H_1 : \mu \neq 1000$. Mit $s_{\bar{x}} = 30/\sqrt{50} = 4.243$ erhalten wir $t = (990 - 1000)/4.243 = -2.357$. Die kritische Grösse ist für $\alpha = 5\%$, $\nu = 49$ gleich 2.010 (hier wurde interpoliert, da $\nu = 49$ in der Tabelle nicht vorkommt. Ebensogut hätten wir aber mit $\nu = 50$ arbeiten können). Jedenfalls ist $|t| > t_{\alpha,\nu}$ und wir können H_0 ablehnen. Wir dürfen (im Rahmen der Irrtumswahrscheinlichkeit) behaupten, dass sich das mittlere Abfüllgewicht verändert hat.

45–8 Hier interessiert uns die Zufallsgrösse $X =$ "Gewicht von Neugeborenen". Gegeben sind die Daten $n = 40$, $\bar{x} = 3300$ und $s = 500$. Daraus berechnen wir $s_{\bar{x}} = 500/\sqrt{40} = 79.057$.

Wir möchten nachweisen, dass $\mu > 3200$ (bzw. > 3150) ist und testen daher einseitig mit der Variante ▶, d.h. mit $H_0 : \mu \leq 3200$, $H_1 : \mu > 3200$ (bzw. analog mit 3150 statt 3200). Mit $\alpha = 5\%$ und $\nu = 39$ ist $t_{2\alpha,\nu} = 1.685$ (interpoliert, was nicht unbedingt nötig wäre).
a) Hier wird $t = (3300 - 3200)/79.057 = 1.265$. Diese Zahl ist $< t_{2\alpha,\nu}$, wir können H_0 nicht ablehnen.

b) Hier wird $t = (3300 - 3150)/79.057 = 1.897$. Diese Zahl ist $> t_{2\alpha,\nu}$, wir können H_0 ablehnen.

c) Wir müssen n so bestimmen, dass

$$t = \frac{\bar{x} - \mu_0}{s_{\bar{x}}} = \frac{\bar{x} - \mu_0}{s} \sqrt{n} > t_{2\alpha,\nu}$$

ist. Hier ist $(\bar{x} - \mu_0)/s = (3300 - 3200)/500 = 0.2$ fest; es ist also $t = 0.2\sqrt{n}$. Beachten Sie, dass auch $t_{2\alpha,\nu}$ von n abhängt. Wir müssen also den gesuchten Wert von n durch Ausprobieren finden. Nun ist, wie man der Tabelle 51.4 für $\alpha = 0.1$ entnimmt, der kleinstmögliche Wert von $t_{2\alpha,\nu} = 1.645$. Somit ist sicher $t = 0.2\sqrt{n} > 1.645$ und daraus folgt zunächst $n > 68$. Nun ist für $n = 69$ die Zahl $t = 0.2\sqrt{69} = 1.649$, während $t_{2\alpha,\nu} \approx 1.667$ ist. Somit ist $n = 69$ zu klein. Für $n = 70$ aber ist $t = 0.2\sqrt{70} = 1.673 > t_{2\alpha,\nu} = 1.667$. Deshalb lautet die Antwort: $n = 70$.

(50.46) Lösungen zu Kapitel 46

Wir nehmen zur Lösung der folgenden Aufgaben jeweils stillschweigend an, die zur Diskussion stehende Zufallsgrösse sei stetig und (wenigstens annähernd) normal verteilt, so dass die in 46.1.C genannten Voraussetzungen erfüllt sind (vgl. hierzu auch die Bemerkungen in (45.3)).

46−1 a) Diese Behauptung ist mit dem t-Test für zwei unabhängige Stichproben nachzuprüfen. Wenn wir den Erwartungswert der ersten Grundgesamtheit mit μ_1, jenen der zweiten mit μ_2 bezeichnen, dann haben wir die Hypothesen $H_0 : \mu_1 = \mu_2$, $H_1 : \mu_1 \neq \mu_2$. Zur Bestimmung der Testgrösse berechnen wir gemäss (46.1) die Durchschnitte $\bar{x} = 28$, $\bar{y} = 25$ sowie die Grössen $S_{xx} = 18$, $S_{yy} = 16$. (Wenn Ihr Taschenrechner die Standardabweichung s liefert, dann beachten Sie die in (46.2) angegebene Formel $S_{xx} = (m-1)s^2$.) Schliesslich ist $m = 6$, $n = 8$. Die Formel von (46.1) führt auf die Testgrösse $t = 3.300$.
Der Tabelle (51.4) entnimmt man mit $\alpha = 5\%$, $\nu = 6 + 8 - 2 = 12$ den Wert $t_{\alpha,\nu} = 2.179$. Wegen $|t| > t_{\alpha,\nu}$ lehnen wir H_0 ab.
b) Diese Behauptung ist mit dem t-Test für eine einzelne Stichprobe nachzuprüfen. Die Hypothesen lauten: $H_0 : \mu_1 = 27$, $H_1 : \mu_1 \neq 27$.
Man berechnet $\bar{x} = 28$, $s = 1.8974$, $s_{\bar{x}} = 0.7746$ und findet $t = (\bar{x} - \mu_0)/s_{\bar{x}} = 1.291$. Mit $\alpha = 5\%$, $\nu = 5$ ist $t_{\alpha,\nu} = 2.571$. Wir können H_0 nicht ablehnen.

46−2 Wir verwenden den t-Test für zwei unabhängige Stichproben. (Obwohl beide Stichproben denselben Umfang haben, handelt es sich *nicht* um gepaarte Stichproben.) Mit μ_1 bezeichnen wir den Erwartungswert der Zufallsgrösse "Gewichtsabnahme bei Diät A", mit μ_2 die analoge Zahl im Fall von B.

a) Da wir nachweisen wollen, dass die eine Diät besser als die andere ist (und nicht, dass die beiden nur verschiedene Resultate bringen), testen wir einseitig. In diesem Fall wählen wir H_0 so, dass uns die allfällige Ablehnung zusagen würde, also (Variante ▶) $H_0 : \mu_1 \leq \mu_2$, $H_1 : \mu_1 > \mu_2$. (H_1 besagt also, die mittlere Gewichtsabnahme im Fall A sei grösser als im Fall B.)

b) Wir berechnen $\bar{x} = 2$, $S_{xx} = 5.5$, $\bar{y} = 0.9$, $S_{yy} = 4.72$. Weiter ist $m = n = 6$. Wir finden gemäss der Formel von (46.1) $t = 1.885$. Da wir einseitig testen, vergleichen wir diesen Wert mit $t_{2\alpha,\nu} = t_{0.1,10} = 1.812$. Wegen $t > t_{2\alpha,\nu}$ lehnen wir H_0 ab und akzeptieren H_1: Im Rahmen der Irrtumswahrscheinlichkeit bringt Diät A eine grössere Abnahme als Diät B.

46–3 a) Es wird nach einem Unterschied in Bezug auf die Brenndauern gefragt und nicht danach, ob die eine Marke länger brenne als die andere. Wir testen deshalb zweiseitig.

b) $H_0 : \mu_1 = \mu_2$, $H_1 : \mu_1 \neq \mu_2$. Dabei ist μ_1 (bzw. μ_2) der Erwartungswert der Zufallsgrösse "Brenndauer von Aaah!" (bzw. von "Oooh!").

c) Für "Aaah!" ist $\bar{x} = 60$, $s = 5.8310 = \sqrt{34}$, $S_{xx} = 238$. Für "Oooh!" ist $\bar{y} = 65$, $s = 5.8310$ und somit $S_{yy} = (n-1)s^2 = 11.34 = 374$. Wir erhalten gemäss (46.1) $t = -1.879$. Mit $\alpha = 5\%$, $\nu = m + n - 2 = 18$ ist $t_{\alpha,\nu} = 2.101$. Wegen $|t| < t_{\alpha,\nu}$ können wir H_0 nicht ablehnen.

46–4 Wir wenden den t-Test für zwei unabhängige Stichproben in einer einseitigen Form an. Mit μ_X bezeichnen wir den Erwartungswert der Zufallsgrösse $X = $ "Ertrag bei Düngung mit neuem Mittel", mit μ_Y den analogen Wert für die Zufallsgrösse $Y = $ "Ertrag bei konventioneller Düngung". Da wir gerne zeigen möchten, dass $\mu_X > \mu_Y$ ist, wählen wir die Hypothesen gemäss Variante ▶. $H_0 : \mu_X \leq \mu_Y$, $H_1 : \mu_X > \mu_Y$.

Wir bestimmen nun die Zahlen für die Berechnung der Testgrösse t gemäss (46.1):

Zufallsgrösse X: $m = 13$, $\bar{x} = 540$, $s = 35 \Longrightarrow S_{xx} = 12 \cdot 35^2 = 14'700$.

Zufallsgrösse Y: $n = 11$, $\bar{y} = 505$, $s = 40 \Longrightarrow S_{yy} = 10 \cdot 40^2 = 16'000$.

Es folgt $t = 2.287$, ferner ist $\nu = 13 + 11 - 2 = 22$.

a) $\alpha = 1\%$, $t_{2\alpha} = 2.508$: H_0 wird nicht verworfen.

b) $\alpha = 5\%$, $t_{2\alpha} = 1.717$: H_0 wird verworfen.

46–5 Wir wenden den t-Test für zwei unabhängige Stichproben in einer einseitigen Form an. Mit μ_A bezeichnen wir den Erwartungswert der Zufallsgrösse $X = $ "Fettgehalt (pro Liter) der Milch aus A", mit μ_B den analogen Wert für die Zufallsgrösse Y, welche die Milch aus B betrifft. Da wir gerne zeigen möchten, dass $\mu_A < \mu_B$ ist, wählen wir die Hypothesen wie folgt: $H_0 : \mu_A \geq \mu_B$, $H_1 : \mu_A < \mu_B$ (Variante ◀). Wir bestimmen nun die Zahlen für die Berechnung der Testgrösse t gemäss (46.1). Beachten Sie, dass hier nicht die Standardabweichungen s, sondern die Varianzen s^2 gegeben sind.

Zufallsgrösse X: $m = 18$, $\bar{x} = 36$, $s^2 = 16 \Longrightarrow S_{xx} = (m-1)s^2 = 17 \cdot 16 = 272$.

Zufallsgrösse Y: $n = 10$, $\bar{y} = 39$, $s^2 = 9 \Longrightarrow S_{yy} = (n-1)s^2 = 9 \cdot 9 = 81$.

Es folgt $t = -2.064$, ferner ist $\nu = 18 + 10 - 2 = 26$.

Es ist $\alpha = 5\%$, $t_{2\alpha} = 1.706$. Wegen $t < -t_{2\alpha}$ wird H_0 verworfen, d.h., die Milch aus A hat signifikant geringeren Fettgehalt.

(50.47) Lösungen zu Kapitel 47

47–1 Die Behauptung, der Würfel sei ausgewogen, führt auf die Nullhypothese H_0 : Es liegt eine Gleichverteilung vor. Unter dieser Voraussetzung sind alle erwarteten Häufigkeiten $t_i = 3333.3$ ($i = 1, \ldots, 6$). Die theoretischen Häufigkeiten sind der Tabelle zu entnehmen. Eine direkte Rechnung ergibt $\chi^2 = 270.96$. Ein Blick auf die Tabelle 51.5 zeigt, dass (mit $\nu = 5$) H_0 auf jedem Niveau abgelehnt werden kann. Unser Würfel ist (oder war) sicher nicht ausgewogen. (Vgl. auch Beispiel 47.3.A.)

47–2 Die Nullhypothese lautet H_0 : Die Zufallsgrösse $X = $ "Anzahl Geburten pro Quartal" folgt einer diskreten Gleichverteilung.

Fall a): Die erwarteten (t_i) und beobachteten (x_i) Häufigkeiten sind

	1	2	3	4
t_i	50	50	50	50
x_i	62	44	54	40

Es folgt $\chi^2 = 5.92$.

Fall b): Hier lauten die Zahlen wie folgt:

	1	2	3	4
t_i	75	75	75	75
x_i	93	66	81	60

Es folgt $\chi^2 = 8.88$.

In beiden Fällen ist $\nu = 3$, $\alpha = 0.05$, somit $\chi^2_\alpha = 7.815$.

Im Fall a) können wir H_0 nicht ablehnen, wohl aber im Fall b).

47−3 Die Stichprobe hat den Umfang 250. Als H_0 nehmen wir an, die vier Klassen seien im Verhältnis 1:4:4:16 verteilt. So erhalten wir die erwarteten Häufigkeiten 10, 40, 40 und 160. Damit und mit den beobachteten Häufigkeiten aus der Aufgabenstellung berechnen wir $\chi^2 = 8.75$. Es liegen vier Klassen vor, also ist $\nu = 3$. Im Fall a) ($\alpha = 0.05$) ist der kritische Wert = 7.815, wir können H_0 ablehnen. Arbeiten wir aber mit einer kleineren Irrtumswahrscheinlichkeit, wie etwa im Fall b) mit $\alpha = 0.01$, wo der kritische Wert = 11.345 ist, so können wir H_0 nicht ablehnen.

47−4 a) Die Zufallsgrösse X ist binomial verteilt, mit $n = 3$ und $p = 0.2$. (Das Einzelexperiment "packe Ei aus und melde 'Erfolg', wenn es weiss ist", wird dreimal wiederholt.) Wir erhalten folgende Verteilung

i	0	1	2	3
$P(X = i)$	0.5120	0.3840	0.0960	0.0080

b) Die Nullhypothese lautet:

H_0 : Die Anzahl der weissen Eier folgt einer Binomialverteilung mit $n = 3$, $p = 0.2$.

Wir prüfen H_0 mit dem χ^2-Test nach. Wir haben vier Klassen, d.h., es ist $k = 4$, $\nu = k - 1 = 3$. Die beobachteten Häufigkeiten x_i sind 500, 400, 90, 10. Die erwarteten Häufigkeiten finden wir, indem wir die obigen Wahrscheinlichkeiten mit 1000 multiplizieren: 512, 384, 96, 8. Damit berechnet man $\chi^2 = 1.823$. Ein Vergleich mit dem kritischen Wert ($\alpha = 0.05$, $\nu = 3$) $\chi^2_\alpha = 7.815$ zeigt, dass man H_0 nicht ablehnen kann.

47−5 Die Nullhypothese H_0 lautet: Es liegt eine Poisson-Verteilung mit $\mu = 0.2$ vor. Die erwarteten Häufigkeiten sind deshalb: 819, 164, 17 (Wahrscheinlichkeiten aus Tabelle (51.2) mal 1000). Da drei Klassen vorliegen, ist $\nu = 2$. Es folgt (unter Verwendung der beobachteten Häufigkeiten aus der Aufgabenstellung) $\chi^2 = 0.8478 < \chi^2_{0.05} = 5.991$. H_0 kann nicht verworfen werden, d.h., die Resultate bestätigen die Theorie.

Beachten Sie, dass der Parameter hier gegeben und nicht geschätzt ist. Dies hat einen Einfluss auf die Bestimmung des Freiheitsgrads.

47−6 Fall (A). Aufgrund der angegebenen Nullhypothese berechnen wir zuerst die Wahrscheinlichkeiten

i	0	1	2	3	4
$P(X = i)$	$\frac{1}{16}$	$\frac{4}{16}$	$\frac{6}{16}$	$\frac{4}{16}$	$\frac{1}{16}$

Die erwarteten Häufigkeiten erhalten wir durch Multiplikation dieser Wahrscheinlichkeiten mit 320. Wir geben gleich noch die beobachteten Häufigkeiten x_i an.

i	0	1	2	3	4
t_i	20	80	120	80	20
x_i	42	110	111	48	9

Wir führen einen χ^2-Test durch. Die Anzahl k der Klassen ist 5, es folgt $\nu = 4$. Für die Testgrösse erhalten wir $\chi^2 = 54.975$. Diese Zahl ist grösser als jeder der in (51.5) angeführten kritischen Werte, wir lehnen H_0 ab.

Fall (B). Die Nullhypothese besagt hier bloss, dass eine Binomialverteilung mit $n = 4$ vorliegt, über den Wert von p wird a priori keine Aussage gemacht. Wir schätzen deshalb dieses p: Die Anzahl der Mädchen beträgt $42 \cdot 0 + 110 \cdot 1 + 111 \cdot 2 + 48 \cdot 3 + 9 \cdot 4 = 512$. Da total $4 \cdot 320 = 1280$ Kinder da sind, ist $p = 512/1280 = 0.4$. Für X erhalten wir jetzt die nachstehenden Wahrscheinlichkeiten:

i	0	1	2	3	4
$p(X = i)$	0.1296	0.3456	0.3456	0.1536	0.0256

Dies führt auf folgende Verteilung:

i	0	1	2	3	4
t_i	41.472	110.592	110.592	49.152	8.192
x_i	42	110	111	48	9

Wir berechnen $\chi^2 = 0.118$. Da hier ein Parameter, nämlich p, geschätzt wurde, ist $\nu = 5 - 1 - 1 = 3$. Es folgt $\chi^2_\alpha = 7.815$. Wir können H_0 nicht ablehnen.

47–7 H_0 : Es liegt eine Binomialverteilung vor. Es sind gemäss Tabelle total 53680 Familien untersucht worden, die zusammen 429440 Kinder haben. Davon sind 221023 Knaben. Wir schätzen p durch $221023/429440 = 0.5147$. Ferner ist $\alpha = 0.05$, $\nu = 9 - 1 - 1 = 7$ (ein geschätzter Parameter), $\chi^2_\alpha = 14.07$
Die gemäss Binomialverteilung (mit $n = 8$, $p = 0.5147$) berechneten theoretischen Häufigkeiten sind $t_0 = 165$, $t_1 = 1402$, $t_2 = 5203$, $t_3 = 11035$, $t_4 = 14628$, $t_5 = 12410$, $t_6 = 6580$, $t_7 = 1994$, $t_8 = 264$. Wir erhalten $\chi^2 = 92$. Konklusion: H_0 wird verworfen.

47–8 Die Nullhypothese besagt, dass eine Poisson-Verteilung vorliegt. Der Parameter μ ist nicht gegeben, sondern muss geschätzt werden. Den Daten entnimmt man zunächst, dass in den 260 Tagen $89 \cdot 0 + 97 \cdot 1 + 43 \cdot 2 + 24 \cdot 3 + 5 \cdot 4 + 1 \cdot 5 + 1 \cdot 6 = 286$ Unfälle passiert sind. Die durchschnittliche Anzahl Unfälle pro Tag beträgt somit $286/260 = 1.1$ und das ist unser Schätzwert für μ. Wir berechnen die Wahrscheinlichkeiten der Poisson-Verteilung mit $\mu = 1.1$ nach der üblichen Formel und multiplizieren sie mit 260, um die erwarteten Häufigkeiten zu bekommen. Dies führt auf folgende Tabelle:

i	0	1	2	3	4	5	6	≥ 7
x_i	89	97	43	24	5	1	1	0
t_i	86.546	95.201	52.361	19.199	5.280	1.162	0.213	0.038

Damit die theoretischen Häufigkeiten gross genug sind (vgl. 47.1.E.1), legen wir die Klassen 4, 5, 6 und ≥ 7 zusammen. Die neue Klasse hat eine beobachtete Häufigkeit von 7, eine erwartete von 6.693. Es bleiben 5 Klassen, damit wird $\nu = 5 - 1 - 1 = 3$. Die Berechnung von χ^2 ergibt 2.992. Wir können H_0 nicht zurückweisen. Die Daten widersprechen der Annahme, es handle sich um eine Poisson-Verteilung, nicht.

47–9 Die Nullhypothese "H_0 : X ist Poisson-verteilt" wird mit einem χ^2-Test geprüft.
Der Parameter μ der Poisson-Verteilung ist nicht vorgegeben; er wird durch die mittlere Anzahl $\bar{x}$ der Anrufe pro Minute geschätzt. Es ist

$$\bar{x} = \frac{29 \cdot 0 + 42 \cdot 1 + 42 \cdot 2 + 40 \cdot 3 + 22 \cdot 4 + 4 \cdot 5 + 1 \cdot 6}{29 + 42 + 42 + 40 + 22 + 4 + 1} = \frac{360}{180} = 2.$$

Die Wahrscheinlichkeiten bestimmen sich mit der Formel für die Poisson-Verteilung (s.a. Tabelle

(51.2). Darunter schreiben wir die erwarteten Häufigkeiten t_i, die sich durch Multiplikation mit 180 ergeben, sowie die beobachteten Häufigkeiten x_i.

i	0	1	2	3	4	5	≥ 6
$P(X = i)$	0.135	0.271	0.271	0.180	0.090	0.036	0.017
t_i	24.30	48.78	48.78	32.40	16.20	6.48	3.06
x_i	29	42	42	40	22	4	1

Damit alle theoretischen Häufigkeiten ≥ 5 sind, legen wir die beiden letzten Klassen zusammen mit den neuen Werten $t_5 = 9.54$, $x_5 = 5$.

Damit haben wir 6 Klassen; da ein Parameter geschätzt wurde, ist $\nu = 6 - 1 - 1 = 4$.

Die Formel für die Testgrösse liefert $\chi^2 = 8.814$.

    a) Hier ist $\chi^2_{\alpha,\nu} = 9.488$. H_0 kann nicht abgelehnt werden.

    b) Hier ist $\chi^2_{\alpha,\nu} = 7.779$. H_0 kann abgelehnt werden.

47−10 Es sei X die zugrunde liegende Zufallsgrösse. Die Nullhypothese besagt, X sei normal verteilt. Die beiden Parameter μ und σ der Normalverteilung sind nicht bekannt. Wir müssen sie also durch $\bar{x}$ und s schätzen. Da gruppierte Daten vorliegen, verwenden wir die Formeln aus (31.3.d) bzw. aus (31.7.d) (mit den Klassenmitten 26, 28, ..., 36) und erhalten $\bar{x} = 32$, $s = 2.9218$. Somit arbeiten wir mit der Normalverteilung $N(32; 2.9218)$.

Es ist dann $P(X \leq 25) = \Phi_{\mu,\sigma}(25) = \Phi((25 - 32)/2.9218) = \Phi(-2.3958) = 0.00829$. (Diese Wahrscheinlichkeit ist nicht mit der Tabelle (51.4) ermittelt worden, sondern mit einem Taschenrechner.)

Analog ist $P(X \leq 27) = \Phi_{\mu,\sigma}(27) = \Phi((27 - 32)/2.9218) = \Phi(-1.7113) = 0.04352$. Folglich ist $P(25 < X \leq 27) = 0.04352 - 0.00829 = 0.03523$.

Entsprechend berechnen wir die weiteren Wahrscheinlichkeiten $P(27 < X \leq 29)$ usw. Um die erwarteten Häufigkeiten zu erhalten, multiplizieren wir diese Wahrscheinlichkeiten mit dem Umfang $n = 150$ der Stichprobe und erhalten folgende Tabelle:

Klassen	≤ 25	$(25, 27]$	$(27, 29]$	$(29, 31]$	$(31, 33]$	$(33, 35]$	$(35, 37]$	> 37
erw. Häufigkeit	1.24	5.29	16.31	32.07	40.18	32.07	16.31	6.53

Damit alle erwarteten Häufigkeiten ≥ 5 sind, legen wir noch die beiden ersten Klassen zusammen. Damit haben wir

Klassen	≤ 27	$(27, 29]$	$(29, 31]$	$(31, 33]$	$(33, 35]$	$(35, 37]$	> 37
erw. Häufigkeit	6.53	16.31	32.07	40.18	32.07	16.31	6.53
beob. Häufigkeit	12	12	27	36	39	24	0

Die Testgrösse χ^2 wird nun wie üblich berechnet: Es ist $\chi^2 = 18.61$. Da sieben Klassen und zwei geschätzte Parameter vorliegen, ist der Freiheitsgrad $\nu = 7 - 1 - 2 = 4$. Mit $\alpha = 0.05$ (kritischer Wert 11.070) und sogar mit $\alpha = 0.01$ (kritischer Wert 15.086) können wir die Nullhypothese ablehnen.

47−11 Es geht hier um eine Vierfeldertafel mit der Nullhypothese: Die Merkmale in den Zeilen (Erfolg/Misserfolg in Physik) und in den Spalten (Erfolg/Misserfolg in Mathematik) sind unabhängig. Die allgemeine Formel aus (47.5) ergibt

$$\chi^2 = \frac{(108 \cdot 23 - 45 \cdot 24)^2 \cdot 200}{132 \cdot 68 \cdot 153 \cdot 47} = 6.108.$$

Bei einer Vierfeldertafel ist $\nu = 1$. Der kritische Wert für $\alpha = 0.05$ beträgt 3.841. Wir lehnen H_0 ab: Im Rahmen der Irrtumswahrscheinlichkeit können wir sagen, dass die Prüfungserfolge in Physik bzw. Mathematik nicht unabhängig sind.

47−12 Die gegebenen Zahlen lassen sich in einer Vierfeldertafel darstellen

	für A	für B	total
unter 20	80	180	260
über 20	67	93	160
total	147	273	420

a) Wenn die bevorzugten Sender von der Altersgruppe unabhängig sind, dann erhalten wir mit der in (47.5) angestellten Überlegung die folgenden Zahlen

	für A	für B	total
unter 20	91	169	260
über 20	56	104	160
total	147	273	420

b) Wir verwenden den χ^2-Test für eine Vierfeldertafel. Die Nullhypothese besagt, dass die Merkmale in den Zeilen und jene in den Spalten unabhängig sind. Damit sind die Zahlen in der zweiten Tabelle die erwarteten, jene in der ersten die beobachteten Häufigkeiten. Man erhält

$$\chi^2 = \frac{(80-91)^2}{91} + \frac{(180-169)^2}{169} + \frac{(67-56)^2}{56} + \frac{(93-104)^2}{104} = 5.370.$$

Der Freiheitsgrad ist $\nu = 1$. Mit $\alpha = 5\%$ ist $\chi^2_\alpha = 3.841$, wir lehnen H_0 ab. Mit $\alpha = 1\%$ ist $\chi^2_\alpha = 6.635$, wir können H_0 nicht ablehnen. Natürlich hätten wir die Testgrösse auch mit der allgemeinen Formel aus (47.5) berechnen können.

47−13 Zuerst sind die Prozentzahlen in absolute Häufigkeiten umzurechnen. Es ergeben sich Vierfeldertafeln.

a)

	A	B	total
bestanden	120	70	190
nicht bestanden	30	30	60
total	150	100	250

b)

	A	B	total
bestanden	180	105	285
nicht bestanden	45	45	90
total	225	150	375

Die Nullhypothese ist H_0: Prüfungserfolg und Lehrbuch sind voneinander unabhängig.

Man könnte jetzt gemäss (47.5) die erwarteten Häufigkeiten ausrechnen; stattdessen verwenden wir hier zur Abwechslung die "direkte" allgemeine Formel für χ^2. Im Fall a) erhalten wir $\chi^2 = 3.289$, im Fall b) $\chi^2 = 4.934$. Wegen $\chi^2_\alpha = 3.841$ lehnen wir im Fall b) die Nullhypothese ab, nicht aber im Fall a).

47−14 Nach Definition der χ^2-Verteilung mit Freiheitsgrad $\nu = 1$ (47.2) ist $F(x) = P(\chi^2 \leq x) = P(X^2 \leq x)$, wobei die Zufallsgrösse X einer Standard-Normalverteilung folgt. Für $x < 0$ ist $F(x) = 0$. Für $x \geq 0$ gilt $F(x) = P(X^2 \leq x) = P(-\sqrt{x} \leq X \leq \sqrt{x}) = \Phi(\sqrt{x}) - \Phi(-\sqrt{x})$, wobei Φ die Verteilungsfunktion der Standard-Normalverteilung ist. Um die Dichtefunktion $f(x)$ der χ^2-Verteilung mit $\nu = 1$ zu finden, verwenden wir die Beziehung $f(x) = F'(x)$. Wir leiten mit der Kettenregel ab (die innere Ableitung ist $1/(2\sqrt{x})$) und benützen noch, dass $\Phi' = \varphi$, die Dichtefunktion der Standard-Normalverteilung, ist. Dann erhalten wir

$$f(x) = F'(x) = \frac{1}{2\sqrt{x}}\Phi'(\sqrt{x}) + \frac{1}{2\sqrt{x}}\Phi'(-\sqrt{x}) = \frac{1}{2\sqrt{x}}\varphi(\sqrt{x}) + \frac{1}{2\sqrt{x}}\varphi(-\sqrt{x}) = \frac{1}{\sqrt{x}}\varphi(\sqrt{x}) \,,$$

wobei am Schluss die Symmetrie von φ, nämlich $\varphi(-\sqrt{x}) = \varphi(\sqrt{x})$ benützt wurde. Einsetzen der Definition von φ (41.2) ergibt

$$f(x) = \frac{1}{\sqrt{x}}\varphi(\sqrt{x}) = \frac{1}{\sqrt{x}}\frac{1}{\sqrt{2\pi}}e^{-x/2} = \frac{1}{\sqrt{2\pi}}x^{-1/2}e^{-x/2} \,.$$

Dies ist genau die Formel von (47.2) für den Fall $\nu = 1$. Man erkennt auch, dass die dortige Konstante $C_1 = 1/\sqrt{2\pi}$ ist.

(50.48) Lösungen zu Kapitel 48

48−1 Für den ersten der vier Buchstaben des Worts haben Sie 26 Möglichkeiten zur Auswahl, für den zweiten ebenfalls. Das macht für die zwei ersten Buchstaben schon $26 \cdot 26 = 26^2$ Möglichkeiten, für alle vier also $26^4 = 459976$ Möglichkeiten. Siehe (48.6).

48−2 a) Jede der zwanzig Personen sagt 19-mal Grüezi; alle zusammen also $20 \cdot 19 = 380$ mal. (Vgl. (48.3) mit $n = 20$, $k = 2$.) b) Wenn sich zwei Personen begrüssen, so sagen zwar beide Grüezi, schütteln sich aber nur einmal die Hand. Dies gibt $380/2 = 190$ Händedrucke. Beachten Sie, dass diese genau die Anzahl der Möglichkeiten ist, aus einer Menge von 20 Objekten eine Teilmenge mit zwei Elementen auszuwählen: $\binom{20}{2} = 190$ (48.5).

48−3 a) Analog zu Aufgabe 48−1: Für jedes der 4 Tiere gibt es 6 Möglichkeiten; total $6^4 = 1296$ (48.6). b) Für das erste Tier sind alle 6 Aufgaben möglich, für das zweite aber nur noch 5, für das dritte noch 4, für das vierte noch 3: Total $6 \cdot 5 \cdot 4 \cdot 3 = 360$ Möglichkeiten (48.3).

48−4 a) Nach (48.5) kann man aus 18 Personen auf $\binom{18}{4} = 3060$ Arten eine Vierergruppe auswählen (die Reihenfolge spielt ja keine Rolle). b) Hier spielt die Reihenfolge sehr wohl eine Rolle. In jeder der obigen Vierergruppen können die vier Ämtli auf $4! = 24$ Arten verteilt werden (48.4); total gibt es also $3060 \cdot 24 = 73440$ Möglichkeiten. Dies kann auch direkt ausgerechnet werden (48.3): Für den Tafelwart gibt es 18 KandidatInnen; für das Klassenbuch noch 17 usw., total $18 \cdot 17 \cdot 16 \cdot 15 = 73440$ Möglichkeiten (48.3).
Stellt man die Überlegung in b) zuerst an, so kann man die Formel für a), also $\binom{18}{4} = \frac{18 \cdot 17 \cdot 16 \cdot 15}{4 \cdot 3 \cdot 2 \cdot 1}$ direkt herleiten (vgl. (48.5)).

48−5 Für jedes Symbol gibt es zwei Zustände (ein/aus), total also $2^7 = 128$. (Dabei ist das "leere" Symbol ("alles aus") mitgezählt.)

48−6 a) Dies ist die Anzahl der Möglichkeiten, 8 "Objekte" anzuordnen: $8! = 40320$. Direkte Überlegung: Die erste Person hat 8 Möglichkeiten; die zweite 7, die dritte 6, etc.: $8 \cdot 7 \cdot 6 \cdot \ldots \cdot 2 \cdot 1 = 8!$ (vgl. (48.4). b) Man kann dies verschieden anpacken. Am einfachsten geht's wohl so: Gretel nimmt zuerst Platz; dazu hat sie 8 Möglichkeiten. Für Hänsel gibt es dann nur noch zwei Plätze (links und rechts von seiner Gretel). Die restlichen 6 Plätze können auf $6!$ Arten belegt werden. Total $8 \cdot 2 \cdot 6! = 11520$ Möglichkeiten.

48−7 Wie in Aufgabe 48−4 gibt es in der ersten Klasse $\binom{20}{3}$, in der zweiten $\binom{18}{3}$ und in der dritten $\binom{15}{2}$ Möglichkeiten, gesamthaft also $\binom{20}{3} \cdot \binom{18}{3} \cdot \binom{15}{2} = 97675200$.

48−8 Von den 20 Frauen kann man auf $\binom{20}{4}$ Arten vier auswählen (vgl. Aufgabe 48−4), von den Männern analog auf $\binom{10}{2}$ Arten zwei. Total $\binom{20}{4} \cdot \binom{10}{2} = 4845 \cdot 45 = 218025$. Dies ist im Grunde dieselbe Überlegung wie beim Zahlenlotto (35.4), siehe auch (37.12.c).

48−9 Ähnlich wie in Aufgabe 48−8: Für den ersten Käfig muss man vier der zwölf Tiere auswählen. Dies geht auf $\binom{12}{4}$ Arten (die Reihenfolge spielt ja keine Rolle, vgl. (48.5)). Dann bleiben noch acht übrig, für den 2. Käfig gibt's noch $\binom{8}{4}$ Möglichkeiten, für die letzten 4 bleibt keine Wahl mehr (übereinstimmend ist $\binom{4}{4} = 1$). Total $\binom{12}{4} \cdot \binom{8}{4} = 495 \cdot 70 = 34650$.

48−10 a) Mit der Königin sind es elf Bienen; dies ergibt (Anzahl der fünf-elementigen Teilmengen einer elf-elementigen Menge (48.5)) $\binom{11}{5} = 462$ Arten. b) Jetzt sind es $\binom{10}{5} = 252$ Arten.

48−11 a) Es gibt $\binom{n+1}{k}$ Möglichkeiten, aus allen Bienen k auszuwählen. b) Es gibt $\binom{n}{k}$ Möglichkeiten, aus den Arbeiterbienen k auszuwählen. Nun kann die Anzahl gemäss a) noch anders interpretiert werden: Entweder wähle ich k der n Arbeiterbienen (ohne Königin) (wie in b)), oder ich wähle nur $k − 1$ Arbeiterbienen aus, was auf $\binom{n}{k-1}$ Arten geht) und nehme noch die Königin dazu. Zusammen muss ich $\binom{n+1}{k}$ erhalten. Dies führt auf die Formel $\binom{n}{k-1} + \binom{n}{k} = \binom{n+1}{k}$, die Sie auch durch Nachrechnen bestätigen können.

51. TABELLEN

Dieses Kapitel enthält folgende Tabellen mit Erläuterungen:

(51.1) Binomialverteilung.

(51.2) Poisson-Verteilung.

(51.3) Standard-Normalverteilung.

(51.4) t-Verteilung.

(51.5) χ^2-Verteilung.

Diese Tabellen sind nicht besonders umfangreich. Für weitergehende Bedürfnisse sei auf die Lehrbuchliteratur und auf Tabellenwerke verwiesen.

Es sei auch noch erwähnt, dass manche Taschenrechner die Möglichkeit bieten, gewisse dieser Verteilungen zu berechnen.

(51.1) Binomialverteilung

Diese Verteilung wird in (38.2) besprochen.

Tabelliert sind die Zahlen

$$P(X = k) = \binom{n}{k} p^k q^{n-k}$$

für $n = 2, \ldots, 8$, $k = 0, \ldots, n$ und $p = 0.05,\ 0.10, \ldots, 0.50$.

Die Tabelle kann auch für Werte von $p > 0.50$, genauer für $p = 0.55, \ldots, 0.95$, gebraucht werden. In diesen Fällen ist die *kursive* Beschriftung unten bzw. rechts zu benützen. Beispielsweise gilt für die Binomialverteilung mit $n = 7$ und $p = 0.7$, $q = 0.3$, dass $P(X = 5) = 0.3177$ ist.

Dies ist gleichzeitig der Wert von $P(X = 2)$ für die Binomialverteilung mit $n = 7$ und $p = 0.3$, $q = 0.7$. Hier wird eine Symmetrie ausgenützt, die schon an den Graphen in (38.2) sichtbar geworden ist. Wegen der Beziehung $\binom{n}{k} = \binom{n}{n-k}$ (48.5) gilt nämlich, wenn wir zur Unterscheidung die Erfolgswahrscheinlichkeit p bzw. q (mit $p + q = 1$) als Index schreiben

$$P_p(X = k) = \binom{n}{k} p^k q^{n-k} = \binom{n}{n-k} q^{n-k} p^k = P_q(X = n - k)\,,$$

woraus sich die erwähnte Symmetrie ergibt.

n	k	.05	.10	.15	.20	.25	.30	.35	.40	.45	.50		
2	0	.9025	.8100	.7225	.6400	.5625	.4900	.4225	.3600	.3025	.2500	2	
	1	.0950	.1800	.2550	.3200	.3750	.4200	.4550	.4800	.4950	.5000	1	
	2	.0025	.0100	.0225	.0400	.0625	.0900	.1225	.1600	.2025	.2500	0	2
3	0	.8574	.7290	.6141	.5120	.4219	.3430	.2746	.2160	.1664	.1250	3	
	1	.1354	.2430	.3251	.3840	.4219	.4410	.4436	.4320	.4084	.3750	2	
	2	.0071	.0270	.0574	.0960	.1406	.1890	.2389	.2880	.3341	.3750	1	
	3	.0001	.0010	.0034	.0080	.0156	.0270	.0429	.0640	.0911	.1250	0	3
4	0	.8145	.6561	.5220	.4096	.3164	.2401	.1785	.1296	.0915	.0625	4	
	1	.1715	.2916	.3685	.4096	.4219	.4116	.3845	.3456	.2995	.2500	3	
	2	.0135	.0486	.0975	.1536	.2109	.2646	.3105	.3456	.3675	.3750	2	
	3	.0005	.0036	.0115	.0256	.0469	.0756	.1115	.1536	.2005	.2500	1	
	4	.0000	.0001	.0005	.0016	.0039	.0081	.0150	.0256	.0410	.0625	0	4
5	0	.7738	.5905	.4437	.3277	.2373	.1681	.1160	.0778	.0503	.0312	5	
	1	.2036	.3280	.3915	.4096	.3955	.3602	.3124	.2592	.2059	.1562	4	
	2	.0214	.0729	.1382	.2048	.2637	.3087	.3364	.3456	.3369	.3125	3	
	3	.0011	.0081	.0244	.0512	.0879	.1323	.1811	.2304	.2757	.3125	2	
	4	.0000	.0004	.0022	.0064	.0146	.0284	.0488	.0768	.1128	.1562	1	
	5	.0000	.0000	.0001	.0003	.0010	.0024	.0053	.0102	.0185	.0312	0	5
6	0	.7351	.5314	.3771	.2621	.1780	.1176	.0754	.0467	.0277	.0156	6	
	1	.2321	.3543	.3993	.3932	.3560	.3025	.2437	.1866	.1359	.0938	5	
	2	.0305	.0984	.1762	.2458	.2966	.3241	.3280	.3110	.2780	.2344	4	
	3	.0021	.0146	.0415	.0819	.1318	.1852	.2355	.2765	.3032	.3125	3	
	4	.0001	.0012	.0055	.0154	.0330	.0595	.0951	.1382	.1861	.2344	2	
	5	.0000	.0001	.0004	.0015	.0044	.0102	.0205	.0369	.0609	.0938	1	
	6	.0000	.0000	.0000	.0001	.0002	.0007	.0018	.0041	.0083	.0156	0	6
7	0	.6983	.4783	.3206	.2097	.1335	.0824	.0490	.0280	.0152	.0078	7	
	1	.2573	.3720	.3960	.3670	.3115	.2471	.1848	.1306	.0872	.0547	6	
	2	.0406	.1240	.2097	.2753	.3115	.3177	.2985	.2613	.2140	.1641	5	
	3	.0036	.0230	.0617	.1147	.1730	.2269	.2679	.2903	.2918	.2734	4	
	4	.0002	.0026	.0109	.0287	.0577	.0972	.1442	.1935	.2388	.2734	3	
	5	.0000	.0002	.0012	.0043	.0115	.0250	.0466	.0774	.1172	.1641	2	
	6	.0000	.0000	.0001	.0004	.0013	.0036	.0084	.0172	.0320	.0547	1	
	7	.0000	.0000	.0000	.0000	.0001	.0002	.0006	.0016	.0037	.0078	0	7
8	0	.6634	.4305	.2725	.1678	.1001	.0576	.0319	.0168	.0084	.0039	8	
	1	.2793	.3826	.3847	.3355	.2670	.1977	.1373	.0896	.0548	.0312	7	
	2	.0515	.1488	.2376	.2936	.3115	.2965	.2587	.2090	.1569	.1094	6	
	3	.0054	.0331	.0839	.1468	.2076	.2541	.2786	.2787	.2568	.2188	5	
	4	.0004	.0046	.0185	.0459	.0865	.1361	.1875	.2322	.2627	.2734	4	
	5	.0000	.0004	.0026	.0092	.0231	.0467	.0808	.1239	.1719	.2188	3	
	6	.0000	.0000	.0002	.0011	.0038	.0100	.0217	.0413	.0703	.1094	2	
	7	.0000	.0000	.0000	.0001	.0004	.0012	.0033	.0079	.0164	.0312	1	
	8	.0000	.0000	.0000	.0000	.0000	.0001	.0002	.0007	.0017	.0039	0	8
		.95	.90	.85	.80	.75	.70	.65	.60	.55	.50	k	n

$\boxed{(51.2)\ \text{Poisson-Verteilung}}$

Diese Verteilung wird in (39.2) besprochen.

Tabelliert sind die Zahlen

$$P(X = k) = \frac{\mu^k}{k!} e^{-\mu}$$

für $\mu = 0.2,\ 0.4, \ldots, 9.0$ und $k = 0,\ 1, \ldots, 10$.

μ	$k=0$	1	2	3	4	5	6	7	8	9	10
0.2	0.819	0.164	0.016	0.001	0.000						
0.4	0.670	0.268	0.054	0.007	0.001	0.000					
0.6	0.549	0.329	0.099	0.020	0.003	0.000					
0.8	0.449	0.359	0.144	0.038	0.008	0.001	0.000				
1.0	0.368	0.368	0.184	0.061	0.015	0.003	0.001	0.000			
1.2	0.301	0.361	0.217	0.087	0.026	0.006	0.001	0.000			
1.4	0.247	0.345	0.242	0.113	0.039	0.011	0.003	0.001	0.000		
1.6	0.202	0.323	0.258	0.138	0.055	0.018	0.005	0.001	0.000		
1.8	0.165	0.298	0.268	0.161	0.072	0.026	0.008	0.002	0.000		
2.0	0.135	0.271	0.271	0.180	0.090	0.036	0.012	0.003	0.001	0.000	
2.2	0.111	0.244	0.268	0.197	0.108	0.048	0.017	0.005	0.002	0.000	
2.4	0.091	0.218	0.261	0.209	0.125	0.060	0.024	0.008	0.002	0.001	0.000
2.6	0.074	0.193	0.251	0.218	0.141	0.074	0.032	0.012	0.004	0.001	0.000
2.8	0.061	0.170	0.238	0.222	0.156	0.087	0.041	0.016	0.006	0.002	0.000
3.0	0.050	0.149	0.224	0.224	0.168	0.101	0.050	0.022	0.008	0.003	0.001
3.2	0.041	0.130	0.209	0.223	0.178	0.114	0.061	0.028	0.011	0.004	0.001
3.4	0.033	0.113	0.193	0.219	0.186	0.126	0.072	0.035	0.015	0.006	0.002
3.6	0.027	0.098	0.177	0.212	0.191	0.138	0.083	0.042	0.019	0.008	0.003
3.8	0.022	0.085	0.162	0.205	0.194	0.148	0.094	0.051	0.024	0.010	0.004
4.0	0.018	0.073	0.147	0.195	0.195	0.156	0.104	0.060	0.030	0.013	0.005
4.2	0.015	0.063	0.132	0.185	0.194	0.163	0.114	0.069	0.036	0.017	0.007
4.4	0.012	0.054	0.119	0.174	0.192	0.169	0.124	0.078	0.043	0.021	0.009
4.6	0.010	0.046	0.106	0.163	0.188	0.173	0.132	0.087	0.050	0.026	0.012
4.8	0.008	0.040	0.095	0.152	0.182	0.175	0.140	0.096	0.058	0.031	0.015
5.0	0.007	0.034	0.084	0.140	0.175	0.175	0.146	0.104	0.065	0.036	0.018
5.2	0.006	0.029	0.075	0.129	0.168	0.175	0.151	0.113	0.073	0.042	0.022
5.4	0.005	0.024	0.066	0.119	0.160	0.173	0.156	0.120	0.081	0.049	0.026
5.6	0.004	0.021	0.058	0.108	0.152	0.170	0.158	0.127	0.089	0.055	0.031
5.8	0.003	0.018	0.051	0.098	0.143	0.166	0.160	0.133	0.096	0.062	0.036
6.0	0.002	0.015	0.045	0.089	0.134	0.161	0.161	0.138	0.103	0.069	0.041
6.2	0.002	0.013	0.039	0.081	0.125	0.155	0.160	0.142	0.110	0.076	0.047
6.4	0.002	0.011	0.034	0.073	0.116	0.149	0.159	0.145	0.116	0.082	0.053
6.6	0.001	0.009	0.030	0.065	0.108	0.142	0.156	0.147	0.121	0.089	0.059
6.8	0.001	0.008	0.026	0.058	0.099	0.135	0.153	0.149	0.126	0.095	0.065
7.0	0.001	0.006	0.022	0.052	0.091	0.128	0.149	0.149	0.130	0.101	0.071
7.2	0.001	0.005	0.019	0.046	0.084	0.120	0.144	0.149	0.134	0.107	0.077
7.4	0.001	0.005	0.017	0.041	0.076	0.113	0.139	0.147	0.136	0.112	0.083
7.6	0.001	0.004	0.014	0.037	0.070	0.106	0.134	0.145	0.138	0.117	0.089
7.8	0.000	0.003	0.012	0.032	0.063	0.099	0.128	0.143	0.139	0.121	0.094
8.0	0.000	0.003	0.011	0.029	0.057	0.092	0.122	0.140	0.140	0.124	0.099
8.2	0.000	0.002	0.009	0.025	0.052	0.085	0.116	0.136	0.139	0.127	0.104
8.4	0.000	0.002	0.008	0.022	0.047	0.078	0.110	0.132	0.138	0.129	0.108
8.6	0.000	0.002	0.007	0.020	0.042	0.072	0.103	0.127	0.137	0.131	0.112
8.8	0.000	0.001	0.006	0.017	0.038	0.066	0.097	0.122	0.134	0.131	0.116
9.0	0.000	0.001	0.005	0.015	0.034	0.061	0.091	0.117	0.132	0.132	0.119

(51.3) Standard-Normalverteilung

Diese Verteilung wird in (41.2) besprochen.

Tabelliert sind die Werte der Verteilungsfunktion $\Phi(x)$ der Standard-Normalverteilung $N(0\,;1)$:

$$\Phi(x) = \frac{1}{\sqrt{2\pi}} \int\limits_{-\infty}^{x} e^{-\frac{1}{2}t^2}\,dt \;.$$

Zwischen den tabellierten Werten kann man *linear interpolieren*.

Beispiele zur Interpolation

Es geht nicht um eine systematische Theorie der Interpolation, sondern um die Darlegung der Idee.

1. Gesucht ist $\Phi(1.07)$. Da 1.07 in der Mitte zwischen 1.06 und 1.08 ist, nimmt man den Durchschnitt dieser Werte:

   $\Phi(1.07) = \frac{1}{2}(\Phi(1.06) + \Phi(1.08)) = \frac{1}{2}(0.8554 + 0.8599) \approx 0.8576$ oder 0.8577.

   (Dies ist eine Frage der Rundung. Umfangreichere Tabellen oder Rechner zeigen, dass 0.8577 der bessere Wert ist.)

2. Gesucht ist $\Phi(0.623)$. Benachbarte Tabellenwerte sind $\Phi(0.62) = 0.7324$ und $\Phi(0.64) = 0.7389$ mit der Differenz 0.0065. 3/20 dieser Differenz, nämlich 0.0010, addieren wir zu 0.7324 und erhalten $\Phi(0.623) \approx 0.7334$. (3/20 haben wir natürlich deshalb genommen, weil $0.623 - 0.62$ gerade 3/20 der Differenz $0.64 - 0.62$ ist.)

3. Für welches x ist $\Phi(x) = 0.8$? Dieses x liegt irgendwo zwischen 0.84 und 0.86. Nun ist $\Phi(0.86) - \Phi(0.84) = 0.8051 - 0.7995 = 0.0056$ und $0.8 - 0.7995 = 0.0005$. Die letzte Zahl ist etwa 1/11 der gesamten Differenz 0.0056, also addieren wir zu 0.84 einen Elftel der Differenz $0.86 - 0.84 = 0.02$ und erhalten $x \approx 0.842$.   ⊠

An den äussersten Enden der Tabellen ist die vierstellige Genauigkeit nicht mehr aussagekräftig genug, weshalb die folgenden genaueren Werte angegeben seien:

x	$\Phi(x)$
-4.00	0.000032
-3.90	0.000049
-3.80	0.000072
-3.70	0.000108
-3.60	0.000159

x	$\Phi(x)$
3.60	0.999841
3.70	0.999892
3.80	0.999928
3.90	0.999952
4.00	0.999968

Für ausführlichere Tabellen sei auf die Literatur verwiesen. Manchmal sind dort nur die Werte für positive (oder negative) x tabelliert, was aber wegen der leicht zu beweisenden Beziehung $\Phi(x) + \Phi(-x) = 1$ keine wesentliche Einschränkung bedeutet.

Kritische Werte der Standard-Normalverteilung (zweiseitig) (vgl. dazu (41.5))

α	0.000'001	0.000'01	0.000'1	0.001	0.0025	0.005	0.01
z_α	4.892	4.417	3.891	3.291	3.023	2.807	2.576

α	0.02	0.025	0.03	0.04	0.05	0.1	0.15	0.2
z_α	2.326	2.241	2.170	2.054	1.960	1.645	1.440	1.282

x	$\Phi(x)$	x	$\Phi(x)$	x	$\Phi(x)$	x	$\Phi(x)$
-4.00	0.0000	-1.10	0.1357	0.02	0.5080	1.12	0.8686
-3.90	0.0000	-1.08	0.1401	0.04	0.5160	1.14	0.8729
-3.80	0.0001	-1.06	0.1446	0.06	0.5239	1.16	0.8770
-3.70	0.0001	-1.04	0.1492	0.08	0.5319	1.18	0.8810
-3.60	0.0002	-1.02	0.1539	0.10	0.5398	1.20	0.8849
-3.50	0.0002	-1.00	0.1587	0.12	0.5478	1.22	0.8888
-3.40	0.0003	-0.98	0.1635	0.14	0.5557	1.24	0.8925
-3.30	0.0005	-0.96	0.1685	0.16	0.5636	1.26	0.8962
-3.20	0.0007	-0.94	0.1736	0.18	0.5714	1.28	0.8997
-3.10	0.0010	-0.92	0.1788	0.20	0.5793	1.30	0.9032
-3.00	0.0013	-0.90	0.1841	0.22	0.5871	1.32	0.9066
-2.90	0.0019	-0.88	0.1894	0.24	0.5948	1.34	0.9099
-2.80	0.0026	-0.86	0.1949	0.26	0.6026	1.36	0.9131
-2.70	0.0035	-0.84	0.2005	0.28	0.6103	1.38	0.9162
-2.60	0.0047	-0.82	0.2061	0.30	0.6179	1.40	0.9192
-2.50	0.0062	-0.80	0.2119	0.32	0.6255	1.42	0.9222
-2.45	0.0071	-0.78	0.2177	0.34	0.6331	1.44	0.9251
-2.40	0.0082	-0.76	0.2236	0.36	0.6406	1.46	0.9279
-2.35	0.0094	-0.74	0.2296	0.38	0.6480	1.48	0.9306
-2.30	0.0107	-0.72	0.2358	0.40	0.6554	1.50	0.9332
-2.25	0.0122	-0.70	0.2420	0.42	0.6628	1.55	0.9394
-2.20	0.0139	-0.68	0.2483	0.44	0.6700	1.60	0.9452
-2.15	0.0158	-0.66	0.2546	0.46	0.6772	1.65	0.9505
-2.10	0.0179	-0.64	0.2611	0.48	0.6844	1.70	0.9554
-2.05	0.0202	-0.62	0.2676	0.50	0.6915	1.75	0.9599
-2.00	0.0228	-0.60	0.2743	0.52	0.6985	1.80	0.9641
-1.95	0.0256	-0.58	0.2810	0.54	0.7054	1.85	0.9678
-1.90	0.0287	-0.56	0.2877	0.56	0.7123	1.90	0.9713
-1.85	0.0322	-0.54	0.2946	0.58	0.7190	1.95	0.9744
-1.80	0.0359	-0.52	0.3015	0.60	0.7257	2.00	0.9772
-1.75	0.0401	-0.50	0.3085	0.62	0.7324	2.05	0.9798
-1.70	0.0446	-0.48	0.3156	0.64	0.7389	2.10	0.9821
-1.65	0.0495	-0.46	0.3228	0.66	0.7454	2.15	0.9842
-1.60	0.0548	-0.44	0.3300	0.68	0.7517	2.20	0.9861
-1.55	0.0606	-0.42	0.3372	0.70	0.7580	2.25	0.9878
-1.50	0.0668	-0.40	0.3446	0.72	0.7642	2.30	0.9893
-1.48	0.0694	-0.38	0.3520	0.74	0.7704	2.35	0.9906
-1.46	0.0721	-0.36	0.3594	0.76	0.7764	2.40	0.9918
-1.44	0.0749	-0.34	0.3669	0.78	0.7823	2.45	0.9929
-1.42	0.0778	-0.32	0.3745	0.80	0.7881	2.50	0.9938
-1.40	0.0808	-0.30	0.3821	0.82	0.7939	2.60	0.9953
-1.38	0.0838	-0.28	0.3897	0.84	0.7995	2.70	0.9965
-1.36	0.0869	-0.26	0.3974	0.86	0.8051	2.80	0.9974
-1.34	0.0901	-0.24	0.4052	0.88	0.8106	2.90	0.9981
-1.32	0.0934	-0.22	0.4129	0.90	0.8159	3.00	0.9987
-1.30	0.0968	-0.20	0.4207	0.92	0.8212	3.10	0.9990
-1.28	0.1003	-0.18	0.4286	0.94	0.8264	3.20	0.9993
-1.26	0.1038	-0.16	0.4364	0.96	0.8315	3.30	0.9995
-1.24	0.1075	-0.14	0.4443	0.98	0.8365	3.40	0.9997
-1.22	0.1112	-0.12	0.4522	1.00	0.8413	3.50	0.9998
-1.20	0.1151	-0.10	0.4602	1.02	0.8461	3.60	0.9998
-1.18	0.1190	-0.08	0.4681	1.04	0.8508	3.70	0.9999
-1.16	0.1230	-0.06	0.4761	1.06	0.8554	3.80	0.9999
-1.14	0.1271	-0.04	0.4840	1.08	0.8599	3.90	1.0000
-1.12	0.1314	-0.02	0.4920	1.10	0.8643	4.00	1.0000
		0.00	0.5000				

$\boxed{(51.4)\ t\text{-Verteilung}}$

Diese Verteilung wird in (43.7) besprochen.

Tabelliert sind die kritischen Werte $t_{\alpha,\nu}$ für die sechs Signifikanzschwellen $\alpha = 0.20$, 0.10, 0.05, 0.02, 0.01, 0.001 und für die Freiheitsgrade ν von 1 bis 30, sowie für einige grössere Freiheitsgrade.

Mit wachsendem ν strebt die Dichtefunktion der t-Verteilung gegen jene der Standard-Normalverteilung. Für grosse ν kann man daher auch die kritischen Werte der Standard-Normalverteilung (41.5) verwenden. Sie sind in der Zeile ∞ nochmals notiert.

Der kritische Wert $t_{\alpha,\nu} = t_\alpha$ bezieht sich auf den *zweiseitigen* Test mit der Signifikanz-schwelle α. Beim *einseitigen* Test mit der gleichen Signifikanzschwelle ist der Wert $t_{2\alpha}$ zu wählen. Alternativ können Sie die Signifikanzschwelle in der untersten, mit $*$ bezeichneten, Zeile verwenden.

031 631 92 21

α ν	0.20	0.10	0.05	0.02	0.01	0.001
1	3.078	6.314	12.706	31.821	63.657	636.619
2	1.886	2.920	4.303	6.965	9.925	31.598
3	1.638	2.353	3.182	4.541	5.841	12.924
4	1.533	2.132	2.776	3.747	4.604	8.610
5	1.476	2.015	2.571	3.365	4.032	6.869
6	1.440	1.943	2.447	3.143	3.707	5.959
7	1.415	1.895	2.365	2.998	3.499	5.408
8	1.397	1.860	2.306	2.896	3.355	5.041
9	1.383	1.833	2.262	2.821	3.250	4.781
10	1.372	1.812	2.228	2.764	3.169	4.587
11	1.363	1.796	2.201	2.718	3.106	4.437
12	1.356	1.782	2.179	2.681	3.055	4.318
13	1.350	1.771	2.160	2.650	3.012	4.221
14	1.345	1.761	2.145	2.624	2.977	4.140
15	1.341	1.753	2.131	2.602	2.947	4.073
16	1.337	1.746	2.120	2.583	2.921	4.015
17	1.333	1.740	2.110	2.567	2.898	3.965
18	1.330	1.734	2.101	2.552	2.878	3.922
19	1.328	1.729	2.093	2.539	2.861	3.883
20	1.325	1.725	2.086	2.528	2.845	3.850
21	1.323	1.721	2.080	2.518	2.831	3.819
22	1.321	1.717	2.074	2.508	2.819	3.792
23	1.319	1.714	2.069	2.500	2.807	3.767
24	1.318	1.711	2.064	2.492	2.797	3.745
25	1.316	1.708	2.060	2.485	2.787	3.725
26	1.315	1.706	2.056	2.479	2.779	3.707
27	1.314	1.703	2.052	2.473	2.771	3.690
28	1.313	1.701	2.048	2.467	2.763	3.674
29	1.311	1.699	2.045	2.462	2.756	3.659
30	1.310	1.697	2.042	2.457	2.750	3.646
35	1.306	1.690	2.030	2.438	2.724	3.591
40	1.303	1.684	2.021	2.423	2.704	3.551
45	1.301	1.679	2.014	2.412	2.690	3.520
50	1.299	1.676	2.009	2.403	2.678	3.496
60	1.296	1.671	2.000	2.390	2.660	3.460
70	1.294	1.667	1.994	2.381	2.648	3.435
80	1.292	1.664	1.990	2.374	2.639	3.416
90	1.291	1.662	1.987	2.368	2.632	3.402
100	1.290	1.660	1.984	2.364	2.626	3.390
1000	1.282	1.645	1.962	2.330	2.581	3.300
∞	1.282	1.645	1.960	2.326	2.576	3.291
$*$	0.10	0.05	0.025	0.01	0.005	0.0005

$*$: Signifikanzschwellen für den einseitigen Test.

(51.5) χ^2-Verteilung

Diese Verteilung wird in (47.2) besprochen.

Tabelliert sind die kritischen Werte $\chi^2_{\alpha,\nu}$ für die sechs Signifikanzschwellen $\alpha = 0.20$, 0.10, 0.05, 0.02, 0.01, 0.001 und für die Freiheitsgrade ν von 1 bis 30, sowie für einige grössere Freiheitsgrade.

Für Freiheitsgrade $\nu > 30$ kann auch die folgende Approximation verwendet werden:

$$\chi^2_{\alpha,\nu} \approx \nu\left(1 - \frac{2}{9\nu} + Z_\alpha \cdot \sqrt{\frac{2}{9\nu}}\right)^3 ,$$

wobei Z_α der untersten Zeile entnommen wird. Dabei ist $Z_\alpha = z_{2\alpha}$, wobei $z_{2\alpha}$ ein kritischer Wert der Standard-Normalverteilung ((41.5) oder (51.3)) ist.

Beispiel

Für $\nu = 100$ und $\alpha = 0.001$ erhält man mit dieser Formel:

$$\chi^2_{\alpha,\nu} \approx 100\left(1 - \frac{2}{900} + 3.09 \cdot \sqrt{\frac{2}{900}}\right)^3 = 149.5 ,$$

also eine recht gute Approximation des Tabellenwerts.   ⊠

α ν	0.20	0.10	0.05	0.02	0.01	0.001
1	1.642	2.706	3.841	5.412	6.635	10.828
2	3.219	4.605	5.991	7.824	9.210	13.816
3	4.642	6.251	7.815	9.837	11.345	16.266
4	5.989	7.779	9.488	11.668	13.277	18.467
5	7.289	9.236	11.070	13.388	15.086	20.515
6	8.558	10.645	12.592	15.033	16.812	22.458
7	9.803	12.017	14.067	16.622	18.475	24.322
8	11.030	13.362	15.507	18.168	20.090	26.125
9	12.242	14.684	16.919	19.679	21.666	27.877
10	13.442	15.987	18.307	21.161	23.209	29.588
11	14.631	17.275	19.675	22.618	24.725	31.264
12	15.812	18.549	21.026	24.054	26.217	32.909
13	16.985	19.812	22.362	25.472	27.688	34.528
14	18.151	21.064	23.685	26.873	29.141	36.123
15	19.311	22.307	24.996	28.259	30.578	37.697
16	20.465	23.542	26.296	29.633	32.000	39.252
17	21.615	24.769	27.587	30.995	33.409	40.790
18	22.760	25.989	28.869	32.346	34.805	42.312
19	23.900	27.204	30.144	33.687	36.191	43.820
20	25.038	28.412	31.410	35.020	37.566	45.315
21	26.171	29.615	32.671	36.343	38.932	46.797
22	27.301	30.813	33.924	37.659	40.289	48.268
23	28.429	32.007	35.172	38.968	41.638	49.728
24	29.553	33.196	36.415	40.270	42.980	51.179
25	30.675	34.382	37.652	41.566	44.314	52.620
26	31.795	35.563	38.885	42.856	45.642	54.052
27	32.912	36.741	40.113	44.140	46.963	55.476
28	34.027	37.916	41.337	45.419	48.278	56.892
29	35.139	39.087	42.557	46.693	49.588	58.302
30	36.250	40.256	43.773	47.962	50.892	59.703
40	47.3	51.8	55.8	60.4	63.7	73.4
50	58.2	63.2	67.5	72.6	76.2	86.7
60	69.0	74.4	79.1	84.6	88.4	99.6
80	90.4	96.6	101.9	108.1	112.3	124.8
100	111.7	118.5	124.3	131.1	135.8	149.5
150	164.3	172.6	179.6	187.7	193.2	209.3
200	216.6	226.0	234.0	243.2	249.4	267.6
Z_α	0.842	1.282	1.645	2.054	2.326	3.090

SACHVERZEICHNIS

Your Specialized Publisher
in Mathematics

Birkhäuser

Falk, M., Universität Würzburg, Germany / **Hüsler, J.**,
Universität Bern, Switzerland / **Reiss, R.-D.**, Universität-
Gesamthochschule Siegen, Germany

Laws of Small Numbers:
Extremes and Rare Events

Second, revised and extended edition

2004. 392 pages. Hardcover
ISBN 3-7643-2416-3

Since the publication of the first edition of this seminar book in 1994, the theory and applications of extremes and rare events have enjoyed an enormous and still increasing interest. The intention of the book is to give a mathematically oriented development of the theory of rare events underlying various applications. This characteristic of the book was strengthened in the second edition by incorporating various new results on about 130 additional pages.

Part II, which has been added in the second edition, discusses recent developments in multivariate extreme value theory. Particularly notable is a new spectral decomposition of multivariate distributions in univariate ones which makes multivariate questions more accessible in theory and practice. One of the most innovative and fruitful topics during the last decades was the introduction of generalized Pareto distributions in the univariate extreme value theory. Such a statistical modelling of extremes is now systematically developed in the multivariate framework.

The theory of rare events of non iid observations, as outlined in Part III; has seen many new approaches during the last ten years. Very often these problems can be seen as boundary crossing probabilities. Some of these new aspects of boundary crossing probabilities are dealt with in this edition. This book is accessible to graduate students and researchers with basic knowledge in probability theory and, partly, in point processes and Gaussian processes. The required statistical prerequisites are minimal.

$$\sum_{j=1}^{n} s_{jj} \leq \sum_{p,q=1}^{n} |a_{pq}| \left(\sum_{j=1}^{n} \right.$$

$$\leq \sum_{p,q=1}^{n} |a_{pq}| \left(\sum_{j=1}^{n} \right.$$

For orders originating from all over
the world except USA and Canada:
All countries excluding those listed below:
Birkhäuser Verlag AG
c/o Springer Auslieferungs-Gesellschaft
(SAG)
Customer Service
Haberstrasse 7, D-69126 Heidelberg
Tel.: +49 / 6221 / 345 0
Fax: +49 / 6221 / 345 42 29
e-mail: orders@birkhauser.ch

For orders originating in the USA
and Canada:
Birkhäuser
333 Meadowland Parkway
USA-Secaucus
NJ 07094-2491
Fax: +1 201 348 4505
e-mail: orders@birkhauser.com

Your Specialized Publisher
in Mathematics

Birkhäuser

Meester, R., Vrije Universiteit, Amsterdam,
The Netherlands

A Natural Introduction to Probability Theory

2003. 204 pages. Softcover
ISBN 3-7643-2188-1

In discrete probability, any experiment corresponds to a certain probability mass function which can be used to compute probabilities. Similarly, in the continuous case, an experiment corresponds to a certain density, and then probabilities are defined as integrals of this densitiy, whenever possible. This approach is rich enough to deal with any probabilistic problem which could possibly arise in a first course on this subject. Furthermore, it provides the perfect motivation for studying measure theory by illustrating the importance of this subject for further studies of probability. We believe that the above is the most natural approach to probability, as it remains very close to our probabilistic intuition.

The book provides an introduction, in full rigour, of discrete and continuous probability, without using algebras or sigma-algebras; only familiarity with first-year calculus is required. Starting with the framework of discrete probability, it is already possible to discuss random walk, weak laws of large numbers and a first central limit theorem. After that, continuous probability, infinitely many repetitions, strong laws of large numbers, and branching processes are extensively treated. Finally, weak convergence is introduced and the central limit theorem is proved.

The theory is illustrated with many original and surprising examples and problems, taken from classical applications like gambling, geometry or graph theory, as well as from applications in biology, medicine, social sciences, sports, and coding theory.

$$\sum_{j=1}^{n} s_{jj} \leq \sum_{p,q=1}^{n} |a_{pq}| \left(\sum_{j=1}^{n} \right.$$

$$\leq \sum_{p,q=1}^{n} |a_{pq}| \left(\sum_{j=1}^{n} \right.$$

For orders originating from all over
the world except USA and Canada:
Birkhäuser Verlag AG
c/o Springer GmbH & Co
Haberstrasse 7
D-69126 Heidelberg
Fax: +49 / 6221 / 345 4 229
e-mail: birkhauser@springer.de
http://www.birkhauser.ch

For orders originating in the USA
and Canada:
Birkhäuser
333 Meadowland Parkway
USA-Secaucus
NJ 07094-2491
Fax: +1 201 348 4505
e-mail: orders@birkhauser.com